L'AGRONOME,

OU

DICTIONNAIRE

PORTATIF

DU CULTIVATEUR.

II.

PARIS. — IMPRIMERIE DE CASIMIR, RUE DE LA VIEILLE-MONNAIE, N° 12,
près la rue des Lombards et la place du Châtelet.

DICTIONNAIRE

PORTATIF

DU CULTIVATEUR,

A L'USAGE

DES PERSONNES DE LA CAMPAGNE,

DES PROPRIÉTAIRES QUI FONT VALOIR LEUR BIEN PAR EUX-MÊMES,
DES RÉGISSEURS, ET DES FERMIERS ;

CONTENANT

1° L'art de faire valoir avec économie les grandes et les petites propriétés, de cultiver les terres à grains, de planter et d'entretenir la vigne, de planter et couper les bois, et de rendre, le plus qu'il est possible, les prés productifs ;

2° De planter, de greffer, tailler et rajeunir toutes sortes d'arbres fruitiers, soit en plein vent, soit en espalier, entre autres les arbres à noyau, de manière qu'ils puissent produire de beaux fruits, propres à être conservés pendant l'hiver, et jusqu'au printemps ;

3° De soigner les jardins potagers, de cultiver les plantes usuelles, de former des parterres, et d'élever toutes sortes de fleurs ;

4° De préserver des maladies et de guérir les chevaux, bœufs, vaches, moutons, et autres animaux domestiques, sans avoir recours à l'artiste vétérinaire, et d'en prendre, en général, tous les soins que réclament les intérêts des propriétaires, etc. ;

5° L'art de faire éclore et d'élever des poulets, d'entretenir une basse-cour dans le meilleur état possible, d'élever et de soigner les abeilles, de tendre des piéges aux bêtes sauves et carnassières, de les chasser, de tendre des filets aux oiseaux, de pêcher dans les rivières et dans les étangs, etc., etc.

PAR M. DESLORME,

ANCIEN CULTIVATEUR ;

ET PAR UNE SOCIÉTÉ DE BOTANISTES ET DE MÉDECINS VÉTÉRINAIRES.

Onzième Édition,

Revue, corrigée, et augmentée d'un grand nombre d'articles de législation et conforme aux nouvelles découvertes.

TOME SECOND.

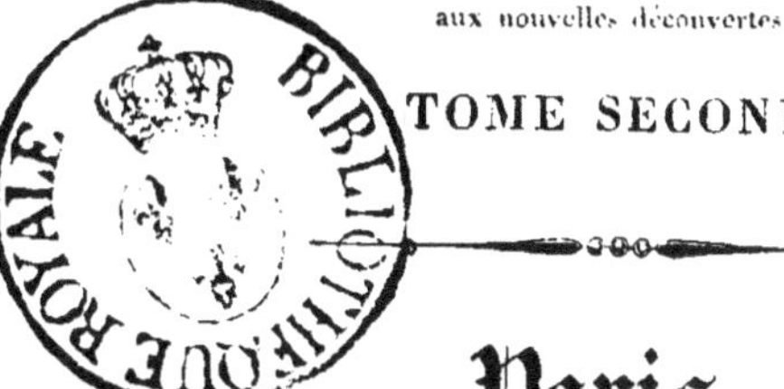

Paris,

A.-M. WOLFF, COUR DU COMMERCE, N° 5,

ET AU SALON LITTÉRAIRE, RUE DE L'ODÉON, N° 17.

1828.

NOUVEAU

DICTIONNAIRE

PORTATIF

DU CULTIVATEUR.

M.

MACHE. Herbe de salade. On la cultive dans les jardins ; elle se multiplie de graine ; on la sème dru, on l'arrose souvent, et on la couvre de terreau ; on la sème à la fin du mois d'août, sur planche bien labourée, et on peut en avoir pour l'automne et l'hiver.

MACRE ou *saligot.* C'est une espèce de châtaigne d'eau : elle vient sur une plante qui croît dans les rivières et dans les lacs. En certaines provinces, comme le Maine et l'Anjou, le peuple en mange comme les autres châtaignes, quoique ces macres ne soient pas, à beaucoup près, si bonnes. Les paysans les réduisent en farine pour faire du pain.

MACREUSE. Oiseau de mer, qu'on met au nombre des canards sauvages ; il est de couleur brune, ne vole qu'avec peine, mais il court sur la surface de l'eau avec une vitesse extrême ; sa chair est dure et coriace, et sent le poisson. On le chasse au fusil, et on le prend avec des filets, des lacets, de la glu, comme les canards.

MAI. *Travaux à faire.* On doit donner le second labour à la vigne, étêter les arbres, enter les oliviers, labourer les jachères, sarcler les blés, faire ses provisions de beurre et de fromage, châtrer les veaux, tondre les brebis. Dans le jardin, œilletonner les artichauts, en replanter de nouveaux ; semer de la laitue de Gênes et d'autres, et en replanter ; ramer les pois qui sont forts, afin qu'ils donnent plus de fruits ; replanter, à la fin du mois, du céleri dans des planches creuses, comme les asperges, à trois rangs dans chaque planche. A l'égard des arbres, en palisser les nouveaux jets lorsqu'ils sont forts ; placer les gros jets ; lier les greffes ; ébourgeonner les poiriers ; sortir les orangers, si le temps est doux. Pour les fleurs, semer diverses graines de plantes, pour avoir des fleurs le long de l'été ; couper les tiges des iris bulbeux, déplanter les tulipes hâtives, marcotter les giroflées jaunes, semer des graines d'œillets vers les 5, 6 et 7 de la lune pour en avoir de la double.

MAIGREUR et *harassement des chevaux pour avoir trop fatigué, comme sont ceux qui reviennent de l'armée.* Saignez le cheval de la veine du cou, donnez-lui le lendemain un lavement avec une once et demie de polycreste : le jour d'après faites-lui avaler avec la corne une livre et demie d'huile d'olive, le tenant bridé deux heures avant, et autant après. Donnez-lui pendant quinze jours deux onces de foie d'antimoine dans du son mouillé : faites-lui prendre de trois en trois jours un lavement composé avec les cinq herbes émollientes dans deux pintes de bière, et trois demi-setiers d'urine : ajoutez à la colature une demi-livre de miel mercurial et un quarteron de beurre frais.

Pour l'engraisser, faites moudre ou briser comme de la farine grossière, une quantité raisonnable d'orge ; mettez un demi-boisseau de cette farine dans un grand seau rempli d'eau, remuez le tout et long-temps ; laissez rasseoir la farine au fond ; versez toute l'eau dans un autre seau ; ne donnez à boire au cheval que de cette eau-là, et faites-lui manger la farine qui reste au fond du seau en trois fois, le matin, à midi et le soir : pour l'engager à manger de cette farine seule, mêlez-y un peu de son ou d'avoine, et mettez-en moins tous les jours. On ne doit mouiller la farine, tous les jours, que ce qu'on en veut donner. Pendant ce même temps, on lui donne du foin et de bonne gerbe, et on le fait seulement promener.

MAIN-LEVÉE. C'est un acte qui détruit une saisie ou une

opposition, soit que cet acte soit consenti par la partie, soit qu'il soit prononcé en justice; c'est-à-dire, qu'en donnant main-levée, on lève l'autorité de justice apposée sur chose saisie, et le saisi en recouvre la libre jouissance. La main-levée qu'on donne d'une opposition, fait que les parties peuvent passer outre, si bon leur semble.

MAIRE. C'est un dépositaire de l'autorité administrative dans les villes et les campagnes. Il est subordonné au sous-préfet, dont il reçoit les ordres et les instructions. Il a un adjoint; il reçoit le consentement des personnes qui veulent se marier, et les unit en légitime mariage avant qu'elles aient reçu la bénédiction nuptiale. Il est chargé du maintien de la police, et donne les ordres à la gendarmerie; il surveille la levée des impositions, et règle, dans l'arrondissement de sa commune, tout ce qui a rapport au recrutement de l'armée. Il est à la nomination du ministre de l'intérieur. Il peut être, dans certain cas, suspendu de ses fonctions par le préfet de son département.

MAIS, ou *blé de Turquie*, qu'on appelle *blé d'Espagne* dans les provinces méridionales de la France.

Un cultivateur a prouvé, après de longues réflexions, que la méthode ordinaire de cultiver le maïs ou blé de Turquie est vicieuse et capable de ruiner les terres; animé de zèle pour le bien public, il a imaginé une nouvelle manière de cultiver cette plante. Il démontre qu'en suivant sa méthode, la récolte de ce blé est de deux tiers de plus que par la méthode ancienne. Voici le précis des opérations que prescrit cette méthode.

L'auteur observe d'abord que les terres les plus propres pour cultiver fructueusement cette plante, sont les terres grasses et qui ont beaucoup de fonds. On doit commencer le premier labour sur la fin du mois d'octobre, se servir d'une grande charrue, à laquelle on attelle deux paires de bœufs, afin de défoncer la terre à la profondeur de quinze à seize pouces, disposer la terre en planches larges au moins de six pieds, herser ensuite cette terre afin d'en diviser les mottes.

Après les grandes gelées apporter un peu de fumier bien pourri dans le fond de ces planches; autrement dans les sillons, répandre ce fumier sur la largeur d'environ deux pieds

de côté et d'autre ; donner à la terre un second labour avec
la même charrue et à la même profondeur, et tracer ce nouveau sillon au milieu des planches pour jeter la terre dans le
fond des premiers, et couvrir le fumier ; donner un troisième
labour au 15 de mars, mais bien moins profond, et retourner
la terre dans le sens qu'on l'avait labourée la première fois ;
enfin, lorsqu'on veut semer le blé de Turquie, il faut faire
un quatrième labour semblable au troisième, en jetant la
terre dans le même sens.

Pour semer comme il faut cette espèce de blé, il faut choisir un beau temps, et planter toujours les grains deux à deux
ou trois à trois dans des trous séparés, avec un plantoir, à
la distance d'un pied les uns des autres ; observer de faire
les traces à demi-côté des sillons, et non dans le plus bas
fond ; prendre toutes sortes de précautions pour garantir les
grains semés des corbeaux et des pigeons, qui en sont fort
friands.

Lorsque les graines sont levées, et qu'elles ont poussé
deux ou trois feuilles, on doit donner un labour léger avec
la houe, par le moyen duquel on aplatit le fond du terrain,
et on rapproche la terre des jeunes tiges ; c'est ce qu'on appelle le *premier binage* : quinze jours après, on en fait un
second ; un temps de petite pluie est le plus favorable pour
cela ; on arrache en même temps toutes les tiges ou pieds, et
on n'en laisse qu'un, et le plus vigoureux, ce sont ceux dont
les feuilles sont les plus alongées.

Pour ne pas trop épuiser le terrain, et faire en sorte que
l'année d'après on puisse y semer des blés plus utiles, on
doit, après le second binage, labourer avec la charrue les
intervalles entre les rangées de blé de Turquie, et de manière
que l'oreille de la charrue verse la terre tout proche des pieds
de ce blé ; on en fait autant quinze jours ou trois semaines
après, et on prend le temps de la rosée.

Lorsque les bouquets des fleurs qui viennent au haut des
épis sont passés, on casse avec la main les tiges dans le nœud
qui est au-dessous du premier fruit. Quand les épis sont bien
formés et que le grain commence à paraître, ce qui arrive
vers la fin du mois d'août, on ôte toutes les grandes feuilles
pendantes dès qu'elles commencent à jaunir ; elles servent

de fourrage aux bestiaux. Dès que le grain est entièrement jaune, il faut faire la récolte; on doit, pour cela, enlever les épis avec leurs graines, les voiturer dans une aire, les y dépouiller de leurs enveloppes, les serrer dans des greniers bien aérés, et à l'abri des oiseaux et des insectes.

Pour conserver ce blé plus long-temps, il ne faut le faire battre ou égréner que lorsqu'on en a besoin, parce qu'il se conserve mieux dans son bois ou épi, qu'on nomme *panouille* en quelques provinces, que de toute autre manière; on ôte les grains en battant les panouilles avec un fléau léger. Après la récolte, on doit couper avec une serpe toutes les côtes ou tiges, et les mettre sur la terre labourée qui est dans l'entre-deux des sillons, mais d'un côté seulement, et laisser l'autre vide; ces côtes étant bien sèches, servent de nourriture aux bestiaux pendant l'hiver, et on les hache menu à mesure qu'on leur en donne; ensuite il faut faire passer la charrue sur les plates-bandes qui contiennent les tronçons des tiges, pour arracher plus facilement ces tronçons; on en fait divers tas, qu'on laisse sécher, après quoi on y met le feu dans le champ même, et on en éparpille les cendres sur la partie de la terre qui a produit le grain.

L'auteur convient que la dépense de la culture, selon sa méthode, excède de seize livres par arpent la dépense de la culture ancienne; mais, en faisant la comparaison du produit, il assure avoir fait l'expérience que dans le même espace de terre qui se cultivait suivant l'ancien usage, il a fait la récolte du double et d'un tiers en sus, et d'un blé, infiniment plus beau et plus marchand après l'avoir cultivé à sa manière; qu'il a même trouvé des tiges qui avaient donné trois grosses panouilles ou épis, dont il a tiré plus de quatre mille cinq cents grains, ayant eu la curiosité de les compter; en un mot, que la quantité de grain qu'il a recueilli, en suivant sa méthode, a été communément de vingt et un setiers (mesure de Paris), par chaque arpent, tandis qu'on n'avait recueilli que neuf setiers les années précédentes, ce qui est le double et un tiers de plus.

L'auteur, pour faire voir l'utilité qu'on peut tirer de ce grain, expose que plusieurs curieux ont fait diverses expériences pour rendre le pain de blé de Turquie de facile digestion. Celle qui a le mieux réussi consiste à faire bouillir dans l'eau des grains de blé bien mûrs presque à leur cuisson.

Ensuite de les exposer à l'air, pour les faire sécher de façon à pouvoir être moulus ; puis de jeter du son de froment dans l'eau qui a servi à faire bouillir ces grains, et de l'y faire bouillir, de la passer après dans un linge fin, et de pétrir avec cette eau blanche qui en est sortie la farine du blé de Turquie ; il assure que cette nouvelle manière a donné un pain excellent, d'un goût agréable, et préférable même à tous les autres pour la santé. Cette découverte est assurément un grand avantage, et d'un très-grand secours pour les gens de la campagne, dans les années où il y a disette de blé ordinaire.

MAISON DE CAMPAGNE. Les divers avantages que l'on doit trouver dans une maison de campagne que l'on veut acheter, sont : 1º qu'elle soit en bon air et dans un bon terroir, ce que l'on connaît par la fertilité et la qualité des productions qui y croissent ; par les eaux, lesquelles, pour être bonnes, doivent être sans odeur, sans aucun goût, et venir d'une source qui ne tarisse point ; 2º l'on doit examiner si on y trouve les principales commodités de la vie, dans une distance raisonnable des villes et des grands chemins, pour pouvoir facilement débiter ses denrées ; si elle est près d'une rivière, et qu'on s'y puisse procurer facilement du bois à brûler et du bois de charpente ; 3º elle doit être dans une assiette agréable, c'est-à-dire, qu'on y doit trouver des promenades, des avenues ; il est bon qu'elle soit un peu élevée, afin qu'elle jouisse de quelque belle perspective, et placée au milieu du domaine qui en dépend ; 4º si elle est bien exposée, c'est-à-dire, au levant ou au midi, et non au couchant, encore moins au nord : le corps-de-logis est plus estimé s'il est entre cour et jardin ; 5º si les quatre encoignures sont posées aux quatre vents principaux, afin que le vent fasse moins d'effet en prenant le bâtiment en flanc. Elle doit être hors du danger des crues d'eaux ou de rivières, point environnée de marécages qui la rendent malsaine ; 6º si elle n'est pas trop près d'une grande rivière.

Enfin, avant d'acheter ou de bâtir, l'acquéreur doit s'informer soigneusement s'il n'y a point quelque mineur à qui ce fonds pourrait appartenir, ou quelque douairière, ou quelque créancier. La voie la plus sûre pour acquérir avec solidité, est que les formalités du décret et de la licitation soient bien remplies, et que le temps que le vendeur ou ses parens ont pour retirer cet héritage, soit écoulé sans retour. Voyez *Bâtiment*.

Lorsqu'on est dans le cas de faire bâtir une maison de campagne, il y a plusieurs choses auxquelles on doit prendre garde dans le travail des ouvriers, afin d'y être moins trompé.

1° A l'égard des maçons, il faut avoir attention qu'ils aient soin de mettre les fondations sur un bon sol et nullement douteux ; qu'ils les mettent de même niveau ; 2° que leurs garçons, ou autres qui travaillent à la tâche, ne laissent point de vide entre les matériaux ; qu'ils n'emploient pas les pierres avec leur bouzin ; qu'ils ne coupent pas le gros mur pour y faire passer les tuyaux de cheminée, sous prétexte d'éviter les saillies que font les tuyaux ; qu'ils ne mettent pas une trop grande quantité de mortier, pour s'épargner la peine de garnir le mur de moellon : voir si les murs de cloison, remplis de plâtre, sont bien lattés.

A l'égard des charpentiers, prendre garde qu'ils ne mettent pas de mauvais bois dans les endroits où le plâtre couvrira le bois, ou qu'ils n'en mettent une plus grande quantité qu'il n'en faut, lorsqu'on a fait le marché au cent. Il n'est nullement avantageux pour celui qui fait bâtir de faire un marché à la toise.

A l'égard des couvreurs, on est beaucoup plus trompé dans les réparations et les recherches que dans les ouvrages neufs ; ainsi on doit prendre garde qu'ils ne mettent de vieilles tuiles dans le milieu du comble, et les neuves dans la bordure, surtout quand on toise suivant les anciens usages, parce que par là les plâtres se toisent partout, et qu'ils se paient sur le même pied de la tuile autour de laquelle ils sont mis. A l'égard des menuisiers, il faut prendre garde qu'ils ne mettent de mauvais bois, tel que celui qui est plein d'aubier, ou qui est vert ou échauffé.

A l'égard des serruriers, avoir attention qu'ils ne fournissent de mauvais fers, et moins pesans qu'ils ne le mettent dans leur mémoire, ou qu'ils ne fournissent de vieilles serrures, quoiqu'ils les donnent pour neuves.

A l'égard des carreleurs, voir s'ils ne donnent pas du carreau mal cuit, s'ils ne le posent pas sur la poussière, au lieu de le poser sur le plâtre pur.

Ainsi, pour être moins trompé, on doit d'abord, à l'égard de la charpente, régler le toisé sur la longueur des bois, ce qu'on appelle *toisé de bout-avant*, et ne pas se servir du toisé aux us et coutumes; 2° fixer la quantité des bois qui entreront dans les combles, les planchers, les cloisons; leur grosseur différente, et la distance qu'il doit y avoir entre eux.

A l'égard des couvreurs, convenir que l'ouvrage sera toisé carrément de bout-avant, sans y comprendre les plâtres, les solins, les égouts, etc; mais à Paris, et dans les endroits un peu notables, les ouvriers travaillent à la toise. Voyez *Toise.*

Mal de cerf. Maladie des chevaux. C'est un rhumatisme qui leur tient les mâchoires et le cou si raides, qu'ils ne peuvent les mouvoir, pas même pour manger. Les yeux leur tournent; ils ont par intervalles de grands battemens de flanc et de cœur; tout leur corps est raide; et, si le rhumatisme est universel, ils courent grand danger de mourir. La cause de ce mal vient d'avoir passé d'une grande chaleur à un grand froid.

Les remèdes à ce mal sont de tirer du sang au cheval malade à plusieurs reprises, de lui donner des lavemens ramollitifs soir et matin, de laisser devant lui, pour nourriture, du son détrempé avec beaucoup d'eau, de lui frotter tout le tour du cou et des mâchoires avec de l'essence de térébenthine et d'eau-de-vie bien battues ensemble, afin de réchauffer les muscles refroidis. S'il a tout le corps entrepris, on lui frotte les reins avec l'onguent d'althæa et l'esprit-de-vin, et on le couvre bien.

Mal de feu ou *mal de tête.* Maladie des chevaux. On la connaît quand le cheval quitte l'avoine. Saignez-le aux tempes, et usez des remèdes qui sont dans les maladies du dégoût. On peut y ajouter celui-ci : prenez demi-once d'angélique en poudre, demi-once d'*assa-fétida* en poudre; mettez le tout dans un nouet de toile, attachez-le au mastigadour; mettez-lui le mastigadour deux heures; puis lui ôtez, et laissez-le manger une couple d'heures; remettez autant de temps le mastigadour. Le cheval jettera beaucoup de glaires, qui lui déchargeront la tête.

MALADIES. Les maladies viennent du dérangement ou de la corruption de quelque organe du corps, ou de la distribution irrégulière du sang dans les parties qui en ont besoin.

Quand l'hiver est bien froid, les maladies régnantes sont des pleurésies, des péripneumonies, des léthargies, des toux, des douleurs de poitrine, des vertiges, des apoplexies; toutes ces maladies sont causées par la densité des liquides et la contraction des fibres. Quand l'hiver est tempéré et humide, les maladies sont d'un caractère différent, telles que les fièvres ardentes, les hémorrhagies par le nez, des toux sèches sans expectoration; ce sont des effets du relâchement des fibres, de l'abondance des liquides; ainsi elles demandent une méthode curative différente des autres.

Les maladies du printemps, quand il est dans l'ordre de la nature, sont le retour des attaques des maladies invétérées, comme vapeurs, mélancolie, épilepsie, maux de gorge, pesanteur de tête, dartres, pustules, rougeoles, petites véroles, et autres maladies de la peau, occasionées par la transpiration qui cherche à se rétablir.

Les maladies de l'été sont les fièvres continues, ardentes, tierces, quartes, malignes et putrides, cours de ventre, sueurs colliquatives. Elles sont causées par l'acrimonie putride que contractent les fluides par la chaleur de l'atmosphère; les boissons rafraîchissantes et acides sont le remède le plus efficace, selon les plus habiles médecins, et ils n'ordonnent la saignée que lorsque le sang ne donne pas des signes de dissolution; ils ont soin d'évacuer avec les émétiques, ou avec les purgatifs sagement administrés.

Les maladies de l'automne sont les fièvres quartes, les hydropisies, les phthisies, les dyssenteries, les douleurs aux cuisses et aux hanches, les esquinancies, les mélancolies; d'où l'on a droit de conclure que l'automne est la plus dangereuse de toutes les saisons, parce que la transpiration insensible est trop diminuée par les froids.

Lorsque ces maladies proviennent de la même cause que celles de l'été, elles exigent les mêmes remèdes, c'est-à-dire, qu'on emploie les délayans ou les purgatifs , selon la nature de la maladie.

MALADIE *des bestiaux.* — *Préservatif* ou *remède pour prévenir la maladie des bestiaux, lorsqu'on s'aperçoit qu'elle règne déjà dans le voisinage.* Prenez de l'éthiops minéral, composé avec deux parties de fleur de soufre , et une de mercure cru bien frottés , jusqu'à ce que tout le mercure ait disparu, et de l'antimoine cru réduit en poudre très-fine , de chacun trois drachmes pour la plus faible dose , et quatre pour la plus forte ; une demi-once de thériaque de Venise, et une drachme et demie de corne de cerf calciné , et réduite en poudre : mêlez le tout ensemble, et, le pétrissant avec de bonne farine et du lait nouveau , faites-en une boulette, que vous donnerez en une dose pour une bête formée , lorsqu'elle a l'estomac vide , et pendant douze à quinze jours : mais on ne doit pas user de ce remède lorsque la bête est manifestement attaquée de la maladie. Il ne faut pas s'alarmer si les vaches , après avoir pris ce remède, perdent l'appétit et leur lait , car l'un et l'autre reviennent au bout de quelques jours. On doit surseoir le remède lorsque la bête est attaquée d'un flux de ventre violent. (*Journal économique, juin* 1758.)

Dès qu'on s'aperçoit que la maladie contagieuse est parmi les bestiaux, on commence par séparer les bœufs sains des malades ; ceux-ci s'en séparent et quittent volontiers les étables pour aller errer çà et là dans les champs ; on doit avoir soin de les étriller chaque jour, de changer leur litière de temps en temps ; de parfumer les étables, en y faisant brûler du bois de genièvre, du laurier , des herbes odoriférantes , du vinaigre sur une pelle rouge. Saigner au cou les bœufs malades, le même jour leur faire prendre une potion purgative, composée de séné, des feuilles de gratiole, des racines d'yèble, d'iris, d'azarum, de turbit, d'aloès, une once et demie de chacune, et avec deux poignées de farine d'orge et de blé, en faire trois ou quatre boules ; ou bien on en fera la décoction dans du jus de pruneaux. Le lendemain, on emploie les médicamens propres à exciter la sueur, comme une once de thériaque, avec une noix muscade, du girofle , de la canelle, de chacune une pincée en poudre dans une pinte de vin ; ou bien une écuellée de baies de genièvre , ou une once d'orviétan, autant de poudre de vipère dans une livre d'huile, et la même quantité de vin : pendant ce temps-là les tenir chaudement, les couvrir, les parfumer. D'abord, après le remède sudorifique, il faut percer le bas du fanon avec un couteau ou un fer rouge, et y passer un brin de la racine d'ellébore noir, ou herbe de feu, faute desquelles on peut employer le garou, l'herbe aux gueux, le pied de veau ou le tithymale, pour attirer sur cette partie un dépôt qui peut procurer leur guérison. Ce ne sont encore là que les remèdes préservatifs, pendant lesquels on fera boire à la bête de l'eau de son, et on la laissera manger du foin sec ou de la paille.

A l'égard des bœufs qui sont déjà attaqués, on leur fait observer un régime plus exact : on leur donne une once de thériaque dans une chopine de vin rouge ; on les purge le lendemain, s'ils ne l'ont pas été, et on diversifie les remèdes selon les accidens les plus pressans. S'ils font des efforts pour fienter, on leur donne des lavemens d'une décoction de son ou de mauve : s'ils ont le cours de ventre, on leur donnera des soupes de pain dans du vin, des fèves rissolées, en outre une once de thériaque dans une décoction de baies de genièvre, et de deux en deux jours : dans l'entre-deux on leur fait prendre une once de brique bien pilée dans des bols faits avec de la farine : s'ils ont la pousse ou essoufflement, on leur donne à boire de l'eau de son, dans laquelle on a fait infuser une once de soufre vif en poudre, une gousse d'ail, une poignée de sauge et un peu de vinaigre. (*Extrait de l'avis des professeurs en médecine de la faculté de Montpellier sur la maladie des bœufs du Vivarais.*) Voyez *Maladie des brebis*, à BREBIS.

Maladie des chevaux. Quoiqu'on ait indiqué dans cet ouvrage les différentes maladies des chevaux, il est bon de savoir qu'il y a des signes auxquels on peut connaître qu'un cheval est malade : ces signes, il est vrai, s'étendent souvent à des maladies différentes; mais ils ne méritent pas moins attention, et ils donnent lieu d'aller au devant du mal, en observant de plus près le cheval malade, pour trouver quelle peut être la cause de son mal. Voici quelques-uns de ces signes : la tête penchée, l'œil triste environné de larmes, les oreilles froides, le poil hérissé aux flancs, le battement de ces mêmes parties, s'il chancelle en marchant et qu'il pisse sans écarter les jambes, comme il fait ordinairement, lorsqu'il a du dégoût pour tout ce qu'on lui donne, etc.

MALANDRES et SOLANDRES. Maladies des chevaux. Les malandres sont des crevasses qui prennent au pli du genou, dont il découle des eaux rousses, qui causent de la douleur à un cheval et le font boiter. Ses solandres sont à peu près le même mal : il est plus rare et plus à craindre. Ces humeurs attaquent le jarret et les jambes, et les pourrissent par leurs mauvaises eaux : on ne doit pas compter de guérir entièrement ni les uns ni les autres, mais on doit user de remèdes qui adoucissent l'humeur. Un des meilleurs est de mêler de l'huile de lin avec de l'eau-de-vie par égale quantité, l'agiter jusqu'à ce que la matière soit blanche, et en graisser la partie affligée tous les jours. Ce remède apaise la douleur et empêche l'enflure ; le savon noir, l'huile de noix, sont encore de bons remèdes, l'un après l'autre.

MANDRAGORE. Plante qui est de deux espèces, l'une mâle, l'autre femelle. La première a des feuilles de bette : ses pommes, comme celles du cormier, tirent sur le jaune ; elles provoquent le sommeil. La femelle a ses feuilles noires ; ses pommes comme des cornes, mais pâles ; elle est sans tige comme le mâle. Le mandragore s'emploie extérieurement dans la douleur des yeux et dans les tumeurs dures. Elle se donne rarement par la bouche.

MANNE. Grains composés du suc visqueux de certains arbres, et de la rosée du matin, que l'on trouve sur leurs feuilles, surtout sur celles du frêne. La plus estimée est celle qui vient de la Calabre : elle doit être blanche et un peu jaunâtre, nette, un peu grasse, d'un goût doux et fade. La manne est plus chaude que froide : elle adoucit la gorge, la poitrine, purge la bile et les humeurs séreuses.

On la dissout dans du bouillon ou dans quelque autre décoction : on y ajoute quelque chose de rafraîchissant, comme le tamarin. La dose est depuis demi-once jusqu'à deux onces et demie ; elle corrige l'acrimonie du séné ; on peut dire qu'elle est le purgatif le plus usité.

MANNEQUIN. Est un ouvrage d'osier où l'on met certaines choses que l'on veut transporter, ou dans lesquels on plante des arbres : les mannequins sont plus petits que les mannes ; celles-ci sont faites différemment. On élève des arbres en mannequin, pour regarnir avec plus de facilité les places vides. On met ces mannequins en terre : on y met au fond quatre doigts de bonne terre , et ensuite l'arbre, après en avoir étété la tige et les racines , comme pour planter à demeure. On arrange les racines , et on les couvre de terre , l'arbre y fait sa pousse ; et quand on en a besoin , on découvre la terre autour, on enlève l'arbre avec le mannequin , et on le met dans le trou qu'on lui a préparé : on le couvre de bonne terre , et on le garantit des froids par quelque paillasson.

MAQUE ou *mâchoire*. Instrument pour briser le chanvre. C'est une espèce de petit banc, composé de deux pièces de bois, creusées de manière qu'elles s'emboîtent l'une dans l'autre au moyen d'une cheville. Celle de dessus est mobile , et , en la levant, on la rabat sur celle de dessous.

MAQUEREAUX. Poissons de mer que l'on mange frais au mois d'avril. *Manière de les apprêter :* fendez – les un peu le long du dos, videz – les , faites – leur prendre sel avec de l'huile, menu sel et poivre ; enveloppez-les dans du fenouil , faites – les griller , puis faites une sauce avec beurre roux , fines herbes hachées , muscade, sel , fenouil, câpres, filet de vinaigre ; ou bien on peut la faire avec du beurre roux , persil frit, sel, poivre et vinaigre. On peut encore les accommoder à la maître-d'hôtel, et, étant grillés, on met dans le corps du beurre, mêlé avec persil, ciboule hachée, sel , gros poivre.

MARAIS. On appelle *marais* de grands espaces de terre remplis d'eau, qui y croupit, et de grandes herbes, comme les joncs, les roseaux, etc.

Les marais ont leur utilité ; on peut, par quelques travaux, fertiliser les plus ingrats ; on peut en faire des étangs ; on fait arracher, pour cela, les racines, et on y pratique des rigoles et des levées convenables. On peut aussi les dessécher par des tranchées et des saignées pour en faire des jardins ou des prés. Les marais produisent des joncs, des roseaux, et autres herbes grossières dont on sait tirer profit à la campagne, comme pour faire des couvertures des étables, des chaumières ; on en fait des cabas, etc.

MARBRE. Sorte de pierre fort dure, fort polie, et difficile

à tailler. Le marbre sert d'ornement aux cheminées, on en fait des chambranles, on en couvre les commodes et les consoles; mais, comme il est coûteux, et qu'à la campagne on ne se soucie pas d'ornemens si recherchés, bien des gens se servent d'une espèce de mastic qui imite fort bien le marbre. Ce mastic est composé de gypse, qui n'est pas une pierre à plâtre, mais une espèce de gros talc ou pierre brillante que l'on trouve parmi les pierres à plâtre; on la fait calciner au four, on la broie dans un mortier, on la passe au tamis et on l'emploie avec de l'eau collée, ou de la colle de parchemin fondue; on y mêle les couleurs qu'on veut; et, lorsque le tout est sec, on le polit avec une pierre ponce et une peau de bœuf pour le rendre luisant.

MARC. Poids en usage pour peser l'or et l'argent. Le marc est composé de huit onces, l'once de huit gros, le gros de trois deniers, le denier de vingt-quatre grains.

MARC *de raisin*. C'est ce qui reste du raisin après avoir été foulé; on l'appelle *râpé* en quelques provinces.

MARCASSINS. On appelle ainsi les petits de la laie et du sanglier.

MARCHANDS et NÉGOCIANS (les) sont tous ceux qui font profession d'acheter pour revendre, afin de tirer du profit par leurs négociations. Ils sont contraignables par corps pour le fait des billets et lettres de change, et soumis au tribunal de commerce; ils doivent être patentés. Les marchands n'ont qu'un an pour demander ce qui leur est dû pour raison des marchandises par eux fournies à des particuliers, à moins qu'il n'y ait un compte arrêté par les débiteurs. A l'égard des petits marchands et des artisans, ils n'ont que six mois; mais cette exception n'a pas lieu de marchand à marchand. Les livres de marchand font foi entre eux en justice, quand il n'y a point de preuve contraire qui résulte du registre de l'autre marchand. Entre marchands et négocians associés, ils sont tous obligés solidairement; mais un particulier, qui n'est point marchand, et qui ne se mêle point des affaires du négoce pour tirer du profit de la marchandise ou de l'argent, n'est point justiciable du tribunal de commerce, ni sujet à la contrainte par corps pour raison d'aucun billet, soit au porteur, soit à ordre, valeur reçue, ou en marchandises ; il n'y a que les lettres de change qui puissent le soumettre au tribunal de commerce, et la contrainte par corps.

MARCOTTES (les) sont de jeunes branches, belles et fortes, dont on fait choix pour marcotter une plante. Pour cet effet, on fend une de ces branches par le milieu jusque auprès d'un nœud ; on a soin de tenir l'incision ouverte avec un petit morceau de bois, puis on la couche à terre et on la couvre de quelques pouces de terre ; ou, si elle court risque de se rompre en l'abaissant, on la fait rentrer dans un petit panier, que l'on remplit de bonne terre et qu'on pend à quelque branche. Lorsque la marcotte a pris racine, on la coupe et on la transplante ; on doit la bien couvrir de terre, l'arroser, et elle devient une plante annuelle.

MARE. C'est une grande fosse en carré long, que l'on construit dans quelque coin de la basse-cour, dans un terrain un peu en pente, et dans laquelle on fait écouler l'eau des pluies et autres dont on a la commodité. On doit la placer sur un fond de terre glaise et de tuf, afin que l'eau s'y conserve ; on doit l'environner d'un petit mur, haut de deux pieds, et pratiquer derrière quelques rigoles ou puisards, pour faire écouler l'eau quand il y en a trop.

La mare sert pour abreuver les bestiaux, lorsqu'on est éloigné de la rivière ou des ruisseaux, et pour y faire barboter les canards et les oies ; l'eau en est bonne pour arroser le jardin ; on peut aussi y mettre du poisson, qui y vient bien, surtout la tanche.

On fait aussi faire des mares à part pour rouir le lin et le chanvre, et tremper les osiers et clayons dont on a besoin.

MARÉCHAL FERRANT. L'art du maréchal pour bien ferrer les chevaux, consiste principalement à entretenir le pied des chevaux dans l'état où il est lorsqu'il est régulièrement beau, et d'en réparer les défectuosités lorsqu'il pèche dans sa forme et dans quelques-unes de ses parties. Voyez *Pieds des chevaux.*

Manière dont un maréchal doit ferrer un pied naturellement beau. 1° Il doit blanchir simplement la folle, c'est-à-dire, n'en couper que ce qu'il en faut pour découvrir la blancheur naturelle ; enlever le superflu des quartiers, observant d'y laisser de quoi brocher ; ouvrir le talon en penchant le boutoir en dehors, et non en creusant ; les abattre de manière que le pied étant à terre, l'animal soit dans une juste position ; couper le superflu de la fourchette ; ouvrir la bifurcation jusqu'à l'épanchement d'une espèce de sérosité, et non jusqu'au sang ; maintenir par le fer, comme par la parure, le sabot dans la configuration qu'il avait.

2° Ajouter à ce pied un fer qui l'accompagne dans toute sa forme, qui ne soit ni trop ni trop peu ouvert, ni trop léger, ni trop pesant, qui ait la même épaisseur aux éponges qu'à la pince, et qui ait quelques lignes de plus à la voûte qu'à cette dernière partie.

3° Il doit étamper un peu plus gras en dehors qu'en dedans ; il faut qu'il y ait quatre étampures de chaque côté, avec une distance marquée à la pince pour séparer celles de chaque branche. Ces étampures ne doivent être ni trop grasses ni trop maigres ; que le fer au talon ne soit point séparé du pied ; que les éponges ne débordent que proportionnément à sa forme, et que l'on aperçoive enfin pour la grâce du contour et de l'ajusture, une simple élévation tout autour de ce fer, depuis la première étampure jusqu'à la dernière en passant sur la pince.

Nous avons dit qu'il faut pencher le boutoir en dehors pour ouvrir les talons, ou pour les parer à plat. La plupart des maréchaux trouveront que cette méthode est totalement contraire à leur pratique ordinaire ; mais on ne doit pas s'en inquiéter. Toujours guidés par une fausse routine, et jamais par le raisonnement, ils ne cessent de creuser, au lieu d'abattre, c'est-à-dire, qu'ils coupent continuellement la portion de l'ongle qui se trouve entre la fourchette et le talon ; en sorte qu'au moment où ils croient ouvrir cette partie, ils la resserrent de plus en plus ; et, en effet, dès qu'ils enlèvent l'appui qui étaie et qui sépare le talon et la fourchette, les parois extérieures de l'ongle n'étant plus gênées, contenues, et n'ayant plus de soutien, se jettent et se portent en dedans, d'autant plus aisément, que le tissu de la corne est tel, qu'il tend toujours àse contracter ; de là une des causes fréquentes de l'encastelure ; et c'est ainsi que le plus beau pied devient difforme, quand il est livré à des mains ignorantes. *Dictionnaire Encyclopédique.*

MARGUERITE. Plante qui croît dans les prés : on en cultive dans les jardins, dont les fleurs sont de diverses couleurs. La cultivée à fleur rouge est un bon vulnéraire pour résoudre le sang coagulé, pour les plaies et les contusions.

Les marguerites se multiplient de plant enraciné : on s'en sert volontiers dans les parterres au lieu de gazons : leur émail forme un agréable coup d'œil.

MARI. Puissance ou autorité du mari : elle ne consiste pas seulement dans un simple respect et déférence de la part de la femme, mais dans une sorte d'autorité que le mari acquiert sur sa femme et sur ses biens du jour de la célébration du mariage, en sorte que la femme ne peut valablement s'obliger si elle n'est autorisée de lui; autrement, les obligations qu'elle contracterait seraient nulles.

MARIAGE (le), est un acte civil (et en même temps un sacrement de la loi nouvelle) par lequel l'homme et la femme sont joints d'un lien indissoluble qui ne se peut dissoudre que par la mort de l'un des deux. Le consentement des conjoints donné, selon les lois de l'Etat, est ce qui constitue l'acte civil reçu par l'autorité municipale.

L'acte civil doit précéder la bénédiction nuptiale. L'union des époux est ordinairement précédée d'un contrat par-devant notaire. Le contrat étant signé, il n'est plus permis de rien changer, si ce n'est par des actes séparés, signés par les personnes qui y ont assisté. Ainsi, toutes contre-lettres contre les contrats de mariage, faites hors la présence des parens, sont nulles. Les contrats de mariage sont susceptibles de toutes sortes de clauses.

On compte cinq conditions requises pour la validité d'un mariage : 1° le consentement des père et mère, ou celui des tuteurs ou curateurs pour le mariage des mineurs. A l'égard des enfans dont les père et mère sont hors du royaume, ils peuvent contracter mariage s'il est impossible d'avoir ce consentement, mais ils doivent avoir celui de leurs tuteurs; et, s'ils sont hors d'âge d'en avoir, ils doivent avoir celui de leurs parens ou alliés; et, à leur défaut, de leurs amis ou voisins; le tout conformément à la déclaration du roi, du

6 août 1686. A cet effet, il doit être fait devant le juge royal, le procureur du roi présent, une assemblée de six des plus proches parens ou alliés, tant paternels que maternels; et, à leur défaut, de six amis ou voisins, pour donner leur avis au consentement, s'il y échet, dont il doit être fait mention dans le contrat de mariage qui doit être signé d'eux; 2° la proclamation des trois bancs, en la paroisse de l'un et de l'autre des conjoints, faite un jour de dimanche ou de fête; 3° l'assistance de quatre témoins dignes de foi et domiciliés, lesquels doivent certifier bien connaître ceux qui veulent se marier, s'ils ne sont pas connus du curé; 4° la bénédiction nuptiale du curé ou du vicaire de l'un des conjoints. Au reste, le temps suffisant pour acquérir domicile dans une paroisse, à l'effet d'y pouvoir contracter mariage, est au moins de six mois à l'égard de ceux qui demeuraient auparavant dans une autre paroisse de la même ville ou du même diocèse, et d'un an pour ceux qui demeuraient auparavant dans un autre diocèse; 5° il faut qu'il n'y ait aucun empêchement au mariage qui en cause la nullité, ni même une opposition. Le défaut de l'une de ces conditions emporte nullité de mariage; excepté, 1° celle des trois bans, dont on peut obtenir dispense : bien plus, l'omission de la publication des bans ne fait pas déclarer nul un mariage contracté entre majeurs; 2° excepté qu'on n'ait obtenu dispense de l'empêchement même dirimant; 3° excepté qu'on n'ait obtenu de l'évêque ou du curé la permission de se marier dans une autre église que sa paroisse. Les juges d'église sont seuls compétens pour connaître des causes du mariage, par rapport à leur validité; mais ils ne peuvent point connaître ni prononcer sur la séparation de corps et de biens des maris d'avec leurs femmes, ni sur les conventions matrimoniales : ainsi, après avoir déclaré les promesses du mariage nulles, ils renvoient les parties devant le juge ordinaire. Les juges séculiers peuvent néanmoins connaître indirectement des causes du mariage, comme lorsqu'il s'agit de rapt, et ce par la voie criminelle, ou des choses temporelles qui résultent du contrat de mariage.

Comme on vient de parler des empêchemens, il est bon de savoir qu'il y en a de deux sortes : les uns empêchent qu'on

ne puisse contracter mariage sans crime, mais ils n'empêchent pas la validité du mariage, c'est ce qu'on appelle *em-
péchemens empéchans*. La connaissance de ces sortes d'empêchemens regarde les casuistes. Les autres empêchemens
sont appelés *dirimans* : ceux-ci sont plus forts, car ils rendent le mariage nul, et empêchent que le sacrement n'ait
son effet : voici les principaux empêchemens de cette espèce :
1° le bas âge, car il faut que ceux qui se marient soient en
état d'avoir des enfans; les mâles ne peuvent se marier qu'à
quatorze ans, les filles à douze; la vieillesse n'est point un
empêchement; 2° la parenté, jusqu'au quatrième degré, suivant le droit canon, que l'on suit en cette matière : mais
ceux qui sont au quatrième degré peuvent obtenir dispense
de leur évêque pour se marier; on en obtient aussi de la cour
de Rome pour le troisième degré, mais pour le second elles
sont très-rares; 3° la bigamie, c'est-à-dire, d'être marié avec
un autre, car il est défendu d'avoir deux maris, ou deux
femmes en même temps, à peine de nullité du second mariage, et de punition exemplaire; 4° la profession ou l'enga-
gement dans les ordres sacrés de sous-diaconat, diaconat et
de prêtrise; 5° la mort civile, causée par le bannissement à
perpétuité, ou par la condamnation aux galères perpétuelles,
et celle de mort prononcée contre les absens, n'empêchent
pas l'effet du sacrement; mais le contrat de mariage de ces
personnes ne produit aucuns effets civils, et leurs enfans ne
sont point considérés comme des enfans légitimes; mais si
l'un des conjoints est dans la bonne foi, c'est-à-dire, s'il a
ignoré l'empêchement, le mariage a tous ses effets, tant à
son égard qu'à l'égard des enfans qui en sont nés, à moins
que l'empêchement ne vienne d'une ignorance qui ne serait
pas excusable.

Les mariages clandestins, c'est-à-dire, ceux qui demeurent
cachés pendant toute la vie de l'un des conjoints, ne produisent aucuns effets civils; il faut, pour les rendre publics,
qu'ils soient précédés de publication de bans, et célébrés
avec les formalités requises. Les mariages faits, à l'extrémité
de la vie, avec une concubine ne produisent aussi aucuns
effets civils.

Le mariage doit être célébré en présence du propre curé

de l'un des futurs conjoints; l'usage a voulu que ce fût en présence du curé de l'épouse; il ne doit l'être qu'après la publication des bans, et en présence de témoins dignes de foi. Un curé ne peut pas marier des personnes qui ne sont pas de sa paroisse, s'il n'en a une permission par écrit de leur propre curé, ou de l'évêque diocésain. Pour obvier aux fraudes, tout curé ou prêtre commis doit s'informer avec soin du domicile des parties, de leurs qualités, et s'en faire certifier par le témoignage de trois ou quatre témoins dignes de foi. La célébration du mariage se prouve par l'extrait du registre des mariages; et, si le registre est perdu, par d'autres titres et par témoins.

MARINADE. On appelle ainsi une sauce dans laquelle on met tremper les choses que l'on veut relever. Par exemple, une marinade de poulets se fait avec du jus de citron, verjus ou vinaigre, sel, poivre, clous, ciboules, laurier. On laisse dans cette sauce, l'espace de trois heures, des poulets par quartiers; ensuite on fait une pâte avec de la farine, du sel, de l'eau et un œuf, le tout bien délayé : on y met un morceau de beurre fondu; on bat le tout dans une casserole; on trempe les poulets dans cette pâte, et on les fait frire dans du sain-doux.

On marine des côtelettes de veau dans une sauce de la même sorte; puis on les égoutte, ou dans une pâte, comme ci-dessus, ou bien on les farine sans pâte, et on les fait frire dans la poêle.

MARJOLAINE. Plante odoriférante : on en fait des bordures dans les potagers. Il y a la grande et la petite; la grande pousse des tiges à la hauteur de trois pieds; ses tiges sont rougeâtres, et ses fleurs en gueule : on cultive la petite dans les pots, et à l'ombre. L'une et l'autre se multiplient de semence et de plant enraciné en avril. Elle est tendre à la gelée; la graine en est petite, de couleur brune et marquée de blanc.

MARMENTAUX. On appelle ainsi les bois qui sont autour d'une maison ou d'un parterre, pour y servir d'ornement ou d'abri, et auxquels on ne touche point.

MARNE (la), est une moelle terrestre ou pierreuse. On a droit d'inférer qu'il y en a dans les endroits où la charrue fait remonter une terre grise et sablonneuse, ou bien dans ceux où l'on trouve une terre argileuse, stérile, mais grasse, ou même de la pierre de chaux, surtout si ces pierres sont friables et grasses. Il y a de la marne sablonneuse, d'autre argileuse, d'autre pierreuse : toutes ces espèces s'accordent en ce qu'elles sont fort pesantes. L'argileuse ne se trouve ordinairement que par lits répandus çà et là. Celle qui est bleue est meilleure que la jaune. La marne argileuse doit rester exposée à l'air, au moins un an, avant que de l'employer. Il faut quinze à vingt charretées de marne pierreuse ou argileuse pour un arpent; on la met par tas pendant quelque temps. A l'égard de la terre sablonneuse, il n'en faut que cinq où six, et on la répand également. La marne est de beaucoup de durée, et le terrain qui en est couvert se ressent de sa vertu pendant vingt-quatre à trente ans. La marne échauffe et adoucit la terre, et ne convient qu'à un terrain froid et humide.

Selon M. Duhamel, on doit employer une moindre quantité de marne blanche, qui est celle où il ne se trouve point de cailloux, que de celle qui est propre à faire de la chaux. On en doit employer trente à trente-cinq tombereaux pour marner un arpent de cent perches carrées, la perche de vingt-deux pieds; il en faut un quart de plus pour la seconde. Le tombereau doit contenir dix-huit boisseaux; on mesure la marne comble; il en faut moins dans les terres légères et caillouteuses que dans les fortes. Il y a des personnes qui sont d'avis de n'en répandre d'abord que la moitié de ce qu'on juge que le terrain en peut porter, et de répandre l'autre moitié cinq ou six ans après, et même une moindre quantité, si la première marne a produit une grande fertilité.

MARRONNIER. Espèce de châtaignier, dont le fruit est plus gros et plus agréable que les châtaignes ordinaires; il croît dans le Lyonnais, le Dauphiné et autres provinces des environs. Voyez *Marrons*.

Marronnier d'Inde. Il est ainsi appelé, parce qu'il nous a été apporté des Indes. Il vient vite, croît de semence, et vient dans toutes sortes de terroirs. Après avoir labouré un espace de terre, on fait des trous au niveau d'un cordeau; on y met les marrons, on les couvre de terre, le tout au mois de novembre ou à la fin de février. La première année, on les ferfouit : la suivante, on leur donne trois ou quatre labours plus profonds ; lorsqu'ils ont dix pieds de haut, on s'en sert pour faire des plants ; on les replante sur deux pieds de profondeur et trois de large, à deux toises l'un de l'autre ; ils figurent fort noblement dans les grandes allées des jardins, et forment un bel ombrage. Pour leur faire la tête belle, on doit les étèter en bec de flûte, en tournant la coupe du côté où le soleil ne donne point ; on enveloppe la coupe avec du foin haché et pétri avec de la terre, de peur que la plaie ne pénètre le cœur de l'arbre ; on doit leur couper toutes les branches qui viennent, à la réserve de la plus belle, que l'on appuie comme une petite perche liée au tronc de l'arbre en deux endroits : au reste, le bois de cet arbre ne vaut rien, il ne peut servir qu'à des ouvrages grossiers de la campagne.

MARRONS. On appelle ainsi les grosses châtaignes, car elles ne sont telles que parce que les marronniers ont été entés, l'arbre qui vient de semence n'en produisant que de très-petites ; pour cet effet, on prend des greffes de l'espèce de châtaignes que l'on veut avoir ; l'ente se fait en flûte et non en fente, et il y en a de différentes espèces ; les meilleurs marrons viennent du Dauphiné.

Les marrons rôtis, bien dépouillés de leur membrane intérieure, et assaisonnés de jus d'orange et de sucre, sont un mets agréable, mais point sain, si on en mange beaucoup.

Marrons d'Inde.—Manière de les préparer pour engraisser le bétail. Faites de l'eau de chaux, c'est-à-dire, jetez vingt-quatre pintes d'eau sur la huitième partie d'un boisseau de chaux vive, mise au fond d'un petit cuvier à lessive. Lorsque la chaux est bien éteinte, tirez-en l'eau par le conduit du cuvier, et faites bouillir les marrons dans cette eau, après les avoir piqués en deux ou trois endroits avec une alène. Lorsque les marrons ont été assez amollis, faites-les peler et ensuite tremper vingt-quatre heures en eau fraîche. Bien des personnes les ont employés avec beaucoup de succès et de profit pour engraisser le bétail.

Méthode pour ôter aux marrons d'Inde leur amertume et les rendre doux et mangeables, au moins pour les animaux. Ayez un grand cuvier rempli d'eau commune ; jetez-y vos marrons d'Inde ; il serait bon de faire aux deux extrémités du marron une entaille ou incision d'environ trois lignes, pour faciliter la pénétration de l'eau. Ils s'amolliront, et perdront, en se gonflant, un peu de leur amertume ; ensuite videz cette eau entièrement, ce qui est très-facile à faire, au moyen d'un trou pratiqué au bas du cuvier ; remplissez de nouveau votre cuve d'eau ; après quatre ou cinq opérations semblables, les marrons deviendront très-doux ; pour s'en assurer, on en goûte à chaque opération, et on continue jusqu'à ce qu'on ait réussi ; quand on a atteint ce point, on peut broyer les marrons et les réduire en une espèce de pâte et de farine, dont on peut donner à manger à la volaille et aux porcs pour les engraisser. L'événement justifiera la bonté de cette méthode.

On a reconnu, après diverses expériences, que les marrons d'Inde contenaient une grande quantité de sucs savonneux et détersifs, dont on peut tirer du profit : on a essayé de les employer comme le savon pour blanchir le linge et dégraisser les étoffes, et on a éprouvé que l'eau seule dans laquelle on avait mis tremper des marrons d'Inde, réduits en poudre, a suffi pour dégraisser parfaitement des bas de laine ; d'où on doit conclure que cette eau est fort bonne pour blanchir le linge. Il est vrai de dire que, pourvu qu'il ne soit pas absolument trop chargé de graisse, on peut le blanchir sans autre secours, et, par ce moyen, épargner une grande quantité de savon. Voici la manière de préparer les marrons : prenez une quantité raisonnable de marrons d'Inde, pelez-les et râpez-les ; jetez-les dans l'eau, à raison d'une douzaine de marrons sur quatre pintes d'eau. Lorsque les sucs seront délayés, ce que l'on connaît à la couleur blanchâtre de l'eau, on en lave le linge, qui se dégraissera et deviendra d'un blanc un peu bleuâtre, mais qui n'a rien de désagréable ; s'il y a des taches de graisse trop opiniâtres, on les frotte avec un peu de savon : au reste, on doit employer l'eau un peu chaude et plus que tiède.

Autre usage qu'on peut faire des marrons d'Inde. C'est de les faire servir de lampes de nuit. Pour cet effet, on doit peler les marrons, les faire sécher, puis les percer de part en part avec une très-petite vrille. Lorsqu'on veut s'en servir, on les fait tremper pendant vingt-quatre heures dans quelque huile que ce soit ; ensuite on en prend un, et on y passe à travers le trou qu'on a fait une petite mèche longue comme le petit doigt, et on le met dans un petit vase de terre où il y a de l'eau, et on allume la mèche, qui donne de la lumière jusqu'au jour.

Moyen de les faire servir de pâte à décrasser les mains. Il faut pour cela les faire bien sécher, soit au soleil ou au four ; puis les piler dans un mortier couvert comme ceux des parfumeurs, et les réduire en poudre fine. On s'en sert comme des pâtes ordinaires ; un peu d'eau froide suffit.

MARRUBE. Plante fort commune qui croît dans les lieux incultes. Il y a le blanc et le noir ; le blanc jette beaucoup de tiges ; les feuilles sont larges d'un pouce, et rondes ; il est employé dans les affections du poumon et la toux invétérée ; dans la jaunisse, pour fortifier l'estomac. Le noir a les fleurs rouges, qui sont d'une odeur puante, croît dans les lieux ombrageux, est vulnéraire, bon contre la morsure des chiens. La décoction du marrube noir est fort bonne dans l'affection hypocondriaque.

MARS. *Travaux à faire pendant ce mois.* On doit donner le premier labour aux vignes, et la seconde façon aux terres en jachère, semer les mars et autres petits blés, mettre le jardin en bon état, greffer les arbres ; c'est le temps d'acheter des bœufs à bas prix, parce qu'ils sont maigres ; donner le premier labour aux jardins ; replanter les choux pommés et les choux de Milan qu'on a mis en pépinière ; faire des couches pour replanter les melons. A l'égard des fleurs, semer les fleurs annuelles, œillets d'Inde, passe-velours, roses d'Inde ; recouvrir les belles tulipes pendant les gelées de nuit ; replanter vers le milieu du mois les violettes de mars, jacinthes, tubéreuses, marguerites.

MARS. On appelle ainsi les menus grains, parce qu'on les sème vers le mois de mars, et on comprend sous ce nom l'avoine, l'orge, la vesce, la dragée, qui est un mélange de vesce d'été ou de pois avec un tiers d'avoine ; il y a des gens qui mettent de ce nombre certains légumes, comme les fèves, les lentilles, les lupins, etc.

Les mars sont d'un grand usage pour la nourriture des bestiaux. Ces menus grains viennent plus vite que les autres ;

ils se plaisent dans les terres légères; on doit leur donner deux labours, l'un avant l'hiver, et le second lors de la semaille : il ne leur faut que trois mois pour venir de semence à graine, mais ils ont besoin de temps en temps de pluie.

MARTE. Espèce de belette, grosse comme un chat, mais plus longue : son poil est d'un jaune foncé; elle a les dents pointues, et détruit les poules et les pigeons. On fait la guerre à ces animaux avec des bassets, qui vont les relancer dans les poulaillers, dans les granges, et on les tue à coups de fusil; il y a aussi divers piéges avec lesquels on les attrape.

MASTIC. Gomme ou résine qui découle, en été, des branches du lentisque. Le meilleur est celui qui est en grosses larmes, claires et transparentes; on s'en sert pour arrêter les vomissemens; il abaisse les vapeurs qui montent de l'estomac à la tête, il fortifie le genre nerveux. Sa dose est depuis demi-scrupule jusqu'à deux.

On entend aussi, par le mot de *mastic,* une composition de poudre de brique, de cire et de résine, pour lier ensemble diverses parties du bois et d'autres matières.

Mastic pour rejoindre les marbres cassés. On le fait avec une poudre de marbre bien broyée, de la colle forte et de la poix ; on y ajoute quelque couleur semblable à celle des pièces de marbre qu'on veut rejoindre.

MATELOTE. On appelle ainsi un ragoût de poissons que l'on fait avec une carpe, une anguille, de la tanche, un brochet, du barbeau et autres; écaillez tout ce poisson, videz-le, coupez-le par morceaux ; mettez-le dans une casserole avec champignons, ognons piqués, un peu de thym, sel, poivre, verre de vin blanc, un peu de jus d'ognon ; faites-le bouillir à grand feu; et, lorsque le court-bouillon est à demi réduit, faites un roux avec un bon morceau de beurre et un peu de farine dans une autre casserole ; videz-le bouillon de la matelote dans le roux, délayez-l'y, et revidez-le dans la matelote ; achevez de la faire cuire.

MATRICAIRE. Plante qui croît en terre grasse; sa feuille est blanche au dehors et jaune en dedans, et est d'un goût fort amer ; son usage est dans les maux de la matrice; elle abat les vapeurs, et est bonne contre le sable des reins, l'hydropisie, les vers.

MAUVE *de jardin.* Plante dont la tige est haute et assez ferme. Ses fleurs sont grandes comme des roses et fort belles ; elles sont simples ou doubles. On s'en sert en gargarisme pour toutes les affections de la bouche.

Mauve sauvage. Elle croît dans les lieux incultes et la terre grasse : on s'en sert pour les maladies du poumon.

MAUVIETTES. *Manière de les faire rôtir.* Étant plumées et refaites sur la braise, piquez-les de menu lard , mettez-les dans une brochette attachée à la broche , et les faites cuire; on ne les vide point.

MÉDECINS. La cause des médecins est toujours très-favorable quand ils demandent en justice leurs honoraires. Ils sont même préférés à tous autres créanciers pour raison de la dernière maladie dont le défunt est décédé , parce qu'ils font partie des frais funéraires , et qu'ils ont le même privilége; mais, comme ils pourraient prendre un grand empire sur l'esprit des malades, les lois ont modéré les libéralités excessives qu'un malade aurait faites pendant sa maladie en faveur de son médecin, et les ont réduites à une certaine somme, eu égard à la qualité des personnes, et aux services des médecins. Voilà pourquoi, parmi nous , un médecin est incapable de legs et donations faites pendant la maladie dont le malade vient à décéder. Les médecins, ainsi que les chirurgiens et apothicaires, doivent faire la demande de leurs honoraires dans le temps préfix par la loi , c'est-à-dire , dans un an , à compter du jour qu'ils ont cessé de visiter le malade ou de le soigner , à moins qu'ils n'aient un titre , ou fait une interpellation judiciaire.

Quand ils viennent dans l'an , ils sont reçus à leur serment; mais, si c'est après qu'ils intentent leur action, le juge peut seulement s'en rapporter au serment de celui qui dit avoir payé.

MÉLILOT. Plante de la nature du trèfle : elle a des tiges hautes de deux ou trois pieds ; ses fleurs sont jaunes et faites en épis. Le mélilot croît dans les endroits pierreux et le long des chemins : on se sert des feuilles et des fleurs de cette plante dans les cataplasmes résolutifs et émolliens, avec la mauve et la guimauve. Enfin , le mélilot est usité partout où il s'agit de ramollir et de faire suppurer.

MELISSE. Plante de jardin. Elle a les feuilles vertes, un peu velues et dentelées : son odeur approche de celle du citron ; de là vient qu'on l'appelle aussi *citronnelle :* on la multiplie de plants enracinés. Elle est fort bonne pour les affections de la tête, du cœur, de l'estomac, de la matrice, dans la mélancolie, l'apoplexie, l'épilepsie, le vertige. On se sert des feuilles et des fleurs en manière de thé : on en met une pincée de sèches pour un demi–setier d'eau.

MELON. Fruit d'été fort connu. Il vient sur des couches : sa chair est rouge, sa graine petite ; sa feuille approche de celle de la vigne ; sa fleur est jaune. Les bons melons ont un goût exquis par leur eau fraîche, sucrée et vineuse: il y en a de plusieurs espèces. Les sucrins sont de la première ; on les appelle ainsi, parce qu'ils ont la chair fondante, le goût relevé et le suc délicat ; ils sont d'une forme ronde, un peu allongée, ont l'écorce très-bien écrite ou cordelée. La seconde espèce est de la même forme ; ils ont les côtes marquées par des enfoncemens ; leur chair est plus ferme, mais n'est pas si délicate. La troisième est plus grosse que les autres, et plus allongée : les côtes en sont plus grosses et relevées, et leur écorce est épaisse du double : la chair en est ferme, d'un bon goût, mais moins délicate que celle des précédens.

En général, les meilleurs melons sont ceux des pays chauds. Ceux qui réussissent le mieux dans les climats tempérés sont le melon français, le melon maraicher, le melon des carmes, le melon de Langeais, le sucrin de Tours. On sème les melons vers la fin de janvier sur couche un peu chaude, et dans une melonnière ; cette melonnière doit être dans un endroit le plus exposé au midi, et surtout à l'abri des vents froids, soit par des murs hauts, seulement de trois ou quatre pieds du côté d'où vient le soleil, soit par des brise–vents, faits de paille avec des perches : on doit faire tremper la graine quelques heures, et on en met trois grains sous chaque cloche : on a grand soin de les garantir du froid sur cette première couche.

Devenus plus forts, il faut les transplanter sur une autre, les arroser de temps en temps, surtout dans les chaleurs, et leur découvrir un peu la cloche dans les beaux jours : dès qu'on n'a plus rien à craindre du froid, on doit ôter les cloches, les arroser jusqu'à ce qu'ils soient en fleur, mais un peu moins, et leur couper les branches à un nœud au-dessous de la fleur; on connaît qu'ils sont mûrs, quand la queue veut se détacher du fruit, qu'il commence à jaunir autour de la queue, et qu'il a une pesanteur remarquable. On en donne aussi d'autres marques à peu près semblables, en trois mots latins, *pondus, odor, scabies*, le poids, l'odeur, les côtes raboteuses.

1° *Nouvelle méthode pour dresser une melonnière.* La meilleure terre pour les melons est une terre forte, de couleur de rouge brun foncé, le grain caillouteux; le roc qui se trouve dessous doit être plein, et il doit y avoir un pied et demi de terre au-dessus de ce roc; il faut nettoyer la terre de toutes pierres : au défaut d'une pareille terre, une terre sablonneuse leur convient parfaitement, en la mêlant avec un peu de terre forte.

2° On doit choisir un terrain trois fois plus étendu que la quantité de melons qu'on veut cultiver, et la partager en trois portions. La première, pour les melons; la seconde, pour y mettre des légumes; la troisième, pour n'y rien mettre pendant une année, et y mettre les melons l'année d'après.

3° Préparer la terre par un premier labour, d'un pied de profondeur, à l'entrée de l'hiver; la mettre en gros sillons; en donner un second au mois de mars, et mêler alors avec la terre de bon fumier de cheval; un troisième vers le 15 d'avril, à un pied de profondeur, et ouvrir des trous ou petites fosses de neuf pouces de profondeur et de vingt pouces de diamètre, à cinq pieds de distance et en quinconce, et les garnir de fumier de cheval à demi pourri, qui aura jeté son feu, et, à son défaut, de celui de mouton, mais bien pourri : donner quelques autres labours pendant l'été, et ouvrir de temps en temps la terre, et l'arroser de quelques courans d'eau, si on en a.

4° Pour semer ou planter les melons, choisir une bonne graine, et de l'espèce qu'on veut cultiver; elle doit être de celle des melons les plus gros, les mieux faits, et de celle qui est dans le tiers du melon du côté de la fleur, et qui est attenante aux côtes d'en haut. La plus vieille est la meilleure; on la fait tremper dix à douze heures dans du fort vinaigre, où l'on a délayé un peu de suie de cheminée, afin que les souris ou les mulots ne l'aillent point manger; mettre cette graine dans le fumier, dont on aura garni chaque trou, deux par deux, à trois pouces de profondeur, et à six de distance les uns des autres; recouvrir la graine avec le fumier, et le fumier avec du terreau pourri, et observer de ne pas mêler ensemble les différentes espèces.

5° Lorsque les graines sont levées, et qu'elles ont jeté quatre petites feuilles, supprimer les petites tiges, n'en laisser que quatre ou cinq à chaque trou; donner un nouveau labour à la profondeur d'un trou; arroser souvent les jeunes plantes dans le temps chaud ou sec, et d'un plein arrosoir d'eau sur chaque tige; car il faut toujours les arroser abondamment et de bonne eau, point croupie ni trop froide, comme est souvent celle de puits; donner tous les quinze jours un labour léger dans les intervalles entre les trous. On cesse les arrosemens lorsque les fruits de la première taille sont parvenus à leur grosseur naturelle, à moins qu'il ne vînt des chaleurs excessives; en ce cas, on doit arroser légèrement la terre pour la tenir humectée.

6° Tailler les tiges des melons dès qu'elles ont poussé cinq à six feuilles; et, pour cela, couper avec un petit couteau bien tranchant le bout de la tige au-dessous des trois premières feuilles : on ne doit point toucher aux branches, quand elles commencent à donner des fleurs à fruit, ni retrancher les fausses fleurs, car elles suppléent souvent au défaut des autres, et ne retrancher d'autres feuilles que celles qui tiennent aux branches supprimées par la taille; mais on peut ôter celles qui commencent à jaunir : on conserve les filets qui sortent des branches.

On fait la seconde taille lorsqu'on a découvert deux formes de petits melons qui seront de belle apparence ; elle consiste à retrancher avec le petit couteau le bout de la branche qui porte le fruit qu'on veut conserver, et à deux ou trois feuilles au-dessus du fruit, et ne couper les petites branches qu'à deux nœuds de la maîtresse branche. Comme il y a toujours assez de quatre melons sur chaque pied, on doit, dès que le fruit est formé, supprimer toutes les petites branches qui ont des fleurs à fruit, lorsqu'elles sortent du même pied où est la fleur à fruit qu'on a choisie pour la conserver, parce qu'elles atté-

nuent la plante, et supprimer les petits melons qui ont manqué et qui ont une forme d'embryon, et les réparer par d'autres qui paraîtront venir sur la même branche.

On fait la troisième taille aussitôt que les melons de la première sont aux trois quarts formés : on retranche toutes les
fleurs à fruit comme dans les précédentes, à l'exception de
deux ou trois de la plus belle apparence, et que l'on conserve.
Dans toutes les tailles, on doit sarcler et bêcher la terre,
mais non entre les branches. Après ces trois tailles, on laisse
pousser librement aux branches tous les jets qu'elles veulent,
et on ne retranche que les fleurs à fruit, et on se garde de
supprimer les feuilles qui semblent presque couvrir le melon.

Au reste, les melons de la seconde taille ne sont point nuisibles à la maturité des premiers; il en est de même des
fruits de la troisième; à l'égard de ceux de la seconde, ils
aident, au contraire, à l'opération de la nature, en privant
les fruits premiers des sucs dont ils n'ont plus besoin. Le vrai
temps de cueillir un melon, c'est lorsqu'il est les trois quarts
changé de couleur; qu'il semble se détacher de sa tige.
Étant cueilli, on doit le mettre sur de la paille fraîche, dans
un lieu sec, et l'y laisser jusqu'à ce qu'il ait son point de maturité; on le connaît à l'odeur qu'il exhalera, car elle sera
plus forte et plus gracieuse qu'auparavant : c'est le point de
maturité qui décide de la bonne qualité d'un melon; ainsi
il faut les cueillir à ce point.

Le temps de le manger est lorsque son eau ne coule pas
trop abondamment en le coupant, que sa chair n'est ni trop
ferme ni trop molle, qu'elle est vive et transparente, que
l'écorce en est amère et verte en dedans, qu'il a un goût
vineux et sucré, et qu'il laisse dans la bouche une odeur.

Pour faire un choix d'un bon melon entre plusieurs, il
faut préférer celui qui, à volume égal, pèse le plus, et dont
la queue, en la goûtant, paraît amère. Lorsqu'un melon est
odoriférant, et qu'il sent fort son espèce, c'est une marque
qu'il est passé : s'il rend un certain son en le faisant sauter
dans la main, c'est une marque qu'il n'est point mûr, ou
qu'il n'a point d'eau; si la queue est sèche et ridée, c'est
signe qu'il a été prématuré de beaucoup.

Pour faire venir des melons, on est obligé, dans les contrées tempérées ou froides de la France, d'avoir recours aux couches et aux cloches : ce dont on est dispensé dans les provinces méridionales de la France, où l'on peut les faire venir en pleine terre.

Les couches destinées pour les melons doivent être composées de fumier de cheval et d'un quart pourri ; on en doit faire une bonne provision ; sur quoi il faut remarquer que plus on a de couches proche les unes des autres dans le même terrain, mieux on réussit ; on doit placer ces couches dans l'aspect le plus exposé au soleil, et à l'endroit du jardin le plus à l'abri des vents ; celui du côté des étables est le meilleur quand la chose est possible : il faut réunir dans le même canton toutes les cultures des autres plantes qui demandent des couches. Les couches où l'on sème d'abord les melons ne doivent pas être les mêmes que celles où on les cultive par la suite. Un petit espace suffit pour les premières, et on peut y élever un grand nombre de melons, parce qu'on ne les y laisse qu'autant qu'ils sont jeunes, temps où ils n'occupent guère de place ; on sème la graine sur les premières couches, on les y couvre de paillassons ; et, lorsque les melons ont acquis un certain degré de force, on les transplante sur d'autres couches.

Comme tout le fumier n'est pas également pourri, on doit les mêler ensemble.

Ces premières couches doivent avoir le côté tourné au midi, au lieu que celles qui sont destinées à demeurer doivent avoir les deux bouts exposés l'un au midi, l'autre au nord, et les deux côtés au levant et au couchant ; on doit les faire avec un cordeau ; on leur donne vingt pouces ou un pied et demi de haut sur trente-six pouces de large par le bas, et trente par le haut. On doit fouler bien le fumier avec les pieds, et de manière que tout soit bien uni ; mettre six à sept pouces de terreau par-dessus, partout également, et l'aplatir ; ce terreau vient des mêmes couches de l'année précédente ; marquer la place des cloches, et les y distribuer en quinconce sur trois rangs en lignes égales ; on se règle là-dessus sur la largeur des cloches. Avant de semer sur couche, laissez passer trois ou quatre jours pour que les fumiers dont on les a composées puissent fermenter.

Nouvelle manière de semer les melons en pépinière sur les premières couches.

Il faut faire provision de beaucoup de petites corbeilles d'osier fin ou de jonc, à claire voie, en forme de grand gobelet, de trois pouces de diamètre ; remplir ces corbeilles de terreau bien comprimé, et mettre dans chacune deux ou trois graines de melons ; celle des sucrins est la meilleure ; mettre une douzaine de ces petites corbeilles sous chaque cloche, et du terreau dans les intervalles qu'elles laissent entre elles ; les recouvrir entièrement de terreau ; le reste se fait selon la pratique ordinaire des jardiniers ; garantir ces cloches des gelées avec de grands paillassons placés en pente du côté du nord. C'est ainsi qu'on peut élever en pépinière, et à peu de frais, de jeunes plants dans une saison qui n'est pas favorable. De cette manière, sur une couche de six pieds de long et de deux pieds de large, il peut tenir quinze cloches de quatorze pouces de diamètre ; et, en mettant douze petites corbeilles sous chaque cloche, on aura sur cette première couche cent quatre-vingts corbeilles qui seront en état de fournir à un pareil nombre de cloches sur les secondes couches, c'est-à-dire, que les cent quatre-vingts corbeilles fourniront pour quatre cent vingt pieds ou soixante et dix toises de couches de longueur : on doit se régler là-dessus pour ne mettre en pépinière que la quantité de melons qu'on veut élever.

Manière de les transplanter. On doit transplanter les jeunes tiges au mois de mars, et sur des couches faites de la même manière que les premières ; mettez dans la rangée des cloches du milieu de la couche, et au centre de chaque cloche une des petites corbeilles, contenant deux plantes de melons, et laisser un vide entre deux ; placer la petite corbeille dans le terreau, et dans un trou profond de deux pouces, et qu'on fait à la main ; à mesure qu'on plante, couvrir les jeunes plants avec une cloche qu'on appuie de façon qu'elle s'imprime dans le terreau. En transplantant de cette façon ces jeunes plants, on ne les expose à aucun inconvénient.

Les jardiniers entendus profitent de l'espace vide que laissent ces cloches, pour y semer, dans les premiers temps, des laitues, qu'ils ont fait venir en pépinière sur d'autres couches, et ils en tirent un grand profit ; car, en mettant douze petites laitues sous chaque cloche, et en replantant la moitié sur d'autres couches, quand elles ont acquis une certaine grosseur, ils peuvent retirer un produit de quinze sous par chaque cloche.

On doit préserver les cloches du danger d'être cassées par les vents et les orages, ce qui arrive lorsqu'elles sont soulevées par des fourchettes pour faire prendre l'air aux plantes; on y jette alors du fumier de cheval par-dessus, qui est presque comme de la paille; ce qui arrête l'action du vent.

Manière d'arroser les couches. On ne doit les arroser que quand on s'aperçoit que les plantes en ont besoin; ce qui se connaît quand on ne voit point de rosée sur les feuilles; on fait cet arrosement par-dessus les cloches. Quand la saison est avancée, on doit arroser davantage.

Manière de réchauffer les couches. Un mois après qu'on a planté les melons, et lorsque l'on voit que les jeunes plants jaunissent un peu, on doit les réchauffer. Pour cet effet, on en retire le fumier sec, et on met à la place, dans toute la longueur, des couches de fumier de cheval le plus chaud qu'on peut trouver, et on l'y foule avec les pieds; on en met d'abord à la hauteur du tiers des couches, et on rejette les fumiers secs par-dessus; ils conservent la chaleur du nouveau fumier. Comme la chaleur des couches se dissipe en peu de temps, au bout de quinze jours on remet d'autre fumier également chaud par-dessus le premier et dans l'entre-deux des couches, et cette fois le fumier occupe les deux tiers de la hauteur. Lorsque la chaleur est ralentie, on met pour la troisième fois de pareil fumier, et on remplit ainsi totalement l'intervalle d'entre les couches, et même un peu plus haut que les couches, après l'avoir bien comprimé. Lorsque par l'affaissement du fumier la melonnière est toute de niveau, ce qui arrive au mois de mai, les melons poussent leurs racines dans ces nouveaux fumiers, et ils avancent beaucoup.

On doit de temps en temps donner de l'air aux plantes, ce qui se fait en relevant la cloche pendant le jour, au moyen d'un petit morceau de bois fait en crémaillère, pour ne donner de l'air qu'autant qu'on veut; il soutient la cloche avec ses dents ou crans; on le fiche en terre un peu avant pour le rendre stable. A mesure que le soleil a de la force, on lève la cloche plus haut, et on n'ôte tout-à-fait les cloches que pour la taille des melons.

Taille des melons sur couche. Elle se fait en supprimant, comme dans la taille des melons sur terre, toutes les branches et toutes les feuilles qui paraissent inutiles, et jusqu'aux petits filets et aux tiges ; après quoi on remet adroitement les branches sous la cloche, en les repliant ; on ne conserve à chaque tige de melon qu'un fruit ou deux ; ainsi, s'il n'y a que deux ou trois tiges sous la cloche, on ne conserve que quatre fruits sur les deux ensemble. On taille les melons autant de fois qu'on voit qu'il y a nécessité de le faire ; aussitôt qu'on voit que les branches peuvent s'étendre hors des cloches, on en abat moins, et on ne coupe point les filets, car ils sont nécessaires pour assurer la branche. On ne laboure jamais les couches, on sarcle seulement les racines des laitues qu'on aurait cultivées sous les cloches.

Conjectures pour connaître un bon melon. 1° Il doit avoir été cueilli quelque temps auparavant que d'être mangé ; si on le veut manger sur-le-champ, il faut le cueillir dans sa maturité ; si c'est pour être mangé dans quelques jours, il ne faut pas le cueillir fait, mais frappé, c'est-à-dire, avec quelques marques de maturité, qui sont, si on y voit quelque endroit jaunissant, ou si on s'en aperçoit à l'odorat ; 2° le bon melon doit être fait comme un petit baril, c'est-à-dire, plus gros dans le milieu qu'aux extrémités ; 3° avoir la queue grosse et courte ; 4° être fort brodé, et avoir des coups d'ongle entre les broderies ; 5° n'être ni trop vert, ni trop jaune en couleur ; 6° être pesant à la main ; 7° ferme quand on le presse un peu, et paraître bien plein quand on sonne du doigt contre ; car on doit préférer ceux qui ont le plus de ces qualités ; 8° avoir une odeur approchante de celle de goudron ou poix préparée.

MENTHE ou *Baume.* Plante domestique. Il y en a de sauvages. Toutes les menthes sont chaudes, dessiccatives, bonnes pour les affections du cerveau, du cœur, de l'estomac ; chassent les vents, corrigent les aigreurs et les rapports, tuent les vers ; on peut s'en servir à la manière du thé. On distille de l'eau de menthe ; une cuillerée apaise les tranchées des enfans. L'huile par infusion de ses feuilles est bonne pour toutes sortes de plaies et contusions.

MÈRE GOUTTE (vin de). C'est celui qui provient de raisins qui n'ont été que très-peu pressurés. Voyez *Vin*.

MERISIER. Arbre. C'est le cerisier sauvage qui croît dans les bois ; sa fleur est plus belle que celle du cerisier ; il a le bois dur et sonore ; voilà pourquoi on l'emploie dans la construction des clavecins et autres instrumens de musique ; son écorce est blanche et unie ; son fruit est blanc ou rouge ; on en fait peu de cas, mais on s'en sert pour donner de la couleur au ratafia. Le merisier sert à recevoir les greffes de cerisier ; mais il veut être greffé plutôt en fente qu'en écusson ; il ne réussit qu'en plein vent. Voyez *Cerisier*.

Les merises purgent et adoucissent le sang ; elles sont utiles dans les maladies du cerveau, telles que l'apoplexie et la paralysie ; on en fait une eau au bain marie, et on en tire des esprits qui ont cette vertu dans un plus haut degré.

MERLE. Oiseau un peu plus gros qu'une mauviette, et qui a le plumage noir ; il siffle d'une manière particulière, et on vient à bout de lui apprendre à dire quelques mots, surtout quand on l'élève de jeunesse ; il est d'un tempérament robuste.

Les merles habitent dans les endroits touffus et épineux : on va les dénicher au mois d'avril, car c'est en cette saison qu'ils pondent ; on les nourrit de chenevis écrasé, de persil haché menu, et de mie de pain, le tout mis en pâte avec un peu d'eau. C'est après les vendanges qu'on va à la chasse des merles.

MERLAN. Poisson de mer, un peu plus gros que les harengs, et d'une couleur blanchâtre. On les mange ordinairement frits, après les avoir bien farinés : on peut encore les manger rôtis sur le gril.

MERRAIN (bois de). C'est celui dont on fait les futailles. Voyez *Bois*.

MÉSANGE. Oiseau de volière, qui est beau de figure, et qui chante fort mélodieusement.

Les mésanges font trois couvées par an, en avril, mai et juin : on trouve leur nid dans des arbrisseaux et parmi les lauriers. Celles qu'on prend au filet toutes élevées sont meilleures pour le chant. Si on est dans la saison des figues, il faut leur en donner ; sinon on leur donne de la même pâte que celle qu'on donne aux rossignols : il faut les tenir bien chaudement en hiver, pour les préserver de la goutte; celles qu'on a dénichées doivent être nourries avec du cœur de mouton ou de bœuf haché menu, et abecquées de deux en deux heures.

MESURES *des terres*. La connaissance des mesures des terres est nécessaire à tous ceux qui ont un bien de campagne. C'est une grande satisfaction de savoir la contenance de ce qu'on a de bien, de ce qu'on achète, de ce qu'on vend, parce qu'on en sait la valeur : on en vient à bout facilement en les faisant arpenter; voilà pourquoi il est bon qu'un agriculteur ait une connaissance de l'arpentage, qu'il mette à part quelques momens de loisir pour se la procurer. En un mot, c'est un bonheur de pouvoir éviter d'être trompé; autrement il faut s'en rapporter aux mesureurs, qui peuvent se tromper par ignorance ou par négligence.

Les terres se mesurent différemment en chaque province. Voici quelles sont ces différences. A Paris et aux environs, on mesure les terres à l'arpent; l'arpent se divise en demi, en quart, en demi-quart.

> L'arpent a 100 perches carrées, ou 10 perches en tous sens, ou de chaque côté.
> La perche a 3 toises.
> La toise a 6 pieds.
> Le pied a 12 pouces.
> Le pouce a 12 lignes.
> La ligne a l'épaisseur d'un grain d'orge, mais on ne compte point, dans l'arpentage, ces deux dernières petites mesures, et ce n'est qu'au toisage de charpenterie ou de maçonnerie que l'on s'en sert.

En Normandie, les terres et prés se mesurent par acre; les bois et bocages, par arpent; les vignes et vergers, par quartier.

> L'acre a 160 perches.
> L'arpent a 100 perches.
> Le quartier a 25 perches.
> L'acre est composée de 4 vergées.

La vergée de 40 perches.
La perche de 22 pieds.

En Bourgogne, on mesure les terres, prés, vignes et vergers par journal.

Ce journal est l'étendue de terre que huit hommes peuvent faire et bêcher un jour d'été, et on l'a limité à 360 perches, faisant la perche de 9 pieds et demi, et le pied de 12 pouces.

Les bois s'y mesurent à l'arpent, et on y fait l'arpent de 440 perches, et la perche, comme ci-dessus, de 9 pieds et demi.

En Dauphiné, on mesure toutes les terres par sestérée, laquelle est de 900 cannes carrées.

La sestérée compose 4 cartelées.
La cartelée 4 civadiers.
Le civadier 4 picotins.

En Provence, on les mesure par saumée, laquelle est de 1,500 cannes carrées.

La saumée est de 2 cartelées et demie.
La cartelée de 4 civadiers.
Le civadier de 4 picotins.

En Languedoc, on les mesure par saumée, laquelle est de 1,600 cannes carrées.

La canne est de 8 pans.
Le pan de 8 pouces 9 lignes.

En Bretagne, on les mesure par journal, lequel est, en cette province, de 22 seillons un tiers.

Le seillon est de 6 raies.
La raie de 2 gaules et demie.
La gaule de 12 pieds.

En Touraine, par arpent de 100 chaînes ou perches.

La perche y est de 25 pieds.
Le pied de 12 pouces.

En Lorraine, par journal de 250 toises carrées.

La toise y est de 10 pieds.
Le pied, de 10 pouces.

Dans l'Orléanais, par arpent de 100 perches carrées.

La perche y est de 20 pieds.
Le pied, de 12 pouces.

Dans le bailliage de Chaumont en Bassigny et ressort, l'arpent est de 460 perches carrées.

La perche y est de 8 pieds 4 pouces.
Le pied, de 12 pouces.

Dans presque tout le reste du royaume on fait la mesure de 100 perches, chaînes ou cordes, et lesdites perches, chaînes ou cordes sont, pour la plupart, composées de 25 pieds de long ; mais le pied y est toujours de 12 pouces.

Exemples de la manière dont on doit mesurer les pièces de terre.

Supposons qu'on veuille mesurer une pièce qui forme un carré parfait, et qu'elle ait de hauteur, par exemple, vingt et une toises, et de largeur autant, il faut multiplier la hauteur marquée depuis A jusqu'à B dans la figure suivante, et qui est par là de vingt et une toises, par la largeur marquée depuis B jusqu'à C, qui est pareillement de vingt et une toises ; et ce qui viendra de cette multiplication sera le nombre de toises que doivent avoir le plan et la superficie de la place ; savoir, quatre cent quarante et une toises carrées.

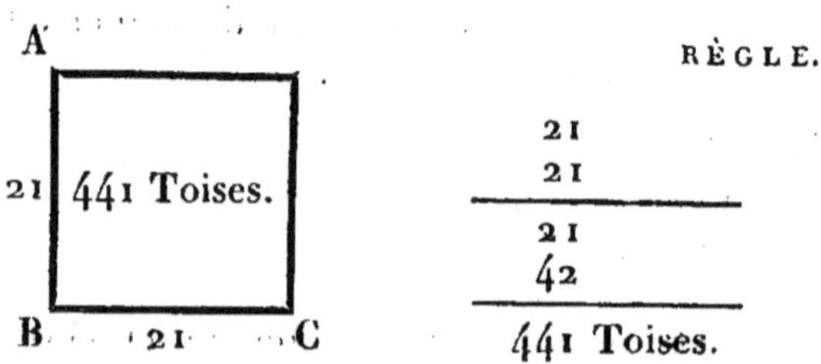

Pour mesurer une pièce qui formerait un carré long, et de la forme ci-après, et qui aurait de hauteur, par exemple, quinze toises, et de longueur trente, il faut multiplier la hauteur depuis A jusqu'à B, par la longueur depuis B jusqu'à C, c'est-à-dire, multiplier quinze par trente, et on saura le plan et la superficie de ladite pièce, qui sera de quatre cent cinquante toises carrées.

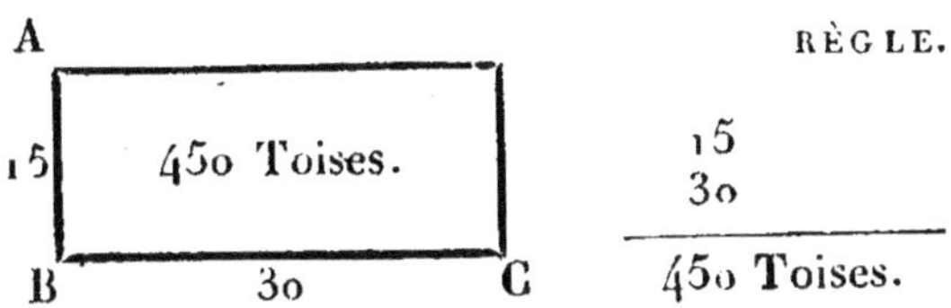

Les personnes qui désirent en savoir davantage sur cette matière, pour pouvoir mesurer des pièces d'une figure irrégulière, doivent s'en instruire plus à fond dans les traités particuliers de l'arpentage.

MESURES (nouvelles). L'assemblée constituante, voulant remédier aux nombreux inconvéniens résultant des mesures en usage en France, décréta l'uniformité des poids et mesures. Une réunion de savans fut chargée de ce travail, que l'assemblée conventionnelle adopta le 1er vendémiaire an IV, et que le gouvernement consulaire approuva le 13 brumaire an IX.

On a donné au système des nouvelles mesures et des nouveaux poids le nom de système métrique et décimal.

Il se divise en mesures de longueur, mesures de capacité, poids, mesures agraires, mesures pour le bois de chauffage.

Mesures de longueur. Le *mètre* est la grandeur de l'étalon de toutes les mesures. Il sert à l'aunage des étoffes et aux toises. Il équivaut à trois pieds un pouce. Le millimètre en est la millième partie ; le centimètre, la centième partie ; le décimètre, la dixième partie.

Le décamètre est dix fois la longueur du mètre, ou environ trente pieds. Il est propre à faire une chaîne d'arpentage. L'hectomètre est une longueur de cent mètres ; le kilomètre équivaut à mille mètres ou à environ cinq cents toises (un quart de lieue). Le myriamètre est de dix mille mètres, et équivaut à un peu plus de deux lieues de poste.

Mesures de capacité. Pour les liquides, le *litre* équivaut à un peu plus d'une pinte de Paris ; le décalitre à dix pintes trois quarts ; l'hectolitre à cent et quelques pintes ; le kilolitre à trois muids trois quarts.

Pour les matières sèches, le *litre* équivaut à cinq quarts de litrons de Paris ; treize litres à un boisseau ; un décalitre à trois quarts de boisseaux ; un hectolitre à trois tiers de setier de grains ; il sert pour les grains, le sel, le plâtre, la chaux, le charbon, etc. ; le kilolitre à un demi-muid de Paris.

Poids. Le *gramme* équivaut à environ dix-neuf grains. Il sert d'unité dans la pesée des matières précieuses, telles que l'or et l'argent et celles qui demandent beaucoup d'exactitude. Le centigramme est environ un cinquième de grain ; le décigramme pèse un peu moins que deux grains : sa moitié est à peu près le grain d'autrefois. Le décagramme est le poids de dix grammes ; trois font une once. L'hectogramme est un poids de cent grammes ; cinq font une livre poids de marc. Le kilogramme, poids de mille grammes, équivaut à un peu plus de deux livres ; et le myriagramme à vingt-sept livres, sept onces.

Mesures agraires. L'*are* est l'unité des mesures pour les terrains ; il équivaut à deux perches, à vingt-deux pieds la perche ; l'hectare a deux arpens, à vingt-deux pieds la perche, et à un peu plus ; la perche à vingt pieds ou à dix-huit pieds.

Mesures pour les bois de chauffage. C'est le stère, qui est une quantité égale au mètre cube ; il équivaut à peu près à l'ancienne demi-voie de bois de Paris. Le demi-stère et le double-stère sont aussi en usage.

Toutes ces mesures doivent être employées par les marchands, sous peine d'amende. Les arpenteurs, les officiers du cadastre, doivent faire mention dans leurs rapports ou procès-verbaux des mesures de longueur ou des mesures agraires, sous peine de nullité. Toutefois, ils peuvent mentionner entre deux parenthèses ou crochets le rapport des anciennes mesures avec les nouvelles.

MÉTAUX. On en compte huit : l'or, l'argent, le fer, l'étain, le cuivre, le plomb, le vif-argent et le platine.

MÉTAYER, ou *Économe* ou *Régisseur*, est un maître-valet, qui fait valoir une terre sous les yeux du maître, qui prend et nourrit les gens nécessaires pour cela, et en rend tout le produit au propriétaire, moyennant une certaine somme qu'on lui donne par an, tant pour se nourrir et payer ses gens que pour son profit ; mais on lui fournit tout ce qui est nécessaire pour faire valoir la terre, comme bestiaux, instrumens de labourage, semences, volailles, etc. Les propriétaires des terres qui prennent un métayer, au lieu d'un fermier, sont des gens qui, étant à portée de leur terre, ou même y demeurant, veulent en jouir par eux-mêmes, mais sans en avoir les soins et les embarras. Il est constant, quand on rencontre un homme entendu, industrieux, laborieux, et qui a de la probité, que cette manière de faire valoir son bien est la plus avantageuse.

METEIL. Blé mêlé de froment et de seigle. Le meilleur est celui qui contient plus de froment que de seigle ; il demande une terre médiocre, ni trop forte, ni trop maigre.

MEUBLE. On appelle ainsi tout effet qui peut être changé de place, et qui n'est point incorporé à l'immeuble par le propriétaire pour perpétuelle demeure, ni même attaché à aucun fonds, car il serait un immeuble ; ainsi on appelle meubles meublans, l'or, l'argent, les hardes, les tableaux ; les bestiaux, les obligations en vertu desquelles nous pouvons nous faire livrer quelque chose de meuble.

MEUNIER ou *Tétard*. Poisson qui a une grosse tête : il est tout blanc, mais beaucoup plus sous le ventre que sur le dos ; il se nourrit de bourbe et de petits animaux qui nagent sur la surperficie de l'eau : on le prend à la ligne autour des moulins ; on met pour appât, à l'hameçon, des grillots qu'on trouve par les champs. On le pêche dans le mois de mai.

MICACOULIER. Arbre. Voyez *Alisier*.

MIEL (le), est un suc en forme de rosée que les abeilles sucent sur les fleurs et les plantes, et qu'elles dégorgent dans les alvéoles de leurs ruches, après l'avoir digérée. Il y a le miel blanc ou vierge, et le miel jaune. Le miel vierge est celui qui coule de lui-même des rayons sans expression, ni chaleur ; c'est le plus propre à être mangé et à faire des confitures : le jaune est celui qui est tiré par expression des rayons à l'aide du feu ou de la chaleur du soleil ; il a de l'âcreté ; on l'emploie pour les remèdes extérieurs et pour les

lavemens. Le miel est chaud de sa nature, abstersif, nourrissant; il est bon aux poumons; mais il se tourne aisément
en bile.

Le miel demande beaucoup de propreté; il faut avoir
attention de n'y laisser rien tomber dedans, de peur qu'il ne
s'aigrisse : ainsi il faut séparer soigneusement le bon d'avec le
mauvais, les rayons blancs d'avec ceux qui sont noirs; casser
les rayons de cire qui sont vides, et ne laisser que ceux qui
sont remplis; avoir les mains bien nettes pour écraser et
broyer les rayons qu'on met à mesure dans un tamis de crin
posé sur une terrine vernissée bien propre, et y laisser couler
le miel jusqu'à ce qu'il n'en tombe plus. On met le beau miel
dans des pots de terre plombés, bien échaudés et bien égout-
tés; on le couvre d'un papier; on n'y touche pas de cinq ou
six jours; ensuite on enlève avec une cuillère les fragmens de
cire qui sont restés et qui surnagent; ce miel se fige bientôt;
il est blanc, et on l'appelle *vierge*, parce qu'il n'a point été
chauffé; on le couvre d'un papier et d'un parchemin, et on met
une toile par-dessus. Pour faire le miel commun, on repétrit
le marc qui reste dans le tamis; on le joint avec du miel de
moindre qualité qu'on a fait égoutter à part : si on est dans
un temps un peu froid, on met le tamis et la terrine avec tous
les rayons froissés dans un four après qu'on a tiré le pain,
pour que la chaleur fasse couler ce qui reste de miel dans la
cire ; ce miel a une couleur rousse et ne se conserve pas si
long-temps. On l'écume comme l'autre, et on le couvre de
même ; on met les pots de l'un et de l'autre dans un endroit
sec et à l'air.

Pour donner au miel le goût de miel de Narbonne, il faut,
dans le temps qu'on écrase les plus beaux rayons, les parse-
mer de fleurs de romarin : elles impriment leur goût au
miel.

Le miel est chaud, et ne convient guère aux jeunes gens,
ni aux personnes qui ont le sang bouillant, parce qu'il peut
causer des ébullitions de sang; ni aux hypocondriaques, ni
aux scorbutiques; mais il est bon aux vieillards.

MILLE-FEUILLE. Plante qui croît dans des lieux incultes
et secs : elle pousse plusieurs tiges, hautes d'un pied; ses
feuilles sont découpées, menues et semblables à une plume

d'oiseau ; elle est astringente et amère : son usage est dans les hémorragies, soit du nez, soit du ventre, de la matrice, et dans le crachement de sang, les hémorroïdes; on en ordonne le suc, depuis trois onces jusqu'à six.

MILLE-PERTUIS. Plante qui croît dans les bois et lieux incultes; elle est chaude et dessiccative; on l'emploie pour modifier les plaies, dissoudre le sang coagulé. Elle est un des meilleurs vulnéraires, tant intérieurement qu'extérieurement, et spécialement contre les ulcères des reins, et pour en chasser le sable. Son eau est bonne contre les vers des enfans, contre la mélancolie, la manie; et son huile est bonne contre la sciatique, le rhumatisme, etc.

MILLET. Le millet est le plus petit de tous les grains ; ses grains sont ronds et luisans; son tuyau croît jusqu'à dix-huit pouces de haut, et son épi a de longs filamens épars.

Il y a le millet rouge et le millet blanc : le rouge ne sert que pour la volaille et la nourriture des oiseaux; le blanc peut être mêlé avec le froment et faire du pain. Le millet épuise beaucoup les terres, ainsi que le blé de Turquie ou le maïs.

Culture du millet suivant la nouvelle méthode de M. Duhamel. 1° Une terre légère et sablonneuse lui convient mieux que toute autre; 2° on doit le semer fort clair, et le couvrir de terre avec la charrue; on le sème depuis la mi-mai jusqu'à la fin; on peut le semer aussi à la fin de juin ; 3° un mois après qu'il a poussé, on le laboure autour des pieds avec un sarcloir, et on enlève ceux qui sont trop près les uns des autres, car ils doivent être à six pouces d'intervalle ; 4° lorsque les panicules sont en grain, on en éloigne les oiseaux par quelque épouvantail; on en fait la récolte à la mi-septembre, c'est-à-dire, qu'on coupe avec un couteau les panicules près le premier nœud ; on doit ensuite les porter dans la grange, les mettre en tas, les y laisser cinq ou six jours, ensuite les porter dans l'aire, les battre comme on fait le blé; 5° faire sécher le millet avant que de le mettre dans le grenier, et le remuer de temps en temps.

MINÉRAUX. On appelle ainsi, 1° les métaux, tels que l'or, l'argent, le cuivre, le fer, le plomb, le mercure, etc.; 2° les demi-métaux, comme le vitriol, l'alun, l'antimoine, etc.; 3° les sels, les soufres, les bitumes, les pierres, etc.

MINUTE. On appelle ainsi l'original des actes qui se passent chez les notaires, et les jugemens qui s'expédient dans les greffes, sur quoi on délivre des grosses et des expéditions authentiques ; ces minutes restent en dépôt chez les notaires ; elles doivent être signées des parties, mais les grosses et les expéditions ne doivent être signées que des notaires.

Ces grosses et expéditions se délivrent aux parties, et elles font foi en justice, quand le sceau y est apposé.

Les minutes des jugemens doivent être signées des juges, et restent en dépôt au greffe de la juridiction où les jugemens ont été rendus.

MOELLE. Substance graisseuse qui est renfermée dans les os des animaux. Celle des bœufs, des veaux, des cerfs, des chiens, des chevreaux, sert à divers remèdes. La plus estimée est celle du cerf ; on l'emploie avec succès contre les rhumatismes, la goutte sciatique, pour fortifier les nerfs et pour résoudre. La moelle de veau est encore fort bonne pour amollir et résoudre ; à l'égard de la moelle de bœuf, on en fait des ragoûts, et même des tourtes.

MOELLON. Pierre blanchâtre qui se tire des carrières en divers morceaux ; le meilleur est celui qui est le plus dur et de bonne assiette ; il doit avoir été carré, puis hiverné avant que de l'employer. Le moellon est un des matériaux où l'ouvrage va le plus vite ; il sert surtout à garnir le dedans des gros murs.

MOINEAU ou *Passereau*. Oiseau fort connu et d'un naturel très-familier. Les moineaux font volontiers leurs nids dans des trous de vieux bâtimens, et dans des pots de terre ; les femelles pondent trois fois tous les ans ; on ne doit les dénicher que huit jours après qu'ils sont éclos. On les nourrit de mie de pain, et de tout ce qu'on veut.

MOIS. Il y a douze mois dans l'année ; il y en a sept qui ont trente-un jours : savoir, janvier, mars, mai, juillet, août, octobre, décembre ; quatre de trente, avril, juin, septembre et novembre, et février, qui n'en a que vingt-huit ou vingt-neuf.

Pour trouver les mois qui ont trente jours, et ceux qui en ont trente-un, il n'y a qu'à abaisser le second doigt de la main, qu'on appelle *index*, et le quatrième qu'on appelle *annulaire ;* compter les mois sur les doigts de la main, commençant par mars sur le pouce, avril sur l'index, et ainsi de suite ; tous les doigts levés marqueront les mois de trente-un jours, et les autres marqueront les mois de trente. Février n'a que vingt-huit jours dans les années communes, et vingt-neuf dans les bissextiles.

MOISSON. Lorsque le blé cesse de fleurir par un beau temps, clair et chaud, on peut espérer une bonne moisson. Si les laboureurs avaient soin de remarquer le temps qui s'écoule dans la plupart des années, depuis que le grain est semé jusqu'à ce qu'il fleurisse, on pourrait, sur cette observation, régler le temps de la semaille, et faire en sorte que la fleur du blé arrivât au même âge de la lune qu'il aurait été semé. Le plus favorable est celui de la pleine lune, parce qu'alors l'air est ordinairement tranquille et le ciel serein. Le temps le plus convenable à la maturité des blés est un temps chaud, entremêlé à propos de pluies douces ; car, par un temps fort humide, la paille se couche facilement et pourrit, l'écorce du grain s'enfle et rend plus de son que de farine ; au contraire, un temps trop sec dessèche le grain trop promptement ; il se ride, et devient de peu de valeur.

Le point de perfection pour la maturité des grains est de sortir facilement de l'épi, et de ne se point briser sous le fléau quand on le bat dans la grange.

La parfaite maturité du grain se connaît encore au changement de couleur de la paille, qui, de jaune qu'elle était, devient blanche, et au crochet que forme l'épi en abaissant sa pointe. A l'égard du blé qui a été frappé de la rouille, on doit le couper avant qu'il soit entièrement mûr, parce que l'aridité de cette rouille rongerait en peu de temps toute la substance du grain.

On ne doit, dans les règles, commencer la moisson qu'après qu'elle a été indiquée au prône de l'église paroissiale. On doit faire la moisson lorsque les blés sont également blonds et jaunes, et on ne doit point attendre qu'ils soient tout-à-fait roux. Voici l'ordre qu'on doit garder pour les différentes sortes de blés.

1° On commence par la moisson de l'escourgeon ; le seigle, environ trois semaines après, et tout de suite le méteil, l'él'épeautre; le froment, à la fin d'août; on fauche les avoines et le froment de mars en même temps.

On arrache le millet et le panis quand le grain est bien formé; on doit les faire sécher en tuyaux au soleil; on moissonne le sarrazin en septembre et en octobre; le blé de Turquie ou maïs, dans le même mois.

2° On doit moissonner dès la pointe du jour, parce que la rosée enfle le grain et l'empêche de trop s'égrener. On peut couper le blé à sa volonté; les uns le coupent près de terre lorsqu'ils veulent employer le chaume pour la maison; d'autres par la moitié, destinant le reste à couvrir les toits ou à chauffer le four; ou bien ils le brûlent et le labourent avec le fond.

3° A mesure qu'on coupe le blé, on doit l'étendre sur terre par traînées ou javelles, et les ranger bien régulièrement en les couchant par terre en travers sur les sillons, et laissant entre chaque rangée une espèce de petit sentier, afin que les épis et la paille se sèchent promptement.

4° Lorsque les poignées ou javelles sont sèches, on en fait des gerbes, dont on fait des meules ou tas disposés en rond, de manière que tous les épis aboutissent au centre, et que l'extrémité des pailles soit en dehors; on ne doit point appuyer les gerbes l'une contre l'autre. En bien des endroits on les met en monceaux par dizeaux. La gerbe doit être faite de sept ou huit poignées. Le plus tôt que le blé est charrié à la grange, c'est le mieux, surtout si le temps est à la pluie; que, s'il venait à pleuvoir lorsqu'on coupe le blé, il vaudrait mieux cesser de couper, parce qu'il risque moins sur pied qu'abattu.

Si on avait été contraint de couper le blé dans le temps qu'il n'était point encore mûr, on doit exposer les gerbes au soleil, les épis en haut, pendant vingt-quatre heures, puis les mettre dans la grange pendant autres vingt-quatre heures, et les exposer de nouveau au soleil, et continuer ainsi jusqu'à ce qu'ils soient mûrs.

Nouvelle manière de faire la moisson, et de couper et ramasser les épis.

1° Il faut des faucilles moins grandes que les faucilles ordinaires, et avec lesquelles on ne coupe de la paille qu'autant qu'il en faut pour pouvoir prendre les épis avec la main gauche, et les tenir, tandis qu'on les coupe, de la main droite; de cette manière on en moissonne une plus grande quantité que si on coupait la paille presqu'au pied, comme on fait d'ordinaire, parce que cette paille, étant proche de l'épi, se coupe plus facilement : cette situation est plus commode pour les scieurs de blé. Le moissonneur doit mettre chaque poignée d'épis dans un grand tablier qu'il a retroussé devant lui; cette poignée d'épis coupée ainsi court est plus grosse que celle qu'on prend, et l'ouvrage avance bien plus; d'ailleurs il ne prend que de bons épis, puisque les chardons et les mauvaises herbes sont au-dessous.

2° Avoir de grands sacs de grosse toile pour contenir la valeur de huit à dix tabliers pleins d'épis, et dans lesquels les moissonneurs vident leurs tabliers. Les sacs doivent se fermer comme une bourse; une quarantaine de sacs suffit pour une des plus grosses fermes; on en peut mettre une douzaine sur une charrette, et cette douzaine équivaut à douze douzaines de gerbes. Selon cette méthode, il y a infiniment moins de perte de grains que selon celle qui est en usage, où la nécessité de ramasser les javelles, de les lier, de les charger, occasione une perte considérable de grains. Les mauvaises herbes ne se trouvent plus pêle-mêle parmi les épis; il n'y a plus à craindre que les épis soient emportés par les vents, les ouragans, ou gâtés par la pluie; plus de glaneurs de profession qui, sous prétexte de ramasser les épis épars, prennent souvent des gerbes de blé. Il est libre à chacun d'exercer sa charité à leur égard d'une autre manière.

3° La moisson des épis étant faite, on doit avoir des faucheurs tout prêts, qui coupent avec leur faux la paille le plus ras de terre qu'il se pourra, et de cette manière on enlève les chaumes et les herbes de toute espèce; on fait emporter le matin les pailles coupées de la veille, et le soir les épis coupés pendant le jour. Au reste, on est bien dédommagé de la dépense de cette opération nouvelle par un tiers de paille de plus qu'on en recueille, et par la quantité de grains plus grande qu'elle n'était auparavant. Le champ étant ainsi nettoyé, il se dispose bien mieux à produire de l'herbe fine pour la pâture des moutons.

4° Pour mettre les épis à couvert de tout dommage, on doit faire construire un bâtiment de forme ronde, séparé de tous autres, et dans un lieu sec. Les fondations doivent être un peu profondes, le mur de moellon et bâti avec chaux et sable seulement, et jusqu'à la hauteur de six ou sept pieds au-dessus du rez-de-chaussée; terminer le mur à cette hauteur par un cordon de pierres de taille débordant d'un bon pied, et taillé en demi-cercle; continuer le mur de huit ou dix pieds au-dessus; y ouvrir autour deux fenêtres, et immédiatement au-dessus du cordon faire une couverture pareille à celle d'un colombier, et débordant de quatre pieds tout autour; y pratiquer autour plusieurs fenêtres fermées par des treillis d'osier, assez serrés pour que les moineaux n'y puissent entrer, et de bons contrevents; mettre des poulies à ces fenêtres pour pouvoir monter les sacs, lorsque la serre sera pleine, jusqu'aux premières fenêtres. Les épis, ayant été serrés bien mûrs et bien secs dans un lieu ainsi construit, s'y conserveront beaucoup plus long-temps que dans tout autre.

5° Pour faire sortir le grain de l'épi, les personnes qui ont imaginé et pratiqué cette nouvelle méthode de faire la moisson, ne sont point d'avis qu'on les batte avec un fléau dans une aire, au soleil, ou en grange. Leur objet est toujours d'empêcher le déchet considérable du grain qui résulte de la méthode ordinaire; ils ont imaginé un moulin que l'on peut comparer en grand aux petits moulins à café, ou plutôt à tabac, avec la différence que les mouvemens de ces moulins sont horizontaux, au lieu que ceux du moulin à tabac sont verticaux.

On peut voir la description de ce moulin dans le *Journal économique* du mois de juillet 1757.

Par le moyen de ce moulin et du tournoiement que le vent lui donne, les épis reçoivent un frottement qui en fait sortir jusqu'au grain le plus opiniâtre, de façon qu'il n'en demeure pas un seul enveloppé de capsule; le grain et la paille sortent pêle-mêle de ce moulin, et tombent dans un crible de fil d'archal fin, qui est au-dessous; les fils duquel crible étant séparés de deux lignes et demie, et étant traversés par d'autres à un pouce de distance, les grains y passent facilement, et nullement la paille, laquelle se trouve couchée de côté sur les premiers fils.

En outre, le crible est incliné par un bout, et a un mouvement semblable à celui d'un blutoir, mais plus fort, afin que par ses secousses le grain se sépare facilement de la paille. On a éprouvé qu'avec cette machine on peut expédier quarante-huit setiers de blé dans douze heures de temps, pourvu que le vent ne manque pas; qu'il y ait deux hommes pour ôter la paille, deux autres pour vider les sacs d'épis dans les trémies, et quatre pour ramasser les grains en dessous; ces huit hommes expédieront six fois plus d'ouvrage que des batteurs en grange, et ne sont pas si fatigués à beaucoup près. Suivant cette méthode, la paille étant comme moulue, est bien séparée du grain, et il s'en fait une épargne considérable; car dans une ferme où l'on recueille communément cent setiers en blé, il peut arriver facilement qu'on en recueille jusqu'à cent vingt-cinq.

Un économe entendu peut tirer un grand service des pailles des épis lorsqu'elles sont moulues, comme on vient de dire; car, en les arrosant légèrement avec de l'eau où l'on a fait dissoudre du sel, elles peuvent tenir lieu de foin aux bestiaux dans les années où le foin est cher; ils sont excités par cette saumure, et ils mangent les pailles avec autant de goût que le foin.

6° On doit faire un triage de grains en différentes classes qui soient de qualités différentes, afin d'en avoir un meilleur débit. Car il est certain, par exemple, qu'un quart de boisseau de blé noir, sur un setier de blé froment, portera préjudice de deux boisseaux dans le prix; ce qui fait un sixième de perte sur la totalité. Mais, quand même on aurait nettoyé le blé le plus exactement qu'il est possible, de tous grains étrangers, il y aura toujours trois sortes de grains différens de qualité, et par conséquent de prix.

Or, pour pouvoir parvenir à faire le triage de ces mêmes grains en différentes classes, l'auteur de cette nouvelle méthode, et qui a inventé le moulin pour séparer les grains des épis dont on vient de parler, a imaginé pareillement deux machines dont on voit la description dans le même journal; par le moyen de la première, on peut faire jusqu'à quatre classes différentes d'un même grain; et par la seconde, on peut enlever les taches des grains, qui ont ce qu'on appelle *le bout*, en terme de boulanger. L'auteur fait voir que ceux qui en sauront faire usage, retireront par là plus de 2 fr. de bénéfice par setier au-delà du prix ordinaire, et il le prouve. En effet, en divisant le blé en trois classes, l'une qu'on appelle *la tête du blé*, la seconde, *le blé moyen*, et la troisième, *le petit;* on trouvera que, sur douze boisseaux, il y en aura environ six qui seront de blé de choix, quatre de blé moyen, et deux de petit blé.

On peut essayer de battre, immédiatement après la récolte, une partie de toutes les espèces de grains qu'on a cultivés, réserver l'autre partie en gerbes pour les battre en grange pendant l'hiver, comme c'est l'usage dans bien des provinces : on jugera par là laquelle de ces méthodes est préférable, s'il y a quelque avantage à espérer dans l'un ou l'autre cas, relativement à la quantité ou à la bonté des farines.

MOISSONNEURS. On appelle ainsi, outre les valets qu'on a chez soi pour le travail de la moisson, des gens de journée de dehors, qui viennent se louer pour aider à faire la récolte : on les loue à tant par arpent de récolte, ou pour un prix total pour toute la moisson. L'usage commun est de les nourrir et de les coucher, et de leur laisser prendre ce qu'ils appellent leur *gagnage :* c'est un certain nombre de gerbes, comme le quatorzième dizeau du produit de la moisson. On donne ordinairement aux moissonneurs pour le sciage du blé depuis 2 francs jusqu'à 3 francs.

Si on les paie en grains, on ne paie que sur le pied de ce prix. Ces derniers sont ordinairement obligés à faire gratis plusieurs travaux appelés *corvées,* et qui sont des suites de la moisson, parce qu'ils y ont part.

MONTAGNES (pays de). Les terres situées dans un pays de montagnes demandent qu'on ait attention d'y faire croître tout ce qui peut y venir à bien, parce qu'elles sont ordinairement stériles. Ainsi, lorsque le pays est découvert, on peut y planter ou des vignes ou des bois : on y peut nourrir beaucoup de moutons, des chèvres, et beaucoup de mouches à miel.

MORELLE. Plante qui porte de gros fruits, comme les

baies de genièvre, d'abord verts et noirs, et remplis de suc en mûrissant : elle croît proche les haies. Ses baies sont rafraîchissantes et astringentes ; on se sert de son jus extérieurement dans l'érysipèle, les dartres, les démangeaisons, le cancer, etc. Son herbe est bonne contre les hémorrhoïdes.

MORFONDURE. On appelle ainsi le rhume des chevaux. C'est une décharge qui se fait, sous la gorge, des humeurs crues ou pituiteuses qu'un cheval a contractées par un grand froid après avoir beaucoup travaillé, ou pour l'avoir laissé boire étant trop échauffé. On connaît qu'un cheval est morfondu lorsqu'il a le gosier sec et dur plus qu'à l'ordinaire. Si le morfondement est violent, s'il donne la fièvre, si le cheval ne peut avoir son haleine à cause de l'oppression de la poitrine, on doit le saigner de la veine du cou ; on le saigne encore s'il y a esquinancie, c'est-à-dire s'il ne peut avaler. En général, on traite des chevaux morfondus comme ceux qui ont des gourmes. Si le cheval tousse beaucoup avec un grand battement de flanc, on doit lui donner un ou deux lavemens faits avec des feuilles de mauve, de violette, de mercuriale, pariétaire, de chacune trois poignées, une once de semence d'anis, une once et demie de scorie de foie d'antimoine en poudre, le tout dans trois pintes d'eau ; et, la décoction coulée, ajoutez un quarteron de beurre frais : faites-lui prendre le lendemain deux onces de la poudre cordiale dans une chopine de vin. Elle est composée de baies de laurier, de gentiane, aristoloche ronde, myrrhe, iris de Florence, râpure de corne de cerf, énula-campana, de chacun quatre onces ; anis, cumin, deux onces ; canelle, demi-once ; clous de girofle, deux drachmes ; le tout pilé à part et passé par le tamis de crin, et bien mêlé ensemble, et gardé dans un sac bien bouché.

MORGELINE ou *mouton blanc.* Plante des jardins : elle a les mêmes vertus que la pariétaire ; elle est rafraîchissante et épaississante : on en fait manger aux malades qui crachent le sang. Appliquée sur les mamelles, elle dissout le lait grumelé.

MORILLE. Espèce de champignons gros comme une noix : on les trouve au pied des arbres, ainsi que les mousserons, dans les mois de mars et d'avril. Ils servent à l'assaisonnement des ragoûts. On fait des ragoûts des uns et des autres : à l'égard des morilles, on les coupe en long, on les lave ; on les égoutte, on les passe à la casserole avec un peu de lard fondu, persil haché, bouquet, jus de veau ; on les laisse mitonner, on les lie d'un coulis. A l'égard des mousserons, on les lave en plusieurs eaux, et on les accommode de même. On met des croûtes de pain bien chapelées au fond d'un plat, et on vide le ragoût par-dessus.

MORSURE *faite par quelque homme ou femme.* Pilez un ognon avec beaucoup de sel, appliquez-le sur la morsure, et l'y laissez un jour et une nuit ; ensuite oignez la plaie d'un onguent fait avec graisse, huile et cire.

Autre remède. Pressez bien la plaie, lavez-la avec de bon vinaigre, couvrez-la de deux linges, entre lesquels vous aurez mis des flocons de coton, après les avoir trempés dans de l'eau-de-vie où l'on aura fait dissoudre de la thériaque : enveloppez le tout d'autres linges trempés dans l'eau et le vinaigre ; réitérez le pansement deux ou trois fois le jour.

Morsure de serpent. Appliquez sur la plaie de l'huile d'olive ordinaire ; frottez-la et bassinez-la souvent.

Morsure de cheval. Mâchez des fèves d'haricot, et appliquez-les dessus.

Morsure d'un singe. Mêlez de la cendre avec du vinaigre et du miel ; faites-en un cataplasme.

Morsure d'un chat. Appliquez dessus un ognon pilé.

Morsure d'un chien non enragé. Fomentez la partie mordue avec une décoction d'oseille, et appliquez-y dessus l'herbe fraîche pilée, ou lavez-la avec du jus de poireau pilé avec du sel blanc.

On connaît qu'un chien est enragé, s'il ne mange, s'il ne boit, s'il n'aboie point, si ses yeux sont rouges et horribles, s'il écume, s'il ne connaît point son maître, s'il fuit l'eau, s'il chancelle en marchant, s'il a la voix enrouée, si les autres chiens aboient après lui.

Morsure d'un chien enragé ou *de toute autre bête qui l'est, ou qu'on soupçonne de l'être.* — *Remède.* Faites brûler une ou plusieurs écailles de dessous d'une huître, en les mettant sur la braise, et couvertes de charbon noir, qui, s'allumant, les brûlera : il faut les y laisser jusqu'à ce qu'elles soient toutes blanches, et se rompent facilement ; puis mettez–les en poudre, et gardez cette poudre pour le besoin. Lorsqu'on veut s'en servir, prenez-en la valeur d'une écaille brûlée ou même davantage, et avec quatre œufs faites une omelette, que vous fricasserez avec de l'huile d'olive au lieu de beurre : faites-la manger à la personne mordue étant à jeun, et qu'elle soit six heures sans rien prendre : réitérez le remède de deux jours l'un, trois fois pour plus grande précaution ; ou faites-lui avaler de cette poudre dans un verre de vin blanc.

Ce remède est fort bon aussi pour les chiens mordus d'une bête enragée, en leur faisant avaler la poudre d'une écaille calcinée avec de l'huile d'olive, et ne leur donnant point à manger de quelque temps. Aux chevaux, bœufs et vaches, on augmente la dose de la poudre, et on leur en donne la valeur de quatre ou cinq écailles.

On prétend que ce remède peut suffire sans qu'on soit obligé d'aller se baigner dans la mer, quoique les plus habiles soutiennent que c'est le moyen le plus efficace et le plus sûr pour être guéri, surtout si on est atteint de la rage.

Autre remède. — Préservatif contre la rage, lorsqu'on a été mordu par une bête enragée.

Prenez des feuilles de rue, de verveine, de petite sauge, de plantain, de polypode, d'absinthe commune, de menthe, d'armoise, de bétoine, mille–pertuis, de petite centaurée, autant de l'une que de l'autre, le tout dans le mois de juin, à la pleine lune : on les fait sécher, mais non au soleil ; puis on les met en poudre bien subtile, et on en donne une drachme dans un peu de vin tous les matins à jeun, pendant quarante jours.

Autre remède. Prenez six onces de feuilles de rue arrachées de la tige, quatre onces de thériaque de Venise, autant d'ail épluché et broyé, autant de limaille fine d'étain ; jetez le tout dans du vin de Canarie ou dans du vin blanc ; faites bouillir doucement ce mélange au bain-marie, pendant quatre heures, dans un vaisseau de terre bien bouché, sans en laisser exhaler la vapeur ; exprimez ce mélange, et passez-en la liqueur. La dose est de deux à trois onces pour certaines personnes. Le malade doit garder la diète pendant trois jours après avoir pris ce breuvage, lequel doit être pris, au plus tard , avant le neuvième jour après la morsure ; il faut le prendre froid , ou du moins un peu chaud. Le marc qui reste du mélange exprimé doit être appliqué à la plaie, et renouvelé toutes les vingt-quatre heures. Ce remède, employé plusieurs fois, n'a jamais manqué de faire un effet salutaire. (*Extrait des journaux d'Angleterre.*)

Remède le plus efficace et le plus court. C'est de cautériser la plaie avec un fer brûlant.

Morsure d'animaux enragés (remède contre la). Il faut avoir recours au remède, immédiatement après qu'on a été mordu. On doit d'abord frotter la partie blessée avec une drachme d'onguent mercurial ; tenir la plaie ouverte autant qu'il est possible, afin que l'onguent y pénètre ; le lendemain réitérer la friction sur tout le membre mordu, purger le malade avec une drachme de pilules mercuriales ; le troisième jour, frotter seulement la partie blessée , et faire prendre le quart de la dose précédente de bolus mercurial ; continuer pendant dix jours à frotter d'onguent tous les matins, et à donner le bolus des jours précédens ; il procure au malade deux ou trois selles, et empêche le mercure d'affecter les parties supérieures, et, au bout de dix jours, purger le malade avec les mêmes pilules.

Ces pilules mercuriales doivent être composées de trois drachmes de mercure cru, éteint dans une drachme de térébenthine ; de la rhubarbe choisie, de la coloquinte en poudre, et de gutte-gambe , de chacun deux drachmes : on mêle le tout avec une quantité suffisante de miel clarifié. La dose est une drachme.

L'onguent mercurial est composé d'une once de mercure cru éteint dans deux drachmes de térébenthine, trois onces de graisse de mouton : on mêle le tout, et on en fait un onguent ; la dose à chaque friction est une drachme.

Telle est la méthode dont le père de Choisel , jésuite, de la mission des Indes orientales , a bien voulu faire part au public ; il assure que, depuis 1749, il a traité plus de trois cents personnes, selon cette méthode, et avec succès ; ce qui est un grand préjugé de son excellence : du reste, il veut que les malades s'abstiennent de l'usage des choses âcres et acides, et des alimens crus et difficiles à digérer. Il prétend que le baïn dans la mer n'est d'aucune utilité. Enfin, il avertit qu'on doit augmenter la dose des remèdes, et en continuer l'usage plus long-temps, lorsqu'on a laissé passer deux ou trois semaines sans recourir au remède qu'il enseigne.

Remède contre toute morsure venimeuse. Mangez un citron, ou avalez de la semence de citron dans du vin, ou broyez dans du vin blanc de la semence de raifort; passez-la par un linge et buvez-la.

MORTIER. On appelle ainsi la chaux détrempée avec du sable : on s'en sert pour bâtir et lier les pierres. Celui où il y a trop de chaux ne vaut rien. Pour que le mortier soit fait dans les règles, il faut qu'il y ait un tiers de chaux sur deux tiers de sable : par exemple, une brouettée de chaux, éteinte de deux jours, sur deux brouettées de sable de rivière. Voyez *Chaux* et *Sable.*

Rien ne contribue tant à la solidité des bâtimens que la bonté du mortier; c'est l'exacte proportion de la chaux et du sable qui fait la bonne qualité du mortier : la chaux par elle-même n'a point de corps, ni le sable de liaison; ainsi il doit y en avoir de l'un et de l'autre la quantité nécessaire. Pour connaître la quantité de chaux qu'il faut relativement au sable, il faut mesurer du sable plein un seau, et verser par-dessus autant d'eau qu'il en pourra tenir : on a, par ce moyen, la quantité de chaux sèche qu'il y faudra mêler; car elle est toujours en raison du volume de l'eau que le sable peut contenir.

Le sable des rivières, qui n'est pas terreux, et dont les grains sont de petits cailloux un peu ternes, est le plus estimé pour le mortier : tel est celui de la Seine, et il vaut beaucoup mieux que celui qu'on tire des sablonnières. Au reste, le sable en général n'est bon à faire du mortier qu'autant qu'il est bien net, sans terre et sans limon, et que le grain en est bien proportionné, c'est-à-dire, qu'il y en a de gros, de moyens et de petits. Voyez *Chaux.*

MORUE et *Merluche.* Poisson de mer, qu'on apporte tout salé de Terre-Neuve. La plus blanche est la meilleure.

Manière d'accommoder la merluche. Avant de la mettre tremper, battez-la bien avec un marteau pour l'attendrir; faites-la tremper plusieurs jours en la changeant d'eau; fai-

tes-la cuire un moment avec de l'eau de rivière , retirez-la ,
et coupez-la par morceaux par feuillets ; ensuite mettez la
quantité que vous voudrez dans une casserole avec de bonne
huile et de bon beurre en égale quantité, gros poivre, un
peu d'ail et de sel, si elle est trop douce ; remuez sans cesse
la casserole sur le fourneau , jusqu'à ce que le beurre soit lié
avec l'huile, et servez-la pour la manger à l'instant : on appelle cette sauce à la gasconne.

On mange la morue à la sauce au beurre noir, au persil
frit , et à la sauce aux capres.

A la sauce robert. Votre morue étant frite, on fait un
roux dans une casserole avec beurre et quelques ognons coupés en petits morceaux, saupoudrés de farine ; mouillez-les
d'un bon jus, comme de bouillon de poissons ; laissez-les mitonner à petit feu ; étant cuits. mettez-y vos morceaux de
morue , et faites-les mitonner dans la sauce à robert : faites
que votre ragoût soit bien lié, mettez-y un peu de moutarde
et un peu de vinaigre ; dressez la morue dans un plat, et jetez votre sauce par-dessus.

MORVE. Maladie des chevaux. C'est un écoulement par
les naseaux d'une grande quantité d'humeurs flegmatiques ,
visqueuses ou blanches, ou jaunâtres , ou verdâtres , qui
viennent presque toujours de quelque ulcère dans les poumons. Les causes extérieures en sont presque les mêmes que
celles de la morfondure; les signes en sont, 1° qu'un cheval morveux ne jette que d'un côté; qu'il est souvent sans
toux, au lieu qu'un cheval morfondu jette des deux, et qu'il
tousse ordinairement ; 2° qu'il a entre les deux os de la gana-
che , une ou plusieurs glandes qui sont fort douloureuses. Si
la matière qui sort est puante, la maladie est incurable ; bien
plus, elle se communique aux chevaux qui sont auprès de
celui qui en est attaqué.

Lorsque le mal n'a pas fait encore de grands progrès, et
que l'on s'y prend assez tôt, on peut le guérir avec les remèdes suivans.

Ne donnez au cheval morveux que du son mouillé ; faites-lui faire un exercice modéré, et faites fondre deux livres
de soufre dans une cuillère de fer ; jetez le tout bouillant
dans un seau d'eau, retirez le soufre , faites-le fondre une

seconde fois, jetez-le dans la même eau, et donnez-la-lui pour boisson.

Remarquez qu'il ne faut jamais purger les chevaux qui jettent.

Seringuez-lui par les naseaux, par moitié, et quatre cuillerées de fort vinaigre, autant de bonne eau-de-vie, le tout dissous dans une drachme de vieille thériaque ; un scrupule d'ellébore blanc en poudre et deux grains de poivre long en poudre, et le tout mêlé. S'il continue à jeter, réitérez le remède, et tâchez par des cataplasmes de faire suppurer les glandes, ou de les faire tomber par le moyen de la pierre à cautère.

Les chevaux morveux ne laissent pas de servir et de travailler plusieurs années, mais à la fin cette maladie les emporte.

MOTTES *à brûler* (les), se font avec le tan qui a servi à tanner les cuirs : ce tan n'est autre chose que l'écorce des chênes mise en poudre. On pétrit le tan avec les pieds, on le met dans des moules d'une forme ronde, on les fait bien sécher ; ensuite on s'en sert, ou on les vend au cent. Voyez *Tourbes*

MOUCHES. Les mouches communes, qu'on appelle *mouches* tout court, sont de petits insectes ailés, et connus de tout le monde. Elles sont fort incommodes dans des lieux chauds.

Moyens de les chasser des lieux d'où l'on veut. Lavez les murailles de ces endroits avec du jus de feuilles de citrouilles, après les avoir bien pilées ; elles n'en approcheront pas ; on peut frotter de ce jus les cuisses et le ventre des chevaux.

A l'égard des bœufs, frottez-les avec des baies de laurier cuites dans l'huile, et les mouches ne les tourmenteront plus.

Autre moyen de chasser les mouches et de les empêcher de gâter les meubles, dorures, glaces et les tableaux. Ce n'est pas en les détruisant qu'on peut parvenir à s'en débarrasser, puisque aussitôt elles sont remplacées par d'autres ; il s'agit de les empêcher d'entrer dans les chambres lors même que les fenêtres et les portes restent ouvertes. Pour cet effet, frottez les murs ou la boiserie des chambres que vous voulez le plus préserver de ces insectes avec de l'huile de laurier, et

en plusieurs endroits seulement; s'il y en entre quelques-
unes, elles n'y resteront pas long-temps, parce qu'elles ne
peuvent souffrir cette odeur. On peut renouveler ce secret
de temps en temps. Cette odeur n'est pas désagréable au point
de ne la point souffrir; et, en cas qu'on ne le puisse, on peut
du moins user de cette méthode pour les offices, cuisines,
salles à manger.

Mouches cantharides (les), sont d'une médiocre grosseur;
leur couleur est d'un vert luisant; on les trouve sur les frênes, les peupliers, les feuilles des rosiers. Elles sont d'un
grand usage en médecine, particulièrement dans l'apoplexie,
la paralysie; on les applique sur la peau, derrière les oreilles,
sur la nuque du cou, entre les deux épaules; ce sont autant
de vésicatoires qui excitent des enflures, d'où il sort beaucoup de sérosité; quand on en a ramassé, on les fait mourir
à la vapeur du vinaigre, et on les fait sécher au soleil. Les
plus nouvelles sont les meilleures.

MOULINS. Il y en a de plusieurs sortes : 1° les moulins
pour moudre le grain, qui sont les moulins à eau; on les
nomme *à volets,* lorsque l'eau passe par-dessous, et *à auges*
lorsqu'elle vient par-dessus; 2° les moulins à vent : ces sortes
de moulins sont d'un bon produit, lorsqu'on est dans un lieu
où il y a beaucoup à moudre; 3° les moulins à huile; ceux à
sucre; ceux à foulon, pour fouler les draps; ceux à tan;
ceux à papier, pour réduire tous les chiffons de linge en pâte;
à scie, pour scier les planches; à forge, pour battre le fer;
à poudre à canon, etc.

Les moulins à eau sont préférables aux autres parce qu'ils
moudent d'un mouvement plus égal; qu'ils font la farine plus
abondante et font moins de son, au lieu que le vent inter-
rompt le mouvement des autres. En général, les moulins
qui moudent le plus promptement sont les meilleurs, parce
que broyant le blé avec précipitation, ils rendent la farine
plus raffinée et moudent moins de son. On préfère aussi les
moulins où il y a des bluteaux pour séparer le son de la farine, parce qu'ils épargnent la peine de passer la farine par
le tamis.

Il y a des règles établies pour la bonne construction des
moulins à grain, afin que le public soit à couvert des fraudes

des meuniers, car il y en a qui peuvent en commettre; ainsi il faut que le cercle de bois qui environne les meules soit exactement rond et bien serré, qu'il ne forme pas des coins, afin qu'il ne tombe point de farine ailleurs que dans la huche; voilà pourquoi on oblige les meuniers d'avoir des ais de meule et des coulisses de chute à point rond et bien serrés; ils doivent avoir des mesures de toute sorte, bien jaugées et marquées, des poids et des balances bien étalonnés, afin que les particuliers puissent donner et reprendre leur grain à la mesure ou au poids. Lorsque le moulin est bon et sans friponnerie, il doit rendre autant de farine pesant que le blé, excepté deux livres pour le déchet de la farine sur un setier; et, si on mesure la farine, il doit y avoir trente boisseaux de farine comble sur douze boisseaux de blé raz.

Il est presque impossible aux propriétaires des moulins de les faire valoir, ainsi il est d'usage qu'on les afferme; mais il est essentiel de les donner à la prisée, c'est-à-dire, de faire estimer la valeur des moulins et autres agrès du moulin, afin que le meunier rende le tout en même état. On doit aussi obliger le meunier de faire les voitures des matériaux pour les réparations de la cage du moulin, l'obliger à avoir des balances et des poids bien étalonnés, pour empêcher qu'il ne fasse des concussions; à entretenir les chaussées; voir s'il écure les canaux et fossés, prendre garde qu'il ne refoule les eaux au-dessus de lui; enfin, qu'il ne laisse point empiéter sur sa banalité. Il est de l'avantage du propriétaire d'affermer son moulin à la prisée, sauf à ne pas tirer le quart du revenu pendant trois ans; après cela, il affermera la juste valeur; les meuniers ménagent quand les frais les regardent.

MOURON. Plante qui naît dans les champs, les vignes, les jardins. Le mâle a la fleur rouge, la femelle l'a bleue. L'un et l'autre est amer, chaud et astringent; le mouron est du nombre des vulnéraires; il est bon contre la morsure d'un chien enragé. Dans la manie, la mélancolie, les fièvres ardentes, c'est un excellent céphalique. Son eau distillée est bonne aux inflammations et ulcères des yeux.

MOUSSE. Espèce de petite plante, ou plutôt d'herbe frisée, qui croît sur les arbres, et qui les fait quelquefois dépérir, si elle en trop grande quantité; le chêne, le sapin et le tremble y sont sujets. La mousse sert aux mariniers pour calfater ; on s'en sert encore pour encaisser des fruits. Celle qui vient au bord de la mer sert à contenir les bouteilles de vin ou de liqueurs qu'on envoie au loin , et empêcher qu'elles ne se cassent en s'entre-choquant par le mouvement du transport.

MOUSSERON. Champignon fort petit, et couvert de mousse ; il est de fort bon goût ; il croît dans les bois, sous les arbres, entre les épines, et entre les mois de mai et de septembre. Les mousserons sont fort bons dans les divers apprêts de viandes. On en fait des ragoûts, en les faisant cuire dans une casserole avec du beurre, après les avoir nettoyés, lavés et séchés ; on y ajoute du sel, poivre, muscade, et on lie la sauce avec un ou deux jaunes d'œufs.

MOUT. On appelle de ce nom le vin doux qu'on a retiré de la cuve, après que le raisin a été foulé, et sans attendre qu'il ait bouilli ; on met ce vin dans un chaudron sur le feu ; on le fait réduire aux deux tiers ; on y jette des poires, des pommes ou des coins ; on les y fait bouillir, et ce sont des confitures fort bonnes, et dont on fait usage à la campagne lorsqu'on veut aller à l'économie.

MOUTARDE. Plante qui est de trois espèces : la première, qui est la moutarde ordinaire, a les feuilles semblables à celles de la rave ; la seconde, à celles de l'ache ; la troisième, est appelée *sauvage*, parce qu'elle croît dans les lieux pierreux ; on cultive la moutarde dans les champs et les jardins.

La graine de moutarde, qu'on appelle *senevé*, est chaude et incisive, elle réveille l'appétit ; on en donne une drachme dans les affections hypocondriaques et léthargiques, le scorbut, le calcul ; elle cuit parfaitement les alimens de difficile digestion.

Manière de préparer la moutarde pour la conserver toute l'année. Prenez deux onces de semence de moutarde en poudre, et demi-once de canelle commune aussi en poudre ; faites une masse avec de la fleur de farine, et une suffisante quantité de vinaigre et de miel, dont vous ferez de petites boules, que vous laisserez sécher au soleil, ou dans un four, lorsque le pain en aura été retiré. Pour vous en servir, détrempez une ou deux de ces petites boules avec du vin et du vinaigre, ce sera une fort bonne moutarde. Elle est convenable à l'obstruction des règles ; une pincée à jeun tous les matins, ou dans un véhicule approprié, est capable de préserver de l'apoplexie, du vertige, et des catarrhes.

MOUTON. La chair de mouton la plus délicate est celle de ceux qui ont mangé de l'herbe la plus fine et la plus douce, comme on l'éprouve dans les plaines des pays maritimes, ou qui ont brouté dans les bruyères ou sur des montagnes arides ; au contraire, les moutons engraissés dans les pâturages les plus fertiles, n'ont pas la chair si délicate ; on engraisse fort bien les moutons avec des navets. Le persil est encore une excellente nourriture pour eux, parce qu'il est beaucoup plus chaud et plus sec. Si on en pouvait semer plusieurs pièces, on les nourrirait d'une manière fort avantageuse. Les moutons sont d'une grande ressource ; on ne peut trop les multiplier dans les terres.

La chair du mouton est nourrissante, d'un bon suc quand le mouton est jeune et bien nourri ; elle se digère facilement ; elle est propre à toute sorte d'âge et de tempérament.

Le suif de mouton mêlé avec celui de bœuf, sert à faire des chandelles ; on s'en sert pour les pommades et pour les onguens.

Les peaux de mouton sont bonnes contre les foulures de nerfs ou quelque membre démis ; mais la peau doit être d'un mouton fraîchement tué ; on s'en sert encore contre les rhumatismes et les froidures.

MUCILAGE. Corps gluant et épais, ressemblant à de la morve ; il se fait avec des racines et des semences pilées au mortier, infusées en eau chaude et coulées. Ces racines sont celles de guimauve, de mauve, de grande consoude, les semences à peu près de même ; on en fait aussi avec des gommes et des fruits ; les mucilages entrent dans la composition de plusieurs emplâtres.

MUE. Maladie des oiseaux. Elle est moins dangereuse en juillet qu'en septembre, et dans les vents froids ; on connaît qu'ils en sont atteints lorsqu'ils paraissent gros, tristes, mélancoliques ; on doit les tenir à l'abri du froid, leur souffler du vin tiède dans la bouche, sur leurs plumes, et les faire sécher au soleil ou devant le feu.

MUGUET. Fleur dont les tiges sont menues, sans feuilles; elles portent un bouquet de petites fleurs blanches ou bleues, d'une odeur agréable, qui s'exhalent au loin ; ses racines n'ont ni côte ni bulbe. Cette fleur vient d'elle-même dans les bois ; elle fleurit en avril et en mai; on la cultive dans les jardins ; il y a encore une autre espèce de muguet rouge, ou incarnat, qui a les fleurs plus grandes , plus odoriférantes et d'une rougeur blanchâtre.

MUID. Mesure de vin qui contient 288 pintes, mesure de Paris : le demi-muid , dit autrement feuillette, en contient 144; le quart 72; le demi-quart 36.

MULET. Bête de somme, qui provient d'un âne et d'une jument, ou d'un cheval et d'une ânesse. Les mulets sont fort robustes ; on s'en sert pour porter de gros fardeaux et des bagages, surtout dans les montagnes et les voyages de long cours. En France , on se pourvoit de mulets dans le Poitou , le Mirebalais, et surtout l'Auvergne, où ils sont les meilleurs. On estime davantage ceux qui sont nés d'un âne et d'une jument.

Un bon mulet doit avoir les jambes un peu grosses et rondes, le corps ferme et la croupe un peu pendante : on connaît leur âge aux dents. A trois mois leurs jambes ont pris toute leur croissance, et pour lors elles sont la moitié de la hauteur du mulet ; on les gouverne et on les nourrit comme les chevaux.

Les mules ne sont pas aussi fortes que les mulets; une bonne mule doit être grosse de corps, avoir les pieds petits et les jambes sèches, le poitrail et la croupe larges, le cou long et voûté, et la tête petite.

MULET ou *menge*. C'est une espèce de meunier, poisson assez semblable au barbeau. Le mulet a une grosse tête , les écailles luisantes, la chair blanche et molle ; il vient de la mer dans les rivières.

MULES AUX TALONS. Espèce d'engelure causée par le froid qu'on a souffert en ces parties.

Pour remédier à ce mal, il faut faire bouillir de la sauge dans du gros vin, et tremper dedans les pieds soir et matin ; ce vin peut servir deux ou trois jours; si elles étaient entamées, il faudrait y mettre de l'onguent ou une emplâtre.

MULOT. Petit animal semblable à la souris. Ils sont nuisibles aux blés et aux fruits ; on doit leur faire la guerre avec des souricières, ou en leur donnant occasion de se noyer dans des pots d'eau couverts de paille.

MUR MITOYEN. Tout mur servant de séparation entre bâtimens jusqu'à l'héberge, ou entre cours et jardins, et entre clos dans les champs, est présumé mitoyen s'il n'y a titre ou marque du contraire. Cette marque a lieu lorsque la sommité est à droite et à plomb de son parement d'un côté, et présente de l'autre un plan incliné, et lors encore qu'il n'y a que d'un côté, ou un chaperon, ou des filets et corbeaux de pierre qui y auraient été mis en bâtissant le mur. Dans ces cas, le mur est censé appartenir exclusivement au propriétaire du côté duquel sont l'égout, les corbeaux et filets de pierre.

Tout propriétaire peut faire bâtir contre un mur mitoyen, et y faire placer des poutres ou solives à deux pouces près, sans préjudice du droit qu'a le voisin de faire réduire, à l'ébauchoir, la poutre jusqu'à la moitié du mur, dans le cas où il voudrait lui-même faire asseoir des poutres dans le même lieu, ou y adosser une cheminée.

Tout co-propriétaire peut faire exhausser le mur mitoyen ; mais il doit payer seul la dépense de l'exhaussement, les réparations d'entretien au-dessus de la hauteur de la clôture commune, et en outre l'indemnité de la charge, en raison de l'exhaussement et suivant sa valeur.

Le mur mitoyen n'est pas en état de supporter l'exhaussement : celui qui veut le faire exhausser doit le faire reconstruire entier à ses frais, et l'excédant d'épaisseur doit se prendre de son côté.

Tout propriétaire joignant un mur, a la faculté de le rendre mitoyen en tout ou en partie, soit en remboursant au maître la moitié de sa valeur, ou la moitié de la valeur de la portion qu'il veut rendre mitoyenne, et moitié de la valeur du sol sur lequel le mur est bâti.

L'un des voisins ne peut pratiquer dans le corps d'un mur mitoyen aucun enfoncement, ni y appliquer ou appuyer aucun ouvrage sans le consentement de l'autre, ou sans avoir, à son refus, fait régler par experts, les moyens nécessaires pour que le nouvel ouvrage ne soit pas nuisible aux droits de l'autre.

Lorsqu'on reconstruit un mur mitoyen, les servitudes actives ou passives se contiennent à l'égard du nouveau mur ou de la nouvelle maison, sans qu'elles puissent être aggravées, et pourvu que la reconstruction soit achevée avant que la prescription soit acquise.

Mur de clôture (le), est tout mur qui sépare des lieux appartenans à deux propriétaires, et où il n'y a aucun bâtiment ni d'un côté ni d'un autre. Tout mur de clôture est réputé mitoyen, s'il n'est justifié du contraire par écrit ou par construction.

Mur de clôture d'un héritage, ou d'un bien de campagne lorsqu'il est composé tout d'une pièce.

Rien n'est plus important ni plus avantageux que de pouvoir clore un bien de campagne, de manière que les bêtes malfaisantes, les chasseurs ni les voleurs n'y puissent entrer. Comme cet objet pourrait paraître trop dispendieux à bien des gens, un cultivateur industrieux a proposé une manière de construire à peu de frais ces sortes de murs, et de telle sorte, néanmoins, qu'ils aient toute la solidité nécessaire. On doit faire d'abord, tout autour de l'héritage un fossé large de huit pieds par le haut, et de trois pieds et demi par le bas, sur trois pieds de profondeur, en jetant toute la terre du côté de l'héritage ; ce fossé étant creusé, on prend la terre même avec un tiers de chaux qu'on y mêlera pour en former du mortier ; on fait avec ce mortier une espèce de mur de terrasse ; on lui donne le talus nécessaire et semblable à celui du fossé.

On doit faire cette espèce de mur en dedans du fossé, du côté des champs qu'on veut clore, et on l'élève à la hauteur de quatre pieds, c'est-à-dire, un pied plus haut que le sol du terrain ; on lui fait un petit fondement d'un pied dans le fossé même, et on donne à ce mur un pied et demi d'épaisseur. On le forme avec deux planches à cette même distance entre elles, dans l'entre-deux desquelles on jette le mortier à demi sec, pour qu'il puisse se comprimer comme il faut, et on le bat à mesure qu'il se lie entièrement.

On doit ménager, à la hauteur du sol des terres, des trous

de quatre pouces de diamètre, qui traversent le mur d'outre en outre; ils ne doivent être distans les uns des autres que d'un pied. Pour former ces trous exactement, on se sert de morceaux de bois ronds de même diamètre, et que l'on met dans le mortier aux distances marquées; on doit avoir une assez grande quantité de ces cylindres de bois pour en pouvoir mettre au moins douze sur une longueur de dix-huit pieds, qui sera celle des planches servant à former le mur. Ils doivent traverser le mur tout entier, et être contenus entre les planches. Lorsque le pan du mur est fait, on les fait sortir, et ils laissent les trous ouverts.

Ces trous serviront pour laisser passer chacun deux pieds d'aubépine, dont les racines seront plantées en dedans de la clôture dans la bonne terre, et recouvertes de deux pieds par-dessus au plus. Ces aubépines, poussant au dehors, feront une forte palissade qui tiendra au mur et le garantira.

Enfin, il faut achever le mur de la hauteur de trois pieds seulement au-dessus des trous sans compter la couverture, et on ne lui donnera qu'un pied d'épaisseur par le haut; on le finira en mortier de terre seulement, et on lui donnera la hauteur de six pieds en tout, sans comprendre son fondement, qui est d'un pied, comme on l'a dit, ni sa couverture, qui doit être en tuile, à chaux et sable.

Murs de clôture plus simples. On peut encore, pour clore une ferme ou toute l'étendue d'un bien de campagne, l'environner d'un fossé large de six pieds et profond de quatre, dont on rejette la terre du côté du champ; et sur le chevet ou bourrelet qu'elle forme on sème la haie vive qui doit un jour mettre le champ à l'abri des vents, et surtout des vents du nord. On doit de plus planter, d'espace en espace, des arbres dont le fruit et le bois dédommagent du tort qu'ils peuvent faire, et qui servent encore à abriter la terre. Cependant, partout où la terre n'est point rare, bien des gens croient plus utile d'enclore le terrain de murs, ou tout d'un coup, ou d'année en année, afin que la dépense soit moins onéreuse; d'ailleurs, les murs emportent bien moins de terre. (*Journal économique, octobre* 1758.)

On a éprouvé depuis long-temps que les récoltes sont toujours meilleures dans les enclos qu'en pleine campagne.

MURES. Fruit du mûrier : il y en a de deux espèces, les grosses qui sont toujours noires, et les seules bonnes à manger; elles viennent du mûrier noir qui se greffe sur le châtaignier, le hêtre, le cognassier. Les petites viennent du mûrier blanc, et nullement bonnes à manger; mais les feuilles en sont nécessaires pour élever les vers à soie.

MURIER (le), produit les mûres : elles doivent être noires pour être dans leur maturité; les mûres sont saines et agréables au goût; on en fait des sirops. Cet arbre jette de grosses branches, qui s'étendent plus en largeur qu'en hauteur; il aime l'abri.

Le mûrier blanc ne sert que pour la nourriture des vers à soie : ses feuilles sont d'un vert naissant, tirant sur le blanc; il sert comme le sauvageon du mûrier. Les terroirs gras et à l'abri du vent sont les meilleurs pour les mûriers; la voie la plus courte pour les multiplier est celle des boutures et des plants enracinés. On choisit pour cela, sur un mûrier de bonne espèce, des branches bien droites, de la longueur d'un pied et demi. On les plante à l'ombre dans une terre bien labourée, dans des rigoles profondes d'un pied, après avoir fait à leur extrémité d'en bas une entaille en croix, afin que les boutures prennent plus vite : on doit les poser un peu en la terre en les recouvrant ; la voie des pépins est plus longue, mais plus sûre. On peut les greffer sur le mûrier, le figuier, l'orme, le tilleul. Ce doit être en écusson, et au mois de mai.

On ne doit pas épargner au mûrier les labours et le fumier, et on doit le tenir net de bois mort et de mousse.

Le bois de mûrier sert pour les ouvrages des tourneurs et des graveurs.

Les mûriers viennent plus ou moins vite, selon la qualité du terrain.

Moyens de faire réussir les mûriers dans les plus mauvais terrains. Ouvrez une fosse de cinq ou six pieds en carré ; jetez sur un des bords de la fosse le premier cours de pelle et sur un autre côté le second cours, sur les autres côtés le troisième cours de pelle, qui est la plus mauvaise terre; bêchez ensuite ce fond à gros guéret, à la bêche ou à la pioche. La fosse étant faite, rejetez la moyenne ou seconde terre que vous avez sortie, ensuite la première ou moins mauvaise ;

ce qui se trouvera à la hauteur de la séparation de la bonne
ou mauvaise terre. Brisez et foulez cette terre avec le tranchant de la bêche ; posez l'arbre dans sa place et dans son
alignement ; couvrez-en les racines avec la terre de la superficie du contour de la fosse , observant qu'il n'y ait ni paille ,
ni herbe, ni bois, ni bruyères, qui puissent toucher les racines : arrangez avec la main ces terres dans l'intérieur des
racines, lesquelles doivent avoir été rafraîchies et taillées ,
en sorte qu'il ne se trouve aucun vide, ni au-dessous, ni au-
dessus. Lorsqu'elles sont couvertes de trois ou quatre doigts
de terre , foulez-les avec les pieds ; laissez l'arbre dans cette
position pour faire la même opération aux autres fosses :
couvrez ensuite les fosses avec des feuilles que vous aurez
fait ramasser, à quatre ou cinq doigts d'épaisseur, n'im-
porte de quelle espèce elles soient ; enfin , jetez la mauvaise
terre tirée du fond de la fosse, au pied de l'arbre , et butez-
le d'un pied au-dessus du niveau du terrain : si les bestiaux
vont paître dans ces lieux , il faut armer ces arbres d'épines,
quoique le plus court soit de les conduire ailleurs. Il convient de faire les fosses six mois ou un an d'avance avant la
transplantation, et de les combler des deux premières terres
trois ou quatre mois avant de planter.

*Autre manière de faire croître des mûriers en quantité
dans quelque terrain que ce soit, et de se procurer, sans
beaucoup de dépense, de quoi entretenir une manufacture de
soie.* Prenez des mûres lorsqu'elles sont au point de leur
maturité : faites-les tremper quelque temps dans l'eau ; ensuite écrasez-les avec deux mains. Dans le temps que les
mûres trempent, faites filer et tordre du foin de manière
à en former de moyennes cordes ou torches ; et, après avoir
écrasé ces mûres en bouillie, enduisez-en ce foin que vous
mettrez dans la terre en espèce de sillon , et recouvrez ce
foin d'environ un pouce de terre. Vous aurez en peu de temps
une si grande quantité de mûriers, que, dans un carré d'environ trente toises, il vous naîtra des sujets en assez grande
quantité pour les transplanter dans toute une province ; lorsqu'ils ont atteint une certaine quantité, on les met en pépinière , c'est-à-dire, on les transplante à deux ou trois pieds
de distance les uns des autres, et on les laisse croître. Quand

ils sont assez forts, on les transplante à demeure : au reste, ils viennent plus ou moins vite, selon la qualité du terrain.

Il y a des personnes qui, depuis quelque temps, se sont avisées de faire des objections contre les plantations des mûriers : ils allèguent l'incertitude de la production des vers à soie, et sur ce qu'une once de leur graine, qui donnait autrefois quatre-vingts livres de cocons, n'en produit qu'à peine quarante. Mais on peut leur répondre : 1° que cela vient, sans doute, de ce que les graines ont dégénéré peu à peu par la négligence et l'ignorance des personnes qui se mêlent de l'amasser, de la conserver, de la faire éclore, et chez lesquelles on va s'en pourvoir ; 2° de la mauvaise qualité des feuilles dont on nourrit les vers à soie, qui, par leur amertume, causent les maladies de ces petits animaux ; 3° de ce qu'on ne se donne pas tous les soins nécessaires pour leur éducation, soit pour la propreté, soit pour la salubrité et la température et l'air de leur logement.

MUSCADE. Espèce de noix venant d'un arbre qui croît en Asie. Les bonnes sont d'une grosseur raisonnable, pesantes, grises au dehors, rougeâtres et marbrées en dedans, d'un goût âcre, piquant, aromatique. Elles sont chaudes, stomachiques et céphaliques ; elles aident à la digestion, chassent les vents, corrigent la puanteur d'haleine, arrêtent le vomissement, la lienterie, etc.

MUSCAT. Sorte de raisin excellent ; il y en a de différentes sortes : 1° le blanc, qui a la grappe longue, grosse et pressée de grains ; 2° le rouge a les mêmes qualités ; son grain est plus ferme ; 3° le noir est plus gros et plus pressé de grains ; il est fort sucré ; 4° le violet, les grappes en sont longues et garnies de gros grains ; 5° le muscat de Malvoisie ; on le met au-dessus des autres à cause de son musc ; 6° le muscat de Ribezatte est musqué ; il a le grain plus petit que les autres ; son suc est fort doux et agréable.

MYRTE. Arbrisseau dont les fleurs sont menues et odoriférantes : il se plaît dans les pays chauds et arrosés. Les myrtes viennent de graine, et ils se marcottent avant la sève d'août. On fend trois ou quatre doigts de long le bois qu'on met en terre, à l'endroit d'un nœud, jusqu'à la moitié de la grosseur de la branche, et au bout de six semaines on les transplante ; on les taille quand ils sont grands.

N.

NAPPE *d'eau.* On appelle ainsi, dans les jardins d'ornement, une cascade qui se dégorge d'un bassin, par une embouchure large, dans un bassin inférieur, et qui forme aux yeux comme une large bande d'argent.

Nappes. Ce sont de longs pans de filets carrés, à mailles d'un pouce, de huit ou neuf pouces de long, pour prendre des alouettes au miroir : on y prend aussi des canards sauvages. On les tend bien raides avec des piquets ; on laisse entre les nappes autant d'espace qu'elles en peuvent couvrir ; et un homme, caché dans une loge à peu de distance, les tire lorsque les oiseaux sont dans l'espace qui doit les envelopper, en sorte que les nappes se ferment comme les deux battans d'une porte. Voyez *Alouettes.*

Les nappes pour les canards doivent avoir douze toises de long, et les mailles trois pouces ; elles doivent être un demi-pied dans l'eau. Il faut avoir des appelans de la même espèce attachés par le pied entre les deux nappes.

NARCISSE (le), est une grande fleur à une seule feuille, blanche, entourée de six feuilles pâles et purpurines, portée sur une tige haute d'un pied : il y en a de beaucoup d'espèces ; le constantinopolitain, le jaune, l'anglais, le grand narcisse d'Inde, le narcisse rouge, etc.

On les plante dans les parterres en planches, à quatre doigts de distance, sur des alignemens tirés au cordeau : on a soin de bien labourer la terre ; à la fin on les multiplie de cayeux, et on les replante en octobre.

La racine du narcisse est un vomitif. La décoction de cette même racine, mêlée avec du miel, est un bon remède pour les coupures des nerfs, rétablit les entorses et les dislocations : étant mêlée avec du vinaigre et de la graine d'ortie, elle fait aboutir les apostumes, purge la pourriture des ulcères, et efface les taches et rougeurs du visage.

NASSES. Filets dormans, faits de longues cages d'osier,

dont l'entrée va toujours en diminuant vers l'intérieur de la cage. Il y a plusieurs brins d'osier qui s'y réunissent, et s'écartent sans peine pour laisser passer le poisson qui veut y entrer; mais, comme ils se rejoignent lorsqu'il a passé, il ne peut plus sortir.

Il y a aussi des nasses à prendre des oiseaux, qui sont faites de la même manière que les précédentes ; on les place auprès de quelque buisson où il y a du grain semé aux environs; on y met une nichée de moineaux dedans, et dans une petite cage; ceux-ci, par leurs cris, attirent les autres, qui entrent facilement dans la nasse, mais qui n'en peuvent sortir.

NATTE. La natte se fait de plusieurs tissus de paille, joints ensemble; la meilleure est celle dont le brin de paille est menu. Les nattes sont nécessaires pour se garantir de l'humidité des murs, de même que pour conserver les tapisseries qui seraient tendues contre un mur un peu humide. Elles sont en usage à l'entrée d'une chambre ou appartement dont le plancher est passé en couleur, afin que ceux qui y entrent essuient leurs souliers auparavant pour ne pas gâter le plancher; elles sont encore fort utiles pour porter les pierres de taille sur les civières, afin qu'elles ne s'écornent pas.

NAVET. Racine potagère, qu'on cultive dans les jardins et dans les champs. On en compte sept ou huit espèces : le navet de Vaugirard, qui est estimé à Paris ; le navet commun, qui vient d'Aubervilliers ; le rond et le gris ; le navet de Meaux, le plus gros de tous; le navet de Ferneuse, dans le terroir de Mantes; c'est celui qui est le plus délicat; le navet de Saulieu, en Bourgogne, et celui du Gâtinais. En général, les petits sont les plus agréables. Les navets viennent de semence ; ils se multiplient de graines : ils veulent une terre légère et sablonneuse; cependant ils viennent fort bien dans les fortes, quand elles sont bien labourées.

Dans les jardins on en sème sur planche, au mois de juillet, pour en avoir l'automne et l'hiver : on doit semer la graine un peu clair. Quand la graine est levée, on éclaircit le plan, on sarcle les mauvaises herbes : on ne doit pas les laisser en terre lorsqu'ils sont en état d'être cueillis, de peur qu'ils ne se cordent. Les navets qu'on emploie à la cuisine sont bons deux mois après qu'ils ont été semés.

Outre que les navets servent à faire de bons potages, ils servent encore à faire des ragoûts pour mettre avec la viande. Poúr cet effet, coupez vos navets proprement, faites-leur fairé un bouillon dans l'eau; ensuite faites-les cuire avec du bouillon et du coulis, et un bouquet de fines herbes.

La semence du navet est chaude, dessiccative, atténuante, incisive; elle pousse dehors la rougeole et la petite vérole : on l'ordonne dans les fièvres malignes, dans la jaunisse; la dose est d'une drachme. La racine est bonne pour la toux invétérée, l'asthme, la phthisie, dans une décoction d'eau chaude avec du sucre : on s'en sert extérieurement en cataplasme pour apaiser les douleurs.

Les navets cuits sous la braise, appliqués derrière les oreilles, apaisent la douleur des dents : ils sont excellens contre les engelures des talons et d'autres parties.

Navets, gros navets et grosses raves, destinés à la nourriture des bestiaux pendant l'hiver et le printemps. — Manière de les cultiver selon l'usage ordinaire. 1° On doit avoir préparé la terre par plusieurs bons labours et par le fumier : la meilleure terre est celle qui est douce, sablonneuse et un peu humide.

2° On doit les semer à la fin de juin, dans tout le mois de juillet et au commencement d'août; ce doit être dans un temps de pluie, pour que la graine lève.

4° Semer la graine à la main avec égalité, la recouvrir de terre avec la herse, de l'épaisseur d'un pouce.

4° Quand les navets sont levés, semer de la graine dans les endroits où il en manque.

5° Les sarcler avec soin pour ôter les mauvaises herbes, et cela, lorsque les racines sont grosses comme le bout du petit doigt : au lieu de sarcler, on peut donner un petit labour avec la houe.

6° Empêcher qu'aucun bétail, et surtout les cochons, n'approchent du champ. Dans le mois de novembre, on doit arracher les raves de peur de la gelée, et les arranger par lits dans un cellier, mais on peut laisser les navets en terre.

Selon la méthode de la nouvelle culture, on doit, 1° labourer la terre très-profondément, et faire usage des fumiers; 2° on peut semer les navets depuis la mi-mai jusqu'au mois d'août ; avec le nouveau semoir on ensemence presque autant de terre avec autant de graine, qu'on en ensemencerait avec une livre, selon la méthode ordinaire ; 3° on doit semer par rangées simples, éloignées les unes des autres de six pieds, et labourer les plates-bandes à cinq ou six pouces de profondeur. Comme ce semoir met la graine alternativement à différentes profondeurs, on a toujours de la graine qui réussit, soit par la sécheresse, soit par l'humidité ; dans ce dernier cas, c'est la graine de la superficie qui lève la première ; par là on a deux levées de navets dans un même champ, moyennant les labours suffisans : on a vu des navets qui pesaient seize et dix-neuf livres.

Nouvelle observation sur la culture des navets. On a remarqué que presque tous les navets que fournissent les environs de Paris, sont insipides ou mauvais. C'est sans doute parce qu'on les fait venir dans une terre déjà épuisée, et que l'on charge trop tous les ans, et qu'on les fume avec du fumier de voirie, qui est puant et trop chaud, ce qui fait que ces navets sont durs et tarés. Dans les endroits, au contraire, où les navets viennent excellens, on ne fume point du tout le terrain : ou, si on est obligé de le faire, c'est avec du fumier de vache ou de cheval bien pourri. On donne plusieurs façons de labour à la terre avant que d'y semer la graine de navets, après l'avoir laissée reposer une année entière ; avec cette méthode, on parvient à faire venir des navets dans leur état naturel. On doit semer les navets depuis le mois de mars jusqu'au mois de septembre, afin de pouvoir en avoir pendant toute l'année.

Les premiers, il est vrai, sont sujets à monter en graine, et ne sont jamais aussi bons que ceux que l'on sème en automne, parce que les grandes chaleurs leur sont contraires ; car cette sorte de racine, étant aqueuse, a besoin de beaucoup d'eau pour la nourrir ; ainsi il faut les arroser souvent pendant l'été. On ne doit pas enfoncer la graine bien avant dans la terre ; l'épaisseur d'un bon pouce suffit, et pour cet effet, la herse est très-propre pour les semer. On ne doit pas non plus les semer trop épais, ni trop clair ; il est bon de mettre depuis trois jusqu'à cinq pouces d'intervalle des uns des autres, afin que chaque plante puisse ve-

nir comme il faut ; il en est de même des raves, c'est-à-dire,
de ces navets qui sont de forme ronde comme les ognons ,
et qu'il ne faut pas confondre avec les raiforts , qu'on appelle
improprement raves, et qui viennent dans les jardins ; mais
on doit leur donner plus de distance qu'aux navets. On peut
les semer à la fin d'août jusqu'à la fin de septembre; les pluies
d'automne les font croître merveilleusement. Mais il faut les
cueillir avant les grandes gelées, et ensuite les enfouir dans
des trous pratiqués dans le champ même qui les a produits :
ces raves sont d'un grand secours pour la nourriture des
vaches et des cochons , et on doit les faire cuire pour les
derniers. De toutes les nourritures qu'on puisse donner aux
bestiaux , les navets et les grosses raves sont les meilleures ,
et celles qui leur font le plus de bien ; elles sont très-rafraî-
chissantes , fournissent beaucoup de lait aux vaches , et
contribuent même à engraisser les bœufs , les chevaux, la
volaille , et surtout les oies, en les faisant cuire auparavant.
Cependant on n'en doit pas donner aux moutons et aux brebis , à moins qu'on n'ait dessein de les vendre pour la bou-
cherie, parce que ces plantes, étant fort humides, leur pourrissent le foie , et leur causent plusieurs maladies.

La culture des navets est préférable aux *turnips* des Anglais,
qui sont une espèce de navets , qu'on nomme en France *navette*. C'est une bonne méthode d'en semer sur les chaumes,
après la récolte du froment et du seigle , quand la terre est
bonne par elle-même ; mais , si on a la facilité de faire arroser amplement le terrain avec quelques eaux de rivière ou
de mare , et si on ajoute ensuite un peu de fumier de vache
bien consommé , on peut compter sur une très-bonne récolte
de navets , quoiqu'on en ait fait une de froment l'année
précédente. On a même fait l'expérience que le produit de
ces navets , à les faire consommer pour l'engrais du bétail
seulement , rapportait autant que le blé que le même champ
avait produit auparavant.

NAVETTE. Plante annuelle , ou espèce de chou sauvage ,
dont la graine est noire et ronde. Elle est d'un grand usage :
il y en a de deux sortes; la noire, qu'on appelle *rabette ,* est
la plus grosse ; elle sert à faire de l'huile à brûler : les apothicaires emploient aussi cette graine , ainsi que les ouvriers

en laine. Celle qui tire sur le violet, et qui est plus petite et moins amère, sert pour la nourriture des serins. On sème la navette depuis le commencement d'avril jusqu'en juillet, et à plein champ : il lui faut des terres fortes et bien labourées, et que l'on herse après qu'on l'a semée : elle mûrit vers la fin de juin, ce qu'on connaît quand elle blanchit : on l'arrache et on la bat dans le champ même, sur un drap, pour en avoir la graine.

L'on ne doit pas mettre trop de terres en navette et en colza, parce que ces graines usent beaucoup la terre.

NEFLIER. Arbre de médiocre hauteur, qui produit les nèfles ; il croît dans les haies et dans les buissons ; on le cultive dans les jardins ; ses fruits y sont plus gros. Les néfliers sont longs à croître ; ils ont le tronc et le bois fort dur ; les feuilles en sont longues, assez semblables à celles du laurier. Les nèfles ressemblent à de petites pommes dont la tête est en forme de couronne, et renferme quatre ou cinq nœuds durs comme des noyaux ; elles ne mûrissent point sur l'arbre ; on est obligé de les abattre, et on les fait mûrir et jaunir sur de la paille. Les nèfles sont rafraîchissantes ; elles resserrent beaucoup, et sont contraires à l'estomac ; les molles resserrent moins.

NEIGE (la), est produite par des vapeurs contenues dans une nuée, qui d'abord ont été condensées pour former de la pluie, mais qui, rencontrant dans leur chute un air plus froid, capable de les congeler, se convertissent en un amas de petits glaçons de figure oblongue, et forment ce qu'on appelle la neige ; ces flocons sont d'autant plus menus que le temps est plus froid. D'un autre côté, il est certain que la neige répandue sur la terre lui conserve sa chaleur, en l'empêchant de s'évaporer. Les sels contenus dans ce météore aident beaucoup la végétation, et l'on a remarqué que les années où il tombe une grande quantité de neige, ne sont jamais stériles. Comme la neige se fond plus aisément, elle offre un moyen plus commode que la glace pour rafraîchir le vin en été. On s'en sert surtout dans les pays chauds et dans les plaines ; c'est ce qui se pratique à Rome : elle se conserve aussi bien que la glace dans les glacières ; mais il faut pour cela la ramasser par pelotons, la battre et la bien presser ; faire en sorte que ces pelotes, étant arrangées dans la glacière, ne fassent qu'un corps, et qu'il n'y ait pas beaucoup de vide entre elles : la chose est plus facile lorsque le froid est grand ; car alors on n'a qu'à jeter de l'eau dans les espaces, et elle se glacera aussitôt. On ramasse plus facilement la neige dans les prairies et sur les gazons qu'en tout autre endroit.

NENUPHAR. Plante qui croît dans les marais, dans les étangs et rivières. Ses feuilles nagent à la surface de l'eau ; sa racine et sa semence sont dessiccatives et àstringentes : on s'en sert contre le flux de ventre, les âcretés de l'urine, et dans toutes les maladies où il faut apaiser le mouvement violent du sang et des esprits, comme les fièvres ardentes, les insomnies, les agitations d'esprit, en usant de la tisane faite avec la racine de nénuphar. On emploie extérieurement les feuilles et les fleurs en forme de lotion aux pieds. On en fait un sirop et une eau distillée.

NERF FERU. Accident qui arrive aux chevaux dans les courses violentes, et dans les ornières, en s'attrapant des pieds de derrière les nerfs de devant. On doit d'abord chercher le mal en portant la main au long du nerf, pour trouver l'endroit de l'enflure ou de la douleur. Si l'accident est récent, frottez le mal avec de l'huile d'olive chaude, et présentez une pelle rouge vis-à-vis pour faire pénétrer l'huile ; remettez de l'huile, et continuez la friction pendant une demi-heure.

Si la nerférure est considérable ou vieille, on pourra la guérir par ce remède : Faites fondre de la poix noire dans une grande cuillère de fer; étant bouillante, ôtez-la du feu, jetez-y peu à peu de la farine de froment ; remuez le tout, laissez-le un peu refroidir, et faites du tout un emplâtre sur du cuir délié ; rasez le poil où est le mal, et appliquez l'emplâtre ; laissez-le jusqu'à ce qu'il tombe, et appliquez-en un second : promenez dans cet intervalle votre cheval.

NIELLE. Maladie des blés et de plusieurs autres grains, tels que le blé de mars, l'orge et l'avoine. La nielle est une espèce de brouillard qui s'élève souvent dans le temps des chaleurs, qui tombe sur les blés lorsqu'ils sont en lait, et les brûle ordinairement si le soleil paraît tout d'un coup. Les épis des blés attaqués de cette maladie sont remplis d'une poussière noire, au lieu de contenir une farine blanche, et le blé n'en vaut rien ; il infecte même de sa couleur celui qui n'est point gâté. La nielle, proprement dite, détruit entièrement le germe, et affecte tout le pied : la cause en est incertaine ; cependant l'auteur de la culture des terres croit que les pluies abondantes occasionent cette maladie, puisqu'il y a beaucoup plus de noir quand les années sont humides : elle cause moins de dommage au froment que le charbon. L'autre espèce de nielle, improprement dite, s'appelle *bosse* ou *charbon* : les épis attaqués de cette maladie sont verts, et bruns d'abord après la fleur, ensuite blanchâtres; l'enveloppe du grain n'est pas détruite comme dans la nielle, mais le dedans renferme une substance un peu ferme.

Les grains charbonnés donnent une odeur désagréable au pain : comme ils sont plus légers que ceux qui sont sains, on en emporte une partie en jetant le grain à la roue, et par le crible à vent. On croit que le charbon est une maladie héréditaire. Les personnes qui ont une grande expérience sur cette matière croient que ces deux maladies n'en sont qu'une, mais qui est portée à son dernier période dans les épis niellés, sur cette raison que, toutes les années où on trouve beaucoup de nielle, on ne manque pas de trouver du charbonné réciproquement. Voyez *Semence*.

Pour garantir les grains de la nielle, il faut : 1° changer la semence chaque année, et avoir attention que le grain soit bien sec et bien mûr, point niellé ; 2° faire bouillir de l'eau dans un grand chaudron, la verser sur de la chaux vive que l'on a à côté de soi dans un cuvier ; 3° quand les grands bouillons sont apaisés, verser par-dessus moitié autant d'eau froide qu'on avait employé de chaude, et remuer le tout avec un bouloir ; 4° attendre que la chaux soit bien dissoute, ce que l'on connaît si les gouttes que l'on laisse tomber sur un couteau restent blanches ; 5° arroser alors avec cette eau de chaux la quantité de grains qu'on veut ; 6° remuer bien ce grain avec la pelle, et le ramasser en un tas le plus élevé qu'il se peut ; 7° ne semer ce grain que huit jours après cette préparation ; mais, en attendant, le remuer exactement une fois le jour.

Autres précautions pour garantir les blés de la nielle. 1° Le froment étant coupé, laissez – le bien sécher sur la terre ; ne liez ni ne serrez pas les gerbes tant qu'elles seront humides ; serrez les grains destinés pour la semence dans un grenier bien sec ; étendez-les-y, et laissez-les bien sécher et refroidir ; vous pouvez après cela les mettre en tas et les y laisser ; mais ayez attention de les faire souvent remuer. Prenez pour cet effet de la semence de l'année, et portez-la sèche en terre autant qu'il est possible. Si la semence renferme quelque humidité, ou si la cosse des grains est disposée à la putréfaction, réduisez un poirier en cendres ; ajoutez-y un peu de sel ; versez-y de l'eau, et arrosez avec cette mixtion les grains avant que de les semer ; ou bien, mêlez des cendres ordinaires parmi les grains deux jours avant que de les semer; ou bien encore, portez le froment sur l'air ; mettez-le en tas, arrosez-le bien d'eau de fumier. Si le terrain est maigre, répandez par-dessus le tas une bonne quantité de chaux vive, de cendres de sarment de vigne, et autant de poignées de sel qu'il y a de boisseaux de froment ; remuez souvent le tas, réitérez l'arrosement de deux jours l'un pendant huitaine, et faites bien sécher vos grains.

Les autres moyens qu'on peut employer pour prévenir la nielle, sont les lessives de salpêtre, d'alun, de vert-de-gris, de vitriol, de sel commun, de cendres de plantes, avec lesquelles on échaude les blés qu'on veut semer.

A l'égard des grains charbonnés, comme ils sont plus légers que les sains, on en emporte une partie en vanant les grains, ou en les passant au crible à vent ; mais il est difficile de tout ôter : les grains qui s'écrasent infectent de noir ceux qui sont sains ; cette poussière noire s'attache aux poils qui sont à l'extrémité des grains : les fermiers appellent *le bout*, les grains ainsi tachés, et ils disent qu'*ils ont le bout*. Le grain attaqué du charbon est monstrueux. Les grands observateurs en agriculture croient que le charbon n'est autre chose qu'un grain qui n'est point fertilisé, et que la cause de cette monstruosité n'est qu'un défaut de fécondation semblable à celui qui rend les seigles ergotés, et que les seuls moyens qu'on puisse employer efficacement pour prévenir cette maladie, sont d'avoir la précaution de semer de bonne heure et en bonne saison, de donner des labours suffisans aux bonnes terres, d'améliorer par des engrais celles qui sont mai-gres; ils croient du moins que ces moyens peuvent diminuer l'abondance du charbon.

Les expériences qu'on a exécutées à dessein de connaître la nature de cette maladie, et les moyens de nettoyer de cette poussière noire la superficie des grains, prouvent que cette poussière n'affecte pas les organes intérieurs du grain avant qu'il soit mis en terre ; que la chaux dans laquelle on lave les semences, quoique plus efficace que l'eau simple, n'est pas suffisante ; que les fortes lessives alkalines sont les meilleures, telles que celles de la soude, de la potasse, des cendres ordinaires chargées de sel, ou bien une forte saumure de sel marin, ou une partie d'esprit de nitre contre neuf parties d'eau de rivière. On peut choisir entre ces différentes drogues celles qui seront plus communes dans les lieux où l'on aura des grains à préparer pour les semences.

L'ergot est pour les seigles la même maladie que le charbon. Voyez *Ergot*.

Autre remède contre le blé charbonné. Faites tremper le blé dans une lessive composée d'eau commune, dans laquelle on fait dissoudre de la chaux, du fumier de pigeon, du sel marin, et de la cendre de foyer. Cette composition ne peut être qu'avantageuse pour la multiplication du grain.

NITRE. Voyez *Salpêtre*.

NIVELLEMENT (le), est l'art de trouver le niveau d'un terrain : cette connaissance est nécessaire à la campagne pour aplanir des terrains inégaux, particulièrement dans les jardins. Le niveau ordinaire est une équerre, dans l'angle de laquelle pend un fil au bout duquel est un plomb qui doit tomber juste dans l'entaille qui traverse les deux côtés de l'équerre; on pose ce niveau sur le milieu d'une longue règle, portée par des piquets ou bâtons bien droits, appelés *jalons,* qui ont cinq à six pieds, et qu'on fiche en terre à huit ou neuf pieds de distance ; on les relève ou on les enfonce, et on voit s'ils sont tous de niveau ; le tout en commençant depuis l'endroit le plus élevé jusqu'au plus bas. Lorsque les jalons se trouvent avoir hors de terre la même hauteur, on aplanit les parties du terrain qui sont les plus hautes d'un jalon à un autre.

NOIRPRUN ou *Bourg-épine*. Arbrisseau qui est du nombre

de ceux dont on fait des haies. Ses branches sont fort hautes, épineuses et droites; ses feuilles sont longues et olivâtres; il porte un fruit rouge et à noyau, qui sert aux teinturiers pour faire le jaune, le bleu et le vert.

NOISETIER. Grand arbrisseau qui jette plusieurs petits troncs; il ne porte point de fleurs, mais des chatons, d'où sortent de petites pellicules, où la noisette est renfermée. Les noisetiers aiment fort les endroits frais, les terres sablonneuses ou humides; on les met volontiers dans des bosquets; on les laboure de temps en temps. On en compte trois espèces : 1° le sauvage, qui vient dans les bois et sans culture, et qui porte des noisettes blanchâtres et un peu molles; 2° le noisetier franc et cultivé, dont les noisettes sont rouges, fermes et d'un meilleur goût que les précédentes; 3° l'aveline, qui croît dans les pays chauds, et dont les noisettes sont plus fermes et meilleures.

On les élève de noyau ou de bouture, ou de plant enraciné; on s'en fournit pour cela dans les bois; on les plante à la fin de l'hiver. Comme ils viennent par touffes, on ne laisse que quatre ou cinq tiges les plus belles, et on les laboure tous les printemps. Son bois sert à faire des cercles de plusieurs grandeurs.

NOIX (les), sont les fruits du noyer. On les mange en cerneaux dès le mois d'août, et jusqu'à ce que la chair de noix ait acquis sa consistance; on les mange mûres lorsqu'elles commencent à tomber d'elles-mêmes; c'est ordinairement vers le milieu de septembre, et c'est alors qu'on les cueille en les abattant à coups de perches ou de gaules. On les met ensuite par tas dans un lieu bien aéré, jusqu'à ce qu'elles quittent leur première robe; ensuite on les répand dans un grenier pour qu'elles sèchent mieux. Si on veut les conserver dans leur fraîcheur, on doit les cueillir au milieu de leur maturité, et les mettre sous du sable dans un lieu frais; lorsque les noix sont devenues fort sèches, on les fait tremper quelques jours dans l'eau; au reste, plus les noix sont vieilles, plus elles rendent de l'huile.

Noix confites. Pour confire des noix, on en cueille la quantité qu'on veut, sur la fin du mois de juin, c'est-à-dire, avant que le bois soit formé; on en ôte tout le vert avec un couteau, et on les jette à mesure dans l'eau fraîche ; ensuite on les en retire pour les mettre dans l'eau bouillante ; après qu'elles y ont bouilli quelque temps, on les en retire, on les remet dans d'autre eau bouillante, et on achève de les y faire cuire. Elles sont suffisamment cuites, si, en les piquant avec une épingle, elles retombent d'elles-mêmes ; alors on les retire pour les mettre en eau fraîche ; puis on les tire, on les fait égoutter, et on les met dans du sucre cuit à lissé. On les fait un peu frémir, on tire la poêle du feu, et on verse le tout dans une terrine ; on les laisse toute la nuit dans un lieu chaud ; le lendemain on égoutte le sirop, on lui fait prendre un bouillon, et on le jette sur les noix ; on réitère cela deux ou trois fois. Il ne faut pas épargner le sucre, car les noix doivent baigner dedans ; cela fait, on pique les noix l'une après l'autre avec une lardoire, et on y fait passer, de la tête à la queue, un lardon d'écorce de citron ; on fait cuire le sirop à perlé ; on met les noix dans des pots.

Eau de noix. Pour faire cette eau, on doit cueillir les noix vertes vers le mois d'août, les couper par rouelles, et les faire distiller dans l'alambic à petit feu ; on doit garder cette eau distillée dans des bouteilles bien bouchées. Elle est fort bonne, prise tous les matins à jeun avec un peu de vin blanc et de poudre de tartre, contre l'hydropisie, le mal caduc, la paralysie et les maux des yeux.

Noix de galle. Excroissance qui se trouve sur le chêne rouvre (c'est celui qui est moins haut que les autres, et qui a le tronc et le branchage tortus). La noix de galle donne à l'encre sa noirceur : les meilleures viennent d'Alep.

Noix muscade (la), vient des Indes orientales. Elle est astringente, corrige la puanteur de l'haleine, fortifie le foie et l'estomac, aide à la digestion, chasse les vents.

NOLI ME TANGERE. Plante qui croît dans les bois et dans les lieux humides ; elle a proche de ses feuilles plusieurs petits nœuds remplis de suc, et les fruits qui renferment la semence s'ouvrent au moindre attouchement qu'on leur fait, et la font sauter en l'air. Cette plante est très-apéritive, propre pour faire uriner, et briser la pierre du rein et de la vessie, étant prise en décoction ; son eau distillée opère encore mieux cet effet ; ses feuilles appliquées sont bonnes contre la strangurie.

NOTAIRES. La fonction des notaires consiste à assurer la foi des actes par leur témoignage, et à les rendre authentiques par leur signature. Le public s'en rapporte à eux touchant la vérité des actes qui ont été faits en leur présence. Les juges, dans leurs jugemens, défèrent aux actes que les notaires ont signés; ils sont regardés comme des lois que les parties se sont imposées elles-mêmes. Ces sortes d'actes passés devant notaires emportent hypothèque sur les biens de l'obligé; et, lorsqu'ils sont scellés du sceau du tribunal dans lequel les notaires sont immatriculés, ils peuvent être mis à exécution sans qu'il soit besoin de mandement ni de permission du juge, à la différence des actes passés devant notaires, qui n'ont point ces deux effets.

NOVALES. On appelle ainsi les terres qui ne portaient que du bois, de l'herbe ou du foin, et que l'on change par le labour en terres à grains. Les prés défrichés et mis en novale, et amendés avec les cendres de leur gazon, sont les meilleurs; ils rapportent du grain six ou sept ans de suite sans interruption. On ne doit pas commencer par y mettre du froment; mais on y met d'abord du millet, du chanvre, puis du seigle, et enfin du froment, parce que ces sortes de terres ont toujours trop de chaleur; mais, si elles ne sont point trop chargées de sels, on peut y semer, la première année, de la vesce ou des pois; la seconde, du seigle, et la troisième, du froment; dans la suite on conduit ces terres à l'ordinaire.

NOVEMBRE. *Travaux à faire dans ce mois.* On doit cueillir les olives, faire les premières huiles, planter des oliviers, faire provision d'herbes pour le fourrage des bestiaux, serrer les fruits d'automne, encaver les vins, planter et provigner la vigne, serrer les échalas, couper les saules, casser les noix pour faire de l'huile, tailler la vigne, émonder les arbres, couper le bois à bâtir.

Pour le jardin, faire porter de grands fumiers secs près des chicorées, artichauts, céleri, poireaux, etc., pour les y répandre dès que le froid se fait sentir; on les couvre davantage à mesure que le froid augmente; couvrir les laitues d'hiver avec de la paille longue, replanter en motte les choux nmés dont on veut avoir de la graine. Quant aux fleurs, planter les rosiers, les lilas et autres arbrisseaux qui ne craignent point la gelée; couvrir les plantes, car elle leur est funeste.

NOYER. Arbre fort connu, dont les fruits sont les noix que l'on mange, et qui servent à faire de l'huile, et dont le bois sert à faire des ouvrages également solides et propres. Il y a trois sortes de noyers : l'un, dont la noix est fort grosse et la coquille plus mince que les autres, et dont le fruit est meilleur au goût, mais qui rapporte moins ; l'autre, dont la noix n'est pas fort grosse, mais de figure longue et qui rapporte beaucoup ; et la troisième sorte, qui a la noix petite et à plusieurs angles ; on ne s'en sert que pour faire de l'huile. Le noyer aime les terres grasses, il ne craint point les lieux humides, froids et exposés au vent; ainsi on le plante volontiers en plein champ et sur les chemins, ou sur les avenues des maisons : ils viennent moins bien dans les jardins, et ils nuisent à ce qui est autour d'eux par leur ombrage et leurs longues racines.

On élève des noyers en semant des noix au mois de février ; on choisit pour cela les plus belles, qui ont l'écorce blanchâtre et aisée à rompre, et on les met sur des lits de sable, dans la cave, jusqu'au temps qu'on les veut semer. Au bout de deux ans qu'ils sont levés, on les sarcle avec soin, on les replante en pépinière, on leur donne par an quatre labours, et quatre ou cinq ans après on les met en place ; mais avant on doit leur couper le pivot, et ne leur laisser que les plus belles racines. On doit les planter au cordeau à cinq toises l'un de l'autre, dans des trous larges de six pieds, et profonds de trois. Voyez *Noix.*

Le bois de noyer est le plus estimé pour les meubles de propreté.

NOYÉS. *Secours qu'on doit leur donner.* Quelque compassion qu'on ait pour ceux qui ont le malheur de se noyer, on se contente de le pendre par les pieds ; et, après quelques tentatives, on laisse pour morts ceux dont tout souffle de vie paraît éteint, surtout s'ils ont été quelques heures dans l'eau. Cependant quantité d'exemples prouvent qu'on a sauvé la vie à de telles personnes, en employant certains remèdes et précautions.

1° On ne doit pas mettre le noyé dans cette position violente; mais, pour s'assurer s'il n'a point trop bu d'eau (car il y en a à qui on en a trouvé médiocrement), on doit le mettre dans un tonneau ouvert, qu'on roule pendant quelque temps en différens sens, ou bien l'exciter à vomir en introduisant une plume dans l'œsophage.

2° Au lieu de le laisser étendu et tout nu sur le rivage, comme on ne fait que trop souvent, on doit l'envelopper de couvertures et le porter dans un lit bien chaud ; appliquer sur son corps des serviettes chaudes pour remettre en jeu les esprits solides de la machine, afin qu'ils puissent redonner le mouvement aux liqueurs.

3° L'agiter, le retourner, le soulever et le secouer dans les bras, lui verser dans la bouche des liqueurs spiritueuses, lui irriter les fibres du nez avec des esprits volatils, ou lui souffler du tabac avec un chalumeau, et de l'air chaud dans la bouche avec un soufflet, pour communiquer cet air aux intestins; ou bien souffler dans ces mêmes intestins la fumée du tabac d'une pipe avec un morceau de pipe cassée : on a vu des effets salutaires de ce dernier remède.

4° Dès le moment qu'on peut avoir le chirurgien, faire faire la saignée à la jugulaire ; et, si tous ces remèdes ne réussissaient pas, ouvrir la trachée-artère, et y souffler de l'air chaud pour donner du jeu aux poumons. Peut-on tenter trop de moyens pour ramener à la vie un homme, surtout lorsqu'il n'y a pas long-temps qu'il s'est noyé ?

O.

OBIER. Arbrisseau dont les branches sont semblables à celles du sureau, et les feuilles à celles de vigne : ses fleurs sont blanches et disposées en parasol, et ses baies rougissent lorsqu'elles sont mûres. Il aime les terroirs gras et humides : on se sert de cet arbre pour faire des bosquets.

OBLIGATION. On entend ordinairement par ce terme un

acte passé par devant notaire, pour prêt d'argent ou pour autre cause, à la différence des reconnaissances sous signature privée. Une condition essentielle pour la validité de l'obligation, c'est qu'elle doit contenir la raison pour laquelle elle est causée ; car une obligation sans cause est nulle. Toutes obligations et actions pour somme de deniers sont réputées mobilières, parce que toute action prend la qualité de la chose à laquelle elle tend : ainsi toute action qui tend à avoir un immeuble est immobilière.

Obligation solidaire. C'est une obligation en vertu de laquelle on peut agir contre chacune des parties qui l'ont contractée pour le tout, sans que le créancier soit obligé à la discussion des autres : chaque débiteur est tenu de la totalité du paiement ; mais il a son recours contre ses cooligés. Au reste, il faut que dans l'acte le mot de solidité, de solidaire ou de solidairement obligés, soit employé pour produire cet effet. Il y a des cas où l'obligation est solidaire, indépendamment du consentement des parties : par exemple, les provisions d'alimens en matière civile peuvent être demandées solidairement à chacune des parties condamnées, sauf leur recours contre les autres.

OCTOBRE. *Travaux à faire dans ce mois.* On continue et on achève la vendange ; on doit semer les lupins, les pois, les féveroles, l'orge carré, recueillir le miel et la cire. C'est le temps de faire des raisins secs, des pruneaux, du raisiné et du cidre, provigner la vigne : pour les jardins, faire les mêmes ouvrages que dans le mois de septembre, excepté les greffes ; semer des épinards pour en avoir vers le mois de mai. On peut planter toutes sortes d'arbres, et faire les derniers labours de terres humides. Quant aux fleurs, il faut planter les tulipes vers la mi-octobre, et autres ognons qui ne sont pas en terre ; sur la fin du mois, serrer les orangers et autres arbrisseaux qui craignent la gelée.

OEIL DORMANT. Terme de jardinage. Sorte de greffe qui se fait au mois d'août. Voyez *Greffe.*

OEil poussant. Sorte de greffe qui se fait à la fin de juin. On se sert encore de ce terme en parlant des branches d'arbres, comme quand on dit qu'une branche doit avoir de gros yeux ; dans ce sens, un œil est une espèce de petit nœud pointu, où sont renfermés, pendant l'hiver, les feuilles et le jet qui doivent sortir au printemps.

OEILLET (l'), est la première des fleurs aux yeux de ceux qui se plaisent à le cultiver. Sa tige est haute d'environ un pied et demi; ses fleurs sont rouges ou blanches, ou marbrées de couleurs diverses, agréables à la vue : leur odeur approche de celle du girofle. Les noms que les fleuristes donnent aux œillets sont infinis : une grande partie sont arbitraires, et dépendent de la fantaisie des amateurs, qui les appellent, par exemple, le duc d'Anjou, le duc de Candale, le grand César, le grand Cyrus, la beauté triomphante; celui-ci est un œillet d'un rouge de sang sur un blanc de lait, etc.

Un œillet, pour être parfait, doit avoir les panaches bien opposés à la couleur dominante, et nullement confondus avec elle; ces panaches doivent s'étendre, sans interruption, depuis la racine des feuilles jusqu'à leur extrémité. Les gros panaches, par quart ou par moitié de feuilles, sont plus beaux que les petits : un bel œillet doit être large de trois pouces, sur neuf ou dix de tour; il doit avoir une grande quantité de feuilles; il doit se terminer en s'arrondissant avec grâce en forme de houppe; il ne doit pas avoir une trop grande quantité de mouchetures ni de dentelles, et les feuilles ne doivent point s'allonger en pointe.

Les œillets qu'on distingue communément sont les violets, les rouges, les incarnats, les couleurs de rose, les piquetés, et les œillets tricolores. Les beaux œillets sont larges, et ont jusqu'à quatorze et quinze pouces de tour, mais alors ils sont sujets à crever.

Culture des œillets. On ne doit pas mettre les œillets en pleine terre, à cause de la fraîcheur et du trop de nourriture qu'ils prendraient. La terre qu'on donne aux œillets doit être réglée sur l'espèce dont ils sont : les violets, les pourprés, les rouges, les piquetés, demandent une terre composée d'un tiers de sable noir, qui se trouve dans les marais et sur le bord des ruisseaux; l'autre tiers, moitié de terreau de cheval, et moitié de terreau de vache bien pourri et réduit en terre, et un sixième de terre douce et moelleuse, le tout mêlé, passé à la claie et au crible, quand on veut les empoter : les incarnats veulent une terre composée, moitié terreau de

cheval bien pourri, moitié sable noir ou de terre de taupi-
nière.

Les œillets se multiplient ordinairement par les marcottes.
On marcotte les œillets depuis le 20 juillet jusqu'au mois
d'août; et, lorsque les premières fleurs de l'œillet sont passées, on doit faire pour cela une incision au milieu du nœud,
le plus près du pied de l'œillet qu'il se pourra, et seulement jusqu'à la moitié du nœud, ou même un peu plus; couper dans le
nœud de quoi faire une ouverture à la marcotte; coucher la
marcotte dans la terre du pot à fleurs, après l'avoir labourée;
l'y arrêter avec un petit crochet de bois sans la détacher de
la plante, et l'arroser fréquemment. On se sert aussi de petits
entonnoirs de fer blanc, pour que les marcottes prennent
racine facilement. On doit placer les pots à l'ombre trois ou
quatre jours, les remettre ensuite au même soleil qu'ils
avaient auparavant. Au reste, les pots doivent être d'une
médiocre grandeur, contenir au moins autant de terre qu'en
contient la forme d'un chapeau, et être proportionnés à cette
fleur, c'est-à-dire, plus étroits par le bas que par le haut,
percés au-dessus de la jointure du fond et non au fond. Quand
la marcotte a pris racine, on la détache avec un ciseau fort
près de sa tige et au niveau de l'incision : on la plante en
automne, vers la Saint-Rémi, dans un pot, au fond duquel
on a mis un doigt de terreau de cheval; on doit ensuite la replanter au printemps, l'arroser tous les jours d'une eau exposée au soleil, à moins qu'il ne pleuve; la mettre à l'ombre
dix ou douze jours, et après l'exposer au soleil; la précautionner contre les pluies, les gelées, et nettoyer avec la pointe
d'un canif les taches que l'hiver lui cause. A l'entrée de l'hiver, on doit mettre les pots dans la serre, les y placer en
amphithéâtre, pour les faire jouir d'un air égal, sur des terrines de terre, dans lesquelles on verse de l'eau jusqu'au
bord, lorsqu'on veut humecter la plante, ce qu'on ne doit
faire que lorsqu'elle en a grand besoin; changer les pots de
place de temps en temps, et jamais par un temps froid;
couper les feuilles sèches; sortir les pots de la serre dix ou
douze jours au commencement de la lune de mars, si le
temps est beau ; les précautionner alors contre les premières
ardeurs du soleil; les mettre à l'abri des pluies froides par

des paillassons, des couvertures de paille ou de toile en forme de toits.

Les œillets aiment le grand air, mais ils ne veulent ni le trop ni le trop peu de soleil ; le soleil levant est celui qui leur est le plus favorable. On doit les placer loin des murailles, afin que l'air régnant également autour de leur tige, ils poussent leurs marcottes de tous côtés, au lieu de ne les pousser que d'un côté. L'eau de rivière est la meilleure pour les arroser, lorsqu'on est à la portée d'en avoir ; au défaut, celle de puits suffit, mais après avoir été exposée au soleil.

On doit arroser le soir, surtout dans les chaleurs, et épargner les feuilles autant qu'on peut. Il faut soutenir les tiges avec des baguettes, hautes de trois à quatre pieds, et les y attacher avec des fils ; les ficher dans le pot quand l'œillet veut pousser son dard ; et, à mesure que le dard s'élève, l'attacher avec du fil ou du jonc ; mais on ne doit pas lier tous les montans d'un œillet à une seule baguette. Comme trop de boutons nuisent à l'œillet, on ôte ceux qui poussent dans les premiers nœuds du dard et tout près du pied ; c'est le moyen de faire réussir le maître bouton, ce à quoi on doit s'appliquer, parce qu'il fait l'ornement de toute la plante. On doit faire la guerre aux insectes qui ruinent cette fleur, tels que le pou vert ou puceron, la chenille verte, et particulièrement le perce-oreille. Quand la première fleur est une fois passée, on arrose copieusement les pots, ou on les porte à la première place où les œillets ont pris naissance, et on leur laisse former leur graine. On doit la recueillir à la fin de septembre, et la mettre dans des sacs de papier étiquetés pour ne pas confondre les espèces. Le meilleur temps pour la semer est la fin du mois de mars. (*Traité des œillets.*)

Eau d'œillet. Pour la faire, choisissez des œillets de la première sève, parce qu'ils ont plus de force et de parfum ; tirez les feuilles de la fleur, coupez-en le blanc ; mettez-les dans une cruche, versez de l'eau-de-vie dessus, laissez-les infuser six semaines avec quelques clous de girofle ; proportionnez la cruche à la quantité de fleurs, car il est nécessaire qu'elles trempent dans l'eau-de-vie ; et, pour cet effet, il faut que la cruche soit pleine de fleurs avant que de la remplir d'eau-de-vie, sans néanmoins les presser. Bouchez bien la cruche : au bout de six semaines passez la liqueur dans un tamis, laissant égoutter les fleurs en les pressant un peu, puis jetez dedans une infusion de sucre fondu en eau fraîche. Il faut, par exemple, six onces de sucre par pinte d'eau pour faire ce sirop ; passez le tout à la chausse, et laissez-le devenir clair.

OEILLETONS. On appelle ainsi certains bourgeons ou croissances que quelques plantes poussent de leur pied pour se régénérer ; ils commencent à se former au pied des artichauts pendant l'hiver, quand il est doux, et ils poussent des feuilles au printemps ; c'est alors qu'on œilletonne les artichauts, c'est-à-dire, qu'on leur fait un petit cornet au pied pour les décharger. On œilletonne aussi les oreilles d'ours, c'est-à-dire, qu'on tire doucement l'œilleton qui a pris racine pendant la fleur, sans dépoter la plante ; lorsqu'on veut multiplier une espèce précieuse, on doit prendre garde, en œilletonnant, d'endommager le collet de la plante.

OEUF. C'est ce que pond la poule ou l'oiseau femelle. On connaît que les œufs sont frais, quand on les mire à la lumière, et qu'en posant la main en travers sur la pointe de l'œuf qui est tournée en haut, on voit qu'ils sont transparens et clairs. Pour les tenir frais pendant quelques jours, il faut qu'ils soient nouvellement pondus, les mettre dans de l'eau fraîche, et de manière que l'eau passe par-dessus les œufs les changer d'eau de temps en temps ; ou bien les mettre dans des pots, et verser dessus de la graisse de mouton fondue, mais point trop chaude ; de cette dernière manière on peut les conserver frais pendant plusieurs mois. On peut encore, pour conserver un œuf frais sans altération un mois et plus, le faire cuire à l'ordinaire ; au bout de ce temps, on le remet en eau bouillante, comme s'il n'était pas cuit ; il se tourne en lait de même que le premier jour. Les œufs les plus propres à garder sont ceux qui viennent dans le mois d'octobre.

Les œufs sont nourrissans et adoucissans ; les plus frais, et parmi ceux-là ceux qui sont blancs et longs sont les meilleurs ; mais les vieux échauffent beaucoup, et peuvent être nuisibles. Les œufs mêlés avec les légumes rendent ces derniers moins lourds sur l'estomac. En général, les œufs les meilleurs à la santé sont ceux de poule.

Différentes manières d'apprêter les œufs.

A la coque. Mettez-les bouillir deux minutes ; retirez-les ; ouvrez-les une minute pour leur laisser faire leur lait ; avec cette attention, vous ne les manquerez jamais.

OEufs mollets. Jetez la quantité que vous voudrez d'œufs dans un poêlon d'eau bouillante ; faites-les bouillir cinq minutes, mettez-les promptement dans l'eau fraîche, pelez-les doucement ; par ce moyen, le blanc sera cuit, et le jaune mollet. Ces œufs se servent de plusieurs façons, avec une sauce blanche, sauce au coulis, sauce-robert, ragoût de cardes, ou de céleri, ou de laitues, ou de chicorée, ou de ris de veau.

OEufs au lait. Délayez trois œufs avec une demi-cuillerée de farine, un morceau de sucre et trois poissons de lait ; mettez le tout dans un plat, et faites cuire un quart d'heure sur un fourneau, et passez la pelle rouge dessus.

OEufs à la tripe. Faites-les durcir, pelez-les, coupez-les par rouelles ; prenez un morceau de beurre frais, mettez-le dans une casserole ; étant fondu sur le fourneau, passez vos œufs dedans avec du persil haché, assaisonnez de sel et de poivre ; étant passés, mouillez-les de crême : au lieu de crême, on peut délayer une couple de jaunes d'œufs avec du verjus, et on lie les œufs de cette liaison.

OEufs au jus ou *à l'huguenote.* Mettez du jus de mouton ou autre sur un plat ; la sauce étant chaude, cassez vos œufs, ou comme au miroir, ou brouillés ; assaisonnez de sel, muscade, jus de citron ; passez la pelle rouge par-dessus.

OEufs farcis ou *à la farce.* Prenez des laitues avec de l'oseille, du persil et du cerfeuil ; hachez-les bien menu avec des jaunes d'œufs durs que vous aurez assaisonnés de sel et d'un peu de muscade ; passez le tout au beurre ; faites-les cuire dans une casserole, et mêlez-y un peu de crême.

OEufs pochés. Ce sont ceux que l'on fait cuire sans les brouiller et sans écraser le jaune. On poche les œufs en les etant dans l'eau bouillante ou dans du beurre fondu.

OEufs à la créme. Mettez dans un plat un demi-setier de crême, faites bouillir et réduire à moitié; mettez-y huit œufs, sel, gros poivre; faites-les cuire; passez la pelle rouge par-dessus.

OEufs à la reine. Faites bouillir trois demi-setiers de crême; jetez-y dedans une quantité raisonnable de sucre, d'eau de fleur d'orange, de citron confit, le tout haché très-fin; ayez huit œufs; séparez les blancs des jaunes; fouettez les blancs avec une cuiller; pochez-en deux ou trois cuillerées à la fois dans la crême, ce qui formera des œufs pochés sans jaunes. Mettez-les égoutter en les dressant les uns sur les autres, ensuite arrangez-les sur un plat; mettez la crême sur le feu, et faites-la réduire au point d'une sauce; mettez-y ensuite les huit jaunes sur le même plat; faites lier sur le feu sans bouillir, et dressez la sauce sur les blancs d'œufs.

OEufs au pain. Mettez dans une casserole une demi-poignée de mie de pain avec un poisson de crême, sel, poivre, un peu de muscade; quand le pain a bu toute la crême, cassez-y six œufs, battez-les, et faites-en une omelette.

OEufs à l'eau. Mettez dans une casserole une chopine d'eau, un peu de sucre, de l'eau de fleur d'orange, de l'écorce de citron; faites bouillir le tout à petit feu pendant un quart d'heure; ensuite mettez-le refroidir; cassez dans une autre casserole sept ou huit jaunes d'œufs, plus ou moins; délayez les jaunes d'œufs avec cette eau sucrée, et passez le tout au tamis, et faites cuire au bain marie dans le plat que vous devez servir. Pour être bien faits, il faut qu'ils soient un peu tremblans sans eau au fond.

Il est inutile de mettre ici les façons d'accommoder les œufs qui sont les plus ordinaires, parce que tout le monde les fait.

OGNONS. Plante bulbeuse et potagère. La plante qui porte l'ognon pousse des feuilles à la hauteur d'un pied : sa tige est ronde et creuse, haute de trois pieds, portant à son sommet des fleurs, auxquelles succèdent des fruits qui contiennent des graines rondes et noirâtres. La racine de la plante est ce que nous appelons l'ognon, et dont on fait un grand usage dans les cuisines : c'est une espèce de bulbe ronde et plate par-dessus, enveloppée de plusieurs pellicules blanches ou rouges, d'une odeur très-forte. Les ognons ne se multiplient que de graine : on la jette à plein champ depuis la fin février jusqu'en avril, et un peu clair, et on la recouvre de terre. Les ognons veulent une terre bien ameublie : s'ils viennent trop dru, on les éclaircit ; lorsqu'ils sont devenus grands et qu'ils ne profitent plus, on en foule les montans avec le pied, pour qu'ils deviennent plus beaux. Pour en avoir de bien gros, on les arrache quand ils sont gros comme le tuyau d'une plume de poule, et on les replante en rayons au plantoir. Les ognons blancs sont doux et plus estimés que les rouges.

Comme les ognons sont une espèce de légume dont on fait usage dans toute la France, et dans presque toute l'Europe, et qu'on ne peut s'en passer, soit comme assaisonnement, soit comme nourriture, on a cru devoir insérer ici une partie des observations que les agriculteurs intelligens ont faites sur la meilleure manière de cultiver les ognons, et les rendre plus sains, et d'un goût plus doux.

Les ognons se plaisent beaucoup dans les terres sablonneuses, légères ou pierreuses : les terres froides leur conviennent bien moins ; ils sont plus ou moins forts au goût, selon la différente nature des terrains et des fumiers. Pour qu'ils soient doux au goût, il faut les planter dans une terre sablonneuse, qu'on doit amender par des terreaux de quelques vieilles couches qu'on a déjà employées, et se servir de l'espèce d'ognon qui a la forme allongée comme une poire : il faut avoir l'attention de ne semer que les meilleures graines. En général, les ognons qui paraissent les moins durs, quand on les a pressés un peu fort, sont ceux qui sont les moins âpres au goût.

L'ognon ne veut ni un labour profond, ni être planté trop avant ; il vient ordinairement à fleur de terre : quand il y a trop de labour, il pousse ses racines trop loin, et trouve dans la terre trop de substance et d'humidité ; il ne donne que des feuilles, et ne grossit pas si bien que celui qui n'a de labour qu'au simple fer de bêche. Ce même défaut est encore cause qu'on n'a pas de si beaux ognons, et qu'ils ne sont pas de si bonne garde, que quand la terre a moins de labour, et qu'on l'arrose rarement. Quand une fois l'ognon a pris de la force, c'est la chaleur qui le fait grossir et mûrir de bonne heure.

Pour que l'ognon soit de garde, il faut qu'il ait la peau très-fine et peu de feuilles. Les plus gros, et qui n'ont point de racines, sont ceux qui se conservent le plus long-temps : à l'égard de ceux qui sont défectueux, on les mange les premiers, ou bien on s'en sert pour replanter, afin d'avoir de la ciboule. Ceux qu'on met à part pour perpétuer l'espèce, doivent être choisis, c'est-à-dire, qu'ils doivent être les plus gros, avoir la peau fine, fort peu de feuilles, et avoir passé l'hiver sans germer. Ceux qu'on destine pour monter en graine doivent être plantés, au mois de mars, dans une terre ni trop forte ni trop légère : on les espace à un pied de distance les uns des autres; et, lorsqu'ils sont montés en graine, on enfonce en terre de petits échalas auxquels on attache avec un lien de paille les tuyaux des ognons, au bout desquels vient la graine. Il faut laisser bien mûrir avant que de la recueillir, et attendre pour cela que le tuyau soit jaune et presque sec. (*Journal économique, janvier* 1758.)

Les ognons secs sont plus sains que les verts. L'ognon a des vertus salutaires : pris avec du fenouil, il guérit l'hydropisie qui commence ; appliqué avec du linge sur les blessures, il en apaise la douleur : cuit à la braise et mangé avec du sucre, de l'huile et du vinaigre, il guérit la toux, et il est bon aux asthmatiques; pilé et mêlé avec du beurre frais, il apaise les douleurs des hémorroïdes.

Ragoût d'ognons. Faites cuire de gros ognons entre deux cendres, puis découpez-les; mettez-les dans un plat sur un réchaud avec du beurre frais, du sel, du poivre et de la muscade; faites mitonner le tout, et les ognons étant bien cuits, mettez-y un filet de vinaigre.

On se sert de la racine ou bulbe de l'ognon dans plusieurs remèdes. L'ognon est chaud, apéritif, incisif, mais venteux; il excite l'urine et les mois des femmes : étant cuit sous la braise dans un linge mouillé, il mûrit les apostumes, appliqué en cataplasme : cuit ainsi, il est bon contre les mules ou engelures, et il guérit les brûlures non entamées.

Ognons de fleurs. Lorsqu'on veut les planter, soit en pots ou en planches, il faut prendre un quart de bonne terre neuve, un quart de vieux terreau, un quart de bonne terre de jardin, le tout mêlé et passé à la claie, et mettre un bon pied de terre, soit sur les planches, soit dans les pots ; il faut planter les ognons à la profondeur d'un demi-pied en terre ; mettre les pots en pleine terre jusqu'au bord, et ne les point retirer qu'ils ne soient prêts à fleurir : il faut les arroser un peu, pourvu qu'il ne gèle point ; que, s'il gelait, on doit mettre quatre doigts d'épais de terreau sur les planches, et même les couvrir avec des paillassons.

OIE. *Petite oie.* On appelle ainsi tout ce qu'on retranche de l'oie quand on l'habille pour la faire rôtir ; comme les pieds, les bouts d'aile, le cou, le foie, le gosier. On en fait autant de la plupart des volailles : on peut faire une fricassée du tout, ou une bonne soupe.

Les oies sont de gros oiseaux blancs qu'on élève dans les basses-cours comme des poules. Il y en a beaucoup en France, surtout dans l'Artois, le Blaisois, le Lyonnais, le Languedoc.

Il y en a de sauvages et de domestiques. Les oies domestiques volent avec beaucoup de peine ; elles aiment les lieux aquatiques, et on doit les tenir auprès de quelque étang ou mare, pour les y faire barboter : elles vivent d'herbe et de grain. Ces animaux sont fort voraces ; pour apaiser leur grosse faim, on leur donne des feuilles de chicorée et de laitue, et des légumes hachés.

On doit les éloigner des vignes, des jardins, des blés, et des lieux où il y a de jeunes arbres, car elles feraient beaucoup de dégât ; d'ailleurs, leur fiente gâte les prés et brûle la terre : on n'en doit point trop avoir.

Les oies portent du profit par leurs plumes, leur chair, leur graisse, leurs œufs : elles font trois pontes par an, et vivent jusqu'à vingt et vingt-cinq ans.

On les plume deux fois l'an, c'est-à-dire, qu'on leur ôte le duvet sous le ventre, le cou et le dessous des ailes ; mais il faut qu'il soit mûr et qu'il tombe de lui-même : les grosses plumes de leurs ailes servent pour écrire. On sale leur chair ; elle est meilleure au pot étant salée ; elle est solide et nourrissante, mais un peu difficile à digérer. Le foie est ce qu'il y a de meilleur dans l'oie. On fait fondre la graisse de l'oie ;

on la met dans des pots de terre, saupoudrée de sel ; elle est bonne pour des ragoûts, et est plus délicate que celle du porc.

Les oies donnent plus d'œufs qu'aucune autre volaille. L'économie est de les laisser toujours pondre et rarement couver : on doit faire en sorte qu'elles pondent dans leurs toits ; on doit mettre leur mangeaille près de leur nid. Quand on veut avoir beaucoup d'oisons, on peut se servir de poules communes pour leur faire couver des œufs d'oie.

Nouvelles observations sur les oies.

On distingue les oies domestiques en communes et étrangères : les communes sont d'une espèce plus petite que les étrangères, qu'on nomme d'Hollande, parce qu'elles nous viennent de ce pays ; mais les communes réussissent beaucoup mieux dans les endroits où les eaux sont rares, et les autres n'y viennent pas si bien. On fait accoupler les oies comme les dindes. Un jar, qui est le mâle des oies, suffit à cinq ou six femelles pour féconder leurs œufs. Ces animaux, pondant sous leurs toits, on a soin de ramasser leurs œufs ; on les fait couver comme ceux des poules d'Inde, et on place leurs nids dans des endroits qui ne sont point humides.

Les oies, quand elles sont jeunes, demandent à peu près la même éducation que les canards et la même nourriture ; mais, quand elles sont grandes, on les mène aux champs, dans les chaumes, où elles se nourrissent de grain. Ainsi, elles ne sont pas d'une aussi grande dépense que les canards.

Les oies ne sont bonnes à manger que quand elles ont leurs plumes formées, c'est-à-dire, que le bout de leurs ailes croît et se garnit. Comme ces oiseaux ont moins besoin d'être baignés que les canards, on doit les enfermer sous un toit pour les engraisser ; elles prennent graisse au bout de quinze jours, et mieux que toute autre volaille ; mais, avant de les enfermer, il faut les avoir mises en chair, et leur avoir fait manger beaucoup d'herbes, de mauvais pain, du grain de rebut, du son, et autres choses peu coûteuses. On peut les engraisser avec une pâte de farine d'orge ou de blé de Turquie.

Dans les pays chauds, on les plume avant que de les engraisser ; mais on ne doit les plumer que quand la plume com-

mence à tomber, et ne pas les enfermer avant que la plume
ne leur soit revenue.

Le vrai temps de les engraisser est lorsqu'il fait bien
froid, c'est-à-dire, aux mois de décembre et janvier : on
doit leur donner souvent de la litière dans leurs toits pour
les tenir proprement : on en peut mettre jusqu'à douze et
quinze sous un même toit : on doit mettre leur mangeaille dans
une auge faite exprès, et leur eau dans une autre place à côté,
avec du sable de rivière dedans, pour qu'elles s'y baignent,
et renouveler souvent cette eau et ce sable. La meilleure
nourriture pour les engraisser, c'est le blé de Turquie : on
le leur donne en grains après l'avoir fait bouillir dans l'eau :
au défaut de ce blé, on doit leur donner de l'avoine, ou de
l'orge, ou des féveroles. Pour engraisser une oie, il faut quarante livres pesant de blé de Turquie; et, si c'est de l'avoine
ou de l'orge, cinquante livres : aux oies de Hollande il en
faut davantage.

On doit les tenir renfermées dans leurs toits pendant un
mois, et ne leur donner d'abord de la mangeaille qu'avec
discrétion, de peur qu'elles ne s'en dégoûtent. Quand on n'en
a qu'une petite quantité, on les met dans une barrique, à laquelle on a fait des trous, dans lesquels elles passent la tête
pour chercher leur nourriture qu'on met en dehors. Une oie
commune bien grasse donne communément quatre à cinq
livres de graisse, et en peut donner jusqu'à sept. Ce qu'on estime le plus dans les oies, c'est la plume : la plus menue sert
à faire des lits de plume, et celle des ailes à écrire.

*Manière de conserver les cuisses d'oie dans leur graisse,
et de s'en faire une ressource pour le temps où la volaille manque.* Les oies étant bien engraissées, on les tue, on les laisse
quatre ou cinq jours se faisander ; ensuite on lève proprement les cuisses de dessus la carcasse, puis les ailes, la peau,
la chair et le lard, qui tiennent ensemble : on coupe le tout
en quatre quartiers, dont chacun fait une aile ou une cuisse.
On les sale un peu, et on leur laisse prendre sel pendant deux
jours : on les fait cuire ensuite dans une chaudière avec la
graisse même des oies ; on connaît que le tout est suffisamment cuit, lorsque la graisse fondue est devenue parfaitement claire, et que la chair des cuisses et des ailes s'est

toute retirée des os. Alors on les tire de la chaudière, et on arrange ces cuisses et ces ailes séparément, et sans les dépecer, dans des pots de grès bien vernissés et bien nets. Il ne faut pas les **trop presser**, et laisser un vide de quatre doigts au haut du vaisseau : ensuite versez par-dessus la graisse toute bouillante qui est dans la chaudière, en la faisant passer à travers un linge fin pour en ôter ce qu'il y a de grossier; mais ne remplir pas totalement le pot, et n'en couvrir que le dessus des viandes. Lorsque la graisse est figée, on achève de remplir les pots avec de la graisse de porc, qu'on a fait chauffer pour la rendre liquide : comme elle est plus ferme, elle sert de couverture pour conserver le tout.

On peut préparer et conserver de la même manière les cuisses et les ailes des dindons qu'on aurait fait bien engraisser, et qui ont quelque chose de plus délicat : ces sortes de viandes, ainsi confites, se conservent dans leur bonté plus de six mois; on peut en manger au bout de deux ou trois mois. On en fait usage de deux façons; 1° pour la soupe aux choux de Milan ou à large côte, en les mettant un moment dans la marmite à la soupe avant que de la dresser, et on les mange avec du bouilli; 2° pour en faire une espèce de ragoût : en ce cas, on doit les passer à la poêle, et ensuite leur faire une sauce à l'ognon avec un peu de vinaigre.

Oies sauvages (les), sont des oiseaux de passage, qu'on ne voit dans ces pays que l'hiver : elles ne sont pas plus grosses que les domestiques, et ont le bec plus petit. On les trouve par bandes passant dans les blés verts; elles volent haut et légèrement : leur chair est meilleure que celle des oies domestiques. On les prend aux filets et lacets, comme les canards, et on les tire au fusil, en se déguisant, et représentant la figure et la couleur d'une vache.

La vente des oies commence à la fin de septembre, et dure jusqu'au carême : celle des oisons, pendant le mois d'août et de septembre.

On peut faire aussi un profit sur le duvet et les plumes des oies et des oisons. Le duvet, ce sont les petites plumes fines près de la chair, dont on fait des lits, des coussins, des oreillers.

OING. Le véritable oing est la graisse de porc qui tient aux reins; mais c'est la graisse la plus molle et la plus humide, au lieu que le lard est la graisse ferme.

Le vieux oing se fait avec de la panne de cochon, que l'on bat sur un billot avec un gros bâton jusqu'à ce qu'elle soit réduite en pâte : on met cette pâte en divers morceaux ronds, que l'on enveloppe d'une vessie de cochon; on la tient en lieu frais, et on s'en sert pour frotter les essieux des roues, les rouleaux des presses.

OISEAUX. Il y a une grande quantité d'espèces d'oiseaux : les plus connus sont les oiseaux de proie, les oiseaux de rivière, comme les canards, les oies, les sarcelles : les passagers, comme les bécasses, les grives : ceux de volière, comme les serins, les linots, les chardonnerets, etc., qu'on élève pour les faire chanter. Voyez *chacun de ces oiseaux dans leur ordre alphabétique.*

Diverses manières de prendre les oiseaux. Voyez *Pipée, Trébuchet.*

Secret pour les prendre à la main. Mêlez de l'ellébore blanc parmi la nourriture dont vous voulez vous servir pour appâter vos oiseaux; à peine en auront-ils pris, qu'ils tomberont tout étourdis.

Ou bien, prenez du grain, mettez-le tremper dans de la lie de vin, ou dans une décoction d'ellébore blanc avec du fiel de bœuf.

On prend à cet appât des perdrix, et même des oies sauvages et des canards.

Secret pour apprendre à parler ou à siffler aux oiseaux qu'on élève en cage. On doit leur donner leçon dans l'obscurité, c'est-à-dire, le soir, et se servir d'une chandelle qu'on leur expose devant leur cage ; les ténèbres rendent les oiseaux plus attentifs à ce qu'on leur enseigne, et la lumière qu'on leur oppose est pour les réveiller un peu du sommeil : on a soin de leur bien articuler les airs ou les paroles dont on veut les frapper; on choisit pour cela de jeunes oiseaux ; mais cet exercice demande un peu de patience.

Remède contre les poux qui incommodent les oiseaux. On doit les frotter avec de l'huile de lin; elle détruira cette vermine.

Remède pour empêcher les oiseaux de manger les fruits

des arbres. Il y a des gens qui conseillent de pendre aux arbres un paquet d'ail, ou de les seringuer avec du vinaigre et de l'eau d'absinthe, ou de quelque autre chose amère.

Oiseaux de rapine. On appelle ainsi tous les oiseaux pillards qui rôdent dans les airs pour fondre sur le menu gibier, la volaille, le poisson même, et les dévorer ; tels sont les vautours, les faucons, éperviers, autours, milans, gerfauts, orfraies, aigles, laniers, émerillons, hobereaux, sacres, butors, hérons, cormorans, coucous ; on doit leur faire la guerre de toutes manières, soit en les tirant, soit en les prenant aux filets avec un appeau, soit en détruisant les nids ; on doit aussi détruire, autant qu'on peut, les oiseaux de nuit, qui sont également carnassiers, et qui détruisent la volaille, le gibier et les fruits ; tels sont le chat-huant, le hibou ou chat-huant à oreilles de lièvre, la chouette, les corbeaux, les corneilles, les pies, les geais.

Oiseaux de leurre (les), sont ceux que l'on dresse pour prendre le gibier ; tels sont le faucon, le sacre, le lanier, le gerfaut, l'émerillon et l'hobereau, et qui reviennent sur le poing en leur jetant le leurre : l'autour est pour les faisans et les perdrix. Voyez *Fauconnerie.*

OISONS. On appelle ainsi les petits des oies.

Manière de les engraisser. Il faut les plumer entre les jambes, et les enfermer dans un endroit chaud et obscur, leur donner pour nourriture de l'avoine bouillie dans de l'eau, et avec abondance ; au bout de quinze jours ou de trois semaines, les oisons sont suffisamment engraissés.

Manière de les faire cuire à la broche. On doit les vider, les barder, faire une farce avec les foies, lard, fines herbes, ciboules, persil, sel, poivre, muscade ; on en farcit le corps des oisons ; on les met à la broche, et on les panne de mie de pain.

OLIVIER. Arbre qui produit les olives ; ses feuilles sont longues, pointues, vertes par-dessus et blanches par-dessous. Au mois de juin, il porte des fleurs blanches en forme de raisin, d'où viennent les olives ; elles sont d'abord vertes et noires quand elles sont mûres. Pour les manger, on les cueille quand elles sont encore vertes, c'est-à-dire, aux mois de juin et juillet, et on les met dans une saumure pour leur faire perdre leur grande amertume. L'huile, qui est d'un si grand usage, n'est autre chose que le suc des olives écrasées sous le pressoir. Cet arbre ne vient bien que dans les pays chauds, ou du moins fort tempérés; car le froid lui est nuisible; il lui faut un terroir gras et exposé en plein midi ou au levant. Cet arbre se multiplie de boutures ou de rejetons qu'il pousse. On les plante d'abord en manière de pépinière dans un endroit bien aéré, et dont la terre doit être noire et bien labourée, au mois de novembre, dans des trous de quatre pieds; on les couvre de quelques doigts de bonne terre, que l'on a soin de bien fouler. D'abord on les laboure tous les mois, ensuite deux fois l'an; on les amende avec du fumier de chèvre, et on les arrose pendant les chaleurs. Au bout de cinq ans on les transplante à demeure dans des terres labourables et dans des fosses espacées de vingt pieds, et qu'on a fouies et remuées auparavant. On doit les labourer à la houe en juin et septembre; on les taille de huit en huit ans, et lorsqu'ils ont déjà atteint cet âge. On greffe cet arbre à trois ans, au mois de mai en écusson, et franc sur franc; on cueille les olives aux mois de novembre et d'octobre, pour en faire de l'huile. Il y a encore l'olivier sauvage; il est plus petit que le précédent; les olives en sont plus petites, mais plus agréables au goût.

Le bois d'olivier s'emploie pour les ouvrages, surtout des tourneurs et des ébénistes.

ONGLES. Les ongles des animaux, de même que leurs cornes, servent à faire de la colle forte; on les réduit aussi en pâte, et ils servent à faire des cornets, écritoires, peignes et boutons, manches de couteaux, etc.

ONGUENT. Composition d'huile, de graisse, de cire, de poudre, auxquelles on donne quelque consistance, et dont on se sert pour panser les plaies et autres maux externes.

Il y a quantité de sortes d'onguens. En voici quelques-uns dont on peut avoir le plus besoin.

Onguent pour les panaris, et pour toutes les tumeurs et abcès qu'on veut faire mûrir et percer : on l'appelle *onguent de la mère.* Prenez beurre frais, sain-doux, suif de mouton, cire blanche, litharge d'or en poudre, de chaque un quarteron; huile d'olive, demi-livre; faites fondre la cire et les graisses avec l'huile ; mêlez peu à peu la litharge dans la fusion, en remuant avec la spatule ; ôtez de dessus le feu jusqu'à ce que l'onguent soit froid.

Onguent pour la brûlure. On doit avoir recours aux remèdes le plus tôt qu'on peut, pour empêcher que les vessies ne se forment sur la partie brûlée ; on doit la tenir le plus long-temps qu'on pourra devant le feu.

Le suif de chandelle fondu avec l'huile de noix, jusqu'à consistance d'onguent, est excellent pour toutes sortes de brûlures.

Faites tomber goutte à goutte de la graisse de porc toute bouillante sur des feuilles de laurier ; ce sera un fort bon liniment pour toutes sortes de brûlures.

Pour les brûlures à la langue, au palais, ou dans l'estomac, le meilleur remède est d'avaler du vin pur.

Les remèdes pour la brûlure ne doivent jamais être appliqués qu'ils ne soient chauds.

Autres remèdes. Prenez, de la meilleure huile d'olive, une once et demie ; de la cire vierge, une once ; les jaunes de deux œufs durcis sous la cendre. Faites fondre la cire sur un feu doux, et ajoutez-y ensuite l'huile et les jaunes d'œufs, en remuant le tout, jusqu'à ce qu'il ait acquis la consistance d'un onguent, qu'on gardera pour l'usage.

On étend une couche mince de cet onguent froid sur du linge, et on en couvre la partie brûlée ; on réitère deux fois le jour jusqu'à guérison.

Onguent pour les plaies causées par quelque fer que ce soit, et surtout pour les plaies de la tête. Faites bouillir dans du lard fondu, ou dans de la graisse de porc mâle, de la grande consoude, bugle, brunelle, plantain long, mille-feuille, scrofulaire aquatique, lierre terrestre, véronique mâle et femelle, pariétaire, et autres herbes vulnéraires, et réduisez le tout en un onguent, qui sera excellent.

Onguent de cocher pour sécher les maux de jambes des chevaux. Mettez dans un pot du miel commun et de la couperose en poudre, de chacun une livre et demie ; mêlez-les, et faites-les chauffer à petit feu ; remuez jusqu'à ce qu'il bouille, puis ôtez du feu, et, étant un peu refroidi, jetez dedans une once d'arsenic en poudre ; faites de nouveau chauf-

fer toute cette matière jusqu'à ce qu'elle bouille, puis laissez-la refroidir, et remuez encore long-temps, mais éloignez-
vous de la fumée. Il faut raser le poil de tout l'endroit où
est le mal, le frotter avec un bouchon, le graisser avec le
doigt, prenant garde de n'en pas trop mettre, et n'en appliquer que de deux jours l'un.

OPIATE (l'), est un médicament d'une consistance molle
comme les confitures. On le compose ordinairement de conserves, d'électuaire, de poudres, de sels et de sirops, dont
on forme un tout, qui sert pour plusieurs doses.

OPIUM. Larme gommeuse qui sort de la tête des pavots
d'Egypte; celui que les Turcs nous envoient est un suc tiré
par expression de ces mêmes têtes, et réduit en consistance
d'extrait : il doit être pesant, visqueux, de couleur noire,
luisant au dedans, d'un goût âcre. On l'appelle *Laudanum*
lorsqu'il est purifié et préparé. Son usage est pour exciter le
sommeil, calmer les douleurs, arrêter le cours de ventre,
le vomissement : mais ce remède demande de grandes précautions, car son excès est mortel. La dose est depuis demi-
grain jusqu'à deux grains.

OR. L'or est le plus précieux des métaux. L'Europe fournit
plusieurs mines d'or; mais le Pérou, aux Indes occidentales,
est le pays qui en est le mieux fourni, et presque toutes les
nations le tirent de là. L'or est le plus solide de tous les métaux;
il est composé de particules si fines, qu'il est difficile de les
séparer; il résiste au feu le plus violent, et n'en souffre aucune diminution; il conserve toujours sa couleur naturelle,
mais il est malléable, et il peut s'étendre sous le marteau
plus que tout autre métal; il est susceptible de toutes les formes qu'un habile ouvrier lui veut donner; il n'y a point de
corps solide qui soit capable d'une aussi grande extension.
On prétend que d'une once d'or on peut tirer un fil de 230800
pieds de longueur. Quoique la substance de l'or ne puisse être
altérée, on peut le mêler avec d'autres métaux, et alors on
distingue la pureté et la valeur par le nombre des carats. L'or
le plus fin est exempt de tout alliage; il se nomme or de 24
carats, et autant il contient de carats au-dessous de ce
nombre, autant il perd de sa valeur : ainsi on mêle ensemble un quart d'argent, un quart de cuivre, et une moitié

d'or; le tout fournira un or de 12 carats : ainsi du reste.

ORANGER (l'), est un des arbres qui vit le plus long-temps. Il est toujours vert : ses feuilles sont charnues et unies; ses fleurs sont blanches et d'une odeur forte, mais agréable. Cet arbre ne vient naturellement que dans les parties méridionales de la France, comme la Provence; ainsi il demande des soins plus particuliers dans les climats bien moins chauds, tels que celui de Paris et des provinces voisines.

On peut en élever par le moyen de quelques jeunes orangers qui nous viennent de Provence et de Gênes : on peut augmenter ce fonds en semant, au mois de mars, des pépins de bigarades, qui sont des orangers amers et sauvages. On les sème dans des caisses de terre préparée, en les tenant dans un lieu fermé. Ils forment des sauvageons, que l'on peut replanter séparément dans des pots de terre; on leur donne des labours, on les arrose de temps en temps; ils montent près de deux pieds dès la première année : on les greffe dès la seconde année. Cette greffe se fait en écusson ou en approche, et d'oranger sur oranger, et on les met tantôt au soleil, tantôt à l'ombre.

On doit observer de proportionner la caisse à la tige; une caisse de douze à quinze pouces de large suffit aux tiges les plus vigoureuses; et, lorsqu'on juge que la terre de la caisse est usée, on met l'arbre dans une autre caisse, garnie de terre neuve, et on n'attend pas que l'arbre cesse de croître en feuillages. Après sept ou huit ans on le transplante dans la dernière caisse, qui doit avoir environ vingt ou vingt-quatre pouces de large.

Les caisses doivent être de chêne, assemblées solidement, et revêtues d'une double couche de peinture à l'huile, pour résister à l'ardeur du soleil et à la pourriture. Pour bien encaisser les orangers, il faut garnir le fond de la caisse de grosses pièces de brique et de plâtras, afin que l'eau s'écoule par les trous dont le fond est percé; ensuite on garnit le fond et les côtés de terre préparée. Ce doit être une terre mêlée d'une partie de terreau de brebis reposé depuis deux ans, d'un tiers de terreau de vieille couche, et d'un tiers de terre grasse de marais, etc.

Puis on place l'oranger : on doit en diminuer la motte,

pour le tenir proportionné à la caisse ; il faut tenir toujours la hauteur de cette motte plus élevée que le bord de la caisse, de peur qu'insensiblement l'arbre n'enfonce trop ; soutenir le tout avec de petites pièces de bois ; achever l'encaissement, en entassant avec force de la terre de tous côtés.

On doit tâcher de donner à l'oranger une belle tête, c'est ce qui en fait la beauté ; ainsi on peut lui donner la forme d'un beau buisson, ou celle d'un globe parfait.

Quant à la taille de l'oranger, on doit retrancher, 1° la plupart des menues branches ; 2° celles qui poussent à plomb vers le bas, et celles qui se dépouillent de leurs feuilles ; par là on évide l'intérieur de l'arbre ; on a soin de conserver toutes les branches vigoureuses. Si quelque accident, comme la grêle ou la maladie, défigure un oranger, il faut ravaler l'arbre, c'est-à-dire, raccourcir et couper les branches jusqu'à l'endroit qui reste le plus entier vers l'intérieur de la tête.

Lorsque par maladie un oranger jaunit, on lui donne une nouvelle terre, ou bien on taille toutes les racines gâtées, et on n'expose l'arbre au soleil que pendant deux ou trois heures ; s'il est attaqué par certaines punaises qui sucent cet arbre, ce que l'on connaît à quelques taches noires, on doit frotter la branche et chaque feuille gâtées avec du vinaigre.

Pour préserver les orangers du dommage que le grand froid leur cause, on doit les tenir dans une bonne serre, et les y enfermer dès la mi-octobre.

Manière de cultiver les orangers dans les climats tempérés, comme aux environs de Paris.

Pour avoir de beaux orangers, et qui rapportent des fleurs et des fruits en quantité, il faut, 1° prendre pour la terre la superficie de celle des bois de haute futaie, dans les endroits où le vent ramasse les feuilles qui tombent des arbres, car elles s'y pourrissent et se mêlent avec la terre. Cette terre est légère et douce, un peu sablonneuse : elle paraît noirâtre quand elle est humectée ; l'eau de la pluie et des arrosemens la pénètre facilement ; et elle ne retient point trop d'humidité, comme fait la terre argileuse et forte ; 2° ne point mélanger cette terre avec aucun fumier, si ce n'est le marc de raisin, parce qu'elle a suffisamment de sel par elle-même ; or, le marc de raisin n'a point de sel dangereux, sa chaleur est tempérée et produit de bons effets; mais, pour s'en servir à propos, il faut qu'il ait été purgé : pour cela, il faut le mettre dans une fosse assez creuse, y mêler de mauvaises rognures de cuir, le bien fouler avec les pieds, le couvrir de demi-pied de fumier de cheval tout nouveau, et le laisser reposer un an, et y jeter de temps à autre de l'eau en abondance, à moins qu'il ne soit humecté par des pluies fréquentes, et ne le point découvrir que quand on veut s'en servir. Si dans la suite on veut bonifier cette terre, on le fait au moyen des arrosemens, dans lesquels on mêle des extraits de fumier qu'on tire en forme de lessive.

3° On doit laisser à découvert les racines de l'oranger les plus proches du tronc, afin que le soleil les pénètre ; mais, pendant les chaleurs, on les couvre de feuilles d'arbres sèches ou de paille ; et, lorsqu'on les renferme dans la serre, y remettre de la terre ou du vieux terreau. On doit surtout défendre les orangers du froid et du vent. Le fumier à contre-temps leur est également pernicieux ; on n'en doit jamais mettre de celui de vache ni de pourceau ; tous les autres doivent être bien consommés et mis avec prudence.

Observations nouvelles sur la culture des orangers.

Les orangers se plaisent dans un terrain composé d'une quantité égale de fiente de mouton de deux ans, ou de la terre d'égout ou tirée d'un marais ou d'une chenevière. Lorsque les orangers sont assez forts pour être mis en caisse, il faut proportionner les caisses aux têtes de ces jeunes arbres, c'est-à-dire, qu'elles doivent avoir environ quinze pouces de diamètre : mais on doit les mettre plus au large dans d'autres lorsque l'arbre cesse d'augmenter son feuillage, et qu'il paraît languissant. Au bout de sept à huit ans, on doit les transplanter avec toute leur terre dans des caisses, dont le diamètre pourra être de vingt-quatre pouces.

Ces caisses doivent être de cœur de chêne. Les planches doivent être épaisses d'un peu plus d'un pouce, bien jointes ensemble, et couvertes en dehors et en dedans d'une couche de couleur à l'huile, comme on a dit ci-dessus, pour empêcher qu'elles ne pourrissent par l'humidité continuelle de la terre. Les grandes caisses doivent avoir une porte à doubles gonds, soutenue par deux barres de fer ; elle est nécessaire pour pouvoir renouveler la terre et en tirer le sédiment liquide qui s'amasse au fond, et donner une issue au terreau foulé. On doit couvrir le fond des caisses de briques et de morceaux de poterie, afin que l'eau trouve un passage aisé par les trous dont le fond est percé, et garnir le fond et les côtés de la caisse d'un bon terreau préparé.

Manière d'engraisser les orangers.

Après qu'on a observé ce qui vient d'être dit, on plante l'arbre bien droit dans la caisse ; mais on diminue la masse de terre autour de la racine : on entasse après cela, de tous côtés, une nouvelle masse de terre qu'on presse légèrement autour du tronc, afin que la terre s'abaisse autour de la racine. On doit élever la terre sous la racine plus que vers les bords de la caisse ; car le poids de l'arbre fait peu à peu baisser la terre du milieu, laquelle se trouve bientôt au niveau avec celle des bords.

Les orangers ont ordinairement la figure d'arbres nains bien touffus. L'usage est de les tailler en globe parfait, ou bien en hémisphère ; ce qui se fait en arrondissant le sommet et les côtés, et taillant le bas horizontalement ; car la régularité de la tète est la principale beauté d'un oranger. Lorsqu'on le taille, on doit couper les petites branches, quoiqu'elles poussent bien, c'est afin de lui donner du vide : on coupe aussi les branches qui poussent directement vers le bas, mais on conserve toutes les branches vigoureuses qui peuvent contribuer à la beauté de la tète. Lorsque le vent ou la grèle, ou quelque maladie, ont défiguré un oranger, on doit chercher quels sont les endroits les plus sains du bas de la tète, et raccourcir les branches jusqu'à l'endroit qui promet un nouveau feuillage. Lorsqu'un oranger commence à jaunir, on doit le mettre à l'ombre, et ne l'exposer que deux ou trois heures au soleil ; et, si le mal est à la racine, il faut couper toutes les branches des racines qui sont desséchées : s'il est attaqué d'un insecte presque imperceptible qui se tient sur les feuilles et sur les branches, et qui les ronge, pour remédier au tort considérable que font ces sortes d'insectes, on doit frotter les branches et les feuilles infectées avec de petites vergettes douces, trempées dans du vinaigre. Comme le froid est le plus grand ennemi des orangers, on doit mettre les caisses dans la serre depuis le milieu d'octobre jusqu'au retour de la belle saison.

Des gens entendus dans la culture des orangers ont exposé, dans un mémoire inséré dans le *Journal économique* (juillet 1757), que les pots de terre sont préférables aux caisses : ils allèguent, avec raison, l'exemple des Génois, qui ne se servent que de pots de terre. En effet, disent-ils, on doit remarquer que la culture des orangers dépend essentiellement de trois choses, si on veut qu'ils réussissent ; 1° du sel qui se trouve dans la terre et qui leur fournit la nourriture ; 2° de la chaleur qui excite ce sel et le fait agir ; 3° de l'humidité qui tempère cette chaleur et distribue ce sel dans toutes les racines. Mais ce n'est pas le tout d'avoir donné ces trois choses aux orangers dans le degré convenable, il faut les leur conserver, et empêcher qu'elles ne se dissipent en peu de temps ; c'est à quoi l'oranger, qui est emprisonné dans des caisses ou des pots, est plus exposé qu'un autre arbre, parce que, toujours chargé de ses feuilles et même de fruits, il s'épuise plus promptement, et ainsi il a besoin qu'on lui conserve le sel qui fait sa nourriture. Or, cela est bien plus difficile lorsqu'il est élevé dans une caisse ; car, 1° la porosité du bois et l'intervalle qui est entre les planches rendent la caisse comme ouverte de tous côtés, en sorte que l'arrosement, après avoir pénétré la terre, se perd par toutes ces ouvertures et entraîne les sels, et la terre se trouve bientôt épuisée. 2° Le soleil, échauffant la caisse par la force de ses rayons, attire toute l'humidité de la terre avec le sel qu'elle a détrempé ; l'air qui pénètre avec facilité dans la caisse produit le même effet ; c'est ce qui fait languir les orangers ; et voilà pourquoi ils sont tant de temps à se former. Les pots de terre n'ont point cet inconvénient. 1° L'eau des arrosemens ne peut pas se perdre, puisqu'il ne s'y trouve point d'autre ouverture que celle qui est au fond.

2° Le pot étant plombé ou vernissé par dehors, le soleil ne peut pas, en attirant l'humidité, attirer les sels, qui ne peuvent point passer par les pores ; bien plus, s'il se trouve tant soit peu d'air en dedans, l'arrosement le repousse en dehors.

En effet, quand on arrose les orangers en pots, on voit souvent bouillonner l'eau, parce que, ne pouvant se répandre par les côtés du pot, elle prend la place de l'air qu'elle rencontre, et le force de sortir par le haut avec impétuosité. Autre raison : la chaleur est nécessaire aux orangers, mais ce doit être une chaleur accompagnée d'humidité, autrement elle brûlerait les racines. Or, les caisses ne sont pas si tôt échauffées que les pots de terre, et elles ne conservent pas si long-temps leur chaleur; car, si dans un certain espace de temps on arrose une caisse une fois, il faut dans le même temps arroser un pot trois fois. D'ailleurs, on ne peut arroser les orangers dans les caisses qu'avec poids et mesure, et on est obligé de les serrer presque sans humidité, si on ne veut courir le risque ; de les faire périr. On n'a pas ce mal à craindre quand on fait usage de pots; on peut les arroser sans courir aucun risque; ils ne peuvent jamais l'être trop; les racines de l'oranger ne sont pas dans le bois, comme il arrive aux caisses, mais dans la terre. Au reste, les pots dont on parle ici ne doivent point être des pots de faïence, parce qu'ils sont très-petits, et qu'ils sont vernissés en dedans comme par dehors, et ont un fond plat; ils doivent être faits en entonnoir et de figure ronde au fond, et soutenus par une base qui les élève de terre, afin que l'eau ait une issue libre par le trou qui est au fond. Ce serait une erreur de penser qu'on ne trouve point de pots assez grands pour placer de gros orangers. La conservation d'un oranger ne dépend point de la grande quantité de terre qu'on lui donne, mais de la conservation des sels que la terre contient; un pot de deux pieds de diamètre par le haut suffit pour les plus gros orangers, eussent-ils une tige aussi grosse que la cuisse, pourvu qu'on ait soin de l'arroser à propos, de lui donner une terre nouvelle de trois ans en trois ans, et de répandre tous les six mois sur la superficie quatre doigts de vieux terreau nouvellement sorti de la couche.

Enfin on peut, avec les pots, donner aux orangers un

nouvel aspect, en les tournant du côté que l'on veut; ils se trouvent toujours sur la même ligne, ce qu'on ne peut point faire à l'égard des caisses, parce qu'elles seraient une irrégularité choquante.

Les oranges sont de deux sortes : les douces et les aigres; le suc de celles-ci est réfrigératif, celui des premières a un effet contraire. L'écorce d'orange confite au sucre fortifie l'estomac, chasse les ventosités.

ORDRE (des créanciers). On appelle ainsi un jugement qui contient l'ordre et la suite selon lesquels chaque créancier est mis pour être payé de sa dette sur les deniers provenans de la vente des biens immeubles de leur débiteur, suivant les droits, hypothèques et priviléges qu'ils ont les uns et les autres. Dans un ordre il y a trois rangs de créanciers : 1° les privilégiés, tels sont l'avoué poursuivant pour les frais extraordinaires des criées; car les frais ordinaires sont à la charge de l'adjudicataire; ceux qui ont prêté leurs deniers pour l'acquisition d'une chose; et, s'ils ne peuvent pas être entièrement payés, ils viennent à contribution sur la chose; 2° les créanciers hypothécaires, qui viennent selon l'ordre de leur hypothèque ; 3° les créanciers chirographaires, en cas qu'il reste quelques deniers après que les autres ont été payés. Au reste, cet ordre n'a lieu que dans la vente des immeubles; car, dans celle des meubles, tous les créanciers viennent à contribution, excepté les privilégiés personnels; tels sont les frais funéraires, ce qui est dû aux médecins, chirurgiens, apothicaires, etc.

OREILLES *de Judas*. C'est le nom qu'on donne à certains champignons qui renferment un poison mortel.

A l'égard des maux d'oreilles qui surviennent aux chevaux, s'il y a abcès ou ulcère, il faut le couper et le guérir avec du miel et de l'alun.

Oreille d'ours (l'), tient son rang parmi les belles fleurs. Elle pousse des feuilles polies et grasses : du milieu de ces feuilles sortent des tiges, qui, dans leur sommet, font épanouir des fleurs jaunes ou pâles, d'une odeur douce et mielleuse. Chaque fleur est de la forme d'un tuyau élevé en entonnoir, et découpé en six ou sept parties. La graine en est de même, et de couleur brune. Les oreilles d'ours les plus estimées doivent avoir la tige forte, la fleur ronde, et n'être que d'une seule couleur; telles sont les panachées, les veloutées, les lustrées, les doubles, les triples. Ces fleurs viennent de semence ou d'œilletons; elles demandent une terre préparée, c'est-à-dire, que ce doit être de la terre à potager bien criblée, et autant de terreau de couche; le tout mêlé.

On sème la graine au mois de septembre, on l'arrose et on la porte à l'ombre; comme elle est six mois à lever, il est plus court d'œilletonner cette plante; mais, si elle a poussé deux œilletons, l'un panaché, l'autre pur, on doit conserver le panaché et ôter le pur. Lorsque l'oreille d'ours a jeté plusieurs œilletons panachés, il faut attendre que la fleur soit passée pour l'œilletonner.

Lorsque les oreilles d'ours sont en fleur, on les œilletonne : tout œilleton est bon à planter, pourvu qu'il ait un peu de racines. Il faut le mettre jusqu'au collet dans la terre préparée, de sorte qu'il n'y ait que les feuilles qui passent; on doit l'arroser, lui donner l'ombre jusqu'à ce qu'il puisse être transporté; on a soin de couper toutes les feuilles pourries. Quand on veut détruire un œilleton, il faut arracher l'oreille d'ours feuille à feuille jusqu'à ce que l'on trouve une petite partie en forme de cœur que l'on coupe, et on prend garde de ne point endommager le collet de la plante.

La terre qui leur est propre est celle des buttes formées par les taupes, ou des fossés qu'on a curés dans les prés, et de la terre de vallée.

ORGE. Sorte de menu grain, du nombre de ceux appelés *mars*. L'orge a le grain pointu et piquant, et gros du milieu; il vient en fourreau. Son épi est barbu, et sa feuille est longue; il y en a de deux sortes : le gros ou carré, qu'on appelle *escourgeon*, et l'orge commun; ce dernier a le grain plus petit, on l'appelle *paumelle* en certains pays. Il vient dans les terres légères comme dans les terres fortes; il se change en avoine dans celles qui sont humides. En général, l'orge altère le fond des terres; ainsi on ne doit jamais semer en orge que la vingtième partie de ses terres. On le sème depuis la mi-avril jusqu'à la fin de mai, par un temps sec, après avoir bien labouré le champ.

Pour un arpent il faut environ huit boisseaux d'orge : la culture et la récolte sont les mêmes que celles de l'avoine. L'orge sert pour nourrir les bestiaux et les poules ; on en fait du pain dans les années de disette, qui est assez nourrissant, mais pesant sur l'estomac.

Orge d'automne ou *orge carré*, appelé autrement *escourgeon*. C'est une espèce de blé dont l'épi a quatre rangs de grains et quatre coins. Son grain est jaunâtre et plus gros que l'orge commun. On le sème en automne, et il mûrit en juin ; il est d'une grande ressource pour les pauvres gens, qui n'ont pas assez de blé jusqu'à la nouvelle récolte. En le mêlant avec du froment, on en peut faire d'assez bon pain. On le cultive dans les pays gras, comme en Bourgogne, en Normandie, et on le coupe en vert pour la nourriture des chevaux. On doit le semer dans une terre grasse, mais point humide : ce blé ne se garde pas plus d'un an.

L'orge se vend vers le carême ; c'est alors que les brasseurs de bière en font leurs provisions : le prix de l'orge suit ordinairement le prix du blé, à moitié près.

Orge mondé. On appelle ainsi une manière de préparer l'orge pour servir à diverses sortes d'alimens utiles à la santé. On doit, pour cela, le dépouiller de sa peau, le laver, le faire bouillir cinq ou six heures dans l'eau ; mettre un peu de beurre frais et un peu de sel, le tout jusqu'à ce qu'il soit réduit en une espèce de bouillie ; il y a des gens qui y mettent des amandes avec du sucre, et qui y mèlent du lait. Cette nourriture est bonne pour les personnes infirmes, et qui ont quelque maladie qui attaque la poitrine. L'orge mondé rafraîchit et engraisse : quand on veut en faire des crèmes d'orge, on le passe.

ORIENTER. *Moyen de s'orienter dans un bois où l'on s'est égaré.* On doit couper quelque arbrisseau un peu fort de tige ; on regarde quel est le côté le moins nourri, et, en regardant de ce côté-là, on a le nord devant soi, le midi à dos, le levant à droite, et le couchant à gauche ; alors on prend celle de ces quatres routes, où l'on sait qu'est le lieu qu'on cherche.

ORIGAN. Espèce de marjolaine qui croît dans les lieux champêtres et montagneux ; il a les feuilles presque semblables à celles de l'hyssope ; il est partagé en plusieurs petites touffes. Sa décoction est fort propre pour faire suer, et contre les morsures des serpens et les effets de la ciguë, il est salutaire dans les rhumatismes et fluxions sur le cou. On doit pour cela se servir de l'origan nouvellement cueilli, le hacher et le faire chauffer dans un poêle sur le feu en le remuant, et l'appliquer chaudement sur la partie malade en se couchant.

ORME. Arbre de futaie; son tronc est gros, mais haut et droit; son écorce raboteuse, ses racines grosses et longues, son bois jaune et dur, et propre au charronage, particulièrement le franc orme ou le champêtre, qui a les feuilles petites. Les ormes sont communs dans les bois; on s'en sert ordinairement pour faire de grandes avenues, des allées et des bosquets. Ils sont un peu longs à venir; ils viennent mieux dans les terres grasses et un peu humides. La voie la plus courte est de les élever de rejetons en pépinière; le temps le plus favorable de les planter est au mois de février. Si c'est pour des avenues, on doit les placer à quinze ou vingt pieds l'un de l'autre dans des trous fort larges et peu profonds, leur tailler la racine courte, et ne leur laisser que cinq ou six branches. On les laisse ainsi jusqu'au bout de deux ans; alors on leur laboure le pied, et on les élague de trois en trois ans, jusqu'à ce qu'ils aient acquis leur hauteur naturelle, c'est-à-dire, une tige de sept à huit pieds; on doit avoir soin de leur faire former une belle tige, c'est le moyen de les faire servir à la décoration des jardins. Pour cet effet, on peut les former en boule, c'est-à-dire, à tête ronde et touffue, et cela en tondant les branches tous les ans, de manière qu'insensiblement elles forment à l'extrémité de la tige une manière de boule de deux pieds et demi de diamètre; et, pour leur donner un plus grand relief, on plante dans le bas de la tige un petit rond de charmille, qui, conduit artistement, forme une espèce de vase.

Lorsque l'orme a douze ou quinze ans, on peut en couper les branchages tous les cinq ans pour en faire des fagots; à trente ans, ils produisent le double, et au-delà, à proportion de leur crue; et, si on en a beaucoup, on les ébranche par coupe réglée; depuis quarante ans jusqu'à soixante, ils sont dans leur force.

Le bois d'orme est bon pour le charronnage; on en fait des

moyeux, essieux, jantes, flèches : on débite ces pièces en grume.

ORPIN. Plante dont les feuilles sont épaisses et remplies de sucs comme celles du pourpier : cette plante veut être cultivée dans une terre grasse et à l'ombre. Elle se multiplie de semence et de plant enraciné ; elle est vulnéraire, consolidante, détersive, bonne pour effacer les taches de la peau. Sa décoction en lavement est bonne dans la dyssenterie ; sa racine, pilée avec l'huile rosat, s'applique avec succès dans les hémorroïdes ; on peut aussi la réduire en onguent, après l'avoir écrasée et fait cuire avec du beurre frais pour le même mal.

ORTIE. Plante piquante, qui croît partout, mais principalement dans les haies, dans les lieux incultes, et dans les masures. Il y en a de rouges, de blanches, de jaunes ; les feuilles et les fleurs d'ortie sont dessiccatives et astringentes, et propres pour arrêter le cours de ventre. Il y a encore la grande ortie des bois, celle-ci n'est pas piquante ; sa tige est carrée, haute d'une coudée, et porte des fleurs rouges, en forme d'épi ; l'infusion de ses fleurs et de ses feuilles est bonne contre la colique néphrétique.

ORTOLAN. Espèce de gibier à plume, et fort vanté pour sa chair tendre, délicate et succulente. L'ortolan est un oiseau de passage ; il n'est pas plus gros qu'une alouette ; il a le bec long comme la fauvette, les plumes de ses ailes et d'autour de sa tête tirant sur le jaune, sa queue sur le jaune et noir ; le reste de son plumage est gris ; il a le bec, les jambes et les pieds rouges ; il est plus commun dans les pays chauds que dans tous autres. Ils arrivent au mois d'avril, et s'en retournent en septembre ; on les prend aux filets en nappes ou trébuchets. La saison pour cela est au mois de juillet, août et septembre ; les lieux où ils se plaisent sont les vignes et les avoines ; on doit toujours en avoir cinq ou six en cage pour appeler, car il en meurt quelqu'un dans le temps de la mue.

On les met dans de petites volières, que l'on doit couvrir d'une toile, afin qu'ils ne voient pas le jour ; on les engraisse avec du millet et du pain, où l'on mêle de l'avoine ; ils deviennent tout ronds de graisse.

ORVALE ou *Toute-Bonne*. Plante dont les feuilles sont fort petites, un peu rudes, hautes de deux pieds; ses fleurs faites en épi et de bonne odeur; elle croît dans les lieux secs et incultes : on la cultive dans les jardins. Ses fleurs sont spécifiques contre les fleurs blanches des femmes et la suffocation de la matrice, prises en décoction et intérieurement, ou appliquées extérieurement. Sa semence est fort bonne contre l'inflammation des yeux.

OSEILLE. Herbe potagère. Il y en a de plusieurs espèces : les plus connues sont : 1° la longue, dont on fait usage dans les cuisines, et qui a la feuille d'un vert luisant, oblongue et pointue; 2° la ronde, qui a la feuille d'un vert pâle, la racine menue, et la tige rampante. La longue se sème en plein champ, au mois de mars, dans une terre bien labourée ; étant levée, on la sarcle, on l'arrose beaucoup, et on en recueille la graine au mois de juillet : la ronde se cultive de même : il y a encore la jaune, dont la feuille est blonde, et qui a moins d'acide que les autres. L'oseille se multiplie encore de petits rejetons arrachés de vieux pieds.

OSIER. Espèce d'arbuste aquatique, dont les branches sont menues et pliantes; il se plaît dans les terres fortes et humides. Quand on en veut avoir beaucoup pour les débiter, on en fait des oseraies dans un endroit exposé au soleil, et dont on doit bien labourer la terre. On les plante de boutures bien choisies, d'un pied et demi de long, après les avoir épointées par le gros bout, et les avoir fait tremper dans l'eau quelques jours; on les met un pied en terre, à la distance d'un pied et demi, et sur des lignes espacées de même. On doit les labourer deux fois par an, et une fois dans les bonnes terres; les garantir du dégât des bestiaux; les tondre tous les ans, et seulement quand ils sont mûrs, et les mettre alors en lieu frais. Les osiers sont d'un grand usage pour les vignerons, les jardiniers, les tonneliers, les vanniers.

Nouvelle manière de cultiver l'osier. L'osier vient dans presque toutes sortes de terrains, pourvu qu'il soit un peu argileux et d'un bon fond; mais le rouge fait plus de progrès, et devient meilleur dans des terrains gras et humides, dont la terre est propre à produire du froment. L'osier blanc ou doré, au contraire, devient dans ces terres plus cassant, et n'y acquiert presque jamais cette belle couleur dorée qui le fait tant estimer; il est verdâtre, et pousse des baguettes si grosses, qu'elles ne peuvent servir qu'aux vanniers : au lieu que, si on le met dans une terre légère, qui soit humide au printemps et sèche en automne, il viendra allongé sans être trop gros, et il prendra cette couleur jaune qui le fait tant estimer.

On plante ordinairement l'osier de bouture; mais on lui donne trois pieds de distance d'un brin à l'autre, pour pouvoir commodément labourer l'entre-deux. La meilleure méthode est de le semer par sillons droits, dans le fond desquels on a bien émié la terre, après avoir donné un profond labour à tout le champ qu'on veut cultiver : l'oseraie en dure bien davantage. On fait ces sillons à quatre pieds les uns des autres; on y sème la graine qu'on a choisie et ramassée exprès, et on la couvre de deux pouces de terre fine : c'est au mois de mars qu'on sème les osiers, et ils lèvent peu de temps après.

La première année, on doit les sarcler souvent, et en retrancher la trop grande quantité de pieds; on n'en laisse qu'un ou deux à la distance d'un pied; on laboure l'intervalle des sillons avec la bêche, deux fois l'année, pour détruire les herbes; on ne doit couper les jets que la seconde année, et quand ils auront acquis un peu de force, et on ne laissera que trois ou quatre jets à chaque souche. Les trois premières années la récolte ne sera pas abondante; mais à la quatrième le produit sera très-sensible, et la huitième ou neuvième, l'oseraie sera dans toute sa vigueur et son abondance; elle rapportera un revenu considérable, si c'est de l'espèce dorée.

La saison de couper l'osier est le mois de janvier; on doit laisser de la longueur du doigt les bouts tenans à la souche; on les recoupe plus courts au mois de mars en les taillant. Lorsqu'on les taille, on doit laisser demi-pouce à chaque brin d'osier coupé; on rabat ensuite les chicots pour empêcher qu'ils ne sortent de terre. Pour faire cette taille, on découvre la souche avec un petit outil, en écartant avec la main la terre qui est dessus; mais, quand la taille est faite, on y remet aussitôt un pouce de terre, la plus fine, pour couvrir les bourgeons sans les étouffer, et empêcher que les plaies que la taille a faites ne s'éventent; il y repousse une infinité de petits jets qui viennent à bien, si on a soin de les émonder ; ce qui se fait au mois de juin.

On laboure les oseraies jaunes avec la houe, mais à la profondeur seulement de deux ou trois pouces.

L'osier rouge vient avec moins de soins et d'attention ; on en élève sur les bords des fossés et sur les extrémités des vignes, mais on doit les y planter de bouture à la distance d'un pied les uns des autres, laissant quatre pieds d'éloignement d'une rangée à l'autre.

Il faut les tenir bien ras, ils rapporteront davantage. Lorsqu'on veut qu'une oseraie profite, il faut nécessairement l'enfermer dans une clôture ; autrement les bestiaux y feraient beaucoup de dégât.

On destine les osiers rouges et les jaunes ou dorés pour les tonneliers ; mais, quand ces sortes d'osiers sont coupés, et qu'ils sont encore verts ou moites, on doit les faire fendre : on se sert pour cela d'un petit morceau de bois en forme de coin, qui a trois ou quatre cornes, et qui partage le brin d'osier en autant de parties ; on le fend ordinairement en trois. On doit leur laisser l'écorce, parce qu'elle fortifie la ligature ; et, quand on l'emploie pour lier des cerceaux, il faut auparavant le faire tremper dans de l'eau bouillante ; il en vaut infiniment mieux.

Un bon économe fait plusieurs classes des brins de ses osiers, suivant leur longueur, leur grosseur et leurs espèces différentes ; ainsi il tire parti de tout : les plus gros et les plus longs servent à lier les cercles des cuves, et ceux qui sont moindres, par gradation, servent à lier jusqu'aux plus petits cerceaux. Chaque classe a son prix, à proportion de la qualité ; on doit les mettre par paquets ou poignées de vingt-cinq brins chacune ; on les vend au millier, qui fait une botte de quarante poignées ; la botte ou le millier se vend communément six francs, quand c'est de l'osier doré ; le rouge et le vert sont moins chers ; mais il y a des années où la botte vaut jusqu'à neuf francs et dix francs dans des pays vignobles, les années où les vins sont abondans.

On ne fait pas tant de cas des osiers qui viennent sans culture le long des rivières, que de ceux qu'on cultive exprès, parce que les premiers sont moins lians et moins souples ; on les destine aux vanniers, qui savent toujours les employer, et on les vend beaucoup moins que les osiers fendus pour les tonneliers : les plus petits brins de ceux—ci servent encore à lier les vignes aux échalas et aux treilles.

Il n'y a point de culture pareille à celle des osiers pour le profit. L'auteur du *Mémoire* dont nous avons extrait ce qu'il y a de plus essentiel, assure qu'il a vu de ces oseraies en Bourgogne, et dans les environs de Bordeaux, qui rendaient communément trois mille francs par arpent. Il prouve lui-même, par un calcul très-juste, comment la chose est possible ; mais il remarque que bien des personnes, ayant tenté de cultiver l'osier, n'ont pas réussi, parce qu'elles n'avaient pas choisi des terrains convenables, ou qu'elles n'avaient pas mis en usage sa méthode.

OUTARDES. Gros oiseaux qui vivent dans les campagnes, et ressemblent à des oies. Il y en a qui ont trois pieds depuis le bec jusqu'aux ongles, et dont le cou est long d'un pied, et les jambes d'un pied et demi. Leur plumage est blanc, noir, gris, brun, rougeâtre ; ces oiseaux sont naturellement pesans et ont peine à voler ; ils ne se perchent point sur les arbres ; ils font leur nid à terre. On chasse les outardes à cheval, car elles ont une sympathie pour les chevaux, et elles se laissent approcher de près, de manière qu'on les tire facilement.

On les prend aussi au filet. La chair de l'outarde est plus dure que celle de l'oie ; mais elle est de bon goût et délicate, lorsque l'outarde est fort jeune : on doit la laisser mortifier long-temps ; autrement elle est dure et de difficile digestion.

P.

PACAGES. On donne ce nom aux pâturages humides dont on ne fauche point l'herbe, mais où l'on met les bestiaux pour s'en nourrir ; on les appelle aussi des pâtis. *Voyez* PATURAGES.

On entend aussi, par le mot de *pacage,* un droit qui consiste à profiter du regain dans les prés. Bien des gens confondent le pacage avec le panage , qui ne s'entend que de la glandée.

PAILLASSONS. Couvertures de paille que font les jardiniers pour mettre à l'abri des vents et du froid les productions printanières, comme les petites salades. Les paillassons sont composés de trois perches d'environ six pieds de long , éloignées de trois pieds en travers, sur lesquelles on attache avec de l'osier de longues pailles de seigle de l'épaisseur d'un bon pouce, et dans toute la longueur des perches ; ensuite on met d'autres perches en travers pour que le tout soit solide ; on pose ces paillassons sur les couches, et on les fait soutenir par quelques échalas pour qu'ils ne touchent pas les productions.

PAILLE DE BLÉ. *Usage qu'on en peut faire.* La grande , qui est celle de seigle, sert pour empailler les chaises , faire des paillasses , des nattes ; mais alors on en doit battre seulement les épis et non la paille. Les grosses pailles servent à la nourriture et aux litières des chevaux et des bestiaux. On leur donne par gerbes celle de froment battue ; on leur donne aussi les menues pailles. Les balles ou pellicules qui enveloppent le grain , étant mêlées avec l'avoine , sont bonnes pour toutes sortes de bestiaux.

Les pailles, étant converties en fumier, servent à fumer les terres. On vend ces pailles quand on ne peut pas tout consommer en litière et en fumier. La grande paille se vend aux tourneurs pour des chaises, des nattes, etc., aux grenetiers et aux jardiniers.

On a remarqué que la paille d'avoine est coriace, qu'elle est mauvaise à l'estomac des bestiaux qui en mangent habituellement, et qu'elle les dégoûte de toute autre nourriture. Cependant des agriculteurs d'Angleterre ont fait depuis peu l'expérience qu'elle ne peut leur nuire lorsqu'on ne leur en donne pas habituellement, mais de temps à autre, et en la mêlant avec d'autre fourrage. Ils ont trouvé pour cela un mélange particulier qui est très-avantageux : c'est de mêler du genêt épineux avec de la paille d'avoine en fourrage, parce que le piquant du genêt aide à digérer la dureté de la paille ; ils sèment exprès du genêt, et ils le coupent pendant qu'il est encore jeune et tendre : le plus mauvais terrain est propre pour cela ; et, pourvu qu'on le sème à la fin de mars, il sera prêt à couper pour servir de fourrage en octobre.

Ils avertissent qu'on doit le couper par morceaux, le broyer, ensuite le mêler avec de la paille d'avoine hachée, parce que le genêt seul est une bonne nourriture ; qu'il fortifie l'animal mieux que ne ferait toute autre nourriture de ce genre, et il vaut encore mieux mêlé avec de la paille d'avoine.

Cette méthode mérite d'être imitée ; car la nourriture du bétail est un articles si intéressant que tout économe doit être attentif à tout ce qu'on propose pour la rendre plus abondante et d'un prix plus modique. Ainsi, c'est une méthode qu'il fera sagement d'introduire dans sa ferme. La terre la plus maigre peut servir pour cela ; c'est pourquoi elle ne coûtera pas beaucoup, et l'utilité du genêt, comme fourrage tout seul, est fort considérable, et surtout si on le mêle avec de la paille d'avoine.

Il faut encore remarquer que plus la terre sur laquelle a cru une récolte de blé est riche, plus la paille en sera bonne et succulente pour être employée en fourrage.

PAIN (le), est le plus nécessaire de tous les alimens. A la campagne, on en fait de trois sortes : l'un, pour le maître et sa famille ; l'autre, pour les valets, et le troisième, pour les chiens.

Manière ordinaire de faire le pain.

Ayez un levain, qui est un morceau de pâte qu'on a gardé de la dernière cuisson, et pesant deux ou trois livres, plus ou moins, selon la quantité que vous voulez faire de pain ; pour le pain bourgeois, c'est la sixième partie de la farine qu'on veut employer. Mettez, avant de vous coucher, la quantité nécessaire de farine dans une huche ; rangez-la des deux côtés ; mettez le levain dans le vide du milieu ; jetez dans ce milieu de l'eau chaude à souffrir aisément la main, et seulement ce qu'il en faut pour détremper le levain ; étant délayé, formez-en peu à peu, avec un tiers de la farine, une pâte un peu ferme ; laissez-la au milieu de la huche ;

couvrez-la d'une serviette ; renversez dessus le reste de la farine qui est aux deux côtés ; couvrez la huche de son couvercle. En hiver, on couvre le levain de quelque chose d'épais, et quelquefois on met un réchaud de feu par-dessous.

Le lendemain matin faites chauffer de l'eau ; relevez la farine comme elle était d'abord ; ôtez la serviette , et jetez de l'eau chaude sur le levain ; délayez-le bien , en sorte qu'il n'y ait point de grumeaux ; formez la pâte du reste de la farine , observant surtout de ne point mettre trop d'eau ; plus la pâte est pétrie vite et mollement, plus le pain est léger. Celle du pain de ménage se pétrit moins et plus lentement , ce qui la rend plus ferme.

Toute la pâte étant faite, on la couvre bien. Dans les grands froids, on met du feu dessus ; on laisse la pâte en cet état une heure ou une heure et demie, et jusqu'à ce qu'elle soit levée. Cependant on chauffe le four, ensuite on donne à la pâte la forme du pain qu'on souhaite, et on le met sur une table de manière que les pains ne se touchent point.

Le four doit être chaud également et à propos ; s'il l'est trop, le dessus du pain brûle, et le dedans ne cuit pas ; et, quand il ne l'est pas assez, il ne cuit point du tout. On connaît que le four est assez chaud, lorsqu'en frottant un peu fort avec un bâton le carreau ou la voûte il en sort des étincelles ; alors on ôte les tisons et les charbons ; on range quelque peu de brasier à côté de la bouche du four ; on le nettoie avec l'écouvillon, au bout duquel sont quelques morceaux de vieux linge, qu'on mouille dans l'eau claire, et qu'on tord avant de s'en servir ; on bouche le four un peu de temps pour lui laisser abattre sa chaleur, puis on l'ouvre, et on enfourne promptement le pain ; on garnit le fond des plus gros pains, et on garde la place du milieu pour les petits, puis on bouche le four. On laisse cuire le pain une heure , si c'est du pain bourgeois. On connaît qu'il est cuit lorsque, après en avoir tiré un, et le frappant du bout des doigts, il résonne assez ferme. A l'égard du gros pain, on le laisse deux heures avant de le tirer ; plus de temps le rendrait rouge en dedans et de mauvais goût. On ne doit pas renfermer le pain qu'il ne soit bien refroidi.

Manière de faire du pain d'un meilleur goût qu'il n'en a d'ordinaire.

Faites bouillir dans une chaudière bien propre, avec de l'eau, le gruau qui aura été tiré du son; remuez-le bien avec une pelle de bois, destinée uniquement à cet usage. Coulez ce son et cette eau à travers une toile neuve et grosse; exprimez-la bien : mettez l'eau qui en sortira avec de la farine ordinaire, et une dose proportionnée de levain ou de levure (le levain de pâte est le meilleur), et vous aurez un pain d'un goût exquis. En effet, on a éprouvé que l'eau bouillie avec le son détache toute la farine : cette substance, qui était dans le son et le gruau, rend le pain plus savoureux, et en augmente la quantité d'une livre sur six ou sept, outre que par là on épargne la dépense de faire remoudre le gruau.

Le degré de bonté du pain dépend souvent de la qualité des eaux qu'on y fait entrer en le pétrissant. 1° Il faut, autant qu'on le peut, se servir de l'eau la plus légère, parce qu'elle s'insinue mieux que toute autre dans les parcelles de la farine que l'on a mêlée avec le levain.

On prétend que l'eau de pluie est la meilleure pour faire lever et fermenter la pâte, à cause qu'elle est plus légère que celle de fontaine ou de rivière : il est constant que c'est à la différence des eaux qu'on doit attribuer ce goût plus exquis qu'on remarque en certains pains, et que les autres, que l'on a faits avec la même farine, n'ont pas.

2° Le degré de chaleur qu'on donne à l'eau pour pétrir le pain contribue encore beaucoup à sa bonté, car il ne faut pas qu'elle soit trop froide ou trop chaude.

On pétrit le pain avec une certaine quantité de levain : le levain à la campagne et en bien des endroits est, comme on l'a dit, un morceau de pâte qu'on laisse aigrir, et que l'on mêle avec la pâte nouvelle. A Paris on se sert de levure de bière. Ce levain fermente avec la pâte, qu'on laisse reposer pendant quelque temps avant de mettre les pains dans le four. Si on se sert de levure, il faut qu'elle soit nouvelle, et point trop aigre. Un boisseau de farine bien moulue doit faire seize livres de pain.

Pour faire de bon pain, 1° il doit être composé de deux parties de farine et d'une partie d'eau. Le meilleur pain est celui qui a été fait de farine de bon froment, lequel, pour être tel, doit être sec, bien nourri, pesant, difficile à rompre, point trop nouveau, bien mondé, et où l'on a laissé un peu de son : il en est moins pesant sur l'estomac, quoiqu'il soit moins agréable que si on n'y en laissait point du tout. 2° La farine doit avoir été bien pétrie, avoir suffisamment fermenté, et le pain cuit à propos. On ne doit pas manger le pain trop tendre, parce qu'il gonfle l'estomac ; ni trop rassis, parce qu'il se digère moins facilement. Le pain nourrit beaucoup, mais l'excès épaissit le sang.

Le pain de méteil, c'est-à-dire, moitié froment, moitié seigle, est moins nourrissant ; cependant les gens de la campagne en usent ordinairement : on le pétrit plus dur, et on y laisse plus de son. Le pain de seigle est moins nourrissant que le pain de méteil ; il est lourd et pesant sur l'estomac. Le pain d'orge a le même défaut, et il nourrit moins que les autres ; il ne convient qu'à des tempéramens robustes : on y mêle d'autres farines pour qu'il soit moins malfaisant. Le pain d'avoine, celui de blé de Turquie et celui de millet ont les mêmes inconvéniens.

Pour faire du pain plus substantiel qu'à l'ordinaire, il n'y a qu'à mettre dans une chaudière pleine d'eau le son que l'on a bluté, le faire bouillir, le passer, pétrir ensuite le pain avec cette eau blanche ; on pourra avoir près d'un quart plus de pain que de la façon ordinaire.

Différentes qualités de pain.

Le pain mollet est le plus délicat, mais la mie en est plus tenace, et il est plus difficile à digérer ; ainsi il ne vaut rien aux convalescens, ni aux estomacs faibles : il en est de même du pain au lait, c'est-à-dire, pétri avec le lait et la farine la plus pure ; le pain tout fraîchement cuit a le même inconvénient. Le pain bis-blanc, fait avec la farine grossièrement passée, et où il reste quelque peu de recoupes, nourrit davantage que le pain blanc. Il rend les corps plus robustes ; mais il est plus long-temps à digérer, et même il ne convient pas aux personnes qui font peu d'exercice. En général , un pain est plus ou moins estimable , suivant son degré de cuisson et la quantité d'eau qui y est entrée.

Il y a des endroits où l'on sale le pain , et d'autres où on ne le sale point. Le pain salé, il est vrai, excite l'appétit, aiguillonne l'estomac, qui fait alors sa fonction avec moins de lenteur , et divise les sucs digestifs ; mais le pain non salé, lorsqu'il est bien cuit et qu'il a bien fermenté, est de facile digestion, forme un bon chyle, et ne porte point dans le sang une âcreté qui peut nuire par l'usage habituel du pain salé.

Le pain est non-seulement l'aliment naturel de l'homme , mais il est utile et sert de remède en certains maux ; telles sont, par exemple, les rôties au vin et au sucre, avec un peu de cannelle, dans les cas de faiblesse et d'épuisement. Il y a des médecins anciens, fort célèbres, qui conseillent de manger à déjeûner un peu de beurre sur le pain ; ils prétendent que ce déjeûner prévient les douleurs de tête , les étourdissemens, les évanouissemens ; qu'il est salutaire dans les maladies épidémiques et contagieuses. De plus, les cataplasmes faits avec de la mie de pain amollissent les tumeurs, les font résoudre ou mûrir. Un morceau de pain mis sous le nez, dans des momens de faiblesse et de perte de connaissance, soulage infiniment.

Connaissance qu'un bon économe doit avoir pour se procurer du bon pain.

On doit choisir un temps propre pour faire moudre les grains ; et les gens entendus en font moudre tout à la fois la quantité nécessaire pour leur provision ; rarement la farine se garde – t – elle au-delà. Pour faire moudre une telle provision de farine, on doit prendre le temps où les eaux, les vents, les chemins et le moulin même, sont les plus favorables , en prévenant le meunier de quelques jours. De cette manière un particulier occupe seul le moulin, jusqu'à ce que toute la besogne soit faite , et il a soin de se trouver lui–même à toute l'opération , ou d'y envoyer des personnes de confiance.

On prévient par là en partie la tromperie des meuniers ;

mais, malgré cela, ils sont si adroits qu'ils trouvent toujours le moyen de prendre plus de grain qu'il ne leur en est
dû pour leur mouture. Les pauvres et les mercenaires sont
encore plus exposés à leur mauvaise foi. Il y a peu de moulins en province qui soient tels qu'il faudrait qu'ils fussent
pour faire de bonne farine : les meules y sont souvent de
mauvaise qualité de pierre, et mal assorties ; d'ailleurs, les
personnes capables de les dresser, comme il faudrait, pour
retirer du grain toute la farine qu'il est possible d'en tirer,
sont rares. L'hiver est le temps de faire moudre, parce que
les eaux et les vents sont abondans, et qu'on en retire toute
la force qu'on en peut tirer par le mouvement des moulins,
et les faire tourner d'une manière profitable. On a fait l'expérience qu'un setier de blé moulu en été, dans un moulin de
province, n'avait rapporté que cinq sixièmes de pain, de ce
qu'avait rendu autant de blé moulu en hiver au même moulin. Ainsi, un économe, après avoir nettoyé ses grains en automne, et avoir séparé les différentes qualités, doit faire
mettre en farine tous les grains destinés à être consommés sur
les lieux, ou à être vendus, et cela afin de profiter de l'a-
bondance des eaux et de la force des vents.

Il y a sur cette matière des connaissances qu'il est essentiel
à un économe d'avoir jusqu'à un certain degré ; première-
ment, pour n'être pas trompé, et secondement, pour se déterminer sur le moyen d'avoir le pain à moins de frais.

Presque toutes les personnes qui recueillent des grains font
du pain chez elles, et ont pour cet effet tous les ustensiles
nécessaires. Ils y trouvent, à ce qu'il leur semble, un plus
grand profit que de le prendre chez le boulanger ; ils peuvent avoir raison dans la situation actuelle des choses, mais
cela les engage à des soins bien grands et à une grande perte
de temps ; d'ailleurs, peu de personnes entendent à façonner
le pain aussi parfaitement que ceux qui en font leur profession. Bien plus, dans une maison où il s'en consomme peu,
on a presque autant d'embarras et de dépense pour le faire
que dans celles où il s'en consomme beaucoup ; car il faut le
faire plus souvent, à proportion de la quantité, pour ne pas
le manger trop rassis. Ainsi tout chef de famille doit voir là-
dessus ce qui lui est le plus expédient. Pour cet effet, il est

bon qu'il soit instruit de la proportion qu'il y a entre le poids du pain, le poids du blé et de la farine ; or, voici cette proportion d'après les expériences qui en ont été faites.

1° Pour le blé ordinaire et commun, on a éprouvé qu'après y avoir apporté toutes les attentions possibles, tant pour la saison de le moudre que pour la bonté du moulin, il ne sort jamais du moulin un poids en farine égal au blé qu'on y a mis ; ainsi, on a trouvé une livre de farine de moins sur quatre-vingt-cinq livres de blé, parce qu'il y a une partie de la plus fine farine qui s'envole.

2° Il y a un déchet encore plus sensible sur la farine passée au tamis et même au blutoir ; car, en la pesant séparée du son, il est résulté que ce même blé a donné sur dix livres pesant sept livres de farine, et trois livres à peu près de son.

3° Pour le blé de la première classe, qu'on appelle *la tête du blé*, on a trouvé que dix livres de ce blé ont rendu sept livres et un quart de bonne farine, et deux livres trois quarts de son : ce qui fait sur quarante livres pesant de ce blé vingt-neuf livres de farine, et onze de son seulement ; et cela, parce que le bon blé rend plus de farine qu'un autre. Sur quoi on doit remarquer que la farine qui provient du meilleur blé, recevant beaucoup plus d'eau, fait plus de pain.

4° On a éprouvé qu'une quantité de farine de blé ordinaire et de la seconde classe, par exemple, sept livres de farine avant d'être mise en pâte, en pèsent dix après que le pain a été cuit et mis au four ; ce qui prouve qu'il y était entré trois livres pesant d'eau.

Enfin, on a éprouvé que sept livres de farine de ce même blé ont donné dix livres deux onces de pain, ce qui est deux onces de plus que le même poids de farine non tamisée ; que le gruau de ce même blé a donné un quarteron moins que la fleur de farine, c'est-à-dire, que sept livres de cette farine, où la fleur et le gruau étaient restés ensemble, ont donné juste dix livres de bon pain ; que sept livres de farine fine du même blé en ont donné dix livres deux onces, et que sept livres de grosse farine de gruau de pareil blé n'ont rendu que neuf livres quatorze onces ; ce qui prouve que plus la farine est fine, plus elle reçoit d'eau, quoiqu'elle soit du même blé, et plus elle rend de pain.

A l'égard de la farine du blé de la première classe, on a vé-ri fiéque le gruau a donné autant pesant de pain que la farine de la seconde qualité du blé de la seconde classe, et que la farine de la seconde qualité de ce premier blé a fourni autant de pain que la fine farine du second, et qu'enfin la farine du blé de la première classe a produit dix livres un quart de pain pour sept livres de farine. D'où il suit qu'il y a tou-jours un véritable profit à préférer le plus beau blé au com-mun, parce qu'il rend plus de pain; ce qui a été vérifié par plusieurs expériences.

Pain bénit pour des gens de la campagne. On doit, 1° se ser-vir de la plus belle fleur de froment en poudre, et prendre la quantité convenable à la grandeur du pain bénit; en ôter d'a-bord le quart pour faire le levain, que l'on détrempe avec de la levure et de l'eau chaude; laisser revenir le levain dans une jatte, qu'il faut bien couvrir lorsqu'il fait froid. Pendant ce temps-là détrempez les autres trois quarts de la farine avec de l'eau bien chaude; mettez-y une livre de beurre frais, un fromage mou, un quarteron de sel; deux heures après ra-fraîchissez le levain avec cette pâte, et mettez-le encore re-poser dans la jatte : quand il sera revenu, mêlez le tout; pétrissez-le bien, façonnez-le sur la pelle, dorez-le avec des œufs battus sans eau, et mettez-le dans le four, qui ne doit pas être d'une chaleur si forte que pour le pain ordinaire. Lorsqu'il sera cuit, tirez-le, posez-le doucement sur quel-que rond de bois.

Pain de pourceau. Plante dont la racine est ronde, et assez semblable à un petit pain. Les cochons en sont fort friands; elle croît dans les bois et dans les buissons. Cette plante pousse des fleurs qui sont de différentes couleurs, selon les diverses espèces de la plante ; car les unes sont purpurines, les autres blanches, les autres gris de lin. On les multiplie de semences en septembre et en mars, et on les sème dans des pots remplis d'une terre légère ; la racine de cette plante est chaude et dessiccative. Son usage principal est dans la dureté de l'ouïe, mise en infusion dans l'esprit-de-vin. Son usage n'est ordinairement qu'extérieur, parce qu'elle opérerait avec trop de violence.

PALISSADE. Bel ornement de jardin. On emploie le plus

ordinairement le charme, dont on fait de fort belles charmilles;
on les fait aussi de petit érable, de chèvre-feuille, de jasmin,
de l'orme, de hêtre, de tilleul; on y emploie encore les arbres qui viennent dans les endroits les plus froids, et qui conservent toujours leur verdure, comme l'if, le chêne vert, le
buis, le houx, le lierre; celles-ci peuvent servir à cacher des
murailles, des terrains incultes ou peu agréables à l'aspect.
On en fait de différentes hauteurs; il y en a qui ont jusqu'à
50 pieds de haut.

Pour planter les palissades, on fait une rigole d'un pied
de profondeur, dont on conserve un côté coupé à pied-droit
sans l'ébouler, et en dehors de l'allée poury adosser le plant.
Si la charmille est grosse, on défonce la terre de trois pieds;
on rafraîchit les racines, et on les met brin à brin dans la
rigole adossée contre le côté coupé à pied-droit, et on les couvre de terre; il faut laisser un peu de place derrière les palissades pour pouvoir les tondre.

Les palissades sont un des grands ornemens des jardins;
elles servent à renfermer les bosquets, à couvrir les murs de
clôture, à boucher les vues désagréables, à corriger les biais
qui se trouvent dans les jardins. Les petites palissades sont
de buis et de jasmin.

PALISSER *les arbres aux espaliers.* C'est attacher leurs
branches au treillage à droite et à gauche, et avec égalité.
Ce n'est qu'au mois de mars de la seconde année que les
arbres sont plantés qu'il faut les palisser : il faut, avant ce
temps-là, les laisser pousser en liberté, sans les ébourgeonner, ni les arrêter. On doit ôter toutes les branches inutiles; ensuite on commence à attacher la maîtresse branche
toute droite, et on l'arrête par le haut; après quoi on arrange
des deux côtés toutes les autres branches, et on leur donne
la forme d'un éventail, mais néanmoins sans les forcer; on
ne doit pas non plus attacher le bout d'une branche plus bas
que le lieu d'où elle sort; il faut seulement les séparer les
unes des autres, et ne jamais les croiser.

PANADE. Sorte de bouillie pour les enfans. Mêlez avec du
bouillon une suffisante quantité de mie de pain; ajoutez-y
un jaune d'œuf, ou bien une cuillerée de bonne huile d'o-
live; remuez le tout, et faites-lui prendre quelques bouillons.

On la fait encore de cette manière. Prenez deux onces de gruau d'avoine du plus nouveau ; lavez-le dans plusieurs eaux tièdes, jusqu'à ce que le gruau reste au fond de la terrine ; faites-le bouillir à petit feu dans un pot avec trois demi-setiers d'eau jusqu'à la réduction de la moitié ; ensuite passez-le par un linge net avec expression ; ajoutez-y un peu de sucre et une cuillerée de vin blanc. Cette panade est légère et nourrissante.

PANAGE (le), est un droit de glandée, c'est-à-dire, de mener paître les cochons dans les bois lorsque le gland tombe. Ce droit s'afferme ou se perçoit à raison d'une somme par tête. Il faut se conformer sur cela au Code forestier, c'est-à-dire, qu'il ne faut point permettre le panage lorsqu'il y a peu de gland, afin de conserver les bois, et n'y jamais souffrir ni chèvres ni moutons.

PANAIS. Racine potagère. Il y en a de trois espèces : le long, dont la racine est très-longue, et la tige haute de trois ou quatre pieds ; le rond, dont la racine est plus grosse et plus courte, et celui de Siam, qui est fort gros de la tête, et a la chair plus jaunâtre. Les panais se multiplient de graine, laquelle est plate, de figure ovale, et de couleur brune ; on la sème au printemps, à claire voie, en bonne terre. Si la plante lève trop dru, on l'éclaircit au mois de mai.

PANIS. Sorte de grain assez semblable au millet ; mais ses filamens sont différens, étant plus longs d'un pied, et entassés, et ses grappes contiennent quantité de graines velues, bleues ou rouges. Il y a des provinces où l'on en fait du pain comme avec du millet. On l'écrase sous une meule de pierre avant de s'en servir ; il vient plus vite, mais il n'est point si délicat ; il aime les terres sablonneuses, pourvu qu'elles aient un peu de substance.

PANTIÈRE. Filet qu'on fait en mailles à losanges ou carrées, et qui coule au long d'une corde ainsi qu'un rideau. On s'en sert pour prendre les oiseaux, et surtout les bécasses.

PAON (le), est regardé comme le plus beau des oiseaux, mais il n'est estimé que pour sa beauté, car sa chair est difficile à digérer. Il n'est pas de l'économie d'en avoir un grand nombre, parce que ces oiseaux sont fort goulus et font beaucoup de dégâts. Les mâles vivent jusqu'à vingt-quatre ans, les femelles moins, et n'ont point la beauté des mâles. Les belles couleurs de plumes ne viennent à ceux-ci qu'à leur troisième année; ces oiseaux aiment à se percher en l'air, et cherchent les lieux les plus élevés. On ne leur bâtit un toit que pour empêcher qu'ils ne se perdent; on donne cinq ou six femelles à chaque mâle. Les paonnes pondent au bout de leur troisième année; elles pondent dix ou douze œufs, et sont sujettes à les égarer, car elles pondent en différens endroits. Leur couvée est de cinq œufs; les petits sont un mois à éclore; on doit jeter de la nourriture auprès. Pour éviter l'inconvénient que la mère ne les abandonne, on les fait couver à des poules ordinaires. On choisit les plus grosses; il leur suffit de cinq œufs : ainsi la paonne peut pondre jusqu'à trois fois par an dans les pays chauds, mais le nombre des œufs diminue à chaque ponte. Quand les paonneaux sont éclos, on leur donne, au bout de deux jours, de la farine d'orge détrempée avec du vin, et du froment bouilli et refroidi; on leur donne encore du fromage blanc nouvellement fait, et mêlé avec des poireaux hachés.

PARC (un), est un grand terrain à la campagne, enfermé de murailles, qui fait un ornement dans une terre de quelque étendue, et qui sert au plaisir du maître. On y enferme toutes sortes de gibier, gros et menu, comme chevreuils, cerfs, daims, lièvres, lapins. On y renferme la quantité qu'on veut de terres labourables, ou de bois taillis, ou de pâturages. On y peut pratiquer des allées et des couverts, et y chasser le gibier, si l'on veut, pour manger ou pour vendre. On doit y pourvoir à la subsistance des bêtes, soit en y semant de l'avoine et de l'orge dans les plus mauvaises terres, soit en y jetant, pendant l'hiver, du foin, des fèves, des plantes de jardin, et tout ce que l'on a à grand marché.

PARCAGE. C'est faire parquer les bêtes à laine, et leur faire passer la nuit au milieu des champs dans un parc fait de claies. Ce parcage se fait pour engraisser la terre sur laquelle on met le parc, soit terre labourable ou autre. Le parc est un carré de claies, grand à proportion du troupeau que l'on veut faire parquer. Ce sont ordinairement des perches attachées à des pieux avec des osiers, et soutenues en dehors par des piquets. A côté, et hors du parc, est une cabane roulante pour coucher le berger. On met quelquefois deux parcs à côté l'un de l'autre ; alors un des côtés du premier sert de cloison à l'autre, et on y fait passer alternativement le troupeau, c'est-à-dire, depuis le soir jusqu'à minuit dans le premier, et depuis minuit jusqu'au soleil levé dans le second, car l'herbe couverte de rosée ne vaut rien au bétail. Par là on fume plus d'une terre à la fois. Au reste, il suffit d'un parc de cent moutons pour amender tous les ans huit arpens de terre. Il suffit même de renouveler cet amendement tous les six ans. On fait parquer les troupeaux depuis le mois de mai jusqu'à la Toussaint.

PARIÉTAIRE. Plante qui croît entre les pierres des murailles et dans les haies. Ses feuilles sont rafraîchissantes et émollientes. On s'en sert intérieurement pour nettoyer les reins, et pousser la gravelle, et extérieurement contre les tumeurs, les érysipèles, les brûlures.

PARTERRE (le), est la pièce d'un jardin qui s'offre la première à la vue ; on le place auprès du corps-de-logis. Un parterre doit être diversifié ; il convient qu'on y voie à la tête un bassin ou pièce d'eau ; toute son étendue doit offrir un tableau gracieux par des pièces de broderie ou de gazon, garnies d'ifs, de caisses et de pots de fleurs, le tout sur un beau sable jaune ; il doit être deux fois plus long que large, si le terrain le permet. On peut le faire de trois manières : 1° en broderie, c'est-à-dire, avec des enroulemens en buis, des plates-bandes des fleurs, des massifs chargés de gazon dans le milieu, et de petits sentiers qui séparent les carrés ou divisions que l'on fait avec du buis nain ; 2° à l'anglaise : ils passent pour les plus simples ; les compartimens en sont tracés avec du buis, et remplis de gazon ; 3° en compartimens : le dessin de ceux-ci est répété par symétrie, tant en haut qu'en bas ; ils sont ornés d'une broderie légère, de pièces de gazon, d'enroulemens, de plates-bandes.

Les fleurs ordinaires du parterre sont : 1° des tulipes communes, des narcisses blancs et jaunes, des jacintes, des étoiles, des couronnes impériales, des totus albus, des jonquilles, des anémones simples. C'est sur les plates-bandes de parterre qu'on doit planter les ognons de ces fleurs : on en met deux rangs, et à six pouces du buis ; 2° des lilas, du genêt d'Espagne, des marguerites, des pensées, des crocus, car ils fleurissent plus promptement que les graines ; des œillets d'Espagne, des rosiers panachés, des lys, des soleils, des giroflées musquées jaunes, des roses trémières, des belles-de-nuit, et autres fleurs vivaces qui résistent à l'air et au brouillard : on plante celles-ci au milieu des plates-bandes ; on y met aussi de gros œillets communs, des croix de Jérusalem, des oreilles d'ours, des immortelles, des amarantes, des roses d'Inde, des œillets d'Inde. On doit semer au printemps ces sortes de fleurs, et lorsque l'air est un peu tempéré. Voyez *Fleurs*.

PAS-D'ANE ou *Tussilage*. Plante qui pousse une fleur jaune avant les feuilles : elle croît dans les lieux humides. Son principal usage est contre la toux, mais il faut que ses fleurs soient récentes. On la donne en forme de décoction contre la pleurésie et l'empyème. Sa fumée, tirée par la bouche, sert à arrêter les catarrhes. Ses feuilles appliquées guérissent les ulcères chauds et les inflammations.

PASSÉE. Grand filet à prendre les bécasses : on le tend dans les bois taillis où les bécasses passent, et entre deux arbres les plus hauts, ou entre des perches, au haut desquelles on attache le filet : et, dès que le gibier a donné dedans, on le laisse tomber tout à coup par le moyen d'une poulie.

PASSE-RAGE. Plante qui croît dans les lieux humides, haute de deux à trois pieds ; ses feuilles sont longues et larges, sa racine longue, blanche ; elle est d'un goût âcre ; elle est corrosive, apéritive ; elle convient au scorbut, au mal hypocondriaque, et corrige la matière acide qui charge l'estomac.

PASSE-VELOURS. Voyez *Amarante*.

PASTEL ou *Guède*. Sorte de plante qui vient de graine, et qu'on cultive à cause de ses feuilles. Le pastel est d'un grand usage dans la teinture pour donner un beau bleu d'azur : celui du Languedoc est le plus estimé. On l'y cultive de cette manière :

Les meilleures terres pour semer le pastel sont les fossés des villes et châteaux, et les champs les plus près des maisons, parce qu'ils sont engraissés. On doit d'abord jeter du fumier sur le champ, bêcher la terre, la disposer en planches de trois pieds de large, et les unir avec le râteau ; 2° semer le pastel au mois de février ; préférer la graine violette, parce que le pastel qu'elle produit a les feuilles lisses et unies, au lieu que la graine jaune les a velues ; ce qui fait qu'elles se chargent de poussière ; 3° semer la graine fort épaisse sur les planches, et la couvrir avec le râteau ; sarcler le pastel quand il commence à lever, et arracher les herbes étrangères. Les feuilles que pousse le pastel sont longues d'environ un pied, et larges de six pouces : elles commencent à mûrir vers la Saint-Jean. On connaît leur maturité quand elles commencent à jaunir ; on les cueille en les empoignant près de terre, et on les coupe en les tordant. On doit sarcler de nouveau le pastel, ce qu'on fait à chaque récolte. On en fait une seconde en juillet, une troisième en août, une quatrième à la fin de septembre, et la cinquième et dernière vers la Saint-Martin. On destine pour graines les deux dernières ; ensuite on abandonne le pastel, et il forme des tiges hautes de quatre à cinq pieds, dont la fleur est jaune. La graine n'en est mûre qu'au mois de juin de l'année suivante. On ne doit cueillir le pastel que par un temps serein, et labourer la terre après la dernière récolte, et la préparer pour du nouveau pastel, ou du blé, si l'on veut. A chaque récolte, porter les feuilles au moulin pour les y réduire en pâte. Ces sortes de moulins sont comme ceux à huile, puis on fait des piles de cette pâte au dehors du moulin ; on presse bien la pâte avec les pieds et les mains ; on la bat et on l'unit, de peur qu'elle ne s'évente ; quinze jours après on ouvre le monceau, on le broie entre les mains, et on mêle, avec le dedans, la croûte qui s'était formée dessus ; on fait de cette pâte de petites pelotes rondes, qui doivent peser cinq quarterons, poids de table ; et, après les avoir bien pressées, on les allonge par les deux bouts opposés : c'est le pastel en pile. (*Journal économique*, *juillet* 1757.)

PATE *d'amandes pour laver les mains.* On la fait avec des amandes amères qu'on a pelées à l'eau chaude, et qu'on fait sécher ; on les pile ensuite pendant quelque temps, en y mettant un peu de lait pour les lier en pâte ; en même temps on pile un bon morceau de mie de pain blanc, on le détrempe avec un peu de lait. On mêle cette pâte avec la pâte d'amandes; on les pile ensemble en y délayant un peu de lait; en-suite on fait bouillir le tout sur le feu, en y ajoutant trois chopines de lait sur une livre d'amandes, et on remue tou-jours le tout jusqu'à ce que la pâte soit bien épaissie.

Pâte pour laver les mains sans eau. Pelez à l'eau chaude quatre onces d'amandes douces et deux onces d'amandes amères; pilez-les dans un mortier en les arrosant d'un peu de vin blanc; mettez-les à part; pilez de même la mie d'un pain de chapitre avec trois jaunes d'œufs durs, les humec-tant du même vin; mettez le tout ensemble dans le mortier; ajoutez un peu de storax en poudre fine à discrétion : humec-tez la pâte avec du vin blanc en la pilant, elle sera, par ce moyen, douce et liquide comme vous le souhaiterez.

PATIENCE. Espèce d'oseille fort grande et fort aigre : on la cultive de même que l'oseille. Il y a encore la patience sauvage qui croît dans les terres incultes : ses feuilles ressem-blent à celles de l'oseille, mais elles sont plus longues. Sa racine est apéritive et laxative; on s'en sert en tisane dans les maladies qui viennent d'obstruction. Sa décoction purifie le sang; le suc de sa racine est bon contre la gale, les dartres, les rousseurs, et autres vices de la peau.

PATURAGES (les), sont des fonds de terre qui n'ont pas besoin de culture pour porter une grande quantité d'herba-ges, avec lesquels on engraisse les bestiaux. Les fonds gras, et naturellement abreuvés d'eau, s'appellent *pacages,* et les fonds secs s'appellent *pâtures* ou *pâtis.* Il y a un nombre in-fini de pacages dans la Basse-Normandie, la Bretagne, le Berri, le Poitou, parce que ce sont des pays gras. Les habi-tans y mettent quantité de bestiaux maigres, bœufs, vaches, chevaux, moutons, et ils les y renouvellent trois fois par an. Cependant on y met plus ou moins de bestiaux, selon la force et la quantité de la pâture; sur quoi il faut remarquer que soixante bœufs consomment autant que cent vaches, et un cheval autant que trois vaches. Ces pacages sont des biens qu'on loue le mieux et le plus facilement; mais ce ne serait pas entendre ses intérêts de les louer, lorsqu'on a assez de facultés pour y mettre des bestiaux pour son propre compte; car alors le produit est triple, et on peut retirer son fonds avec un gain honnête jusqu'à deux ou trois fois par an. Cependant, il est bon de réserver en foin une partie de ces pâtures pour nourrir les bestiaux en hiver.

On doit d'abord mettre les bestiaux dans les moindres pâturages pour qu'ils s'y purgent ; ensuite dans d'autres plus substantiels, et enfin dans les plus succulens, où ils achèvent de s'engraisser.

Les pacages fournissent plus d'herbes que les autres pâtures, parce qu'ils sont humides de leur propre fond ; ils sont ordinairement pour les gros bestiaux, que l'on y met à la fin d'avril ; et on n'y fait paître que la dernière herbe aux moutons et brebis, c'est-à-dire, sur la fin de novembre, et après que les bœufs, vaches et chevaux, ont pâturé.

L'herbe que paissent les bestiaux dans les pacages leur est infiniment plus salutaire que celle qu'on leur donne dans les écuries et dans les étables.

Quoiqu'on ne sème point les pâtures, il est bon d'y répandre, de temps à autre, les restes et les balayures des greniers à foin, quand ils sont vides ; on doit même leur donner quelques amendemens, tels que le parcage des vaches, et pratiquer du moins en partie ce que l'on fait à l'égard des prés, afin que les pâtures soient abondantes. On doit pratiquer tout auprès des pâtures une chaumière pour le logement des pâtres, et en quelque endroit un peu couvert, pour y mettre à l'ombre les bestiaux pendant les chaleurs.

Comme l'herbe trop mûre durcit et perd beaucoup de son suc ; que celle qui n'est point mûre n'en a point assez, et que les bestiaux vont toujours à la plus tendre, il faut, pour ménager ses pacages, et afin que toute l'herbe soit pâturée en maturité, et qu'elle repousse ; il faut, dis-je, séparer les pâturages en quartiers, grands à proportion du bétail qu'on a à y mettre ; en sorte qu'il trouve dans chaque quartier de quoi paître pendant trois ou quatre jours, au bout desquels on les met dans un autre quartier, afin que le premier fructifie, et ainsi successivement. C'est en relevant les terres, et plantant du bois sur les levées, qu'on fait les séparations ou avec des haies ou des saules.

On doit observer que les bêtes à cornes font plus de dégât dans les herbages plantés et dans les jeunes bois que les chevaux, parce qu'elles broutent et broussaillent, et rasent l'herbe de plus près.

On peut affermer les pacages suivant l'usage du pays, soit par différens baux, soit en recevant des bestiaux dans les pâturages ; on ne doit souffrir aux pacages ni chèvres, ni moutons, ni cochons.

Lorsqu'on veut profiter de ses pâturages, on peut avoir des bœufs et des vaches ; c'est le moyen d'avoir beaucoup de fumier : les engrais du bétail sont lucratifs.

PATURES. On appelle *pâtures grasses* ou *vives*, les prés, les pacages ou communes. On entend aussi par ce nom les droits de pâturage que les communautés d'habitans ont dans les prés, dans les bois dont ils sont voisins, pour y faire paître leurs chevaux et leurs troupeaux dans le temps de la paisson. Lorsque ces pâtures sont des communes, elles ne sont que pour les habitans auxquels elles sont communes, et chacun y peut mettre le nombre de bêtes qu'il veut. Outre ces sortes de pâtures, il y a encore les vaines pâtures ; on entend par là tout champ dépouillé, comme les terres à grains après la moisson ; les prés, après la dépouille du foin ; en un mot, tout héritage où il n'y a ni fruit ni semence ; tels que les pâtis, excepté depuis la mi-mars jusqu'en septembre, les bois taillis et les hautes futaies pour les herbes qui croissent dessous. Chacun a droit de mener paître les bestiaux dans ces sortes d'endroits ; et les communes ont introduit ce droit pour maintenir l'abondance des bestiaux. Au reste, chaque habitant ne peut pas faire paître autant de bêtes qu'il lui plaît ; il n'y en peut mettre qu'à proportion des héritages qu'il possède dans la paroisse, à raison d'un mouton par arpent de terre en labour pour les bêtes à laine ; à l'égard des chevaux et des bêtes à cornes, il n'y a point de règles établies ; mais il faut que les bestiaux soient pour l'usage de l'habitant qui les envoie paître ; car ce droit n'est pas pour ceux qui feraient commerce de bestiaux. La meilleure règle pour cela est celle qui est établie en plusieurs endroits ; savoir que chaque paroisse ou village a son triage distinct, qu'il n'est pas permis d'excéder. En réglant ainsi la vaine pâture par les limites de chaque paroisse, chacune a le profit du terrain dont elle porte les charges. On permet aux autres habitans qui n'ont point d'héritage de faire pâturer une vache ou deux chèvres ; mais aucun bétail ne doit pâturer séparément du troupeau de la communauté.

PAVOT. Fleur. Il y a le blanc et le noir. Le blanc pousse une tige à la hauteur de trois ou quatre pieds, avec des feuilles longues et larges. Au sommet des tiges sont les fleurs disposées en roses, ou blanches ou purpurines, et ses semences rondes et blanches. Le noir est semblable au blanc, excepté que ses fleurs sont rouges, et ses semences noires.

Pavot blanc et noir cultivé. Plante des jardins. On les distingue ainsi à cause de la couleur de leur semence. Les têtes des pavots blancs entrent dans les remèdes ; elles sont assoupissantes, calment les douleurs, la toux ; mais la semence de pavot est peu somnifère. Voyez *Décoction du pavot blanc*.

Pavot rouge ou *coquelicot*. Plante que l'on voit au milieu des blés ; sa fleur est pectorale, adoucissante ; on l'emploie dans les rhumes ; on s'en sert en manière de thé, ou en tisane, ou en sirop.

Décoction de tête de pavot blanc. Prenez un ou deux gros d'écorce de tête de pavot blanc, sèche et coupée par morceaux ; faites-les bouillir dans une chopine d'eau réduite à demi-setier ; passez le tout dans une étamine avec légère expression ; elle convient dans les insomnies légères, et lorsque les malades se trouvent inquiets et agités par des mouvemens de vapeurs. On en donne trois ou quatre cuillerées dans un bouillon le soir, à l'heure du sommeil.

PAYS *gras*. On appelle ainsi ceux qui abondent principalement en pâturages, comme la Bretagne, la Basse-Normandie, le Berri, le Poitou.

PÊCHE. La pêche est l'art d'attraper le poisson par le moyen de différens filets. La pêche est un exercice agréable et utile ; elle demande beaucoup de patience, et qu'on observe un grand silence. Cet exercice est même plus lucratif que la chasse ; sur quoi il faut savoir que les eaux sablonneuses sont plus fécondes, surtout en truites. Les eaux bourbeuses donnent la carpe, la tanche, la perche, le barbeau, le meunier, l'anguille. On doit avoir soin de nettoyer les lits d'eau, dans les endroits où l'on pêche, de tous pieux et autres embarras qui peuvent accrocher ou déchirer les filets, et observer qu'il faut pêcher en remontant toujours contre l'eau.

Il est d'usage d'observer le droit de pêche dans les rivières non navigables ; mais on fait toujours les réserves nécessaires pour sa consommation ; il y a rarement du profit à en faire l'exploitation par ses mains, tout se consomme en frais.

Il y a sur la pêche la même police que sur la chasse, c'est-à-dire, des règles prescrites par les ordonnances, du moins quant à la pêche dans les rivières navigables, auxquelles tous les particuliers doivent se conformer. Voyez *Rivières*.

PÊCHER. Arbre fort connu : il est assez petit ; son bois est léger et fragile, ses fleurs sont rouges. Les pêchers qui sont dans un terroir sablonneux et chaud produisent les plus grosses pêches : cet arbre craint beaucoup le froid. Pour le multiplier, on plante des noyaux de pêches dans un terroir fossoyé, à deux pieds l'un de l'autre, à trois doigts de profondeur, la tête tournée en bas. On doit replanter les rejetons au bout de deux ans dans une petite fosse, les fumer, leur labourer le pied trois fois, les arroser assidûment ; à deux ans, les transplanter, les mettre en long dans le fossé, et en laisser sortir seulement un rameau. On les greffe en écusson sur des pruniers de Saint-Julien, ou de damas noir, ou sur des abricotiers déjà greffés ; c'est le moyen d'avoir beaucoup de pêches et des meilleures. Lorsqu'ils ont atteint trois ans, on les taille pour le moins deux fois l'an ; la première au mois de mars, et lorsqu'on les voit près de fleurir, et la seconde depuis la mi-mai jusqu'à la mi-juin ; on doit les dépalisser pour les bien tailler ; sur quoi il est bon de savoir que les branches à fruit et de l'année sont chargées de boutons, et qu'il n'y a que ces sortes de branches qui donnent le fruit ; car les branches à bois n'ont point de boutons.

A la première taille, on donne aux branches à fruit une longueur raisonnable, et on taille les branches à bois au quatrième ou cinquième œil pour qu'il en naisse des branches à fruit ; le tout à proportion de leur force, c'est-à-dire, les plus grosses à six ou sept pouces de long, et les faibles à quatre ou cinq. A la fin de mai, on doit pincer les boutons de toutes les grosses branches pour qu'elles poussent du bois à fruit.

On doit couper, près du gros de l'arbre, les branches gourmandes ; ce sont de grosses branches de l'année, ou du moins de sept à huit pouces de long ; elles servent à garnir l'endroit où elles poussent. Lorsque les pêchers ne produisent plus que de grosses branches, c'est une marque qu'ils sont vieux, et il faut les arracher, du moins dans les terres légères, excepté qu'ils eussent poussé quelques branches gourmandes qui peuvent les rajeunir ; il faut les tailler à un bon pied de long.

La seconde taille se fait pour délivrer l'arbre des branches inutiles qui l'épuiseraient, ou même du trop de fruit : on taille en même temps tout le bois sec et languissant, et celui qui est attaqué de gomme. Lorsque certains pêchers paraissent languir, il y a des gens qui conseillent de les arroser de lie de vin vieux, mêlée avec de l'eau, et entasser de la terre au pied, en arrosant l'arbre le soir, et le mettant à couvert de l'ardeur du soleil.

Après la taille, et lorsqu'ils sont en fleur, on doit, 1° les garantir de la gelée et des roux-vents du mois d'avril, par des paillassons jusqu'à la fin de mai ; on les ôte quand le temps est doux. 2° Lorsque le printemps est sec ou froid, on doit les déchausser, et y jeter deux seaux d'eau, les recouvrir de leur terre, et continuer à les arroser ; ce qu'on doit faire aussi dans les grandes chaleurs de l'été, en y jetant la valeur d'un demi-seau d'eau à chaque pied. 3° Si les pêches sont nouées, il faut ôter de l'arbre, au mois de mai, le trop de fruit, et en laisser peu sur les branches faibles ; ce qu'on pratique surtout à l'égard de ceux qui portent de gros fruits. 4° On doit ôter avec des ciseaux les feuilles qui sont sur les fruits, pour les découvrir et les mettre à l'air, mais seulement quinze jours avant leur maturité.

Nouvelles observations sur les pêchers.

Des personnes intelligentes qui ont fait diverses expériences sur ces sortes d'arbres, en raisonnant d'après ce qu'elles ont vu de leurs yeux, prétendent que le pêcher est un arbre plus aquatique que les autres qu'on élève dans les vergers ; qu'ainsi les arrosemens fréquens, surtout en été, lui sont indispen-

sables, tant pour faire croître l'arbre que pour lui faire produire de beau fruit ; et que, quand il est dans un terrain sec,
et qu'on n'arrose pas, il y doit bientôt périr. On a éprouvé
que, dans les terrains gras, un peu humides ou argileux,
cet arbre devient plus gros, dure davantage, et donne du
fruit avec plus d'abondance que dans les fonds secs et sablonneux. On a conclu des ces mêmes expériences que si,
au lieu de planter et de greffer les pêchers, on les faisait venir simplement de noyaux, et à plein vent, le long de grands
murs qui les missent à l'abri du nord, et qu'on arrosât la
terre dans les grandes sécheresses, ces arbres en viendraient
mieux, et le fruit en serait plus beau et plus abondant : ce
sont des choses qui méritent qu'on en fasse des essais.

Nouvelle méthode pour regarnir les vieux pêchers d'un espalier.

On fait ce regarni avec du jeune bois, depuis les deux tiers
de la hauteur de chaque arbre jusqu'au pied. Cette sorte
de greffe est simple et facile : elle est appuyée d'un côté sur
le principe des marcottes, et de l'autre, sur celui de la circulation et du bénéfice de la sève. On doit élaguer et retrancher entièrement toutes les branches gourmandes dont l'arbre se trouve surchargé et épuisé, et leur substituer de jeunes
branches à fruit en quantité suffisante pour pouvoir garnir le
mur contre lequel le pêcher est palissadé. Cette substitution
se fait de la manière suivante ; après avoir suffisamment éla-
gué l'arbre que l'on veut regarnir, on le perce jusqu'au cœur
en plusieurs endroits, à distances convenables, avec une vrille
d'une grosseur proportionnée au diamètre du jeune bois que
l'on veut substituer aux branches retranchées. Pour cet effet,
on doit tenir la vrille dans une position oblique, en lui faisant former avec l'arbre un angle aigu dont le sommet soit
en bas. Le trou qui approche le plus du pied de l'arbre doit
toujours se trouver au moins à un pouce au-dessus de la superficie du terrain, de manière que la partie entamée ne
puisse jamais être recouverte de terre. On doit avoir près de
soi de jeunes branches à fruit d'une grosseur convenable,
qui ne font que d'être séparées du tronc sur lequel on les a

choisies, et on les fait entrer jusqu'au fond de la douille ; en
sorte que le bout du jeune bois puisse toucher à la moelle de
l'arbre ; il faut auparavant avoir dépouillé de son écorce la
partie de la jeune branche qui doit s'adapter dans le trou, et
l'y assujettir de façon que les écorces, tant du sujet à greffer
que de la branche que l'on vient de lui confier, se puissent exactement toucher dans toutes leurs parties ; on doit pour cela
ouvrir proprement l'écorce de l'arbre tout autour du trou,
et y introduire en dessous un peu de celle du jeune bois, à
peu près de la même manière qui se pratique pour la greffe en
écusson. On consolide ensuite cette greffe avec un peu de terre
grasse, et mieux encore avec de la cire molle, dans la vue
d'empêcher qu'aucun air ni humidité étrangère ne pénètre
dans les vides insensibles, qui peuvent d'abord se trouver
entre les deux bois réunis. Les pêchers, ainsi renouvelés par
cette sorte de greffe, produisent des fruits en quantité, sans
interruption, de haut en bas ; au lieu que précédemment
ils ne rapportaient que quelques fruits à l'extrémité de
leurs branches. L'auteur de cette nouvelle sorte de greffe
prétend qu'en la mettant en usage toute espèce d'arbre
quelconque peut changer de nature dans l'espace de deux
mois sans quitter sa première forme, et sans avoir souffert
aucune interruption de fleurs ou de fruit, suivant la saison
dans laquelle on a fait cette opération. En pratiquant cette
sorte de greffe, on peut disposer les branches de son arbre à
volonté, de manière à les pouvoir palissader avantageusement, et à leur donner la forme d'un bel éventail, et se procurer, dès la même année, un arbre à rapport, capable de
remplacer utilement l'ancien.

PÊCHES (les), sont le fruit le plus délicieux à manger
cru. Il y a un grand nombre d'espèces de pêches : voici les
noms des plus connues, avec leurs différentes qualités :
1° l'avant-pêche ; elle est petite, a l'eau sucrée et musquée ; 2° la pêche de Troyes ; elle est grosse, rouge et ronde,
d'un goût relevé ; mûrit au mois d'août ; 3° l'alberge, peu
grosse, a la chair jaune ; 4° la vineuse, grosse et ronde,
d'un rouge brun foncé, d'un goût fin et délicieux ; on la
mange à la mi-septembre ; 5° la mignonne, un peu grosse,
plus élevée d'un côté que de l'autre, fort belle en couleur ,

a la chair fine et fondante , l'eau sucrée , le noyau petit ; mûrit à la mi-août; 6° la pêche-madeleine , grosse , ronde, rouge du côté du soleil, blanche de l'autre ; a la chair fine, l'eau sucrée , le goût relevé , le noyau petit , sans aucun rouge ; mûrit à la mi-août ; 7° la pêche chevreuse , grosse , d'un coloris rouge ; a la chair fine et sucrée , la figure un peu longue ; mûrit au mois d'août ; 8° la royale, un peu grosse , plus tardive ; mûrit en octobre ; 9° la bourdine, assez grosse , d'un rouge obscur ; est mûre en septembre ; 10° la violette, hâtive, petite ; sa chair est parfumée, son eau vineuse ; elle est fort estimée ; bonne à la mi-septembre ; 11° la chancelière, plus longue que ronde, d'un beau rouge , la peau fine, l'eau sucrée ; 12° la pêche admirable, grosse et ronde , l'eau sucrée , d'un beau coloris , le goût vineux , sa chair fine et fondante , le noyau petit ; mûrit au commencement de septembre ; 13° le pavie blanc, ressemble à la madeleine blanche , mais sa chair est ferme , tient au noyau , d'un fort bon goût ; mûrit à la fin d'août ; 14° le pavie rouge de Pomponne, fort gros, d'un beau coloris, rond, d'un rouge incarnat, d'un goût musqué, l'eau sucrée ; mûrit au commencement d'octobre ; 15° le brugnon violet ; il est lisse, sa chair ni tendre ni dure ; il est fort bon quand il est un peu ridé ; mûrit à la fin de septembre.

Il y a encore la pêche nivette ou veloutée , qui est d'une belle grosseur; c'est une des meilleures pêches ; la pêche persique , qui est d'un goût merveilleux ; la bellegarde, la violette tardive , l'abricotée, la pêche de Pau. Toutes ces pêches se mangent à la fin de septembre , ou au commencement d'octobre.

Une bonne pêche doit avoir la chair une peu ferme, et cependant fine , ce qui paraît quand on ôte la peau ; elle doit être fondante à la bouche , avoir une eau douce et sucrée , un goût vineux et musqué et le noyau petit. On connaît la maturité d'une pêche, lorsqu'elle tient très-peu par la queue , lorsqu'elle a un beau coloris d'un côté , et qu'elle est jaunâtre de l'autre, sans mélange de vert. Les pêches ne mûrissent point hors de l'arbre, comme quelques autres fruits; cependant, en les mettant dans la serre un jour ou deux, elles acquièrent un certain frais qui les rend plus agréables.

Pour confire des pêches à l'eau – de – vie , choisissez les plus belles et sans taches ; cueillez-les avant qu'elles soient tout-à-fait mûres , et dans la chaleur du jour ; essuyez le duvet, fendez-les jusqu'au noyau ; mettez votre sucre dans une poêle à confiture, et de l'eau à proportion, et clarifiez-le. Le sirop étant fait à moitié , et dans le temps qu'il est bouillant, mettez dedans la moitié de vos pêches, laissez-les blanchir ; mais ayez soin de les ôter au véritable point de leur blanchissage ; tirez – les promptement avec l'écumoire , à mesure qu'elles blanchiront ; laissez – les égoutter sur une table couverte d'un linge, exposez-les sur leur entaille. Pendant ce temps–là achevez le sirop , faites–le réduire prêt à candir ; puis retirez-le , passez–le dans un tamis , laissez-le refroidir. Alors mettez en pareille quantité moitié esprit-de–vin et de sirop ; arrangez les pêches dans les bouteilles, et achevez de remplir les bouteilles de sirop et d'esprit-de-vin ; lorsqu'elles tomberont au fond , elles seront bonnes à manger.

La recette pour un cent de pêches et environ une douzaine au delà , pour remplacer celles qui peuvent se perdre au blanchissage , est de huit livres de sucre pour faire le sirop , avec six pintes d'eau, et quatre pintes d'esprit-de-vin, pour être mêlées avec le sirop. Afin de bien faire le sirop, observez que , lorsque le sucre sera fondu et le sirop prêt à bouillir , il faut le clarifier avec trois ou quatre blancs d'œufs fouettés , mais employés par quart.

Lorsqu'il sera clarifié avec cette moitié de blancs d'œufs, il faut blanchir les pêches comme il a été dit , puis achever le sirop , jusqu'à ce qu'il commence à candir , et mettre le reste des blancs d'œufs pour achever de le clarifier ; puis le laisser refroidir , et mêler alors l'esprit-de-vin.

Manière de faire sécher et conserver des pêches , principalement pour ceux qui en recueillent beaucoup. 1° On doit faire choix pour cela de l'abricotée ou admirable jaune , ou de l'alberge jaune , et rarement des autres espèces ; on doit les cueillir à l'arbre , bien mûres : celles-ci valent mieux que celles qui sont tombées. 2°. Les fendre par le milieu , ôter le noyau, les peler , les mettre sur un plat, les aplatir un peu avec la main , les laisser en cet état pendant douze heures.

Ce temps écoulé, ramasser dans un vase tout le sirop qu'elles auront jeté, l'assaisonner avec du sucre, de l'eau-de-vie, un peu de cannelle et de girofle ; une demi-livre de sucre et une chopine d'eau-de-vie suffisent pour chaque livre de sirop ; on doit laisser infuser le tout sur des cendres chaudes, pendant dix ou douze heures. Cela fait, arrangez les pêches sur des claies propres, puis les mettez dans un four dont la chaleur soit fort douce, et qui ne soit chauffé qu'avec du sarment de vigne ; après un certain temps, les en retirer, et les tremper l'une après l'autre dans le sirop préparé ; les remettre ensuite sur les claies sans qu'elles se touchent, et les renfermer de nouveau avec la même chaleur douce ; les en tirer après quelque temps, et les tremper encore dans le sirop. On réitère la même chose une troisième fois, jusqu'à ce que les pêches paraissent suffisamment sèches ; ce que l'on connaît lorsqu'elles ont une couleur de brun incarnat, et que leur chair est ferme et reluisante ; alors on les serre dans des boîtes de sapin, propres et garnies de papier et dans un lieu sec ; elles se conservent pendant un temps considérable.

Les abricots se conservent de même, mais on ne les ouvre point. Tous ces fruits, ainsi préparés, sont excellens à manger, et sont d'une grande ressource dans la saison où les autres manquent.

PÊCHERIE. On appelle ainsi des endroits stables, et où l'on conserve du poisson. On les construit sur les rivières poissonneuses, et on les fait ou de charpente, ou de cloisonnage, ou avec de simples claies, eu égard à l'abondance du poisson : on y pratique des réservoirs dans le bas. On appelle *bordigues* les pêcheries ou espaces retranchés de roseaux sur le bord de la mer. On appelle *madragues* celles qui sont faites de câbles ou de filets pour prendre le thon. On appelle *parcs* les pêcheries construites sur le bord de la mer, avec bois, pierres, claies, filets, pour y prendre le poisson que le flux amène.

PELOUSE. Voyez *Tapis*.

PENSÉE. Fleur. C'est une espèce de violette dont les fleurs sont bleues, ou purpurines, ou blanches, ou jaunes; on la cultive dans les jardins; elle fleurit en avril et dans tout l'été.

PÉPIE. Maladie des oiseaux. On appelle ainsi un malqui vient au dedans de leur bec. Pour les en guérir, il faut, au lieu de leur eau ordinaire, leur donner de la graine de melon trempée dans de l'eau bien claire, et cela pendant deux ou trois jours.

PÉPINIÈRE. Lieu où l'on élève une multitude de jeunes plantes destinées à remplacer les arbres morts ou ceux qu'il faut arracher. Les plantes viennent les unes de pépin ou de noyau, qu'on appelle *arbres francs*, et qui ont besoin du secours de la greffe parce qu'ils sont sauvages ; les autres sont des rejetons appelés *boutures*, qu'on a détachés dans les bois sur des sauvageons : ceux-ci sont des plantes dont les fruits sont âpres et de mauvais goût. Voici les quatre différentes sortes de pépinières.

1° *Pépinière de semence et de fruits à pépins*. On les appelle ainsi, parce qu'on y élève de petits arbres par la voie du pépin et de la graine. Pour cet effet, les pépins doivent être pris sur des fruits bien mûrs, et être gardés en lieu sec avant de les employer. Les graines doivent être de la même année, rondes et pleines en dedans ; celles qui, mises dans l'eau, vont au fond sont les meilleures. Avant de semer les pépins et les graines, on doit les faire tremper toute une journée dans de l'eau où l'on a mis un peu de nitre, pour faciliter la germination. Au mois de mars, on sème les pépins à plein champ, ou par rayons espacés d'un pied ; on doit les recouvrir de terre, y répandre du fumier, les sarcler quand ils commencent à pousser et leur donner ensuite de légers labours. Au bout de deux ans on les transplante en une autre pépinière, et on les met par rang à deux pieds l'un de l'autre.

2° *La pépinière des fruits à noyau*, c'est-à-dire *qui viennent par la voie de noyau*. On n'élève ordinairement par cette voie que l'amandier, et on se sert de celle de la greffe pour les pêchers, abricotiers, cerisiers et pruniers, que l'on ente sur d'autres sujets, parce que la voie du noyau est la plus longue ; à la vérité, il y a des pêchers, tels que la pêche violette, et des pruniers francs, tels que le damas noir, qui viennent assez bien de noyau sans être greffés ; mais toutes les autres espèces veulent être greffées.

3° *La pépinière des plants champêtres*. Pour cet effet, on

doit cueillir depuis septembre jusqu'en décembre les graines de tilleul, frêne, érable, hêtre, etc. A l'égard de l'orme,
on en cueille la graine au mois de mai, et on la sème en
même temps. On sème ces diverses graines en planches,
lorsqu'on ne veut pas les semer pour demeurer en place, et
on les lève au bout de deux ans pour les replanter en pépinière, à un pied de distance l'une de l'autre. Quant au chêne,
on le sème pour demeurer en place; car il réussit difficilement étant transplanté. A l'égard des arbres verts, comme
les ifs, les houx, pins, sapins, il vaut mieux les élever de
bouture que de graine. Pour les noix, noisettes, glands, châtaignes, on les ramasse dans les mois d'octobre et novembre,
on les fait germer pendant l'hiver dans des mannequins sur
des lits de sable, et on les plante au printemps.

4° *La pépinière de plants enracinés.* On entend par là
tout plant formé, comme rejetons, boutures, sauvageons, etc.,
que l'on destine pour greffer tels et tels sujets; mais il faut
pour cela savoir choisir les différens plants, et à quels
arbres ils conviennent pour la greffe. Ainsi, lorsqu'on veut
avoir des poiriers et des pommiers francs à haute tige, on
doit choisir les sauvageons de poiriers et de pommiers d'un
an seulement. 1° Pour les pommiers destinés en espaliers ou
en buissons, on prend du plant de pommiers de paradis;
2° pour les poiriers que l'on destine de même, il faut du
plant de coignassier; 3° pour les pêchers, abricotiers et pruniers, il faut du plant de jeunes pruniers de damas noir et de
Saint-Julien. A l'égard des abricotiers, on doit choisir les
pruniers qui rapportent les plus grosses prunes; et, pour les
pruniers, on peut prendre du plant de toutes sortes de pruniers, à l'exception de ceux qui portent des prunes âpres:
4° pour les cerisiers, il faut les rejetons des merisiers blancs
et rouges. Enfin, pour greffer de grosses griottes, il faut du
plant de cerisier. A l'égard de l'amandier, on n'en plante
point en pépinière, parce qu'il ne reprend point étant re-
planté; ainsi on l'élève dans la place où il doit demeurer.

Lorsqu'on a fait choix du plant, on le plante au mois de
novembre, et dans les terroirs humides, au mois de février; en l'un et en l'autre toujours par un beau temps
sur le terrain destiné pour pépinière. Ce terrain doit avoir

été défoncé de deux pieds et demi de fond dans sa surface, et dressé de niveau par planches de dix à douze pieds : la qualité de la terre doit être de moyenne qualité, c'est-à-dire, ni trop maigre, ni trop grasse. On plante ces rejetons dans des rigoles d'un pied de largeur et de profondeur, espacées de trois pieds, et dressées de manière que l'un des bouts regarde le midi, l'autre le septentrion. Lorsqu'on plante des sauvageons de poiriers et de pommiers francs, élevés de pépin, il faut couper la moitié de la racine du plant, et en rogner environ sept pouces de haut, et espacer chaque brin de sept à huit pouces. Lorsqu'on plante des coignassiers enracinés ou autres plants destinés à élever des arbres nains, il faut les espacer à deux pieds l'un de l'autre, et les couper à deux ou trois pouces de terre, pour qu'ils repoussent de jeune bois sur lequel on puisse greffer. A l'égard du pommier de paradis, on ne le coupe qu'à un pied et demi de terre.

Ces diverses pépinières veulent être cultivées avec soin. 1° Au mois de mai on ébourgeonne les sauvageons de poirier ou de pommier qui commencent à pousser, en sorte qu'on ne laisse qu'un bourgeon sur chaque brin. Vers le mois de juin on laboure la pépinière avec un fer de bêche, et dans le milieu du rayon seulement pour ne pas offenser les racines, et puis on couvre la terre de fougère. Vers le mois de novembre on doit déchausser le plant, c'est-à-dire, y faire autour une espèce de rigole ; au mois de mars suivant, labourer la pépinière, et mêler la fougère avec la terre. 2° Si elle n'avait pas bien profité, on y répandrait du fumier à demi pourri avant de la labourer. 3° Emonder les sauvageons lorsqu'ils commencent à former leurs tiges, c'est-à-dire, qu'on doit couper toutes leurs branches, et ne leur laisser que sept ou huit pouces de haut. Ces divers plants étant ainsi cultivés, on peut les greffer à leur troisième ou quatrième année : on leur coupe aussi tous les ans les branches qui sont au-dessous du montant, pour les entretenir droits, et qu'ils fassent de belles tiges ; à sept ou huit ans, on peut les employer pour remplacer quelque place vide.

On élève encore les arbres en mannequin comme en pleine terre. Voyez *Mannequin*.

Le terrain de la pépinière des arbres fruitiers ne doit pas être plus fertile que celui du jardin ; car, s'il l'était, les arbres ne réussiraient jamais quand on les transplanterait ; ainsi il faut avoir attention de les planter d'un terrain médiocre dans un meilleur.

Transplantation des arbres de la pépinière. Voyez *Arbres.*

PERCE-OREILLE. Petit insecte long et poli, qui a deux petites cornes à la tête et une queue fourchue. Ils sont nuisibles aux fleurs des arbres, particulièrement aux pêchers et aux abricotiers. Pour les détruire, on n'a qu'à suspendre aux arbres quelques cornes de bélier, dont l'odeur attire ces insectes ; ils entrent dedans ; et, comme ils n'en peuvent sortir qu'avec peine, on vide ces cornes tous les jours, et on écrase les perce-oreilles.

PERCE-PIERRE, ou *Passe-pierre.* Plante qui sert de fourniture en salade, et ressemble fort au thym ; on la sème sur couche ou dans un pot plein de terreau ; deux mois après on la replante en bonne exposition : plus on la coupe, plus elle repousse ; cuite dans le vin, elle est bonne à ceux qui ont la fièvre ou le calcul, car elle brise la pierre dans les reins.

PERCHE. Poisson d'eau douce, de couleur bigarrée sous le ventre, et ayant tout le reste du corps cendré, avec quelques bandes noirâtres. Elle a sur le dos deux arêtes pointues, dont la piqûre est dangereuse aux poissons et aux hommes. La perche fait du dommage dans les carpières : elle se nourrit dans les rivières, et a le trait d'aileron fort vite. On la pêche à une amorce composée de foie de chèvre.

Les perches sont d'un goût délicat et d'un bon suc : ce poisson est fort estimé.

On en peut faire un ragoût à la sauce aux moucherons, passée au blanc avec de la crême : on en met aussi en filets et concombres comme les soles ; ou les coupe en filets quand elles sont écaillées, et qu'elles ont cuit un bouillon.

PERCHE. Mesure. La perche, selon la mesure la plus commune, est de dix-huit pieds de long, qui font trois toises courantes, à six pieds chacune. En quelques endroits elle a vingt pieds. La perche de vingt-deux pieds, qu'on appelait la mesure de roi, sert pour arpenter les bois. Quand on dit qu'une perche a dix-huit pieds, il faut supposer que c'est en longueur, et qu'elle a autant de largeur, de manière qu'en multipliant dix-huit par dix-huit, on trouvera que la perche aura trois cent vingt-quatre pieds en superficie.

PERDRIX. Espèce de gibier-plume, fort connu et fort estimé pour la table. On les distingue ordinairement en rouges et grises : les rouges sont ainsi nommées, parce qu'elles ont le bec et les pieds rouges ; elles sont les plus belles et les plus grosses. Les grises sont moins grosses ; mais elles passent pour avoir le fumet plus fin que les rouges.

Chasse de perdrix. Pour la faire bonne, cinq ou six chasseurs sont nécessaires avec des chiens dressés à cet effet. Un des chasseurs bien monté doit mener la quête, et toujours contre vent. A sa droite il doit avoir un piqueur à cheval, et à sa gauche un autre, deux autres derrière ; tous à des distances considérables, mais à pouvoir s'entendre, et marchant dans les mêmes ordre et éloignement. Lorsque les perdrix partent, le quêteur crie : *Remarque ;* les piqueurs jugent de l'endroit où elles peuvent aller.

L'adresse du quêteur est de suivre sans relâche les perdrix au repartir, et de tâcher de les faire aller contre vent et contre mont, pour leur faire perdre leur force ; après trois vols, elles ne peuvent manquer de tomber, et on les tue facilement.

Les chiens de taille médiocre sont les meilleurs pour cette chasse ; il faut qu'ils chassent légèrement et haut le nez, sans s'entresuivre ni aller de toute leur force, mais quêter en haie, et être dressés de manière que, quand on court à la remise, ils ne fassent pas repartir la perdrix avant qu'on y arrive.

On peut les chasser aussi avec un reclin qui est fait en forme de tambourin, dont on touche le matin sur quelque colline : les perdrix ne manquent pas d'y répondre, et on les prend avec un oiseau de proie, ou avec le fusil et des chiens, ou avec le tramail, qui est un filet.

On les prend aussi au traîneau avec des halliers, colliers ou lacets, à l'appât, au trébuchet, au leurre, avec la tonnelle, à la pochette, etc.

Pour peupler une terre de perdrix, il faut, 1° les épargner, elles et leurs petits, depuis la fin de l'hiver jusqu'en juillet ; 2° exterminer les mâles le plus que l'on peut, parce qu'ils portent préjudice aux perdrix quand ils sont appariés, car ils les empêchent de couver, ou ils cassent leurs œufs ; 3° détruire, le plus qu'on peut, les bêtes carnassières et les oiseaux de proie ; 4° avoir l'attention de chasser au loin ; 5° dans les mois de mai et de juin, et lorsqu'elles font leurs œufs, chasser dans quelque lieu écarté du manoir, prendre tous les œufs qu'on peut trouver, les donner à couver à une poule, sans mêler une couvée avec l'autre, afin qu'ils éclosent tous dans le même temps ; au reste, il ne faut pas que les œufs aient été trouvés auprès de votre maison, dès que vous désirez que les perdreaux qui en viendront soient privés et ne quittent pas la poule.

Autre manière de repeupler une terre de perdrix. Faites construire une volière de vingt-cinq à trente pieds, avec un plancher chargé de quatre doigts de terre, sur laquelle sera la volière, couverte de chaume ou de tuile bien fermée ; laissez-y une fenêtre exposée au soleil du matin ; du dessus de la volière vous pouvez faire des poulaillers. Mettez dans cette volière, en divers endroits, quatre ou cinq petits monceaux de terre jaune, hauts d'un pied, et de deux de large : cela fait, garnissez la volière de perdrix, ou par des œufs de perdrix qu'on achète des paysannes qui vont arracher l'herbe dans les champs, et faites-les couver par des poules communes, ou par des perdreaux que l'on prend au printemps avec de petits filets appelés *halliers,* ce qui se pratique ainsi.

On a pour cela une femelle de perdrix, qu'on nomme *chanterelle;* on la pose au bout d'un sillon de blé, et à dix pas plus avant on tend le filet dont on vient de parler. Le mâle vient au cri de la chanterelle, et se prend. On peut les prendre encore à l'aide d'un trébuchet, ou tel autre filet, et on les met à mesure dans la volière, ou bien encore en faisant une tonnelle avec laquelle on prend toutes les compagnies superflues qui sont dans les bois. Nourrissez vos perdrix de froment et d'orge, ayez soin qu'elles aient de l'eau fraîche en divers petits vaisseaux ; elles deviendront bientôt grasses. Tenez un compte de la quantité des mâles superflus, et au printemps laissez aller ceux-ci les uns après les autres, en les portant dans des endroits où l'on sait qu'il n'y en a point.

On distingue les perdreaux des perdrix, en ce que les perdrix ont la première plume de l'aile pointue, le bec noir et les pattes noires; les perdreaux ont la plume de même, et un peu de blanc au bout.

Pour tuer les perdrix, on ne les saigne point; il suffit de leur écraser la tête. La chair de perdrix jeune est d'un bon fumet, est fort nourrissante et de bon suc; elle fait un aliment solide, et convient à toutes sortes de gens, et surtout aux convalescens : il ne faut pas la manger fraîchement tuée.

Manière de manger les perdrix.

1° Les perdreaux se doivent manger rôtis : on les vide, on les pique, on les fait cuire de belle couleur. On peut cependant les servir en entrée, en faisant une petite farce de leurs foies avec du lard râpé, un peu de sel, persil, ciboule hachés; on coud la fente par laquelle on a introduit la farce; on leur trousse les pattes, on les fait refaire dans la casserole avec un peu de beurre, et on les fait cuire à la broche, enveloppés de lard et de papier; étant cuits, on leur fait une sauce telle qu'on veut, comme à la carpe, aux truffes, etc.

Les perdrix, et surtout les vieilles, peuvent être accommodées de différentes façons : 1° à la braise, que l'on fait comme celle de la langue de bœuf; 2° au jambon; pour cet effet, prenez les foies, pilez-les dans le mortier avec lard râpé, ciboule, persil hachés, sel, poivre, fines épices, le tout pilé; garnissez vos perdrix de cette farce, mettez-les à la broche; coupez du jambon maigre par petites tranches, garnissez-en le fond d'une petite casserole, couvrez-la. Lorsqu'il veut s'attacher, mettez-y une pincée de farine, remuez sur le fourneau, mouillez de jus, laissez-le mitonner à petit feu, liez-le d'un coulis, qu'il ait de la pointe; vos perdrix étant cuites, mettez-les dans un plat, garnissez-les de tranches de jambon, et jetez la sauce par-dessus; 3° en filets, c'est-à-dire, qu'étant cuites à la broche, on les coupe par filets; on les passe dans une casserole avec du lard fondu et des champignons; on les mouille de jus de veau, on les fait mitonner à petit feu, on les dégraisse, on les lie d'un coulis de veau et de jambon.

Manière de faire rôtir les perdrix.

Étant plumées et vidées, ficelez-les, faites-les refaire; épluchez-les bien, piquez-les de menu lard, pliez-les d'une feuille de papier, embrochez-les, faites-les cuire à petit feu; étant presque cuites, ôtez le papier pour leur faire prendre une belle couleur.

Terrine de perdrix au coulis de lentilles. Videz et troussez vos perdrix; faites-les refaire, piquez-les de gros lard et de jambon, mettez-les cuire à la braise, c'est-à-dire, dans une casserole que vous garnissez de tranches de veau, et d'un peu de jambon, avec ognon, carottes et panais coupés par tranches; mouillez de bouillon et de jus lorsque le tout veut s'attacher; ajoutez-y quelques champignons, ciboule, persil; quand c'est bien mitonné, ôtez les tranches de veau, et mettez-y à la place un peu de lentilles cuites à part; pilez la carcasse d'une perdrix cuite à la broche, et dont vous avez ôté les blancs; délayez-la dans le coulis de lentilles, et passez ce coulis à l'étamine; les perdrix étant cuites, retirez-les de la casserole, faites-les égoutter, dressez-les dans une terrine, et jetez-y dessus le coulis.

Pâté de perdrix. Videz vos perdrix, troussez-les, gardez-en les foies, faites-les refaire, piquez-les de gros jambon assaisonné de sel, de poivre, fines herbes, persil, ciboule, le tout haché; pilez les foies avec lard râpé; assaisonnez-les de sel, poivre, farcissez-en le corps des perdrix; faites une abaisse de pâte, mettez-y dessus un lit de lard pilé avec l'assaisonnement ci-dessus et une feuille de laurier; mettez-y vos perdrix dessus, et dans les intervalles des truffes vertes pilées; assaisonnez par-dessus comme par-dessous; ajoutez-y du lard pilé, un morceau de beurre frais; garnissez-les de bandes de lard; couvrez-les d'une abaisse de la même pâte; faites-les cuire au four l'espace de quatre heures; faites un trou au milieu du pâté; étant cuit, tirez-le, bouchez le trou, laissez-le refroidir, et ôtez le papier de dessus.

On fait de la même manière les pâtés de faisans, de lapins, de lièvres, de bécasses et de dindons.

PÈRE *de famille*. Soins du père de famille, ou de l'économe à la campagne. 1° Il doit savoir à quoi chacune de ses terres est propre; et, lorsqu'il en a une parfaite connaissance, il doit semer des blés dans les terres fortes, planter des vignes dans les lieux secs et pierreux; s'il y a des pâturages, il fera commerce de bœufs et de moutons, et même de chevaux. Il mettra dans ses prairies des plantes aquatiques, pour avoir des chanvres, des lins, des huiles, des laines, des pigeons, des fromages, du miel, suivant les avantages que la situation des lieux pourra lui procurer. Il doit examiner quel profit il y aurait à faire sur les bestiaux qu'il donnerait à cheptel; s'il y a des bois, il en pourra faire commerce, et y mettre en glandée des cochons pour en augmenter le profit; savoir quel est le plus avantageux pour lui, de faire valoir ses terres, ou de les affermer.

2° Avant de faire quelque acquisition, être attentif à ne la faire qu'avec sûreté et bon titre; prévoir les charges nécessaires, comme rentes foncières, retraits lignagers, servitudes, etc.

3° Rapporter toutes ses vues dans l'administration de son bien, à savoir se défaire avantageusement de tout ce qu'il dépouille, et à multiplier les productions dont il tirera le plus d'argent.

Enfin, à ménager et à varier si bien son fonds qu'il lui rapporte, autant que faire se peut, tout ce qui lui sera nécessaire et utile dans son ménage champêtre.

PERSICAIRE *douce*. Elle vient dans les mêmes lieux que le poivre d'eau, c'est-à-dire, dans les fosses, les étangs; ses feuilles sont plus longues et d'un vert plus foncé. Cette plante est vulnéraire; elle est bonne pour arrêter les hémorragies, les pertes de sang des femmes, le cours de ventre; appliquée autour du front, elle guérit le mal de tête.

Persicaire âcre ou *poivre d'eau*. Plante qui croît auprès des eaux dormantes; elle pousse des tiges rondes; ses feuilles ressemblent à celles du saule, ont un goût poivré et brûlant; on s'en sert extérieurement contre les plaies, ulcères, tumeurs. Cette plante est bonne contre le mal hypocondriaque et le scorbut.

PERSIL. Plante potagère, dont les feuilles les plus basses sont découpées en façon de scie, et les hautes sont longues et pointues, la racine assez grosse, et la graine menue. Cette plante fleurit en juin, et la graine paraît en juillet. On doit semer le persil après les gelées en terre labourée, et par rayons sur des planches, quatre rayons à chacune; on couvre de terre les rayons, on sème de l'ognon par-dessus, et on y met un peu de fumier de vieille couche. Le persil est chaud, dessiccatif. Ses feuilles appliquées en cataplasme avec de la mie de pain guérissent les dartres, font fondre les tumeurs des mamelles, et tarir le lait des femmes accouchées; elles sont aussi vulnéraires, et guérissent les coupures et les contusions.

PERVENCHE. Plante qu'on distingue en grande et petite; l'une et l'autre croissent dans les bois aux lieux humides. Elle pousse des tiges menues, ou sarmens qui serpentent sur terre; ses feuilles ressemblent à celles du laurier, mais sont plus petites; ses fleurs sont bleues. Cette plante est vulnéraire, rafraîchissante et astringente. On s'en sert extérieurement pour arrêter les hémorragies; on en use en gargarisme dans les affections des amygdales et de la luette; elle est bonne contre les ulcères du poumon, les crachemens de sang, la dyssenterie, les plaies, etc.

PESSE. Arbre résineux, assez semblable au sapin, Il croît en pointe; il est fort haut et fort droit; son écorce tire sur le noir, et plie très-facilemeut; au lieu que celle de sapin est blanchâtre, et se rompt aisément; la résine qu'il donne est entre le bois et l'écorce. Cet arbre croît dans les montagnes et dans les lieux ombrageux. Lorsqu'on en veut élever, on en sème la graine au mois d'octobre; on la répand sans aucune façon dans un lieu où il y ait des arbres aux environs. Au bout de trois ans on les relève de terre, et ils prennent facilement. Le débit des bois de la pesse, de même que celui du sapin, est en planches de différens échantillons.

PÉTALES. On appelle ainsi le feuillage des fleurs, pour le distinguer des feuilles des plantes; elles sont d'une infinité de figures et de couleurs différentes.

PEUPLIER et *Tremble*. Arbre qui s'élève fort haut: sa tige est droite et unie: son écorce est lisse et blanchâtre, et ses feuilles blanches en dessous. Son bois est blanc et tendre.

On en compte de deux sortes; le blanc, dont on vient de

parler, et le noir. Celui-ci s'appelle *tremble*, parce que ses feuilles, qui ressemblent à celles du lierre, tremblent toujours, étant attachées à une queue mince. Le peuplier ne se plaît que sur le bord des rivières et dans les lieux fort humides : il prend son accroissement en peu de temps, et il convient fort à ceux qui veulent avoir promptement de l'ombrage et des allées. Le peuplier et le tremble viennent de boutures : on doit choisir pour cela les branches les plus unies, hautes, longues de trois à quatre pieds, les aiguiser par le bas, et les planter dans quelque terrain humide, mais où il y ait de bonne terre. Tous les quatre ou cinq ans on en peut couper les branchages et en faire des fagots.

Le bois de peuplier est commun ; on le débite en planches de six pieds de long sur dix pouces de large. On se sert de ce bois pour faire des talons de souliers : on en fait aussi le fond des armoires.

PIE. Oiseau fort connu, qui, de son naturel, est fort sale, et cache tout ce qu'il trouve. La pie apprend à parler, mais dans ce cas il faut la tenir enfermée. Lorsqu'elle est jeune, on la nourrit de fromage mou et de mie de pain. Le mâle se connaît aux plumes bleues qu'il a sur le croupion.

PIED. Mesure de douze pouces.

Pied d'alouette. Plante dont la tige est haute, et les feuilles ressemblent à celles du fenouil : ses fleurs sont bleues, quelquefois rouges, rangées en forme d'épi, et assez belles. On cultive cette fleur dans les jardins : on la sème en automne en pleine terre, ou dans les plates-bandes et au large. Cette plante vient d'elle-même dans les blés.

Pieds des chevaux. Signes auxquels on peut connaître qu'un cheval a un beau pied.

On doit regarder comme un beau pied, un pied qui n'est ni trop gros, ni trop grand, ni trop large, ni trop petit, dont la corne est douce, unie, liante, ferme sans être cassante ; dont les quartiers sont parfaitement égaux, dont les talons ne sont ni trop hauts ni trop bas, mais larges et ouverts ; dont la sole est d'une consistance solide, et laisse au-dessous du pied une cavité proportionnée ; dont la fourchette n'est ni trop grasse, ni trop maigre ; un pied enfin qui a la forme d'un ovale tronqué.

Signes auxquels on peut connaître qu'un cheval a les pieds défectueux. Ce sont les pieds dans lesquels on observera un quartier plus haut que l'autre, et qui seront conséquemment de travers, ou dans lesquels un des quartiers se jettera en dehors ou en dedans; ceux dans lesquels les talons seront bas, ou flexibles, ou sujets à l'encastelure; qui seront plats, qui auront acquis cette difformité à la suite d'une fourbure, et dans lesquels on entreverra des croissans qui auront un ou deux ognons, qui seront comblés, affectés par des bleimes; qui seront gras ou faibles, qui auront des seimes, qui seront trop petits, trop longs en pinces et en talon.

Ces sortes de pieds demandent toute l'attention du maréchal; et, lorsqu'il entend son métier, il doit corriger leurs vices, et y remédier.

Pied de lion. Plante qui croît dans les prés et lieux humides : ses feuilles ressemblent à celles de la mauve, sont velues, et attachées à de longues queues : elles sont au nombre des meilleurs vulnéraires. On les emploie en décoction pour les ulcères du poumon, et extérieurement pour les ulcères et les plaies : elles sont propres pour arrêter le flux immodéré des mois des femmes.

Pied de pigeon, ou *bec de grue*. Plante qui croît dans les lieux incultes et pierreux : ses feuilles ressemblent à celles de la mauve, ses tiges sont menues et longues; ses fleurs purpurines, d'où naissent certaines têtes avec des becs de grue, attachées à de longues queues rougeâtres. Cette plante est d'un goût salé et piquant. Son suc avec du sucre est bon pour la dyssenterie. Ses feuilles entrent dans les décoctions, dans les emplâtres et onguens.

Pied de veau. Plante qui croit dans les lieux ombrageux et gras : ses feuilles sont marquées de taches blanches et noires. Sa racine est d'une grande acrimonie; on la fait sécher avant que de s'en servir; elle est incisive et purgative. Son usage en poudre est pour l'asthme, l'hydropisie, la mélancolie hypocondriaque. On la donne depuis demi-gros jusqu'à un gros. Elle est bonne pour les hernies et désopiler les viscères. Le suc de la résine fraîche est excellent pour les ulcères chancreux, mêlé avec de la rosée de mai distillée.

PIÉGE. Nom général qu'on donne à tout ce qui sert à

attraper les oiseaux, ainsi que les bêtes carnassières et nuisibles. Les plus ordinaires sont les trébuchets, les trappes, les bascules, les traquenards, etc. Il en est parlé plus en détail dans le cours de cet ouvrage, aux articles de chaque sorte de bête que l'on peut prendre au piége.

PIERRE *pour la construction des bâtimens.* Les pierres les plus dures et les plus grandes doivent être employées dans les grands édifices et les principales parties des maisons. La plus belle est la pierre de liais, qui est très-dure et très-blanche : on s'en sert pour les jambages de cheminées, les âtres, les fours, parce qu'elle ne brûle point au feu.

Celle d'Arcueil, près de Paris, est dure et compacte ; celle de Saint-Lô, qui est plus tendre, s'emploie pour les ornemens d'architecture : elle pèse moins quand elle est sèche, et durcit avec le temps, ainsi que les autres. Les pierres qui sont nouvellement tirées des carrières, quand elles sont imprégnées d'eau, et que cette eau s'y est glacée dans les froids, sont sujettes à se fendre et à s'écarter au dégel. Or, pour connaître si une pierre est spongieuse, il faut la faire sécher si elle est humide, et la plonger long-temps dans l'eau si elle est sèche ; car, si elle est humide, elle devient plus légère ; et, si elle est sèche, elle devient plus pesante. Il y a des bancs de pierre qui ne sont encore formés qu'imparfaitement ; le milieu en est dur, tandis que les assises sont tendres. On ne doit point s'en servir dans les endroits humides, car les murs se dégraderaient bientôt.

La pierre de taille se vend à la voie à Paris : à chaque voie il y a cinq carreaux, c'est-à-dire, quinze pieds de pierre ou environ : on l'emploie pour les fondemens des maisons, et les principales parties. On doit prendre garde que les carriers n'y laissent du *bouzin ;* c'est une couche de terre mal pétrifiée qui tombe dès qu'on la met en œuvre. Les pierres de roche sont fort bonnes pour la maçonnerie, mais surtout le moellon. Les cailloux et menues pierres peuvent servir dans les fondemens et les murs de simple clôture. Voyez *Mur-Moellon.*

Pierre à chaux.—Manière de la faire cuire. Au pied d'une montagne ou d'un côteau on bâtit un four à chaux avec de la pierre dure : c'est une tour parfaitement ronde, haute de vingt pieds, et qui en a quinze de diamètre. On ménage dans le bas une ouverture que l'on ferme exactement, quand il est temps, avec une pierre de la même grandeur. Au niveau de la tour on dispose une plate-forme où l'on porte les matières et le charbon, afin que l'on puisse facilement les jeter dans la tour.

On casse auparavant la pierre en petits morceaux, au plus de la grosseur du poing, pour en faciliter la cuisson. Tout étant disposé, on fait la première couche avec de petits fagots, sur laquelle on met un lit de charbon, puis un lit de pierre, ensuite du charbon et des pierres alternativement par lit, jusqu'à ce que la tour soit remplie. On met le feu par l'ouverture d'en bas, et on la ferme avec la pierre dès qu'il est bien allumé. A mesure que le feu se communique, les matières s'affaissent, et on a soin d'en remettre de nouvelles jusqu'à ce que la tour soit tout en feu. Il faut deux jours et deux nuits pour la dernière cuite ; lorsqu'elle est faite, on débouche l'ouverture, et on laisse couler la chaux jusqu'aux premiers cruaux qui se présentent, et on referme l'ouverture. Au reste, il ne faut que du mauvais charbon.

PIGEONS (les), sont des oiseaux connus de tout le monde, et qu'on nourrit pour manger.

Il y en a de domestiques, de fuyards et de sauvages, qu'on appelle *ramiers*. Les domestiques ne s'éloignent point de la maison ; les fuyards vont se nourrir au loin ; les ramiers se tiennent dans les bois et perchent sur les arbres, ce que les autres ne font point. Les pigeons cauchois sont de gros pigeons du pays de Caux en Normandie.

Les meilleurs pigeons de colombier sont les gris, tirant sur le cendré et le noir ; ils ont les yeux et les pieds rouges : les privés sont les plus gros, ont la chair plus délicate ; mais ils coûtent à nourrir.

Les pigeons couvent leurs œufs dix-huit jours, le mâle et la femelle tour à tour ; ils font des petits tous les mois, et ceux-ci, au bout de trois semaines, mangent seuls. On doit peupler le colombier au mois de mai ; on y met ordinairement quarante ou cinquante paires. On les prend ordinairement lorsqu'ils ont quinze jours ou trois semaines ; mais il faut avoir le soin de les nourrir soi-même, en leur ouvrant le bec, et cela pendant l'espace de quinze jours; on doit les nourrir de millet, de chenevis, de vesce, de sarrasin, et de temps en temps leur jeter du cumin, le tout jusqu'à ce qu'ils mangent seuls; alors on ouvre le colombier, afin qu'ils aillent chercher eux-mêmes leur nourriture; mais, quand ils ne trouvent point de nourriture à la campagne, il faut leur en donner, c'est-à-dire, depuis novembre jusqu'à la fin de février. On doit choisir un jour pluvieux, afin que le mauvais temps les oblige à se retirer de bonne heure.

Pour les accoutumer à revenir au colombier, on doit les bien nourrir dès le commencement. Le chenevis, quand on leur en jette, sert beaucoup à les retenir au colombier. On doit observer de ne tirer, la première année, aucun pigeonneau du colombier qu'il ne soit entièrement garni.

Les gens de la campagne mettent en usage divers moyens pour empêcher les pigeons de quitter le colombier. Les uns frottent les portes et les fenêtres avec de l'huile d'aspic et du baume; d'autres font cuire d'abord du millet dans de l'eau, le font sécher à l'air, ensuite cuire une seconde fois avec du miel; ils frottent de cette mixtion les nids du colombier; mais le plus sûr moyen pour les retenir, c'est de les bien nourrir, et de tenir le colombier bien net. Ainsi il est bon de les nettoyer quatre fois l'année : 1° au commencement de l'hiver; 2° après l'hiver, et avant que les pigeons aient commencé leur ponte; 3° après la première volée; 4° après la seconde; enfin, nettoyez les nids toutes les fois qu'on en ôte les pigeonneaux qui y sont.

Pour préserver les pigeons de maladie, il est bon d'y brûler des herbes odoriférantes, comme thym, lavande, romarin.

Les pigeons vivent ordinairement huit ans.

Les pigeons de volière sont plus gros et plus féconds que les autres : il y en a de plusieurs espèces : les noirs et blancs, ou gris mêlés de blanc, qu'on appelle *mondains*; ils apportent plus de profit qu'aucuns; ceux qui ont le dos noir, appelés *jacobins*; ceux qui ont les yeux bordés de rouge, qu'on appelle *polonais*; ceux à queue de paon; ceux qui ont de grosses pattes couvertes de plumes, qu'on appelle *patus*, etc.

On doit mettre le même nombre de mâles et de femelles

dans une volière ; elle doit être construite de figure carrée ;
il doit y avoir des nids de la même dimension, larges d'un
pied, ou des paniers d'osier ; on ne met rien dans le fond des
nids, mais on met de la paille dans la volière pour qu'ils les
fassent. Il faut que la volière ait ses jours du côté du levant
ou du midi, et qu'elle soit claire ; on doit accoupler à part
les pigeons qu'on y veut mettre, en tenant un mâle et une
femelle dans un petit endroit l'espace de quinze jours, et les
nourrissant avec de l'avoine, de la vesce, du sarrasin, de
l'orge, et souvent un peu de chenevis ; on doit leur donner
la mangeaille dans une trémie, d'où le grain tombe peu à peu,
à mesure que les pigeons le mangent : en quarante jours, la
femelle conçoit, pond, couve et nourrit ses petits. Les jeunes
pigeons pondent à six mois, et donnent des œufs quatre ou
cinq fois l'année. Les pigeons de volière pondent presque tous
les mois ; mais il faut leur donner de temps en temps un peu
de chenevis ; on doit nettoyer souvent la volière et les nids,
pour empêcher qu'il ne s'y engendre de la vermine, et changer souvent leur eau, la mettre dans de grands baquets, dont
les bords soient élevés. Les pigeons ne pondent plus guère
après quatre ans ; on doit s'en défaire alors.

Il faut observer de ne point toucher à la volée du mois de
mars, si on veut en multiplier l'espèce.

Le commerce de pigeons n'est pas peu de chose, parce
qu'ils fournissent toute l'année, surtout aux mois de mars et
septembre ; on en peut avoir depuis le mois de mars jusqu'à
la fin de l'année ; car la première volée est dans le courant
du mois de mars.

Le pigeon est nourrissant, convient assez à toutes sortes de
tempéramens, excepté aux mélancoliques : à mesure qu'il
avance en âge, il est plus nourrissant, et il resserre un peu ;
mais, lorsqu'il est vieux, sa chair est sèche et difficile à
digérer. Dans les fièvres ardentes et malignes, et dans la
léthargie, on applique un pigeon tout chaud sur la tête du
malade pour faciliter la transpiration des humeurs malignes.

Les pigeons ramiers sont fort timides ; ils vivent jusqu'à
trente ans ; ils viennent par bandes au mois de septembre, et
se perchent sur les arbres. Leur chair est de bon goût, mais
un peu sèche. Pour en faire bonne chasse, on y va la nuit ;

on fait beaucoup de bruit avec la voix et des tambours, ce qui les épouvante ; et, à l'aide d'une lanterne sourde, on les tue au fusil, on les prend aussi aux filets.

Différentes manières d'accommoder les pigeons.

En ragoût, ou entrée ordinaire. Échaudez et videz vos pigeons, troussez les pattes en dedans, faites-les blanchir un moment, retirez-les à l'eau fraîche, épluchez-les, mettez-les dans une casserole avec bouillon et bouquet garni, champignons, culs d'artichauts coupés en quatre, cuits à moitié, sel et poivre ; étant cuits, mettez-y un peu de coulis ; la sauce doit être courte.

En compote. Videz-les, troussez-leur proprement les pattes dans le corps ; faites-les refaire, piquez-les de gros lard, passez-les avec lard fondu ; mettez-les cuire avec sel, poivre, muscade, citron vert, clous, champignons, verre de vin blanc et bouillon ; faites-y un coulis ou un roux pour lier la sauce.

A la crapaudine. Troussez les pattes de vos pigeons en dedans ; s'ils sont gros, coupez-les en deux, sinon fendez-les seulement par derrière ; aplatissez-les sans casser les os ; faites-les mariner avec de bonne huile, sel, poivre, persil, ciboule, champignons, le tout haché. Quand ils ont bien pris l'assaisonnement, panez-les de mie de pain, mettez-les sur le gril, et arrosez-les avec la marinade ; faites-les griller à petit feu et de couleur dorée ; faites une sauce avec un ognon coupé et du verjus bien pilé, avec sel, gros poivre, et mettez-la bien chaude sous vos pigeons.

PIGNONS (les), sont le fruit du pin. Ils sont renfermés dans une poire fort dure et écailleuse ; ce fruit est agréable à manger, et plus doux qu'une amande ; on les mange cuits dans l'eau et avec du sucre. On en tire une huile qui est pectorale.

PILOSELLE, ou *Oreille d'ours.* Plante qui croît dans les lieux montagneux : ses feuilles ont la figure des oreilles de souris et sont velues, ses fleurs jaunes. Cette plante a une vertu fort astringente ; elle est propre pour arrêter le flux de ventre, pour la guérison des plaies ; elle entre dans les potions vulnéraires, dans les baumes et les onguens ; elle convient en gargarisme aux ulcèrres de la bouche.

PILOTIS. Pieux ronds, de bois de chêne, qu'on enfonce dans l'eau à grands coups de masse, sur lesquels on cloue de grosses solives, pour ensuite construire dessus l'édifice que l'on veut.

PIMPRENELLE. Plante potagère, qui sert de fourniture aux salades. Elle a trois ou quatre tiges, garnies de petites feuilles rondes ; elle fleurit en automne : on la sème au printemps, à plein champ et dru : on la sème sur terre en planche, ou en bordure ; elle repousse souvent après être coupée : on recueille sa graine à la fin de l'été. Ses feuilles, mises dans le vin, lui donnent un goût agréable. Cette plante est rafraîchissante, vulnéraire et antipulmonique : son usage est dans les affections du poumon, la phthisie, les fièvres malignes, la dyssenterie, et le flux des hémorroïdes.

PIN. Arbre célèbre par sa hauteur et sa venue fort droite : ses feuilles sont de petits brins toujours verts. On appelle *pignons* les fruits qu'il produit ; ils sont renfermés dans une poire fort dure et écailleuse ; ils sont petits, oblongs, tendres et doux au goût. Cet arbre aime les terres légères et pierreuses et les pays montagneux : on le plante en octobre et en novembre, dans les pays chauds ; en février et en mars, dans les pays froids. Pour cet effet, on met en terre, à la profondeur d'un demi-pied, cinq ou six pignons ensemble, les plus gros et les plus mûrs : on les transplante au bout de trois ans. C'est de cet arbre que l'on tire, par des incisions, une gomme dont on fait la térébenthine, la poix de Bourgogne, la poix résine. Lorsque les pins sont vieux, on leur coupe l'écorce, on leur fait des incisions, et il en coule une liqueur noirâtre, qui est le goudron dont on enduit les vaisseaux.

Le grand débit du sapin est en planches de différens échantillons.

PINCÉE. Sorte de mesure souvent prescrite dans les ordonnances des médecins, et pour les ingrédiens solides. C'est tout ce qu'on peut prendre des trois premiers doigts, en commençant par le pouce : les feuilles sèches et les fleurs se prescrivent par pincées.

PINCER. Terme employé dans la taille des pêchers, abricotiers et autres : c'est rompre avec l'ongle l'extrémité des gros jets de ces arbres, pour n'y laisser que trois ou quatre pouces de long, afin qu'il en repousse trois ou quatre autres de médiocre grosseur, au lieu d'un trop gros, et que par là on ait plus de branches à fruits.

PINSON. Petit oiseau de diverses couleurs : on connaît le mâle en ce qu'il a la tête bleue et le croupion doré ; il chante trois mois de l'année ; son chant est un peu rude. Il fait son nid sur les arbrisseaux et les branches les plus basses des arbres ; il est sujet à avoir mal aux yeux, et même à devenir aveugle. On doit alors lui donner à boire, pendant quelques jours, du jus de quelques feuilles de poirée, mélé avec un peu d'eau et de sucre ; lui mettre un petit bâton de figuier pour se percher et s'y frotter les yeux, et ensuite de la graine de melon.

PINTE. Sorte de mesure dont il est aussi question dans la préparation des remèdes, et qui s'emploie pour les ingrédiens liquides. La pinte de Paris et celle d'Orléans contiennent chacune deux livres d'eau, ou un peu moins de trente-deux onces. On se sert maintenant du litre, qui contient un peu plus d'une pinte.

PINTADES. Poules étrangères, appelées *poules d'Afrique :* elles sont plus grosses et plus hautes en cuisses que les poules ordinaires. Leur plumage est noir, et marqueté de petits points blancs : elles ont comme une petite bosse sur le dos, et une plume en forme d'aigrette sur la tête : on fait couver leurs œufs à des poules communes. Dès que les pintades sont écloses, il faut les tenir chaudement, les nourrir de jaunes d'œufs durs, de millet, de navette broyée et mélée avec un peu d'eau. La chair des pintades est un fort bon manger.

PIOCHE. Instrument d'agriculture. Il est de fer, large de trois ou quatre pouces, et long de sept à huit, renversé en forme de crochet à fumier, emmanché d'un manche d'environ quatre pieds : on s'en sert pour fouiller les terres.

PIPE *d'Anjou.* Terme de la mesure ordinaire du vin dans cette province. La pipe d'Anjou tient la même mesure que la queue d'Orléans, c'est-à-dire, un muid et demi mesure de Paris, lequel est de deux cent quatre-vingt-huit pintes, ce qui fait quatre cent trente-deux pintes. La moitié de la pinte s'appelle *bussard* ou *busse* dans le même pays.

PIPEAU. Petit instrument dont on se sert pour contrefaire le cri de certains oiseaux, et les attirer au piége. C'est un petit bâton fendu par un bout, et dans la fente on met une feuille de quelque arbre ou plante, convenable au cri qu'on veut imiter : ainsi une feuille de laurier, mise dans un pipeau, contrefait le cri des vanneaux ; celle du poireau imite le cri du rossignol ; celle de chiendent, ou dn ruban joint au pipeau, contrefait la chouette : ainsi des autres.

PIPÉE. Espèce de chasse fort récréative : on se sert pour cela de pipeaux, avec lesquels on contrefait le cri de la chouette, et l'on prend un grand nombre d'oiseaux. Cette chasse se doit faire dans les mois de septembre et d'octobre. 1° Les lieux les plus propres pour une pipée sont ou un bois taillis déjà un peu fort, ou un lieu bas à peu de distance d'un vignoble, ou de quelque ruisseau ou étang, ou de quelques ronces ou épines blanches.

2° L'arbre choisi pour la pipée doit être, autant qu'il se peut, éloigné de tout autre ; il doit avoir les branches courtes et droites, n'être point trop haut. Les chênes sont les meilleurs pour cet usage.

3° On coupe toutes les branches inutiles, en commençant la coupe par le haut, et on ne laisse que celles dont on a besoin ; on les élague de manière que l'arbre fasse la forme d'un verre à boire ; on y fait des entailles au-dessus, de deux ou trois lignes de profondeur, et de trois en trois pouces de distance, pour y faire tenir les gluaux par le gros bout laissé à cet effet.

4° On doit faire une petite cabane autour du pied de l'arbre pour le pipeur et ceux qui veulent avoir le plaisir de cette chasse ; on la fait en bonne partie des branches qu'on a coupées de l'arbre, et on la couvre de feuilles ; elle doit avoir au moins cinq pieds de hauteur, et le haut doit être en forme de dôme ; on y laisse deux ou trois ouvertures. On pratique des avenues ou petites voûtes, au nombre de dix ou douze, qui aboutissent toutes à l'arbre, et à la distance de trente ou quarante pas ; on les nettoie bien ; on y place des perches qu'on fait plier en demi-cercle ; on leur fait des entailles pour y placer des gluaux, en les faisant plier horizontalement.

La pipée se fait le matin au lever du soleil, et le soir vers son coucher, et par un temps tranquille et modéré. Après qu'on s'est renfermé dans la loge, on observe un grand silence : le pipeur commence à frouer, ce qu'il fait en soufflant dans une feuille de lierre, à laquelle on fait un petit trou, et en levant le côté du milieu assez près de la queue, ce qui fait le cri d'un petit oiseau qui appelle les autres à son secours. Il y a encore diverses manières de frouer. Aussitôt qu'on a froué, plusieurs oiseaux, comme des rouges-gorges, viennent se prendre : on donne quelques coups de pipeau pour contrefaire la chouette. On fait crier quelqu'un des oiseaux pris ; ce qui en attire d'autres qu'on fait crier à leur tour : par exemple, le pinson attire les grives, les merles, les geais ; les geais attirent les corbeaux et les pies. A mesure qu'ils sont pris on les tue, ou on les met dans un sac pour faire crier ceux qui, par leur cri, peuvent attirer les autres. C'est au lever du soleil et à son coucher qu'on peut prendre des oiseaux bons à manger, comme les petites grives, les merles, les rouges-gorges, les mésanges, moineaux, fauvettes, roitelets, et autres, qui sont fort bons rôtis ou fricassés.

C'est à la brune qu'on prend les hiboux, les chouettes, en contrefaisant la souris. On prend encore au lever du soleil, ou à son coucher, des éperviers, des tiercelets, des émerillons, des buses. En ramassant les oiseaux de proie il faut se donner de garde de leurs serres ; le plus court est de les assommer. Les pies, les geais et les merles sont les plus difficiles à attraper, lorsqu'ils sont tombés à terre. Il y a des oiseaux qu'on ne prend point au pipeau ; tels sont les ramiers, les tourterelles, sansonnes, linottes, chardonnerets ; il faut ajouter encore les oiseaux qui ne perchent point, comme les perdrix, cailles, bécasses.

PIQUETTE ou *demi-vin*. Petite boisson destinée pour les valets. C'est de l'eau passée sur le marc de raisin, et qui est plus ou moins bonne, selon qu'on mêle plus ou moins de vin. Pour la bien faire, on jette la quantité d'eau qu'on juge nécessaire dans la cuve, aussitôt que le vin en est dehors ; cette eau tombant ainsi sur le marc, on l'y laisse quelque temps pour qu'elle soit imprégnée des esprits vineux, et jusqu'à ce que la fermentation du vin qui reste soit assez faite avec l'eau pour lui communiquer de sa couleur; puis on tire tout le moût de cette cuve, dont on remplit une autre cuve; on ôte le marc de celle où il est, on le porte sous le pressoir, et on en exprime la liqueur du vin qui reste encore dans les grains. On porte le vin pressuré dans la cuve où l'on a jeté le moût; et, le tout mêlé, on le verse dans des tonneaux.

PIQURE *et morsure de vipère*. Cette piqûre est mortelle si on n'y apporte un prompt remède. Pilez du bouillon blanc, et l'appliquez sur la morsure; ou de la rue pilée avec l'ognon, ou un ail pilé, et en mangez en même temps; on approche un fer rouge le plus près qu'on peut de la plaie. Ces divers remèdes extérieurs doivent être appliqués sur-le-champ.

La personne mordue ou piquée doit avaler du sel volatil de vipère, ou, au défaut, de celui d'urine, ou une prise de vieille thériaque.

Piqûre de scorpion. — *Remède.* Appliquez dessus de l'huile de l'infusion de scorpion, ou écrasez le scorpion sur la piqûre, si vous pouvez. Comme le venin de scorpion cause un grand froid, avalez aussitôt de la thériaque délayée dans un verre de bon vin.

Piqûre d'araignée, mouche à miel, etc. Frottez l'endroit avec du jus de joubarbe, ou de la bouze de vache, ou d'une feuille de sauge verte nouvellement cueillie; ou lavez la plaie de vinaigre chaud, et appliquez dessus de l'ail ou de l'ognon pilé. La thériaque appliquée en dehors, et prise en dedans, est fort bonne. Si l'on est piqué d'une mouche à miel, arrachez aussitôt l'aiguillon, pressez la plaie, faites-en sortir une petite eau rousse, et appliquez-y un peu de terre grasse détrempée avec un peu de salive.

Si c'est un venin de crapaud, lavez l'endroit avec de l'urine, et avalez une prise de sel volatil de crapaud.

PISSENLIT. Plante fort connue, qui croît dans les prés: on en mange en salade au printemps. C'est une plante hépatique, c'est-à-dire, qui a la vertu de rétablir le vice de la masse du sang; on en boit en forme d'infusion, d'expression, ou de décoction, dans les fièvres tant nouvelles qu'invétérées.

PISTACHIER. Arbre dont les feuilles tirent sur le jaune;

et qui produit son fruit à l'extrémité des branches, en façon de grappe de raisin. Ce fruit, qu'on appelle *pistache,* ressemble assez à une noisette, et il est doux au goût. On le multiplie de rejetons enracinés, qu'on plante au mois d'avril.

PISTE. C'est le nom qu'on donne à la forme du pied d'une bête imprimé à terre, et qui fait connaître qu'elle a passé par là. On se sert de ce terme pour le loup et le renard, et de celui de *voie* pour le cerf, le lièvre et les autres bêtes fauves.

PISTIL *des fleurs.* C'est la partie de la fleur qui renferme la graine : les pistil est placé dans le centre des étamines. Voyez *Fleurs.*

PIVOINE. Plante bulbeuse qui est de deux espèces ; on les cultive dans les jardins ; le mâle a les feuilles larges comme celles du noyer, et de couleur blanche ; la femelle a des feuilles découpées, et des fleurs grandes comme une rose, dans lesquelles il y a des graines rouges.

La pivoine mâle, c'est-à-dire, sa racine et sa semence, sont usitées dans les remèdes ; elle est chaude, astringente, céphalique, et bonne contre l'épilepsie, le vertige et la convulsion. La dose de la racine et de la semence est depuis un gros jusqu'à deux, en poudre.

Pivoine (la), est un oiseau qui a un plumage fort beau ; elle apprend facilement.

PIVOT *des plantes.* C'est la principale partie que la plupart des arbres poussent en terre, perpendiculairement à leur tige.

PLAIES *des chevaux.* On doit toujours tondre le poil ras, environ deux doigts de large autour de la blessure, et tenir la place bien propre, afin que le cuir s'étende, et puisse se rejoindre facilement.

Les plaies simples, faites avec la selle ou autrement, et qui ne sont point profondes, se guérissent en les nettoyant avec de l'urine ou du vin chaud, puis en les poudrant avec de la filasse coupée menu : si la plaie est un peu grande, l'urine vaut encore mieux ; si la chair surmonte, la couperose blanche en poudre la resserrera ; si la selle a fait une dureté ou cor, laissez tomber dessus du suif de chandelle allumée, il fera détacher le cor ; puis lavez la plaie avec du vin chaud ou de l'urine ; graissez-la avec du vieux beurre et de la poudre de filasse, elle se cicatrisera bientôt.

Si la plaie est grande et profonde, en sorte qu'il y faille une tente, comme il arrive aux plaies de la cuisse et du garrot, le lard salé y est fort bon.

Si la gangrène est à une plaie, ce que l'on connaît par la cessation de la douleur, par la couleur livide de la partie et une odeur cadavéreuse, on doit, avant qu'elle soit dans sa consommation, scarifier la plaie jusqu'au vif, la laver avec de l'eau salée, imbiber des plumasseaux avec de l'eau de chaux la plus forte, et en mettre sur la plaie deux fois par jour.

Plaie sur le garrot. Elle se fait lorsqu'il s'est meurtri par une selle qui a les arçons trop entr'ouverts ; appliquez dessus du bol en poudre, vinaigre et blanc d'œuf. Si la plaie est grande avec inflammation, on doit saigner le cheval, frotter le mal avec un onguent émollient, le bassiner avec de l'eau de chaux ; si elle n'a pas fait effet, se servir de l'onguent du duc, couvrir le mal avec une peau d'agneau habillée en poil. Pour dessécher la plaie, et telle autre que ce soit, prenez du tartre blanc, qui est la lie de vin séchée qui s'attache au-dedans du tonneau ; faites brûler de ce tartre dans un pot de terre entouré de charbon jusqu'à ce que le pot rougisse ; laissez-le refroidir ; pilez cette masse, et servez-vous de cette poudre, que vous répandrez sur la plaie.

Plaie sur le rognon. Appliquez-y d'abord du fumier, c'est-à-dire, du crottin le plus chaud, et enveloppé dans une toile. S'il ne fait pas d'effet, appliquez-y des blancs d'œufs battus, et épaissis avec un morceau d'alun ; si l'enflure veut venir à suppuration, faites un égoût à la plaie par une incision, ou percez la tumeur avec un fer rouge ; seringuez les trous avec de l'eau d'arquebusade, ôtez la chair morte, essuyez le sang, appliquez sur la plaie des cendres bien chaudes ; le lendemain la laver avec du vin chaud ou de la lessive.

Plaies des coups de feu, comme fusil ou pistolet. On doit d'abord sonder la plaie avec une longue sonde, y faire des injections plusieurs fois par jour avec de l'eau d'arquebusade, et on en fait boire au cheval un demi-setier tous les jours.

Plaie au boulet. Ces sortes de plaies se font lorsqu'un cheval vient à tomber ; et, comme le boulet est plein de nerfs , la plaie est douloureuse et de conséquence. Si le cheval boîte, on doit le saigner pour faire révulsion, ne lui donner que du son mouillé, frotter le boulet avec de l'esprit-de-vin, appliquer sur la plaie un plumasseau de filasse, et autour du boulet un cataplasme fait avec une livre de farine de lin délayée dans une chopine de vin rouge, et réduite sur le feu en bouillie ; ajoutez-y alors quatre onces de beurre frais ; lorsque la bouillie est épaissie, on y met deux onces de bol du levant en poudre ; le tout étant bien lié, on l'ôte du feu, on y ajoute six onces de térébenthine ; on continue de remuer le tout un demi-quart d'heure.

PLAINES (les), considérées relativement aux productions qu'on en peut tirer, lorsqu'un domaine y est situé, sont ordinairement fertiles en grains ; on y peut pratiquer de belles avenues d'arbres, et on y trouve la commodité de la chasse ; mais c'est un inconvénient quand on n'y a pas d'autres ressources que le grain, puisque, s'il manque ou s'il est à bas prix, tout manque.

PLAINTE. On appelle ainsi une déclaration qu'on fait devant le procureur du roi, ou devant un commissaire de police, de quelque tort ou affront qu'on nous a fait, afin d'en faire informer et d'en poursuivre la réparation par les voies de droit. Les procès criminels commencent par une plainte, au lieu que les procès civils commencent par un exploit de demande.

PLANCHES (les), proviennent du bois qui a été scié ; elles doivent avoir un pied de large pour être débitées. Elles servent pour la menuiserie ; les planches ordinaires ont trois pieds et demi ou quatre de longueur, et un pouce d'épaisseur.

Planches. Terme de jardinage. Ce sont des espaces de quatre pieds de large, avec un sentier d'un pied entre deux, qui composent les carrés d'un jardin potager. Les planches en ados sont celles qui sont fort élevées d'un côté, et vont de l'autre en s'abaissant en pente ; cette pente doit être vers le midi. On les fait ainsi lorsque la terre est trop humide et exposée aux vents froids. C'est sur ces planches bien fumées et bien labourées qu'on sème ou qu'on plante toutes les plantes potagères.

PLANE. Arbre de futaie. Il vient fort haut, et produit par son grand bois un grand ombrage ; sa feuille est large et épaisse, son bois blanchâtre et dur ; sa fleur tire sur le jaune, et produit un grand rond, dont on fait de l'huile. Il ne vient guère que dans les climats chauds.

PLANTAIN. Plante commune. Il y a le grand, dont les feuilles sont larges, luisantes, marquées chacune de sept nerfs ; le moyen, dont les feuilles sont couvertes d'un poil blanc et mou ; et le long, qui les a plus longues, étroites et pointues.

La première espèce est le plus en usage ; cette plante est rafraîchissante, hépatique et vulnéraire. On se sert de sa semence pour toutes sortes de flux immodérés, les vomissemens, les pertes de sang des femmes ; la décoction de plantain consolide les plaies et modifie les ulcères ; il entre dans les gargarismes.

PLANTATION *des arbres,* ou *l'action de planter. — Observation sur la manière de planter les arbres.* Avant de les planter, il faut consulter quelles sont les espèces d'arbres qui se plaisent dans le pays, sans quoi on fera beaucoup de dépenses sans profit. Tout est utile lorsqu'ils se plaisent dans le terrain. Le chêne, par exemple, qu'on destine pour bois à brûler, n'est pas bon dans un fond gras et humide ; au lieu que les bois blancs, dans un pareil terrain, rendront un tiers de plus.

La meilleure manière de semer du bois, quelque espèce de plant que ce soit, c'est de labourer la terre comme on fait pour le blé, même de la fumer, s'il est possible. Lorsqu'on est au dernier labour, on élève le terrain, le plus qu'on peut, en sillons de deux pieds et demi ou trois pieds de large ; on plante les graines, comme des haricots, dans la raie du sillon, si on ne craint pas le séjour des eaux, et dans l'ados du sillon, si le séjour des eaux est à craindre ; après cela, il ne s'agit que de bien sarcler et regarnir ; si on ajoute à cette première dépense deux légers labours chaque année, jusqu'au récepage qui se fait au bout de quatre à cinq ans, on est certain d'avoir une coupe utile avant quinze années de plantation.

Il faut observer que, si l'on plante en côtes, il faut sil-

lonner en travers , cela conserve la fraîcheur .et les terres ;
au lieu que, si l'on sillonnait de haut en bas, les pluies feraient
des ravins ; il faut adosser le plant au sillon opposé , pour
qu'il soit à l'abri du grand soleil. On peut planter en plant,
de même qu'en graine , et c'est la voie la plus courte ; mais ,
dans les bonnes terres, il faut de très-gros plants , parce que
les herbes qui y abondent étouffent le germe du petit plant.

On peut planter en fossés , en éloignant ces fossés de douze
ou quinze pieds : alors on plante en forme de haie fort droite,
et on met de toute espèce de bois, afin de faire aligner le chêne
qui s'y trouve mêlé ; à quarante ans ces haies rendent autant
de profit qu'un bois plein , pourvu qu'on laboure les fossés
les premières années.

A l'égard des arbres fruitiers , on doit les planter sur les
bords des chemins, et dans des champs où ils soient fumés et
labourés, et mettre de grands espaces entre les uns et les
autres , afin que l'ombre de l'un ne nuise pas à son voisin.
(*Essai sur l'Administration des Terres.*)

En matière de plantation d'arbres fruitiers , les jardiniers
doivent principalement s'attacher à connaître les sujets qui
sont analogues entre eux , pour ne point hasarder des opérations coûteuses et fort désagréables lorsqu'elles ne réussissent
point. C'est faute de cette attention que tant d'arbres périssent pour avoir été entés sur des sujets avec lesquels ils
n'avaient qu'un rapport général.

Donnons un exemple. On observe que les pruniers entés
sur l'amandier ne réussissent pas autant qu'ils sembleraient
devoir le faire , à raison de l'affinité qui existe entre ces deux
arbres. La raison qu'on peut en donner, est que la sève de
l'un est bien plus active que celle de l'autre. En effet, l'amandier est en fleurs lorsque le prunier est encore dans l'inaction , de sorte que tout joint ensemble ; il arrive que la sève
du plus avancé, ne trouvant pas les carreaux du dernier disposés à la recevoir, occasione une révolution , qui, pour
l'ordinaire, fait périr la souche. Une raison contraire atteste
de même la perte de l'amandier qui , étant d'une nature plus
active , ne reçoit pas encore de sève du prunier lorsqu'il
veut commencer à porter : d'où il arrive nécessairement qu'il
souffre beaucoup ayant tous ses pores ouverts , et ses organes

en action, manquant des sucs nécessaires pour les remplir et les tenir dans leur tension ordinaire. De ces principes il suit que, lorsqu'on veut faire un plant d'arbres d'une longue durée, on ne doit jamais se servir de sujets cultivés dans un mauvais terrain, si on veut les transporter dans un sol fertile. De même on ne doit point tirer des pépinières grasses des arbres pour les mettre dans une terre maigre. On remarque en effet que les sauvageons tirés des bois, et plantés ensuite dans un champ ou jardin bien cultivé pour être greffés, n'y prendront pas, pour ainsi dire, d'accroissement, tandis que les greffes que l'on y aura mises excéderont bientôt la grosseur du tronc. Ces exemples, qui d'ailleurs sont fréquens, prouvent évidemment que, lorsque des sujets ne sont pas susceptibles d'une parfaite union, les sucs qui devraient passer des uns aux autres avec le même ordre, et prendre la forme des mêmes fibres, ne reçoivent que les humeurs qui leur sont propres ; et, comme souvent le tronc n'en peut fournir assez abondamment, leurs pores se rétrécissent, et prennent une configuration toute différente de ceux qui abondent par leur nature. Nos espèces de fruits, tels que nous les avons maintenant, n'ont acquis cette perfection que par les soins qu'on a apportés pour connaître les propriétés et les accords que les arbres ont entre eux. (*Journal Économique.* 1761.)

Principes sur la transplantation des plantes, soit arbres ou arbustes.

De toutes sortes de plantes qu'on lève des bois ou d'une pépinière pour les transplanter, il faut en retrancher toutes les feuilles jaunes, moisies, pourries ou séchées, qui pourraient se trouver au pied. En les plantant, on ne doit point couper les racines ni les montans, comme font la plupart des jardiniers qui croient devoir les mutiler ainsi : c'est une mauvaise routine ; car, dans toutes sortes de plantes, les racines sont les seuls instrumens de la nutrition et de l'accroissement. Sans les racines des plantes qui repoussent de bouture, il ne peut entrer dans le tronc et les autres parties aucune portion des sucs de la terre, ni des influences de l'air qui servent de nourriture à la plante. La soustraction d'une partie des racines est donc un obstacle à la végétation, et le peu qu'on en laisse ordinairement ne sert tout au plus qu'à les empêcher de mourir tout-à-fait. En supprimant les racines, on ôte à la plante son nécessaire, et elle ne fait que des progrès lents et insensibles ; ainsi il vaut mieux lui laisser ses racines que de l'obliger à en produire d'autres. C'est en vain que les jardiniers allèguent le desséchement qui arrive à une plante levée de terre jusqu'à ce qu'on la replante ; car, dès qu'on n'a pas laissé les racines trop long-temps au grand air, ce desséchement n'est que superficiel ; il leur reste toujours un humide radical, témoin les arbres fruitiers envoyés au loin : ces racines, quoique sèches au dehors, ont un principe de vie qui reprend bientôt son activité ; on n'a pour cela qu'à mettre dans l'eau toute plante qui a souffert quelque temps hors de terre, l'y laisser tremper vingt-quatre heures ; on la verra renaître, pour ainsi dire, à vue d'œil. On n'a qu'à replanter ensuite selon les règles, et elle réussira infailliblement.

Voilà, dit M. l'abbé Roger, qui nous a fourni ces observations dans son *Traité de la Culture des fraisiers*, ce que nul jardinier n'a pu comprendre jusqu'ici, ni même M. de la Quintinie tout le premier.

PLANTES. Toute plante est un corps organisé et vivant, qui tient le milieu entre l'animal et le minéral : il est produit par les principes de la terre, savoir : la sève, qui est l'élixir des sucs de la terre, l'eau, le sel, la chaleur ; et c'est à la faveur de ces différens principes que la plante croît et se nourrit.

Il y a trois choses principales à observer dans toute plante : 1° La graine ; car la plante dans son origine est tout entière dans la graine, et cette graine est d'une fécondité inépuisable, et qui ravit d'admiration. 2° La racine, qui est la partie inférieure de la plante ; elle se divise en plusieurs petits filamens ; elle est composée d'une peau, d'une seconde enveloppe, qu'on appelle *parenchyme*, d'un corps ligneux, qui est d'un tissu plus serré que l'écorce, des entrelacemens ou insertions, qui servent à perfectionner le suc nourricier ; enfin, de la moelle, substance molle, qui est dans le centre de la plante. 3° La tige ou tronc : on l'appelle ainsi dans les arbres et arbrisseaux, et tuyaux dans les blés et autres productions auxquelles on donne le nom de plantes. Elle a les mêmes parties que la racine, et ces parties servent à la même destination. A l'égard de l'écorce, elle tire la nourriture du tronc même, avec lequel elle communique par une infinité de petites fibres. Toutes les plantes portent des fruits ou des semences.

C'est la terre qui, réduite en parcelles très-fines, est la principale nourriture des plantes; car une trop grande quantité de sel rend les terres stériles; le trop d'eau noie les plantes et les pourrit, et trop d'air et de chaleur les dessèche; au lieu qu'une trop grande abondance de terre ne les endommage jamais, pourvu qu'elles jouissent de l'humidité des rosées et de la chaleur du soleil : ainsi la bonne terre est propre à nourrir toutes sortes de plantes, pourvu qu'elles aient la quantité d'eau et de chaleur qui leur convient; néanmoins il y a de l'avantage à semer successivement différentes plantes dans une même terre : car toutes les plantes ne tire pas de la terre une aussi grande quantité de nourriture, puisqu'il y a des terres maigres et légères qui produisent du seigle et du sarrasin, et qui ne peuvent pas produire du froment, ni même de l'avoine : ainsi il est à propos de mettre de l'avoine après le froment, parce que ce dernier se sème peu de temps après la moisson, et qu'il faut avoir le temps de labourer au moins trois fois la terre, si l'on veut avoir une bonne récolte; au lieu que pour l'avoine et l'orge, comme ils ne se sèment qu'au printemps, on a le loisir de leur donner les façons qui leur sont nécessaires. Voyez *Terres*.

Les plantes ne se nourrissent que de sucs convenables à chaque espèce, parce que les pores de la plante ne donnent entrée qu'aux sucs convenables, c'est-à-dire, qui sont figurés comme eux.

Il y a des plantes qui sont faites pour croître à côté les unes des autres, pendant qu'il y en a d'autres qui ne viennent point à bien si elles se touchent. Voilà pourquoi on évite de mettre ensemble celles qui se nourrissent d'un même suc, et celles qui sont voraces; ainsi on ne doit pas mettre ensemble celles qui ont les mêmes qualités, mais mettre les chaudes avec les froides, ainsi des autres.

Ce qu'on appelle ordinairement du nom de plante, ce sont les plantes potagères, et les plantes médicinales.

Préparation pour la multiplication des plantes.

Mettez dans un cuvier exposé au midi un boisseau de crottin de cheval, autant de fiente de bœuf, un demi-boisseau de fumier de pigeon, autant de crottin de mouton, et autant de cendres; ajoutez-y six pintes de mauvais vin de baissière, et deux livres pesant de salpêtre, et remplissez le cuvier d'eau commune. Toutes les fois que l'on tire de cette liqueur pour en arroser les plantes, on a l'attention de remettre de nouvelle eau dans le cuvier : on peut même affaiblir cette liqueur avec deux parties d'eau sur une de la liqueur, de peur qu'elle ne soit trop forte, surtout dans le commencement.

Plantes médicinales. Les plantes, soit potagères, soit celles qui croissent dans les champs, sont d'un grand usage pour les remèdes : les unes et les autres ont des vertus différentes.

Les plantes cordiales sont, l'ail, l'agripaume, l'alléluia, etc. Les plantes antiscorbutiques sont, le cochléaria, la racine de patience sauvage, la racine et les feuilles du trèfle d'eau, le beccabunga, la capucine, le cresson, la patience d'eau, le raifort sauvage, la roquette, la cannelle. Les céphaliques et aromatiques sont, le basilic, la lavande, le laurier, le thym, le romarin, la marjolaine, la sarriette, la sauge, le serpolet.

Les sudorifiques sont, l'angélique, le buis, le chardon bénit, le genièvre, la scabieuse, la scorsonère, la salsepareille, la squine, etc.

Les fébrifuges sont, l'argentine, la gentiane, la germandrée, le plantain, le quinquina, etc. Les hépatiques, ou celles qui guérissent les maladies du foie et de la rate, sont, l'aigremoine, le cerfeuil, la centaurée, la fumeterre, le houblon, le polypode, la scolopendre, etc.

Les purgatives, ou qui évacuent les humeurs, sont l'agaric, le concombre sauvage, la couleuvrée, l'ellébore, le garou, l'iris, le lin sauvage, le noirprun, le prunellier, la rose pâle, le safran bâtard, le sureau. Parmi les plantes purgatives étrangères, on compte l'aloès, la casse, la coloquinte, l'her-

modacte, l'ipécacuanha, la manne, la rhubarbe, la scamo-
née, le séné, le tamarin.

Les stomachiques, qui rétablissent les fonctions de l'estomac, sont, l'absinthe, l'aurone, le baume, l'estragon,
l'eupatoire, etc.

Les apéritives, qui lèvent les obstructions, et qui dégagent
le sang des humeurs visqueuses, qui arrêtent son mouvement,
et évacuent les humeurs, sont, l'ache, l'arrête-bœuf, l'arti-
chaut, l'arperge, le fenouil, le fraisier, le frêne, la garence,
l'ognon, l'oseille, la passe-pierre, la patience, le persil, le
pissenlit, le sureau, le raifort, le tamaris, la turquette, la
pareira-brava, le thé.

Les béchiques, qui apaisent la toux et facilitent l'expectoration, sont, la bourrache, la buglose, le capillaire, le
choux rouge, le coquelicot, le lierre terrestre, le navet, le
pas-d'âne, le pommier, la réglisse.

Les émollientes, qui adoucissent l'âcreté du sang dans les
fièvres et dans les dispositions inflammatoires, sont, l'arro-
che, le bouillon blanc, la guimauve, le lin, le linaire, la
mauve, la pariétaire, la poirée, le seneçon.

Les rafraîchissantes sont, la citrouille, le concombre, l'en-
dive, la framboise, la groseille, la joubarbe, la laitue, la
mâche, le melon, le mûrier, le nénufar, le pourpier,
le riz.

Les résolutives, qui divisent les humeurs épaissies, sont,
l'avoine, le blé, les fèves, les lentilles, l'orge, le seigle, la
scrofulaire. Les farines de toutes les plantes sont résolutives.

Les vulnéraires, qui guérissent les plaies, soit externes ou
internes, sont, la bistorte, la brunelle, la grande consoude,
le cyprès, le mille-feuille, l'orme, l'ortie, la patience rouge,
perce-feuille, pervenche, pied-de-lion, piloselle, plantain,
pirole, quinte-feuille renouée, rose de Provins, sanicle, etc.

Les hystériques, qui rétablissent les évacuations naturelles
aux femmes, sont, l'aristoloche, l'armoise, glayeul, marrube,
matricaire, mélisse, rue, safran, souci, valériane, etc.

Plantes potagères. Comme elles sont en très-grand nombre, on peut les réduire à quatre ou cinq classes : 1° les racines, telles que sont les carottes, panais, navets, raves, bet-

teraves, salsifis; 2° les verdures, tels sont les choux, la poirée,
la bourrache, les épinards, l'oseille; 3° les salades, comme les
laitues, la chicorée, le céleri, les mâches, les raiponces, le
pourpier, le cerfeuil, l'estragon, la pimprenelle, la capucine;
4° les légumes, pois, fèves, haricots, lentilles; 5° les fruits
de terre; tels sont les melons, les concombres, les citrouilles,
potirons, artichauts, asperges, cardes et cardons. On doit
ajouter à cela les plantes fortes, comme ognons, ciboule,
échalotte, rocambole, poireaux; et les odoriférantes, comme
le baume, la lavande, la sauge, le thym, les violettes,
qu'on met en bordures. De toutes ces plantes, on en laisse la
plus grande partie dans la place où on les plante; mais celles
qu'il faut transplanter sont, les cardes poirées, le céleri, les
chicorées blanches, les laitues, le melon, les concombres,
les potirons. On doit planter en leur saison chacune de ces
plantes potagères. On plante les ognons, les fèves, poireaux,
choux, chicorée, et autres plantes qui ont un peu de racine,
le tout en faisant un trou en terre avec un plantoir; on sème
les autres plantes, et cela, ou à plein champ comme le blé,
ou à rayon, c'est-à-dire, en traçant avec un bâton des rayons
sur les planches; on met ensuite un bon pouce de terreau sur
chaque planche, et on l'arrose tant qu'il fait chaud: au reste,
on ne doit jamais semer ou planter, deux années de suite,
une même plante dans un même terrain.

Un potager bien entretenu doit fournir en chaque saison
certaines plantes; ainsi, au printemps, on doit y trouver des
raves, de petites salades sur couche; vers la Pentecôte, toutes
sortes de racines, des laitues pommées de plusieurs espèces,
toutes sortes de salades, des asperges, les premiers pois verts;
en automne, de la chicorée blanche, laitues royales et de
Gênes, concombres, melons, carottes, panais, betteraves,
choux-fleurs, etc.; en hiver, des laitues plantées sur couche
en automne, et mises sous cloche.

Les terres sèches et sablonneuses, ainsi que le pied des
murs du midi et du levant, sont bons pour les choses hâtives, et les nouveautés du printemps; les lieux les plus secs,
lorsqu'on est réduit à en avoir, sont bons pour les chicorées,
laitues, choux d'hiver, ail, échalotte, cerfeuil; les terres
grasses, fortes et humides, sont bonnes pour les légumes,

qui y sont plus gros et mieux nourris ; les tempérées, entre le sec et l'humide, pour les asperges, le céleri, les cardons, fraises ; les fonds humides et gras, qu'on doit auparavant dessécher et ameublir, autant qu'il est possible, sont excellens pour toutes sortes de productions ; mais on y doit tenir les plantes plus éloignées que dans les lieux secs.

Durée des principales plantes potagères.

Les asperges durent dix à douze ans.

Les artichauts, quatre à cinq ans.

Les framboisiers, huit à dix ans.

Les fraisiers, trois ans.

La poirée, un an.

Les betteraves, cardons d'Espagne, carottes, chervis, choux pommés, choux de Milan, choux-fleurs, citrouille, bourrache, potiron, panais, poireaux, environ neuf mois, c'est-à-dire, depuis le printemps qu'ils ont été semés jusqu'à la fin de l'automne. Les ognons, l'ail, échalotte, concombres, melons, navets, durent le printemps et l'été. Les pois hâtifs sont en place six à sept mois ; les autres pois, quatre à cinq ; il en est de même des fèves ordinaires et haricots.

Les raves, pourpier, cerfeuil, cinq à six semaines ; ainsi on en doit semer tous les quinze jours.

Les chicorées blanches, et toutes sortes de laitues, occupent leur place deux mois.

Les mâches et les épinards occupent la place de toutes les plantes qui ne passent pas l'été ; ainsi elles sont en place l'automne et l'hiver. Les couches à champignon ne donnent du fruit qu'au bout de six mois, et laissent la place libre au bout de ce terme.

PLANTOIR. Instrument de jardinage. C'est un morceau de bois rond et pointu par le bout, avec lequel on fait des trous en terre pour planter les poireaux, choux, laitues, chicorées et autres plantes potagères qui ont peu de racines.

PLANTS. Tout propriétaire économe ne doit rien négliger pour augmenter la quantité de ses plants ; ainsi, outre les plants de décoration qu'on fait dans une terre, il doit mettre à profit les plus petits coins ; et pour cela, il doit avoir des pépinières de toutes les espèces. Un arpent de terre que le jardinier plantera en pépinières, qu'il cultivera et qu'il formera avec du terreau, ne jettera pas dans une dépense sensible, et suffira pour un grand domaine : un propriétaire est fort aise de trouver dans sa terre de vieux ormes, des chênes en lisière, des aunes, des peupliers, etc. Il les coupe, cela lui fait un petit casuel; il pourrait même, de l'argent qu'il en retire, sacrifier quelque chose, afin d'en replanter d'autres. Qu'il en plante seulement six petits pour un gros qu'il abat; la dépense ne serait pas grande, et se retrouverait. Cinquante arbres plantés tous les ans, ou ménagés dans les haies et terrains vagues, font en vingt ans mille pieds d'arbres de plus sur une terre; et, au bout de cinquante ans, on en peut couper cinquante tous les ans. Il n'y a point de terre un peu étendue où il ne se trouve quelque ravine ou quelque ruisseau; voilà des bords à garnir. On peut obliger chaque fermier de planter tous les ans, soit des arbres fruitiers, soit de toutes espèces d'arbres stériles, à raison de l'étendue de son exploitation; on lui indique le ravin, la haie ou le champ propre à planter : on l'oblige de replanter les arbres qui périssent; on lui donne en compte ceux qui seront sur sa ferme, et on en fait le recensement chaque année; mais, pour cela, on énonce dans le bail toutes les pièces de terre qu'il exploite. On laisse au fermier les émondes des arbres qui peuvent s'élaguer; mais il faut veiller à ce qu'il élague tous les quatre ans au plus tard, sans quoi toute la nourriture irait aux branches. *Essai sur l'administration des terres.*

Plants enracinés. On appelle en général de ce nom toute espèce de plant qui a des racines, soit qu'il provienne d'éclat, de souche ou de semence. On prend toujours les plants en racines, au pied des coignassiers ou des pommiers de paradis; on les élève de la même manière que les sauvageons que l'on veut planter : on doit les placer dans un terrain où ils puissent passer plusieurs années, jusqu'à ce qu'ils soient en état d'être transplantés pour être greffés.

PLATRE. Pierre fossile, de couleur grisâtre et d'un grand usage dans les bâtimens. On emploie ordinairement le plâtre calciné au four, mis en poudre avec une batte, et delayé avec de la chaux : il sert à lier les pierres, enduire les murs, les plafonds et les cheminées. La cuisson en est bien faite quand il a une certaine graisse qui le colle aux doigts. Le meilleur est celui qui est employé au sortir du four : on ne doit pas le garder dans des lieux humides ni trop aérés, car il perd sa force ; on ne doit pas l'employer pendant qu'il gèle. Le plâtre mis dans l'eau fait prise sur-le-champ ; ainsi on ne peut le gâcher qu'une fois, et on ne le doit faire qu'à mesure qu'on le veut employer. Le plâtre n'est excellent que pour les plafonds et les enduits ou murs qui sont à couvert de la pluie et de l'humidité. Dans les endroits où il est fort commun, comme à Paris, on l'emploie indifféremment partout, mais c'est une fausse économie ; car il est constant qu'il ne vaut rien pour faire le mortier des gros murs, surtout ceux des fondemens, parce qu'étant mis entre des pierres posées les unes sur les autres, dont les plus élevées, comprimant avec tout le poids des grosses solives celles de dessous, les obligent de se rapprocher, il se pulvérise dans ses parties, la liaison se détruit, et les murs s'affaissent ; c'est ce qui fait que beaucoup des maisons durent si peu ; au lieu que le mortier de chaux n'a pas cet inconvénient.

Le plâtre cuit se vend au muid, qui contient trente-six sacs, à deux boisseaux chaque sac ; on le compte encore à la voie, qui est de douze sacs ; en sorte que trois voies font le muid. Il faut un muid pour trois toises de murs de quinze à seize pouces d'épaisseur.

PLATES-BANDES. Pièces qui entourent le parterre d'un jardin. Dans celles-ci on met des fleurs et de petits arbrisseaux. On doit labourer l'endroit destiné pour les plates-bandes, y mêler du terreau avec de la bonne terre. On leur donne ordinairement quatre pieds de largeur, et on les dresse en dos-d'âne ; elles sont bordées d'un cordon de buis ou de fleurs. Dans les plates-bandes des potagers on met des plantes à salade ; dans d'autres on met des arbres en buissons.

PLIE. Poisson de rivière, petit, plat et large, et rusé de sa nature. On ne peut le pêcher que dans un temps calme. On ne le trouve que dans les rivières que l'on peut passer à gué ; on se met dans l'eau ou pieds nuds, ou avec des bottes ; on marche dans les endroits où il y a du sable ; on y imprime fortement les pieds ; on revient quelques momens après, et on trouve les enfoncemens qu'on a faits dans le sable remplis de plies, que l'on prend à la main.

Celles de la Loire sont les plus estimées. *Manière de les accommoder.* Videz-les, lavez-les bien, coupez-leur le bout de la tête et la queue; mettez-les dans une casserole avec vin blanc, champignons, morilles, truffes, persil, ciboule, beurre pétri avec farine; remuez vos plies doucement; étant cuites, mettez une sauce par-dessus.

PLOMB. Métal pliant, luisant, fort lourd et fort froid. Il naît dans des mines d'Angleterre et de France, d'où on le tire en forme de pierre, appelée *mine de plomb.* On le fait fondre dans un fourneau; et, étant fondu, on le jette en moule : on appelle *saumons* les lingots qu'on apporte. On purifie le plomb en le faisant fondre dans un creuset, et y jetant, après qu'il est fondu, un peu de sel ammoniac, en remuant jusqu'à ce que le sel soit évaporé; puis on jette les ordures qui sont dessus.

Le plomb est d'une grande utilité dans la construction des maisons, surtout de la campagne, pour les gouttières, les lucarnes, les réservoirs, les tuyaux.

Le plomb laminé est plus estimé que celui en fusion des plombiers, et il ne revient pas si cher que ce dernier.

On peut par un calcul, en se servant du plomb laminé, connaître la juste dépense d'un ouvrage qu'on veut faire; et, par le toisé, ce qu'il y entre de matière. Or, cela n'est pas possible avec le plomb fondu, à cause de l'inégalité de son épaisseur.

PLUMES. Celles qui servent à faire des lits de plumes viennent des oies; elles ne sont autre chose que le duvet, ou les petites plumes fines qu'on leur arrache sous le ventre, le cou et le dessous des ailes. Les plumes qui servent à écrire sont celles qu'on leur arrache des ailes. On doit, avant de s'en servir, passer légèrement les tuyaux sous la cendre chaude pour en faire dissiper la graisse. Les plumes les plus estimées pour le duvet sont celles des cygnes. A l'égard des plumes à écrire, celles de Hollande sont regardées comme les meilleures.

PLUVIER. Oiseau de passage, qui a le bec noir, rond, et n'a que trois doigts au pied; il y en a de cendrés, de verts et de rouges : ceux-ci sont les meilleurs. Ces oiseaux vont par bandes ; ils ont le corps à peu près comme un pigeon ; on les voit paraître à la fin de septembre sur les bords de la mer, ou des rivières et des étangs : ils s'en retournent à la fin d'avril. La chair de pluvier est d'un goût exquis et délicat.

Manière de les prendre. Le temps le plus favorable pour les prendre facilement, c'est dans le mois d'octobre et de mars, et par des pluies douces : les vents de bise et de mer sont les meilleurs pour cette chasse. En général, ils sont plus faciles à prendre quand ils sont seuls que lorsqu'ils sont avec d'autres oiseaux, mais ils vont ordinairement par grandes bandes. Quand il fait froid, ils cherchent des pays près de la mer ; et, quand le temps s'adoucit, ils cherchent les pays hauts. Lorsqu'ils descendent, leur vol est au vent de mer ; et, lorsqu'ils montent, au vent de bise.

Manière de chasser aux pluviers avec le fusil.

On doit être deux ou trois de compagnie, partir à la pointe du jour, faire porter avec soi plusieurs entes de pluviers avec deux vanneaux vivans, enfermés dans une espèce de cage.

Ces entes sont des peaux d'oiseaux remplies de paille ou de foin, auxquelles on fiche un piquet par-dessous le ventre pour les faire tenir à terre, comme s'ils étaient sur leurs pieds, afin d'attirer les pluviers. On a aussi deux verges de meute (ce sont de petites baguettes, longues de deux pieds et demi, ayant au gros bout d'en bas un petit piquet long de quatre à cinq pouces, attaché avec une ficelle assez proche du corps de la verge) ; on va dans un endroit choisi ou se trouvent des compagnies de pluviers ; on prend garde de quel côté vient le vent, parce que ces oiseaux volent toujours le vent au nez. On choisit un buisson pour servir de loge, et éloigné au plus de sept à huit toises de l'endroit où l'on veut tendre ; mais, s'il n'y en a point, on en fait un de branches d'arbres ; on plante en terre les entes à deux ou trois pieds l'une de l'autre ; ou pique en terre les verges de meute, à quatre ou cinq pieds de distance, y ayant attaché un vanneau vivant au bout de chacune, et une ficelle, laquelle conduit à la loge des chasseurs; dès que l'un d'eux entend le cri de ces oiseaux, ou qu'il les aperçoit, il donne du sifflet à pluviers un autre tire les ficelles pour faire voltiger les vanneaux : les pluviers s'abaissent; et, lorsqu'ils sont ramassés, les chasseurs tirent dessus, et un autre tire sur ceux qui s'envolent.

Les pluviers sont d'une chair légère et d'un goût exquis; ils excitent l'appétit et purifient le sang : on les accommode comme les bécasses, excepté qu'il faut les vider. On les pique de menu lard, si on les mange rôtis.

PLUIE (présage de la). 1° Lorsque le soleil, en se levant, est couvert d'un nuage ; s'il est rouge ou d'autres couleurs; s'il se montre dans une nuée noire ; s'il se couche avec de grands rayons tournés vers la terre, ou caché dans une nuée jaune ; 2° lorsque l'air est plus chaud que la saison ne le permet, ou que des nuées blanches vont du côté de l'orient; 3° on peut encore présager la pluie par la situation où le corps se trouve ; ainsi, les douleurs des cors des pieds, et autres maux dont le corps est atteint; les lassitudes, les assoupissemens, peuvent être une marque de pluie; 4° lorsque les hirondelles voltigent le long des marais et des étangs plus bas qu'à l'ordinaire; que les grenouilles font beaucoup de bruit; que les corbeaux vont par bandes ; que les poules, en grattant, se couvrent de terre. Voyez *Temps*.

POCHES. Ce sont des filets en forme de sacs, dont les mailles sont à losanges, et larges de deux pouces pour prendre les lapins. Voyez *Perdrix*.

POIDS. On appelle ainsi un corps solide qui sert à connaître la quantité des marchandises. L'once est la mesure commune à laquelle on rapporte toutes les autres.

En France, il y avait deux sortes de poids pour peser toutes sortes de marchandises qui se vendent au poids : l'un, qu'on appelle *poids de marc*, et qui se fait avec des balances ; et l'autre, *poids à la romaine*, autrement au peson ou crochet, qui est une verge de fer, plus ou moins longue, marquée de divers nombres, et le long de laquelle on fait courir le poids d'une ou plusieurs livres.

Le poids de marc est composé de la livre, laquelle est de deux marcs; du marc, qui est de huit onces; de l'once, qui est de huit gros; du gros, qui vaut trois deniers; du denier, qui est de vingt-quatre grains; et du grain, qui pèse un grain de blé. Aujourd'hui, le gramme est l'unité de poids; le kilogramme équivaut à un peu plus de deux livres de seize onces.

POIGNÉE ou *Manipule*. C'est une sorte de mesure souvent prescrite dans la préparation des remèdes, et qui s'emploie pour les ingrédiens solides : c'est tout ce qu'on peut prendre à la fois avec la main. Les feuilles vertes se prescrivent par poignées.

POIRÉ. Boisson assez semblable au cidre. On le fait avec des poires, et de la même manière que le cidre, c'est-à-dire, en tirant le suc des poires par expression : plus les poires sont douces et mûres, plus le poiré est délicat.

POIREAU. Plante potagère, dont la racine est composée de plusieurs feuilles blanches, collées l'une contre l'autre, qui, en sortant de terre, deviennent vertes. Au-dessus de la tige est un bouquet de fleurs blanches, tirant sur le purpurin. On le cultive beaucoup dans les jardins; on le sème à la fin de l'hiver dans des planches préparées; on les arrache dans le mois de juin, et on les replante dans d'autres planches, dans des trous profonds de quatre pouces, et espacés de demipied, en rognant un peu de leurs racines; on les serfouit de temps en temps, on les arrose en temps sec. Le poireau est chaud et apéritif; il est bon contre la morsure du serpent et la brûlure, la douleur des hémorroïdes; sa semence et sa racine concassées, infusées dans du vin blanc, guérissent de la rétention d'urine, et chassent le sable des reins.

POIRÉE, ou *Bette*. Herbe potagère. Ses feuilles sont grandes, luisantes, blanchâtres : on les met au pot; et les côtes, qui s'appellent *cardes*, lorsqu'elles sont devenues grandes, et qu'on les a conservées pour cela, se mettent en ragoût; ou doit en semer la graine au mois de mars, en plein champ, ou sur couche; et, dès qu'elle a poussé quelques feuilles, on la replante sur planche; on l'arrose et on la sarcle. On peut recouper le plant fort souvent pendant l'été, car il repousse aisément; si on veut en semer dès le mois de février, on choisit les plus blondes. A l'égard des cardes, lorsqu'on veut en avoir, on les replante en terre préparée, dans le mois d'avril ou mai, à la distance d'un pied et demi;

on doit les sarcler, les arroser, les couvrir pendant l'hiver de grand fumier sec, et les découvrir au mois d'avril; et on continue de les soigner jusqu'au mois de mai, qu'on peut en manger.

La poirée est chaude et abstersive, bonne à ceux qui sont incommodés de la rate; son jus est singulier donné en lavement.

POIRES (les), sont le fruit du poirier. Le nombre des différentes espèces de poires est presque infini. Nous nous contenterons de rapporter ici les plus connues, avec les propriétés qui les distinguent les unes des autres.

1° *Les poires d'été* sont :

Le petit-muscat, qui est une poire petite, d'une odeur de musc.

La cuisse-madame : elle est longue, menue, d'un rouge-gris ; elle a l'eau douce et sucrée.

La poire-muscat à longue queue. La blanquette, plus longue que ronde, la peau lissée, l'eau sucrée.

Le gros-blanquet, plus hâtive que l'autre, d'un coloris blanc, la queue grosse et courte.

Poire à la reine, ou muscat Robert, jaune et ambrée, d'un goût relevé.

La bellissime ressemble à une grosse figue, mêlée de rouge et de jaune.

Gros-rousselet, longue, rouge, beurrée, excellente.

Petit-rousselet, un peu rousse et grise, d'un goût plus relevé que l'autre, et se garde plus long-temps.

La poire de cassolette, ou le friolet, petite, longue, verdâtre, sucrée et musquée.

Bergamote d'été, grosse, verte, beurrée, sucrée.

La poire de l'inconnu, ou fondante de Brest, rouge et jaune, sucrée.

La poire Robine, petite, ronde et plate, la queue longuette, le coloris blanc, jaunâtre.

Le rousselet hâtif, longue, d'un coloris roussâtre, la peau fine.

Le bon-chrétien d'été, grosse, jaune, lissée, longue, tendre.

Le bon-chrétien musqué, assez grosse, rouge du côté du soleil, blanche de l'autre, la peau lissée, la chair cassante.

La poire d'Orange est de plusieurs espèces : la commune est verdâtre et petite ; la royale est belle, grosse ; la musquée est plus plate, et veut être mangée plus verte que mûre.

La poire de Salveati, assez grosse, ronde et plate, la queue menue ; elle est jaune, mais rouge : en ôtant les feuilles qui la cachent au soleil, elle est fort bonne.

La verte-longue, ou mouille-bouche, beurrée et fondante.

Le beurré rouge, grosse, longue, fort colorée, fort sucrée et fondante.

Le beurré gris ; elle n'est pas si rouge, mais plus tardive et plus fondante.

2° *Les poires d'automne* sont :

Le messire-Jean doré ; sa chair est cassante, son eau sucrée : elle n'est pas si sujette à la pierre que le messire-Jean gris.

La bergamote d'automne, grosse, lisse, plate, la queue courte, jaune en mûrissant ; la chair fondante, l'eau douce.

La bergamote suisse, rayée de vert et de jaune.

La verte-longue, beurrée et fondante.

La verte-longue suisse a les mêmes qualités : son fruit est panaché.

Le sucré-vert, semblable à la verte-longue, mais plus courte ; la chair beurrée, un peu pierreuse.

La doyenne, ou beurré blanc, grosse comme le beurré gris, la peau unie, la queue grosse et courte ; jaunit en mûrissant, fondante ; devient aisément pâteuse : on doit la cueillir un peu verte.

La poire-marquise, grosse, verte, jaunit en mûrissant ; la tête plate, le ventre gros, allongé vers la queue, beurrée et fondante.

La bergamote de Cresane, grosse et plate, d'un gris-verdâtre, jaune en mûrissant, beurrée, sucrée, vineuse, est excellente et rare.

La poire de jalousie, grosse, grisâtre, pointue vers la queue, des plus beurrées et des plus sucrées.

La poire de satin, presque ronde, blanche, satinée, fondante.

La virgouleuse, grosse, longue, verte, jaune en mûrissant, la queue extraordinaire.

La poire Saint-Germain, grosse et longue, verte et rousse, tiquetée, jaune en mûrissant, la queue courte, grosse, panachée, beurrée et fondante : on en mange jusqu'au mois de mars.

La poire d'Ambrette, ronde, d'un coloris vert et gris, la queue droite et longuette, la chair fine, beurrée, l'eau sucrée et parfumée : se mange en novembre et décembre.

La poire d'épine d'hiver ; elle est presque verte et jaune en mûrissant ; des plus fondantes : on la mange dans le même temps.

3° *Les poires d'hiver* sont :

Le bon-chrétien d'hiver ; elle est fort grosse, incarnate du côté du soleil, jaune de l'autre ; son eau douce et sucrée, excellente crue, cassante, fait belle figure dans les desserts : on en fait aussi de bonnes compotes.

La poire Colmar : elle a le ventre gros, s'allongeant vers la queue, qui est courte et grosse, le coloris d'un vert tiqueté, jaunit en mûrissant ; la peau douce, la chair tendre, l'eau sucrée, une des plus excellentes poires d'hiver ; mûre en janvier, février et mars.

La poire de Bézi-Chaumontel, ressemble au beurré gris, fondante et sucrée.

La poire de Bézi ou l'Echasserie, assez grosse, semblable à un citron, d'un coloris vert et jaune tiqueté, la queue longue, grosse, la chair beurrée, l'eau sucrée, parfumée.

L'angélique de Bordeaux : elle est semblable au bon-chrétien d'hiver, moins grosse et plus plate ; est douce et sucrée.

La bergamote de Pâques, verte, beurrée et fondante.

La bergamote Bugi, grosse, presque ronde, menue vers la queue, fondante et beurrée.

La bergamote de Soullers, ressemble à la bergamote d'automne, mais point si plate ; elle est tachetée de noir, beurrée, et l'eau sucrée.

La poire royale d'hiver, assez semblable au bon-chrétien d'été, jaune et l'eau sucrée ; bonne en janvier, février et mars.

Poires pour les compotes. Le Dagobert, qui est grosse, colorée, rouge d'un côté et d'un gris roussâtre de l'autre; mûre en janvier et février.

Le franc-réal, grosse, presque ronde, d'un jaune tanné.

Le Martin sec, plus longue que ronde, rouge du côté du soleil, rousse de l'autre, sa chair cassante, l'eau sucrée, sujette à la pierre.

Le parfum d'hiver, ou le bouvard ; musquée, grosse, ronde, d'un jaune coloré.

Le petit-muscat d'automne, petite, sèche, musquée.

La poire de double fleur, grosse, plate, belle à la vue, colorée d'un côté, jaune de l'autre, la peau lissée, la queue longue et droite.

Méthode pour conserver long-temps les poires.

Comme les poires ne peuvent se conserver long-temps dans leur premier état de bonté, et qu'on ne peut souvent les garder d'une saison à une autre, des personnes industrieuses, et curieuses de conserver cette belle production de la nature le plus long temps qu'il est possible, ont d'abord observé que le moyen le plus simple était de les faire sécher au four ou au soleil.

En second lieu, elles veulent qu'on use pour cela de certaines précautions dont elles ont donné le détail. Voici ce qu'il y a de plus essentiel à savoir sur leur méthode.

1° Il faut cueillir, avant leur parfaite maturité, des poires d'hiver, et particulièrement le Colmar et le Bezi, car ce sont les meilleures pour faire sécher. Dans les provinces septentrionales de la France, cette récolte doit se faire à la fin d'octobre, et au mois de novembre dans les méridionales : on doit les cueillir avec leurs queues et par un beau jour.

2° Les faire à demi cuire et dans un chaudron d'eau bouillante, jusqu'à ce qu'elles mollissent un peu; ensuite les mettre sur des claies pour les faire égoutter, puis les peler et leur laisser la queue; à mesure qu'on les pèle, les mettre sur des plats, la queue en haut; elles y jetteront un sirop qu'on mettra à part.

3° Mettre ces poires ainsi pelées, la queue en haut, sur des claies dans un four dont on vient de retirer le pain, ou d'une chaleur à peu près semblable ; les y laisser l'espace de dix ou douze heures. Dans cet intervalle, mettre du sucre dans le sirop que les poires ont rendu, c'est-à-dire, demi-livre de sirop et chopine d'eau-de-vie, avec de la cannelle et des clous de girofle ; et laissez infuser ce mélange dix à douze heures sur les cendres chaudes.

4° Après avoir retiré les poires du four, les tremper dans ce sirop ; puis les remettre au four, qui doit être au même degré de chaleur, mais plutôt moindre que plus fort.

5° Les retirer du four, et les tremper de nouveau dans le sirop pour leur donner une seconde couche de vernis, et les remettre pour la troisième fois au four, lequel doit être d'une chaleur moindre que les autres, et les y laisser jusqu'à ce qu'elles soient suffisamment sèches ; ce qu'on connaît lorsqu'elles ont une couleur de café clair, et que la chair en est ferme et transparente. Enfin, lorsqu'elles sont bien refroidies, on doit les envelopper dans du papier blanc, et les serrer dans des boîtes de sapin bien propres ; c'est le moyen de conserver très-long-temps cette sorte de fruit ; elles auront encore un goût plus parfait, si on ne les mange que quelques mois après cette préparation. *Journ. économ., janvier* 1758.

POIRIER *cultivé dans les jardins.* Arbre de médiocre grosseur ; ses feuilles sont vertes, et blanchâtres à leur extrémité ; elles se terminent en pointe ; son fruit est charnu, plus gros par un bout, et menu du côté de la queue. On les multiplie par des pépinières, par des plants enracinés de différens âges, ou de boutures.

Ceux qu'on destine à plein vent doivent être greffés en fente sur sauvageons venus de souche dans les bois, et, comme disent les jardiniers, sur franc ; car ils appellent ainsi le sauvageon du poirier, parce qu'il fait une tige vigoureuse. Ceux destinés à faire des buissons et des espaliers doivent être greffés sur des coignassiers qui ont de beaux jets et de grandes feuilles, parce qu'ils se plaisent dans des terres fortes, et qu'ils donnent promptement du fruit, et en abondance.

Poirier champêtre. Voyez comment on le cultive à l'article du *Pommier champêtre.*

POIS. Sorte de légume fort connu. Il y en a de plusieurs sortes, qu'on peut réduire à trois : 1° les ronds, verts au commencement, qu'on appelle *hâtifs*, et qui sont blancs ou jaunâtres en séchant; 2° les gros ou carrés, de couleur variée; 3° les petits, qui sont blancs, et qu'on cultive dans les jardins.

Les pois hâtifs, soit verts ou blancs, sont ceux qui paraissent les premiers, et qui se vendent si cher. Ils demandent du soin; on les sème au commencement de février, mais auparavant on les fait tremper quatre heures dans l'eau, et on les laisse quatre autres dans un lieu chaud pour qu'ils germent. On les sème dans une exposition au midi, ou sur quelques ados ou rayons sur planches; on met quatre rangées à chaque planche pour avoir la facilité de les biner et d'y mettre des échalas pour ramer ou appuyer les rangées des pois On doit laisser une planche entre deux pour leur donner de l'air; et, crainte qu'ils ne s'étouffent, on doit avoir attention de les arroser tout le mois d'août.

Les pois de tous les mois durent presque toute l'année; on doit les semer en quelque abri; leur culture est la même que pour les autres; mais on doit couper promptement les cosses, et n'en laisser sécher aucune.

Les pois de la petite espèce, comme blancs, verts, hâtifs, peuvent se semer en plein champ à la charrue, dans une terre bien labourée. Il y a encore les pois chiches, qu'on cultive beaucoup dans les provinces méridionales de la France; ils se sèment en mars ou en avril. Les pois, en général, demandent une terre grasse et amendée, un bon fumier de mouton et de vache; les petites pluies leur font grand bien; le froid leur est mortel; il leur faut toujours un plein soleil: on doit les recueillir à mesure qu'ils mûrissent.

POISON. On appelle *poison* ou *venin* tout ce qui ronge les parties du corps, tout ce qui dérange le cours libre du sang et des humeurs. Le poison est de différentes sortes. Un air infecté est une espèce de poison; la piqûre d'un animal venimeux en est un aussi; cette sorte de poison congèle le sang et arrête la circulation des esprits: le suc de la ciguë, ou l'arsenic qu'on aurait avalé, est un poison qui ronge les parties internes par les sels piquans et corrosifs qu'ils renferment.

Remèdes contre les diverses sortes de poisons.

Contre tout poison qu'on aurait avalé. Pilez dans un mortier des écrevisses vives, avec autant d'huile de noix que de verjus; exprimez le tout, et avalez la colature; elle fera rejeter le poison par la bouche.

Si le poison est corrosif, tâchez de faire vomir le malade au plus tôt, afin qu'il le rejette, et faites-lui avaler quantité de lait de vache pour émousser le corrosif du poison.

S'il n'est pas corrosif, outre les vomissemens, faites-lui prendre une prise de thériaque ou d'orviétan.

Le remède contre l'arsenic, qui est un poison violent, c'est d'avaler une grande quantité d'huile d'amandes douces; si ou peut y mêler un gros de poudre subtile de cristal de roche, l'effet sera encore plus sûr; au lieu d'huile d'amandes, on peut user de beurre frais et de lait de vache, et ensuite prendre un demi-gros de thériaque.

Le remède contre les champignons vénéneux est de prendre de la thériaque et de la fiente de poule, ou de boire de la lessive faite de cendres de sarment.

Le remède contre l'herbe appelée *ciguë* est d'avaler de la gentiane mêlée avec du vin d'absinthe, ou bien de la thériaque mêlée dans du vin.

A l'égard des poisons qui viennent de la piqûre ou morsure des bêtes venimeuses, les meilleurs remèdes sont la thériaque, l'orviétan, la chair de vipère, l'huile de scorpion, et tous ceux qui abondent en sels volatils.

POISSON. On donne le nom général de *poisson* à la plupart des animaux qui naissent et vivent dans l'eau; la plus grande partie des poissons ont des écailles et des nageoires.

Les poissons de rivière les plus estimés, et qu'on peut pêcher de même que ceux que l'on met dans les étangs, sont les carpes, les brochets, les perches, les tanches, les gardons, la brême ou vaudoise, le goujon, le barbeau, le meûnier, l'anguille, la lamproie, etc. On pêche encore les truites et les écrevisses, etc.

Petits poissons (pêche des). On les prend à la nasse dans les rivières, ou à la fouine, de jour, ou au clair de la lune. On trouve de ces poissons dans les ruisseaux; la vraie saison de les pêcher est depuis le mois de novembre jusqu'à Pâques. Ces petits poissons sont, entre autres, le chabot et le goujon;

mais ils ne donnent point à l'appât, et il est inutile de leur tendre l'hameçon.

Poisson d'eau douce. — Secrets pour en prendre de toutes sortes. On prend du sang d'une chèvre, de la lie de vin, un peu d'encens et de la farine d'orge ; on mêle tout ensemble ; on y ajoute du poumon de chèvre coupé menu ; on jette cet appât dans l'eau où l'on sait qu'il y a du poisson, et on le prend aisément à la main, ou avec une petite truble ou panier.

Autre secret. Prenez de la graine de roses qui se trouve dans les gratte-culs, et quelques grains de moutarde ; jetez-les dans l'eau ; les poissons y accourront.

Manière d'attirer le poisson dans l'endroit où l'on veut pêcher. Prenez du suc de joubarbe, versez-le sur de l'ortie et de la quinte-feuille pilées dans un mortier ; frottez-en les mains, et jetez le marc dans l'eau. Si on met de cette composition dans une nasse ou autre filet, les poissons y accourent en foule.

Ou bien mettez pour appât, dans les filets, du poisson de l'espèce de celui qu'on souhaite ; cet appât fait donner le poisson dans le filet tendu.

Autre manière de faire venir beaucoup de poissons à l'endroit où l'on veut pêcher. Prenez un quarteron de fromage vieux de Hollande ou de Gruyère ; broyez-le dans un mortier avec de la lie d'huile d'olives, et mêlez-y du vin peu à peu, jusqu'à ce que le tout soit réduit en pâte un peu épaisse ; ajoutez-y un peu d'eau de rose ; faites avec cette pâte de petites boulettes de la grosseur d'un pois ; jetez-les dans l'eau et dans l'endroit où vous voulez jeter votre filet. Si c'est le soir que vous voulez jeter le filet, jetez votre amorce le matin ; et le soir, si c'est le lendemain ; comme le poisson est fort avide de cette amorce, il y accourt en foule.

POIVRE. Fruit étranger. Il y en a trois espèces : le noir, qui vient des Indes orientales, c'est le plus usité ; le blanc, qui est de couleur cendrée ou blanchâtre, est plus gros que le noir ; le long, qui est gros et rond comme le doigt d'un enfant. Le poivre noir est plus commun que le blanc ; il est chaud, incisif, astringent, bon pour la froideur et crudité de l'estomac, les maladies venteuses causées par l'acide vicié.

Pour les pesanteurs d'estomac, indigestions, douleurs et plé-
nitudes qui procèdent de l'abondance des crudités, le plus
prompt remède est d'avaler, en forme de pilules, trois ou
quatre grains de poivre noir entiers, et ne rien prendre que
trois ou quatre heures après.

POIX DE BOURGOGNE. Mélange de galipot sec, ou encens blanc fondu avec de la térébenthine grossière et un peu
d'huile de térébenthine. Elle entre dans la composition de
plusieurs onguens; on en fait des emplâtres avec de la cire,
dont les gens de la campagne se servent lorsqu'ils ont fait
quelque effort; elle est bonne aussi pour guérir les loupes des
genoux.

Poix résine. Encens blanc, sorti par les incisions qu'on
fait au pin, et cuit à un certain point. La bonne vient de
Bayonne. Elle doit être sèche et blanche; elle amollit, consolide, et dessèche. On s'en sert dans les emplâtres.

POLYPODE. Plante qui croît sur les vieilles murailles et
les troncs des vieux arbres. Ses feuilles imitent celles de la
fougère; sa racine est employée dans les remèdes : la meilleure est celle qui est au bas des chènes, et qui est bien
nourrie; elle purge la bile recuite; elle est fort bonne contre les
obstructions de foie et de la rate, le mal hypocondriaque,
le scorbut; elle est purgative, mais on ne l'ordonne jamais
seule, elle ne ferait pas assez d'effet. Ainsi elle purge doucement l'humeur mélancolique, lorsqu'on en fait bouillir une
demi-once avec des boutons de houblon et des pommes de
rainette.

POMMES. Les pommes sont le fruit du pommier. En voici
les meilleures espèces.

La rainette blanche : elle est tendre, n'a pas l'eau si relevée que les autres.

La rainette grise : elle est plus ferme que la blanche, elle
a l'eau sucrée et relevée; c'est la meilleure de toutes.

La rainette franche, grosse, jaunit en mûrissant; elle est
tiquetée de points noirs, a l'eau sucrée : on en fait des compotes.

Pomme de rambour, grosse, ronde, verte d'un côté, et
mêlée de rouge de l'autre : ces pommes ne sont bonnes qu'en
compotes.

Pomme de calville, rouge, grosse, plus longue que ronde, d'un goût vineux.

Pomme de calville blanche, à côtes de melon, a un goût relevé, est plus estimée que la rouge.

La pomme d'or, ou rainette d'Angleterre, belle, de moyenne grosseur, plus longue que ronde, jaune et tiquetée de points rouges; son eau est sucrée.

La pomme de fenouillet, assez semblable à une petite rainette; d'un fond violet, couvert d'un gris roussâtre, la chair fine, l'eau sucrée.

Pomme violette. Espèce de gros fenouillet, grosse, presque ronde, mêlée de rouge du côté du soleil; la chair blanche et délicate, l'eau douce et très-sucrée.

La pomme d'api, petite, d'un rouge vif du côté du soleil, blanche de l'autre; la peau fine, l'eau douce et sucrée.

La pomme de Bardin, ni grosse, ni petite, grise, et d'un rouge brun, l'eau sucrée.

Moyen pour conserver une ample récolte de pommes, et les empêcher de pourrir.

On doit choisir d'abord celles qui sont parfaitement saines, et les porter dans une chambre, où on les pose sur des claies, en les séparant les unes des autres.

Fermer exactement les portes et les fenêtres de cette chambre, y allumer du feu avec du bois de sarment, et faire en sorte que ce bois fasse beaucoup de fumée, et qu'il remplisse toute la chambre; ce qu'il faut faire pendant quatre ou cinq jours : les pommes étant ainsi séchées par cette fumée, les mettre dans une caisse avec de la paille menue de froment, observant qu'elles ne se touchent point; commençant par un lit de paille, puis des pommes, et finissant par un lit de paille; après quoi on ferme la caisse : les pommes se conservent dans toute leur bonté pendant une année entière.

Les pommes de rainette sont d'un grand usage dans les remèdes; elles sont pectorales, rafraîchissantes, chassent la mélancolie, lâchent le ventre. Le sirop de pommes simple est salutaire dans les maladies causées par la tristesse et le chagrin.

Le sirop de pommes composé est laxatif ; si on met infuser du séné dans ce sirop, ce sera un purgatif agréable et spécifique pour les mélancoliques et les hypocondriaques.

POMMIER *cultivé* (le), soit nain, soit à plein vent, se multiplie par les pépinières qu'on fait de pépins de marc, ou par des plants enracinés, ou par des boutures : la voie la plus courte est de les greffer sur un pommier sauvage ou de paradis. Le pommier ainsi que le poirier veulent être labourés deux fois l'an : on élague la tige à hauteur d'homme ; on répand sur son pied de la lie de vin vieux ; ou fume les pommiers avec du fumier de mouton ; ils fleurissent au printemps : on cueille les pommes à la mi-septembre.

Les pommes sont le fruit du pommier. Elles viennent en été et en automne : il y en a de beaucoup d'espèces. Voyez *Pommes*.

Pommier champêtre, ou planté en plein champ. Les pommes qui en viennent ne sont bonnes que pour faire le cidre : il en est de même des poires que l'on plante ainsi. Le pommier de cette espèce est bas et tortu ; ses feuilles sont grosses et cendrées, jaunes en dedans : il lui faut une terre grasse et un peu humide, et une exposition au midi. On le multiplie par les pépinières, ou par des plants enracinés, ou des boutures, ou en les greffant sur des pommiers sauvages, ou sur des pruniers, pêchers, coignassiers ; c'est la voie la plus sûre et la plus prompte.

Le poirier champêtre vient de la même manière que le pommier ; le meilleur est de le greffer sur quelque sauvageon de son espèce. Pour cet effet, on doit avoir des pépinières de jeunes plants ou pépins, garnies de plants de différens âges : on greffe les fruitiers au bout de trois ou quatre ans, selon leur force. Au reste, dans les terres labourables, on doit les planter fort au large, environner les arbres de bons pieux, de peur que la charrue ne les offense ; les labourer, tant le pommier que le poirier, deux fois dans les premières années, et les déchausser au moins tous les trois ans pendant l'hiver ; couper avec soin tout ce qu'on trouve de bois mort ; les écheniller au printemps ; les fumer avec du fumier de mouton et d'âne, ou du marc de raisin et de pommes. Ces arbres rapportent ordinairement la troisième année : le poirier est, à la vérité, un peu plus tardif, mais il dure plus long-temps. On fait le cidre et le poiré avec les fruits de ces arbres : on peut garder les meilleurs pour les faire cuire et servir dans le ménage.

Le bois de poirier et de pommier sert pour les ouvrages de menuiserie : on en fait des planches, longues de six à neuf pieds, d'un demi-pouce d'épaisseur.

POMPE. Machine hydraulique, d'une grande commodité pour élever les eaux des rivières, des lacs, des étangs, des canaux, des puits ; pour conduire les eaux où l'on veut, selon les différens besoins, et faciliter les arrosemens. Une pompe est composée d'un tuyau, dont la principale partie est appelée *corps de pompe*, et le reste *tuyau montant*, d'un piston, qui est un gros bout cylindrique qui a son jeu dans le corps de la pompe ; et de deux soupapes, par où entre l'eau : il y a plusieurs sortes de pompes, mais elles peuvent toutes se réduire à deux, savoir :

1° La pompe aspirante est celle qui, par le mouvement d'un piston creux, garni d'une soupape, attire l'eau au-dessus de la soupape du corps de pompe jusqu'à la hauteur de trente et un pieds ou environ, selon la pesanteur de l'air, qui est la cause de cet effet. Ce piston élève en même temps l'eau qu'il avait fait passer au-dessus de la soupape en s'abaissant ; c'est la pompe la plus simple de toutes.

2° La pompe refoulante et de compression : c'est celle qui, à la différence de la première, a son tuyau montant à côté du corps de pompe, et dont le corps de pompe même et le piston sont à peu près semblables à une seringue ordinaire, parce que le piston n'étant pas creux, et n'ayant pas de soupape comme les autres, l'eau ne passe pas au travers, mais il l'attire seulement en l'élevant au-dessus de la soupape du corps de pompe, et la pousse, en s'abaissant, au-dessus de l'autre soupape, qui est au bas du tuyau montant. On peut ajouter à ces deux sortes de pompes, la pompe mixte ; elle est composée en partie de la pompe aspirante, et en partie de la refoulante.

PONCIRES. On appelle ainsi les gros citrons ; ils ont peu de jus, mais on fait ordinairement de leur écorce une excellente confiture, parce qu'ils l'ont épaisse.

PONTE. C'est le temps où un oiseau pond un certain nombre d'œufs avant que de couver.

PORC. Voyez *Cochon*.

Porc salé. Le temps de saler le porc est depuis la Saint-Martin jusqu'au carnaval.

Manière de saler le porc.

Coupez par morceaux la chair du porc qu'on vient de tuer, après en avoir tiré les entrailles et le sang, qui servent à faire du boudin, des andouilles et des saucisses; et, après avoir laissé évaporer la plus grande humidité de la chair, étendez tous les morceaux les uns après les autres sur le saloir, qu'il serait bon d'avoir imbibé auparavant avec de l'eau de genièvre; frottez-les de sel avec la main, de manière qu'il n'y ait pas le moindre petit endroit qui n'en ait été pénétré; à mesure que vous salerez ces morceaux, arrangez-les sur la table serrés les uns contre les autres, et entassés par lits; laissez les pendant huit jours en cet état; au bout de cet espace, changez-les de situation, en mettant dessous ceux qui étaient dessus, et frottez de sel les endroits où il n'y en aurait pas eu assez; dérangez-les ainsi jusqu'à ce que le lard paraisse luisant; alors battez chaque pièce avec un bâton pour en ôter le sel superflu; puis attachez-les à un râtelier, dans un endroit à l'abri de la chaleur. Mais, pour les garder plus long-temps, il faut auparavant les faire enfumer à la cheminée.

Autre manière. Après avoir ôté le dedans, les jambons, les épaules, la tête, et autres gros morceaux, fendez tout le reste en deux parties; salez-les bien, passez dessus, et par deux ou trois fois, un rouleau à force de bras, pour faire pénétrer le sel, et de deux jours en deux jours : puis pendez le salé au plancher, et salez de même les pièces que vous avez levées.

La graisse ou panne de porc est émolliente et résolutive : elle entre dans les cataplasmes, et ramollit les tumeurs. Elle est spécifique contre les brûlures, si on la jette bouillante goutte à goutte sur des feuilles de laurier, desquelles on enduit la partie brûlée. On l'emploie contre la toux violente; on se sert d'une couenne de lard dans l'esquinancie; elle sert

à faire plusieurs onguens : la fiente de porc arrête les hémorragies.

*Fiel de porc préparé. — Remède sudorifique. — Manière
de le préparer.* Prenez des vésicules de fiel de porc mâle en
tel nombre que vous voudrez ; ouvrez-les pour en faire sortir la
liqueur, et la mettez au bain-marie dans un vaisseau de terre
vernissé, pour la faire évaporer jusqu'à consistance de gomme
épaisse ; puis faites-la sécher lentement dans une étuve, jusqu'à ce qu'elle soit réduite en masse assez dure pour être mise
en poudre subtile, que vous passerez par un tamis de soie.
Prenez une once de cette poudre et une once de poudre de
vipère ordinaire, ou de celle qui est faite avec le cœur et le
foie de vipère, et qui est la meilleure ; mêlez-les exactement,
et gardez ce mélange dans une bouteille de verre bien bouchée.

Porc-épic (le), est un gros hérisson qui a les piquans
plus longs et plus mobiles : il est rare en France.

POSSESSEUR *de bonne foi.* On appelle ainsi celui qui a
acquis à titre translatif de propriété, comme par achat et par
legs, une chose de celui qu'il croyait en être propriétaire. Ce
possesseur, à cause qu'il est de bonne foi, a deux avantages ;
1° il fait les fruits siens ; 2° il peut acquérir la propriété de
la chose par le moyen de la prescription.

POSSESSION *immémoriale.* C'est une possession qui a
duré pendant plus de cent ans, ou celle qui excède la mémoire des hommes les plus anciens ; ainsi, s'il s'agit de la
situation de certains lieux pour lesquels il y a procès, celui-
là sera dit avoir une possession immémoriale, qui justifiera,
par les plus anciens du lieu, que la disposition des lieux a
toujours été telle qu'il la soutient.

POTAGER (jardin) C'est celui où l'on cultive les légumes
et les autres herbes qui servent à la cuisine. Un potager ne
fait pas à la vérité une impression éblouissante comme le
parterre, mais il attache plus long-temps les spectateurs,
parce qu'il renferme dans son sein une infinité de plantes qui
servent de nourriture à l'homme, et même de remède.

Un potager, pour être bien situé, doit avoir un bon fonds
de terre, c'est-à-dire, qui tient le milieu entre la terre serrée
et la terre légère ; être dans une exposition favorable, telle
que celle du midi, et au défaut celle du levant ; la pire est le

nord ; avoir un terrain bien distribué, et la commodité de l'eau. On doit garantir le potager des vents les plus à craindre, à l'aide d'une muraille fort élevée, ou en la plaçant, si on peut, à l'abri d'une colline.

Pour bien distribuer un potager, on doit d'abord prendre le terrain suffisant le long des quatre murs, 1° pour y mettre des arbres en espalier ; 2° pour les plates-bandes qui doivent régner autour des carrés, et dans le milieu desquelles on met des arbres en buisson : 3° pour les allées, le long desquelles on fait des bordures ou de fraisiers ou de violettes. Ensuite, si le jardin est spacieux, on partage tout le terrain du milieu en quatre grands carrés que l'on divise, si on veut, en quatre autres plus petits ; on pratique deux petites allées, l'une sur la longueur du terrain, l'autre sur sa largeur. C'est sur ces divers carrés que l'on distribue, par un exact alignement, les planches sur lesquelles on fait venir les plantes potagères : ces planches sont des carrés ordinairement de la même longueur que le carré même dont elles font partie, et larges de quatre pieds. On sème ou l'on plante, sur chacune de ces planches, les plantes potagères chacune en sa saison ; ainsi il doit y avoir un carré pour les laitues, un pour les asperges, deux pour les artichauts, un pour les pois, fèves et haricots ; un pour le persil, cerfeuil, pimprenelle ; ainsi des autres : on y met ordinairement des herbes fines en bordure. Comme il y a des plantes passagères, on doit savoir combien de temps chaque plante occupe l'endroit où elle est mise, pour y en mettre aussitôt d'autres à la place, afin qu'il ne reste point de terre inutile ; ainsi le carré des laitues qu'on replante pour le printemps peut être employé en chicorée blanche pour l'automne et l'hiver ; celui des pois, pour les choux d'hiver : ainsi des autres. Au reste, les allées et les sentiers doivent être toujours tenus plus hauts que les carrés.

POTIRON. Espèce de citrouille, qui produit un rond parsemé de petits tubercules. Voyez *Citrouille*.

POTS *à fleurs*. Ceux qui sont les plus estimés doivent avoir autant de hauteur que d'ouverture. Le fond doit en être plus étroit que l'entrée de deux ou trois doigts, troué par en bas, mais peu, pour faire écouler l'eau, et on doit les poser sur de petits carrés de pierre, et non sur la terre nue, afin que les vers n'y trouvent point d'entrée : les pots vernissés sont les meilleurs.

POUDRE *purgative pour les gens de la campagne.* Prenez une once de jalap et demi-once de gomme gutte ; mettez le tout en poudre ; mêlez-le, et gardez-le pour l'usage. Si on veut qu'elle opère mieux, faites une infusion de deux gros de séné dans un verre d'eau, et vous y dissoudrez huit ou dix grains de cette poudre.

La prise de cette poudre est de six ou sept grains d'orge pour les enfans, depuis quatre ans jusqu'à sept ; et, depuis sept jusqu'à quinze, de dix à douze grains ; et, pour les autres âges, depuis vingt grains jusqu'à trente. Cette poudre est spécifique pour l'enflure ; mais on doit s'en abstenir dans toutes les affections de poitrine.

Poudre à tirer (la), est composée, 1° de nitre ou salpêtre, c'est ce qui lui donne la force ; 2° de soufre, c'est ce qui lui fait prendre feu ; 3° de charbon pilé pour lier la composition. La bonne poudre doit être de couleur cendrée ou plombée, et tirer un peu sur l'obscur. Pour éprouver si elle est bonne, on verse sur un papier blanc un peu de poudre, comme la contenance d'un dé à coudre ; on met le feu avec un charbon, ne touchant la poudre que légèrement ; si la poudre, en prenant feu, s'élève en l'air et ne brûle point le papier, ne lui laissant qu'une tache grise, elle est très-bonne ; en un mot, moins la poudre brûle le papier, meilleure elle est.

POULAILLER. Lieu où les poules se perchent et où elles pondent. Le poulailler doit former un carré long, et être placé en quelque coin de la basse-cour à l'abri du grand froid et du grand chaud ; les ouvertures et portes doivent être tournées à l'orient : il est bon que les murailles soient bien construites, blanchies en dehors et en dedans, et à l'abri des fouines et autres animaux qui nuisent aux poules ; avoir des ouvertures garnies d'un treillis de fer assez large pour donner du jour, et assez étroit pour que les bêtes ennemies n'y entrent point. Il doit y avoir des paniers attachés à la muraille avec du foin dedans, et où les poules puissent pondre. On met auprès du poulailler une espèce de fumier, qu'on appelle *verminière,* qui sert à engraisser la volaille. Pour cet effet, on remplit un trou creusé en pente de beaucoup de terreau qu'on arrose de sang de bœuf; on y répand un peu d'avoine; on remue le tout comme si on le labourait. Il naît sur ce fumier une grande quantité de vers et d'herbes.

POULARDE. Jeune poule engraissée.

POULE. La poule est la femelle du coq. Les bonnes poules, et dont on fait le plus de cas, sont de moyenne grandeur et noires; elles ont la chair plus délicate et pondent davantage. Celles qui ont la tête grande, la crête rouge, les jambes et les pieds jaunes, l'œil éveillé, ne sont pas moins bonnes et fécondes; celles qui ont des ergots haut montés pondent moins; celles qui sont trop grasses pondent peu.

La chair de poule nourrit beaucoup, humecte et rafraîchit; elle est salutaire aux convalescens et aux personnes délicates et qui font peu d'exercice. La meilleure est celle des jeunes poules bien nourries, et qui n'ont point encore pondu : les vieilles poules ne sont bonnes que pour les bouillons.

Les poules de Caux sont les plus estimées pour leur chair tendre et la délicatesse de leur goût.

La chair de poulet a les mêmes qualités que celle de poule ; mais elle est plus délicate et plus succulente ; ainsi on doit manger le poulet rôti, et la poule bouillie. Le poulet est meilleur à deux ou trois mois qu'en tout autre temps, surtout lorsqu'il est gras et tendre.

Les jeunes poules commencent à pondre dès le mois de février, quand il est modéré, et donnent plus d'œufs que les vieilles; mais celles-ci valent mieux pour couver.

On doit avoir des coqs à proportion du nombre des poules : un peut suffire à douze ou quinze.

Leur nourriture, pendant l'hiver, ce sont toutes les criblures et les vanneries de grains, entremêlées de quelques herbes qu'on hache, ou de quelques fruits, selon la saison, et du son bouilli ; on leur donne de l'avoine pure lorsqu'on veut qu'elles pondent. On peut leur donner encore de l'orge moulu, de la vesce, du millet, du panis. On prétend que l'orge à demi cuit leur fait pondre de gros œufs.

Les lupins, qui sont des pois plats et amers, ne leur valent rien ; on fait aussi un fumier exprès qui engendre beaucoup de vers, qu'elles mangent. Voyez *Fumier.* On donne quatre ou six onces de grain par jour aux poules qui sortent, et huit àcelles qu'on tient enfermées.

Les poules demandent du soin : on doit leur donner à manger au lever du soleil, et vers son coucher, et toujours dans le même endroit; ouvrir soir et matin le poulailler; laisser toujours un œuf dans chaque nid; nettoyer de temps en temps le poulailler, ainsi que les bâtons et huchoirs; le parfumer de thym ou de genièvre pour tuer la vermine; renouveler la paille ou le foin des nids tous les quinze jours; les garantir des belettes, fouines et autres animaux.

On doit se défaire de celles qui sont trop vieilles pour pondre ou couver, et celles qui cassent et mangent leurs œufs.

Les poules qu'on veut engraisser sont les ergotées, celles qui chantent, qui grattent, qui appellent comme le coq : on leur arrache les grosses plumes; on les enferme dans un lieu séparé, et on les nourrit avec de la pâte d'orge, du millet, du son, des cosses de riz, panicle et avoine; elles engraissent aisément dans les mois de janvier et février.

Les poules ne laissent pas de pondre sans communiquer avec les coqs; mais ces œufs ne sont pas si sains que les autres, et ne valent rien pour donner à couver, parce qu'il n'y a point de germe.

Lorsque les poules, après leur ponte, qui est ordinairement de dix-huit à vingt œufs, qu'elles pondent de suite, commencent à glousser, on doit leur préparer un nid pour les y mettre; il doit être dans un lieu retiré, creux dans le fond, et garni de foin. On ne doit pas mettre couver celles qui n'ont pas deux ans, ni celles qui sont farouches, ou qui ont de grands ergots; faire choix de celles qu'on appelle *franches*, c'est-à-dire, qui ne prennent pas facilement l'épouvante, et qui sont d'une complexion forte, et sont éveillées.

Quand la couvée est avant le mois de mars, on donne douze œufs à la poule; au mois de mars, quinze; au mois d'avril, et au temps chaud, autant qu'elle en peut embrasser. Ceux qui sont les plus gros, les plus frais pondus, c'est-à-dire, qui n'ont que neuf à dix jours, et qui, étant mis dans l'eau, demeurent au fond, sont les meilleurs pour donner des poulets.

On doit bien se garder de remuer souvent les œufs pendant

le temps de la couvée; on peut seulement les tourner une fois
ou deux pendant que la poule n'y est pas, afin qu'ils sèchent
également partout.

La couvée dure vingt-un jours : au bout de ce terme on visite la poule; on écoute pour voir s'il n'y a pas quelque pous-
sin qui crie; le lendemain on compte le nombre des poulets;
on ôte les coques écloses; mais il est plus sûr de ne toucher
au nid que quand tout est éclos. Si on n'entend pas crier les
poulets trois jours après le terme de la couvée, c'est signe
que les œufs sont clairs : ce qui peut arriver par plusieurs
accidens, et entre autres par le tonnerre, qui les corrompt
quelquefois d'un seul coup; en ce cas, on doit les ôter et les
jeter.

Lorsque les poulets sont tous éclos, on les met au fond
d'une futaille, l'espace d'un jour, dans un lieu chaud, et on
leur donne de temps en temps un peu d'air. Le lendemain on
les met sous une espèce de cage, dans un lieu exposé au soleil : on les nourrit pendant quinze jours, d'abord avec de
l'orge bouilli ou du millet cru, ou avec de la farine d'orge,
ou des feuilles de poireaux hachées menu, et de l'eau bien
nette : on les fait sortir de temps en temps pour les fortifier,
et les accoutumer à l'air, mais jamais par un mauvais temps :
on peut en donner à mener à une seule poule jusqu'à vingt-
cinq ou trente, et on remet les autres mères pour couver de
nouveau.

Le temps de chaponner les poulets, c'est lorsqu'ils ont
quitté la poule qui les mène : on laisse les plus hardis et les
plus éveillés pour devenir coqs. Pour ceux qu'on veut chaponner, on leur fait une incision à la partie qui enveloppe
les testicules; on les en tire avec le doigt, on coud la plaie,
et on la frotte avec du beurre frais.

Si on veut avoir des poulets en hiver, on doit user pour cela
de la méthode suivante, qui a été éprouvée. On prend une
poule d'Inde après Noël, on la met dans un lieu bien
chaud, on lui donne vingt-cinq œufs à couver ; dans dix-
huit ou vingt jours les poussins éclosent : on les met chaudement dans un panier avec de la plume, durant cinq ou
six jours, et on les nourrit à l'ordinaire tant qu'ils sont
sous l'aile de la mère.

On fait un bon profit sur les poules, en portant léurs œufs aux marchés voisins, ainsi que les poulets; et de ces derniers, depuis le commencement du printemps jusqu'au mois d'octobre, parce qu'on a soin de mettre les poules couver de bonne heure : on y porte les poulardes depuis le mois d'août jusqu'en mars, ensuite les chapons. Voyez *Volaille* et *Dindons*.

Poule d'eau. Oiseau aquatique, dont le corps est grêle, la tête petite, les plumes de différente couleur, le bec long et noir, la queue courte, les jambes oblongues, qui lui servent à marcher dans l'eau, quoiqu'elles ne nagent pas parfaitement : elles sont estimées, même pour les bonnes tables, lorsqu'elles sont jeunes et grasses; leur chair est fort nourrissante; mais elle ne se digère pas facilement. On chasse ces oiseaux au fusil, et on les prend avec des halliers de quinze à vingt pieds de long autour des étangs et des ruisseaux, au milieu des herbiers et des joncs, où ils se tiennent dans les mois de mai, juin et juillet. On prend de même les râles de genêt et les râles d'eau; ceux-ci sont de petites poules d'eau.

POULETS. On en distingue de différentes sortes : les poulets à la reine sont les plus petits et les plus estimés; les poulets gras sont les plus forts, et sont aussi estimés : on les met à la broche. Des poulets communs on fait des fricassées.

Manière de faire rôtir les poulets gras. Étant plumés et mortifiés, faites-les refaire sur la braise; épluchez, ficelez, piquez-les de menu lard; bardez-les, embrochez et les pliez de feuilles de papier : étant presque cuits, ôtez le papier, faites-leur prendre de belles couleur, et les déficelez.

POULIOT. Plante fort basse, dont les fleurs sont rouges et rondes. Il croît dans les lieux champêtres, incultes et humides. Il fleurit au mois de juin; il est chaud et dessiccatif, d'un goût âcre et amer; il est bon, en manière de thé, contre la toux opiniâtre et les rhumes invétérés. Son suc mêlé avec un peu de sucre est excellent contre la toux convulsive des enfans.

POURPIER. Plante de jardin. Il y a le cultivé et le sauvage; celui-ci est plus petit et rampe à terre. Le pourpier est d'un grand usage pour les alimens : il ne se multiplie que de graine, qui est noire et fort menue; voilà pourquoi on le sème fort dru : on ne le sème sur couche que vers la mi-mai ; et, si on le sème en pleine terre, on doit la remuer un peu pour faire entrer la graine. On emploie le pourpier dans les remèdes : il est dessiccatif et rafraîchissant ; il est bon pour éteindre la bile, dans les fièvres putrides et malignes, dans les ardeurs d'estomac. Ses feuilles, appliquées en cataplasme à la plante des pieds, diminuent la douleur de tête : le sirop de pourpier est spécifique contre le crachement de sang ; sa décoction est bonne dans les pertes de sang des femmes, et fait mourir les vers des enfans.

POUSSE. Maladie des chevaux. C'est une difficulté de respirer, accompagnée d'un battement de flanc et de dilatation des narines, lorsque les chevaux courent ou montent. Le siége de cette maladie est dans le poumon ; elle vient de quelque humeur qui s'y arrête, qui y fait un amas de flegmes et de pituites : ce mal est opiniâtre. Sa cause ordinaire vient des alimens trop chauds, comme le foin en trop grande quantité, le sainfoin vieux, ou de ne pas faire assez d'exercice, et quelquefois des efforts qu'on fait faire aux chevaux dans les courses violentes. On peut guérir la pousse si les chevaux sont jeunes, et si le mal n'est pas ancien.

Remède. Prenez deux livres de plomb ; faites-les fondre dans une cuillère à plomber ; étant fondu, ôtez-le du feu, remuez avec un bâton jusqu'à ce que le plomb se mette en poudre ; ajoutez-y, en remuant toujours, deux livres de soufre en poudre ; faites bien incorporer le tout, et donnez tous les jours au cheval poussif une once de cette poudre dans du son mouillé, et ôtez-lui le foin. En général, la pousse témoigne par ses effets qu'elle est accompagnée de beaucoup de chaleur : cependant les remèdes rafraîchissans tout seul lui profitent peu ; ainsi on doit s'attacher à combattre l'obstruction des vaisseaux, et employer des remèdes incisifs et atténuans, accompagnés de cordiaux.

La teinture de soufre est un fort bon remède pour cette maladie, si on en donne deux pintes par jour, pendant quinze jours, en laissant deux jours de repos après chaque cinquième jour. Voyez *Toux.*

POUX. Petits insectes qui viennent à la tête, s'attachent à la peau des personnes malpropres, et causent des démangeaisons. Pour les faire mourir et s'en préserver, on doit se tenir proprement, changer de linge, se frotter d'huile de genièvre avec une décoction de staphisaigre ou herbe aux poux. Le soufre, le tabac, le vert-de-gris, le mercure, sont de bons remèdes contre les poux.

Poux à la tête des enfans.—Remède. On doit, 1° les purger avec environ deux onces de sirop rosat; puis prenez de la coque du levant, mettez-la en poudre; parsemez de cette poudre la tête de l'enfant, et l'y laissez vingt-quatre heures sans le décoiffer; ou lavez sa tête avec des cendres de racine de fougère, ou frottez-la avec de la lessive commune, où l'on aura fait bouillir des fleurs d'amaranthe.

PRAIRIES. On donne le nom de *prairie* aux prés bas qui sont dans le fond des vallées et le long des rivières. Elles sont ordinairement abondantes en pâturages, à cause du limon qui y demeure après les débordemens. On appelle *herbages* les prés qui sont situés sur le penchant des collines; ceux-ci produisent une herbe plus délicate.

Les marais sont la plus mauvaise espèce de prairies; les herbes y sont dures et tranchantes, mêlées de joncs, et de glayeuls : cependant, étant séchées, elles peuvent servir de litière ou de chaume pour couvrir les étables, ou à mettre dans le four. Pour faire valoir les prairies et en tirer une récolte plus abondante, on doit les visiter de temps en temps, et en faire arracher les mauvaises herbes, telles que la prèle et la ciguë; y semer de quatre en quatre ans de bonnes espèces, comme le trèfle, les poussières de la grange, et quelque peu de fumier, et n'y laisser entrer les animaux qu'après la récolte des foins : avec ces attentions, l'herbe se fortifie en avril et en mai; la graine succède en juin, et le foin mûrit.

Dans de grandes sécheresses, on tâche de les arroser ou par l'eau de rivière, si cela se peut, ou en ménageant un ruisseau qu'on retient dans un lit forcé.

On peut encore retirer des prés une seconde herbe, qu'on appelle *regain,* et que l'on fauche à la mi-septembre. Les prairies servent, 1° pour l'établissement d'un haras, par le moyen duquel on se pourvoit de chevaux; 2° pour y élever de jeunes bœufs, que l'on met au tirage à trois ou quatre ans, et qu'on en retire à dix pour les engraisser; 3° pour y nourrir des troupeaux de vaches.

Prairies artificielles. Quand la nature d'un héritage ne donne point de prairies, et qu'on en a besoin pour nourrir les animaux nécessaires au labourage, on peut en faire une de la manière suivante : Choisissez une pièce de terre d'une étendue raisonnable, environnez-la d'un fossé, labourez-la plusieurs fois ; semez-y en février les graines de l'espèce du foin qui convient le mieux à la qualité de la terre. Si, par exemple, la terre est nourrissante, semez-y de la luzerne ; un boisseau suffit pour un arpent ; mêlez-la avec quelques boisseaux d'avoine, et jetez-la à pleine main. L'avoine vous dédommagera de la culture de la première année : les années suivantes, coupez la luzerne deux ou trois fois par an ; cette herbe est bonne pour les agneaux et engraisse les chevaux, donne aux vaches beaucoup de lait ; mais, de peur qu'elles n'en mangent avec trop d'avidité, on la mêle avec de la paille coupée.

En général, dans les pays qui manquent de pâturages, on doit y semer du sainfoin, du trèfle, du fenu-grec.

Il y a aujourd'hui plusieurs exemples de divers particuliers qui tirent un profit considérable de ces sortes de prairies.

Les cultivateurs en France pourraient, s'ils voulaient, prendre pour modèles de ces sortes de prairies artificielles, celles qui se pratiquent par les fermiers d'Angleterre ; ces dernières consistent en trèfles, luzernes et sainfoins.

Le trèfle, quand il est vert, est plein d'un suc très-nourrissant, qu'il perd étant sec ; mais en tout temps il est excellent pour les chevaux, les bœufs et vaches, et surtout pour les cochons ; les truies s'y engraissent bien vite, et on tire un bon profit de la vente des cochons. On a soin d'arracher les chaumes du champ où l'on veut semer du trèfle, de les brûler, et d'en disperser les cendres. Dès qu'on a donné un labour, et à la fin du mois d'août, on sème la graine du trèfle après l'avoir fait tremper dans l'eau pour en ôter ce qui surnagera ; la meilleure est celle qu'on tire de Flandre. Il est toujours plus avantageux que le champ soit clos, du moins d'une haie. Avant l'hiver, le trèfle couvrira la terre ; dès qu'il gèlera, on doit y voiturer douze à quinze tombereaux par arpent de bon fumier. Voyez *Amélioration des terres*, article *Terre*.

On peut couper l'herbe dès le commencement de mai; on n'en doit pas donner trop aux bêtes, qui en sont alors extrêmement avides. Il faut vingt livres de graine par arpent; au bout de trois ans on sème de l'orge dans ce même champ, et la récolte ne manque pas d'être abondante; les deux autres suivantes seront pareillement bonnes en froment.

En Angleterre on cultive la luzerne comme le trèfle, et on devrait suivre cette méthode en France, mais avec cette différence, qu'il faut la fumer la troisième année, comme on aura fait la première, et que les trois cultures suivantes en grains seront d'une de froment entre deux d'orge, mais pour les terres médiocres et légères. Un arpent de luzerne nourrit deux chevaux, ou trois bêtes à corne, on douze ou quinze moutons l'été au vert, et l'hiver au sec.

Le sainfoin se cultive de même que le trèfle et la luzerne; on en doit semer un setier par arpent; on le fume tous les deux ans, parce qu'il commence à dépérir au bout de cinq, et qu'on peut le faire durer pendant six ans. Après cet espace, on sème de l'orge, puis du froment; ensuite des navets en automne; au printemps suivant, des pois ou de l'orge; ainsi on recueillera quatre fois dans le même champ en trois ans. Le sainfoin est la meilleure espèce de fourrage pour le bétail : on fauche trop tard en France pour le vert et pour le sec; la première herbe veut être coupée au commencement de mai. Quand on veut faire du suc, on fauche le trèfle et le sainfoin au moment que les premières fleurs s'épanouissent, et la luzerne quand les boutons sont formés; il est vrai qu'on perd un peu du poids du foin, mais on le regagne par son odeur, sa verdure et son suc, qui se conservent, et le regain en est bien meilleur.

Manière de défricher les vieilles prairies et de les réduire en bon état de labourer, selon les principes de la nouvelle culture.
1° On doit les labourer avec la charrue à coutre. Voyez *Charrue*. On passe les traits, par exemple, d'orient en occident, parallèlement les uns aux autres. Cette opération réduit d'abord toute la surface du terrain en bandes de gazon d'environ trois pouces de largeur. 2° On laboure ensuite le

même terrain avec une charrue ordinaire, attelée de deux chevaux ; on fait en sorte que les traits rencontrent à angles droits ceux qui ont été faits par la charrue à coutre, en les dirigeant du septentrion au midi ; on a attention de ne prendre qu'environ six pouces de largeur de terre à chaque trait ; ainsi toute la prairie est réduite en pièces de gazon, dont les plus grandes ont six pouces de longueur sur trois de largeur : on doit faire ces sortes de travaux avant l'hiver et au printemps ; ensuite ces prés peuvent être labourés aussi aisément que ceux qui sont en culture depuis long-temps. 3° On doit transporter à l'entrée de l'hiver des fumiers sur leur surface et en petits tas jusqu'au printemps , et alors on les répand de côté et d'autre. Il y a des cultivateurs qui sont d'avis qu'il vaut mieux les répandre sitôt qu'ils ont été voiturés , en sorte qu'ils couvrent la terre pendant tout l'hiver; qu'après les gelées on les divise avec les râteaux ; qu'ensuite on nettoie les prés, d'où l'on rapporte presque autant de charretées de fumier qu'on y en avait amené.

PRÊS (les) , sont les biens de campagne les plus estimés, parce qu'ils ne coûtent presque rien ; qu'ils rapportent tous les ans des récoltes abondantes ; qu'ils servent à la nourriture des bestiaux , et qu'on en tire de l'argent par la vente qu'on en fait.

On en distingue de plusieurs sortes : 1° les prés à foin ou prés naturels : ce sont des terres qui, sans semaille, produisent d'elles-mêmes de l'herbe qu'on fauche une ou plusieurs fois l'an.

2° Les pacages ou pâtis : ce sont des pâturages humides où l'on met les bestiaux pour s'engraisser. Voyez *Pâturages*.

3° Les prés cultivés : ce sont ceux où l'on sème de certaines herbes, comme le trèfle, le sainfoin, la luzerne; que l'on cultive avec soin.

4° Les prairies flottantes : ce sont celles qu'on peut couvrir d'eau sur la fin de l'hiver, quand on est dans le voisinage de quelque rivière ou d'un grand étang, par des rigoles qu'on en tire , qui distribuent l'eau dans le pré ; ces sortes de prés donnent trois fois plus d'herbes que les autres.

En général, tous les terrains gras et humides sont bons pour produire du foin : les bas prés produisent de bon foin ,

quand l'année est sèche; les prés hauts n'en produisent, comme
il faut, que quand l'année est humide; mais le foin est plus
fin que celui des bas prés. Les meilleurs prés sont ceux qui
sont semés de trèfle, de sainfoin et de luzerne.

Les bonnes herbes des prés sont le petit muguet, le vesce-
ron, l'avoine stérile, les renoncules, dites *pied-de-lion*, ou
autres; les hyacinthes, la pastenade ou carotte sauvage, la
germandrée, la raiponce, le cresson d'eau, le pastel ou
guesdre sauvage, la langue de cerf, l'oseille, les violettes de
mars, les marguerites, la petite centaurée, les consoudes, le
serpolet, la marjolaine, le baume, le pied de lion, le fumeterre, l'angélique, l'armoise, la pimprenelle, l'aigremoine,
la mille-feuille, la mélisse, le cytise, la verveine, le trèfle
d'eau, le mouron, les trèfles.

Les mauvaises herbes sont le colchicon ou mort-aux-chiens :
cette herbe produit en automne des fleurs blanches, puis
bleues; ses feuilles ressemblent à celles de l'ognon; la persicaire, la ciguë, le chiendent, la douve, herbe de marais,
mortelle aux brebis et moutons; la sauve, espèce de moutarde; la prèle qui croît dans les fossés.

Culture ou soins que demandent les prés naturels.

1º On doit les tenir clos, les sarcler, arracher les mauvaises
herbes, les épines, les ronces, joncs, glayeuls, faire la guerre
aux tanpes; 2º aplanir la superficie du pré, semer dans tous
les endroits vides, ôter toutes les pierres; 3º les arroser suivant le besoin qu'ils en ont, surtout au printemps et en été,
par le moyen de quelque bâtardeau ou écluse, et par des rigoles qu'on entretient dans la longueur et la largeur du pré,
afin qu'il soit abreuvé également; empêcher que les eaux n'y
séjournent trop, ce qui le dégraderait : on pratique pour cela
des fossés et des saignées pour en détourner le cours; 4º les
fumer tous les trois ou quatre ans, en décembre, janvier et
février, et dans le temps où les productions languissent, et
plus abondamment les vieux que les jeunes. Le fumier pour
les prés faits doit être bien pourri et ne pas sortir tout ré-
cemment de dessous le bétail, car il brûlerait la pointe des
herbes. Celui de mouton, bœuf, vache, chevaux; celui des

boues des rues et des chemins ; les curures des mares, les ordures de la basse-cour, tout cela est bon, aussi bien que de la bonne terre meuble, mêlée avec le fumier ; 5° avoir grand soin, dès que l'herbe commence à piquer, de ne laisser approcher aucune bête de ces sortes de prés, et jusqu'à ce qu'elle soit fauchée et enlevée ; en un mot, tant qu'il y a de l'herbe à espérer, c'est-à-dire, jusque vers la fin de septembre, parce que les prés ne sont que destinés pour rapporter du foin, et non pour servir de pacage ; 6° les labourer et semer de nouveau quand ils s'affaiblissent et qu'ils rapportent peu de chose.

Manière de faire un pré ou de convertir une terre en pré.

1° Quand on a choisi un bon fonds, on doit le labourer profondément et à plusieurs fois ; le premier labour doit être au printemps, le second et le troisième, en automne ; 2° le fumer en février avec le fumier le plus nouveau et le plus gras, et donner le dernier labour pour unir la terre, et bien mêler le fumier ; 3° y semer, quelques jours après, la graine de foin, avec laquelle l'on doit mêler de l'avoine ou du trèfle : la plus mûre est la meilleure ; elle doit avoir été bien vannée et bien nette : on doit la semer comme le blé et à plein champ ; passer ensuite la herse deux fois en long, deux en large et deux en travers, pour couvrir la semence ; quelque temps après arroser le nouveau pré, si la terre est forte ; le défendre la première année des bestiaux par de bonnes haies ou de bons fossés, et pour toujours des cochons ; le préserver des grandes chutes d'eaux, qui emporteraient la terre encore légère ; le sarcler dès la première année et le sécher. Voyez *Trèfle, Sainfoin, Luzerne.*

Un bon arpent de pré peut rapporter 300 bottes de foin, et le plus médiocre, 100. Les prés flottans peuvent produire le double. Lorsque les prés ne rapportent plus, on les met en simples pâtures, ou en terres labourables, si le profit en grain est plus grand, et lorsque ce changement ne fait pas de tort au public, c'est-à-dire, au pâturage des bestiaux de la communauté du lieu.

Pour mettre les prés en novale ou terres labourables, il faut,

1° que la terre en soit grasse et substantielle ; 2° on doit les labourer souvent, les amender avec les cendres de gazon du même pré dont on a coupé la superficie. Voyez *Pâturages.*

Nouvelles observations sur les prés.

Un homme qui a beaucoup de prés fait fort bien de les exploiter par lui-même au lieu de les affermer : c'est ce que doit faire celui qui est résident dans sa terre, ou qui va y passer le temps de la fauchaison, parce qu'il a besoin de foins pour sa consommation, et qu'il peut se servir de ses chevaux pour les enlever : mais, lorsqu'on en a peu, cet objet n'indemnise pas des soins et de la dépense que donne l'exploitation ; car il ne faut rien épargner pour faucher, faner, serrer ou emmeuler à propos ; la moindre perte de temps est de conséquence.

Il est absolument nécessaire de procurer des foins au fermier ; sans cela, il ne peut pas nourrir des bestiaux : de plus, lorsqu'un propriétaire a beaucoup plus de foin que le fermier n'en peut consommer, il peut les vendre sur pied tous les ans ; cela est plus avantageux qu'un bail, attendu que le fermier paie la taille sur son bail, et qu'il n'y en a point en vendant tous les ans sur pied. Mais il est toujours plus avantageux de les exploiter par soi-même lorsqu'on le peut, parce qu'on garde son foin, et qu'on profite des révolutions qui arrivent sur cette denrée comme sur toutes les autres.

Il faut absolument faire pacager dans les prés après les récoltes : on ne peut y mettre trop de bétail, cela les améliore ; mais il faut en exclure les moutons, car ils font dessécher les prés. On ne doit épargner aucune dépense pour procurer des arrosemens aux prés ; c'est un genre d'industrie qu'on néglige trop : souvent avec peu de dépense on aurait des regains qui vaudraient la première fauche. Le meilleur de tous les engrais pour les prés, c'est le fumier de pigeon. Lorsqu'un pré est trop mouillé, on le dessèche par les saignées, en cherchant à donner du cours à l'eau, sans quoi la terre pourrirait : ces fossés de desséchement sont faciles à faire, étant peu profonds.

On doit faucher exactement les prés, en rabattre tous les

ans les taupinières, et arracher les grosses herbes et les épines. Lorsqu'il y a des fossés autour des prés, il faut les bien entretenir et conserver les haies qui servent d'abri aux bestiaux : dans les chaleurs, on doit mettre des saules, aunes, peupliers, frênes et autres arbres aquatiques, dans tous les prés mouillés et le long des ruisseaux. C'est un profit certain que d'en planter chaque année une certaine quantité, et l'entretenir. Comme les taupinières gâtent les prés, il faut travailler à les détruire, ce qui n'est pas difficile : on doit aussi faire périr la mousse, ou par le séjour de l'eau, si cela est possible, ou par le râteau de fer. Lorsqu'on afferme des prés, il faut obliger le fermier à toutes ces choses, et en faire autant de clauses de son bail : on doit même l'empêcher de dénaturer les prés ; et, quoiqu'on lui permette de les retourner, on doit l'obliger de les rendre en prés, parce qu'on est par là dispensé de payer la dîme d'un pré, quoiqu'il y fût sujet lorsqu'il produisait du grain. *Essai sur l'Administration des Terres.*

PRESCRIPTION. On appelle ainsi le droit qu'on a acquis sur une chose après l'avoir possédée pendant le temps requis par la loi : mais il faut pour cela, 1° que la chose soit prescriptible, 2° qu'elle ait été possédée continuellement et sans interruption ; 3° que le possesseur, en qui a commencé la prescription ait été dans la bonne foi, et que la possession soit fondée sur un titre suffisant pour acquérir la propriété. Au reste, cette possession peut se continuer à plusieurs : ainsi, la possession qu'a eue le défunt sert à son héritier, et se continue en sa personne, pourvu que la chose n'ait pas été possédée par un autre dans un temps intermédiaire.

A l'égard du temps requis pour la prescription, trois ans suffisent pour la prescription des choses mobilières, si elles ont été possédées à juste titre et de bonne foi. Dix ans entre présens, et vingt ans entre absens, sont suffisans pour acquérir la prescription des immeubles, si le possesseur en a qualité de propriétaire ; il en jouit pendant ce temps sans violence et sans trouble ; il en est de même pour être libéré de toute hypothèque, rente, charge foncière. A l'égard des actions personnelles, soit pour rente, somme de deniers ou autre chose, même l'action hypothécaire lorsque l'action personnelle est jointe à l'hypothèque, elles se prescrivent par trente ans, et par quarante, tant entre absens que présens, soit qu'il y ait eu bonne foi ou non, si pendant cet espace de temps la dette n'a été ni demandée en justice, ni reconnue.

À l'égard des crimes, ils se prescrivent par vingt ans, mais il en faut trente lorsqu'il y a eu exécution du jugement par effigie.

PRESSOIR. Machine composée de différentes pièces de charpente, et destinée à pressurer les vendanges et les autres fruits. La construction d'un pressoir demande la plus sérieuse attention, et on n'y doit employer que des gens entendus, de peur qu'il ne rompe bientôt. Pour donner à un pareil ouvrage la stabilité et la durée nécessaires, il ne faut pas épargner la dépense, tant pour la qualité du bois que pour les frais de la construction.

La construction des pressoirs est différente selon les provinces, particulièrement celles qui sont fort éloignées les unes des autres.

Les pressoirs sont regardés comme des immeubles, et sont censés faire partie de la maison.

PRÉSURE ou *Caillette*. On s'en sert pour faire cailler le lait. C'est un lait caillé que l'on trouve dans un petit sac qui tient à la panse du veau; si on mettait du sel ou de la muscade, ou du vinaigre dans le lait avant la présure, il en empêcherait l'effet; au contraire, il l'endurcit après la présure : la présure sert aussi à faire des fromages; plus elle est gardée, meilleure elle est.

PRÊT. Le prêt a lieu en matière d'argent comptant et autres choses qui se consument par l'usage, comme du blé, du vin, etc. Celui qui emprunte devient le maître et le propriétaire de la chose empruntée; ainsi, il n'est pas obligé de rendre la même chose, comme il le serait s'il avait emprunté un cheval ou des meubles, et autres choses qui ne se consomment pas par l'usage, et qu'on doit rendre en nature; mais il est obligé seulement de rendre la même quantité, le même poids ou la même mesure; ainsi, si la chose vient à périr, de quelque manière que ce soit, même par cas fortuit, elle est perdue pour celui qui l'a empruntée, parce que la perte d'une chose tombe toujours sur celui à qui elle appartient; mais il n'en est pas de même dans le prêt des choses qui ne se consomment pas par l'usage, comme serait celui d'un cheval ou autre chose, à moins qu'il n'y ait de la faute de celui qui l'a emprunté, comme s'il s'en est servi à d'autres usages qu'à ceux pour lesquels il l'a emprunté.

A l'égard du prêt d'argent, il est toujours réputé devoir être gratuit, du moins en justice ; autrement ce ne serait plus un prêt, mais une espèce d'usure, à moins que le débiteur ne soit en demeure de payer, et que le créancier n'ait fait une demande en justice du principal et des intérêts ; car alors il lui est dû des intérêts.

PRIMEVÈRE. Plante qui fleurit dès le commencement du printemps; ses fleurs sont jaunes : elle croît dans les champs, dans les prés. Son usage est dans les affections de la tête, comme apoplexie, paralysie ; on use de ses fleurs à la manière de thé.

PRISÉE. On entend par ce terme, la valeur et estimation des choses faites par autorité de justice.

PROCÈS-VERBAL (le), est un acte dressé par des officiers de justice, lequel contient ce qui s'est passé en une descente, visite ou capture, ou dans une commission particulière, comme sont les dires ou contestations des parties, leurs comparutions, les auditions des témoins. On dresse des procès-verbaux d'apposition et de levée de scellé : ceux-ci se font par un commissaire : on en dresse de rebellion à la justice ; ils se font par un huissier. En un mot, on en dresse de tout fait grave qui attaque le droit d'une personne publique.

PROCURATION. On entend, par ce terme, le pouvoir que quelqu'un qui est absent donne à un autre, de gérer à sa place une ou plusieurs affaires, ou quelque bien : ce pouvoir peut se donner, ou par une procuration en forme, c'est-à-dire, par-devant notaire, ou par une simple lettre. La procuration peut contenir un pouvoir illimité de faire ce que jugera à propos le procureur constitué, ou un pouvoir borné. En général, le dernier peut faire tout ce qui se trouve compris dans l'expression ou dans l'intention de celui qui l'a proposé : ainsi, le pouvoir de recevoir ce qui est dû renferme celui de donner quittance. Le procureur constitué peut non-seulement demander le remboursement des dépenses qu'il a faites, ou le dédommagement de ce qu'il peut avoir souffert, mais même demander en justice la récompense de ses peines.

Il est libre au procureur constitué d'accepter la commission qui lui est donnée; mais, s'il s'en charge, il est obligé de l'exécuter; autrement, il serait tenu des dommages et intérêts qu'il aurait causés, à moins qu'il ne justifie qu'il a été hors d'état d'agir, et pour une juste cause. S'il conduit l'affaire, il est obligé de rendre compte de sa gestion.

PROCUREUR. Il y en a de deux sortes : l'un est un homme qui a reçu procuration et pouvoir de gérer quelque affaire pour une personne; on le nomme *procureur fondé* : l'autre est un officier établi pour défendre devant les tribunaux les intérêts des personnes qui les lui confient; on le nomme *avoué*. Il doit faire toutes les poursuites et procédures nécessaires pour l'instruction des causes et procès dans lesquels il occupe, jusqu'à jugement définitif, et cela en vertu du pouvoir exprès ou tacite qu'il a reçu de sa partie.

Il y a certaines choses que les procureurs constitués ne peuvent pas faire sans une procuration spéciale ; 1° quand il s'agit de former une nouvelle demande; 2° d'interjeter appel, ou de renoncer à un appel interjeté; 3° de faire quelque désistement, ou quelque renonciation que ce soit; 4° un procureur ne peut donner un consentement qui nuise à sa partie, ni affirmer, ni faire des offres, ni récuser un juge, ni former une inscription de faux, ni reconnaître une promesse ou une écriture privée, ni faire aucun désaveu, ni recevoir des deniers et passer quittance. Enfin, il ne peut faire aucun acte qui dépende du fait de la partie, et qui ne soit pas de l'instruction ordinaire de la procédure, à quoi son pouvoir est borné, sans une procuration spéciale, à moins que, lorsque la partie est sur les lieux, le procureur ne lui ait fait signer les actes qui sont du fait personnel de cette même partie; car cette signature vaut un pouvoir spécial. Un procureur qui, dans les cas dont on vient de parler, passerait les bornes de son ministère, pourrait être désavoué et condamné en son nom aux dommages et intérêts de la partie. On doit observer que les significations qui sont faites au domicile des procureurs, pour l'instruction des procès, sont regardées

comme si elles étaient faites à leurs parties ; mais, à l'égard
des jugemens qu'on veut mettre à exécution, il faut les signifier au domicile de la partie, outre la signification qui en
a dû être faite à son procureur. Les procureurs ne peuvent
pas retenir, pour raison de ce qui leur est dû, les titres de
leurs parties, mais seulement les procédures qu'ils ont faites.
Ils ont six ans pour demander en justice leurs frais, salaires
et vacations, à compter du jour qu'ils ont commencé d'oc-
cuper, et deux ans en cas de décès des parties, de révoca-
tion ou discontinuation de procédure.

PROTÊT. Terme usité en fait de lettres de change. C'est
une sommation que l'on fait faire par un huissier à un ban-
quier ou marchand, d'accepter une lettre de change tirée
sur lui, ou bien de l'acquitter quand le temps du paiement
est échu. Le protêt, faute d'accepter, doit être fait dans le
même temps que l'on présente la lettre, et en cas de refus d'acceptation ; ce protêt n'oblige le tireur qu'à rendre au porteur
la valeur de la lettre de change, ou à lui donner des sûretés.

Le protèt, faute de payer, se fait quand celui qui a accepté
la lettre de change refuse de la payer au temps du paiement
échu, et à compter du lendemain de l'échéance de la lettre.

Dans l'une et l'autre sortes de protêt, on doit déclarer et
protester que, faute d'acceptation ou de paiement de la lettre de change dont il s'agit, on la rendra au porteur, ou
qu'on se pourvoira, ainsi qu'on avisera bon être. Voyez
Lettre de change.

PROVINS. On entend par ce mot des branches qu'on couche en terre sans les séparer de la mère branche, afin qu'elles
prennent racine et fassent de nouvelles plantes. On pratique
cette méthode surtout à l'égard de la vigne, des figuiers et
des bois taillis.

PROVISION. On appelle ainsi, en terme de justice, un
jugement qui adjuge à une partie une somme de deniers à
prendre sur certains effets, ou bien avant la décision du procès ; il faut, pour obtenir une provision, que la demande
soit très-équitable, comme le sont, par exemple, les provisions accordées pour alimens et pour faire subsister quelqu'un. On accorde encore une provision sur des biens saisis
réellement à la partie saisie, comme à une veuve et à ses

enfans, à prendre sur le produit des baux judiciaires pour leur servir de provision alimentaire.

PRUNEAUX (les), sont des prunes qu'on fait sécher au four. On choisit pour cela des impériales rouges, des prunes-de-monsieur, de Sainte-Catherine ; on ne prend point celles qui sont tombées sous les arbres ; on les range sur des claies, et on les fait sécher au four à plusieurs reprises, lorsque le pain en a été tiré.

PRUNELLIER. C'est le prunier sauvage. Arbrisseau épineux qui croît dans les haies et les lieux incultes ; il porte de petites prunes comme de gros grains de raisin, de couleur noire et d'un goût âcre ; on les appelle *prunelles*. Leur suc est très-propre pour resserrer ; ainsi elles sont bonnes dans le cours de ventre et la dyssenterie.

PRUNES (les), sont les fruits du prunier ; voici leurs différentes espèces et qualités :

Le gros damas de Tours : elle est hâtive, a la chair jaune, et quitte le noyau ; elle est fort estimée.

Prune-de-monsieur, grosse, ronde, quitte le noyau.

Les damas rouges, blancs et violets, sucrés ; le violet est longuet ; le rouge et le blanc sont ronds.

La diaprée, grosse et oblongue, très-fleurie, d'un goût relevé ; a l'eau douce et sucrée.

La mirabelle, petite, blanche, jaunâtre, sucrée, quitte le noyau ; la grosse est la meilleure.

Damas-d'Italie, presque rond, d'un violet brun, fleurie.

La reine-claude, verdâtre, ronde, très-sucrée, fort estimée.

La royale, grosse, ronde, d'un rouge clair, d'un goût relevé.

La sainte-catherine, longuette, grosse, d'un blanc jaunâtre.

Le drap-d'or, espèce de damas, d'un jaune marqueté de rouge ; est fort sucrée.

Perdrigon violet, assez grosse et longue, a la chair très-fine, l'eau sucrée, le goût relevé ; mûrit à la mi-août.

Perdrigon blanc, a les mêmes qualités.

Impériale, belle prune, d'une figure d'olive ; elle a une couture d'un côté, qui règne depuis sa queue jusqu'à sa tête ;

d'un coloris rougeâtre ; a la chair ferme, l'eau abondante, douce et sucrée.

Le damas musqué est petit et plat, quitte le noyau.

La prune d'abricot, blanche d'un côté, rouge de l'autre.

La dauphine, une des meilleures prunes, est verdâtre et ronde, assez grosse, son eau est fort sucrée au goût ; pour la manger bonne, il faut la laisser rider vers la queue.

L'impératrice, espèce de perdrigon violet, tardif ; mûrit en octobre, a la chair fine et fondante, l'eau douce, sucrée ; on en fait de bonnes compotes.

La reine-claude est la meilleure de toutes les prunes ; elle mûrit au mois d'août, et conserve toujours sa verdure ; mais ce vert est tendre ; sa peau est fine et colorée, d'un rouge brun ; la chair est succulente et sucrée.

PRUNIER. Arbre fort connu. Le prunier cultivé est d'une médiocre grandeur ; il a les feuilles dentelées et un fruit charnu et fort bon. On les multiplie en les greffant sur les sauvageons des pruniers venus de noyaux ou de rejetons ; les meilleurs sont ceux qu'on élève au pied des pruniers de Damas noir et de Saint-Julien. Les pruniers veulent une terre sèche et sablonneuse ; on doit les labourer, éplucher la gomme, la mousse, découvrir de temps en temps ses racines et y répandre de la lie d'huile ou des cendres de sarment. On les greffe en fente ou en écusson, mais seulement sur d'autres pruniers, tels que le damas noir et Saint-Julien, ou sur des sauvageons de pruniers élevés de boutures ou de noyaux. On les taille dès le mois de février, et à proportion de la vigueur de l'arbre ; on doit laisser les branches à fruit fort longues ; tailler long les branches à bois et ôter les inutiles ; mais il faut lui laisser beaucoup de vieux bois, surtout des branches à fruit ; avoir soin d'ôter les branches et de les dégager surtout de la confusion des branches ; mais on ne doit tailler les pruniers que six ou sept ans de suite, après les avoir replantés, et les laisser ensuite pousser à leur fantaisie.

PUCERONS. Insectes nuisibles aux arbres fruitiers. C'est au printemps qu'on les aperçoit ; ils se cachent dans les feuilles, et ils sont fort friands des jeunes plants ; peu de temps après qu'ils sont éclos, il leur vient des ailes ; on doit les détruire autant qu'il est possible, soit en frottant les branches de chaux vive tempérée dans l'eau, soit en versant de fort vinaigre sur ces insectes.

PUCES. *Remède pour les chasser.* On doit tenir les chambres dans une grande propreté ; les asperger d'une décoction de rue mêlée avec de l'urine ; mettre de la rue et de l'absinthe entre les matelas et la paillasse.

Faites dissoudre dans un seau d'eau une once de sublimé en poudre; faire bouillir cette eau un quart d'heure, arrosez-en la chambre quatre jours de suite.

Autre remède. Parfumez les chambres avec du serpolet et du pouliot.

PUISARD. Puits de pierre, ou grand trou qu'on pratique, surtout dans les grandes basses-cours, et où se perdent toutes les eaux qu'on y jette et qu'on y conduit ; le fond en est de sable, et par-dessus on met des pierres sèches; on le couvre d'une grille de fer serré, afin qu'il n'y ait que l'eau qui y passe et non les grosses ordures.

PUITS. Quand on en veut faire un, ce doit être dans un endroit éloigné des étables, des fumiers, des mares. On doit les creuser dans une terre sablonneuse ou noire, tenant de l'argile ou de la glaise, afin que l'eau en soit bonne ; car, si la terre est fangeuse ou limoneuse, l'eau risque d'être mauvaise : l'eau des puits pratiqués dans les prés et lieux humides ne vaut rien. Quand on a trouvé cette terre, car on en trouve partout avec de la patience, on bâtit le puits ; on laisse des trous aux murs dans les endroits où il y a des sources qui y aboutissent.

Plus on tire de l'eau d'un puits, plus elle est légère, et par conséquent meilleure.

Pour que les puits soient entretenus nettement, il faut les faire curer de temps en temps.

Quand on ne peut avoir des puits qu'à très-grands frais, on doit faire construire une citerne; car il n'y a point de plus grande incommodité que celle de manquer d'eau à la campagne.

PULMONAIRE. Plante dont les feuilles ressemblent à celles de la buglose, et sont marquées de taches blanches ; elle croît dans les bois et les lieux ombrageux. Ses feuilles sont rafraîchissantes et d'un grand usage dans le crachement de sang et autres affections du poumon et de la poitrine ; elles ont la vertu de consolider les ulcères ; voilà pourquoi on donne encore à cette plante le nom de *consoude*. On s'en sert encore dans les apozèmes et dans les tisanes ; on l'emploie aussi en sirop. Cette plante demande une terre grasse et bien cultivée ; on la multiplie de plants enracinés au mois de mars.

Il y a encore la pulmonaire de chène ; c'est une espèce de mousse qui s'attache sur les troncs des chênes et des hêtres ; elle a les mèmes vertus que la précédente.

PUNAISES. *Remède contre les punaises.* Mettez ensemble savon noir et du vif argent. Faites-en une espèce d'onguent, et oignez-en les endroits où il y a des punaises.

Ou faites bouillir de la coloquinte avec de la rue, et lavez les bois de lit avec cette décoction.

Ou mèlez neuf onces de sain-doux avec deux onces de vif argent en forme d'onguent, et frottez-en le bois de lit.

Ou frottez les fentes des lits avec de la colle de poisson que vous aurez fait cuire.

A l'égard de celles qui sont aux murailles, voici le remède : Pilez quinze drachmes d'*herbe aux poux*, et autant d'ognon marin, coupé en petits morceaux, avec une cuillerée de fort vinaigre : faites chauffer le tout, et enduisez-en le mur.

Autre remède contre les punaises et les puces. Mettez un peu de soufre dans un vaisseau de terre ou de fer ; placez-le au milieu de la chambre qui est infectée de cette vermine, après en avoir ôté seulement le linge, les habits et hardes, mais non les tapisseries ni les housses, ni les gros meubles en bois : fermez bien exactement toutes les portes et les fenètres, afin que la vapeur se communique partout, et ne se dissipe point au dehors. Les punaises et les puces périront indubitablement ; il restera à la vérité dans les chambres ainsi enfumées une odeur de soufre ; mais elle se dissipera au bout de quelques jours, en laissant les portes et les fenètres ouvertes. Pour ne pas être incommodé de cette opération, on doit la faire par partie, c'est-à-dire, dans une chambre tandis qu'on habitera dans une autre, et ainsi de suite.

Purgation des oiseaux de volière. On purge avec de la graine de melon mondée, ou avec des feuilles de laitue, ou de la poirée, ou du mouron, tous les oiseaux qui mangent du chenevis, du millet, de la navette ; on leur donne aussi un peu de sucre trempé dans l'eau : à l'égard des oiseaux qui mangent de la pâte, tels que le rossignol, on doit les purger une fois le mois avec deux ou trois vers de farine, et mettre du sucre dans leur eau.

Q.

QUART. Sorte de mesure, qui fait la quatrième partie du boisseau. On appelle aussi de ce nom la quatrième partie du muid de Paris, laquelle contient soixante-douze pintes.

QUARTAUT. On appelle ainsi le quart de la queue de Champagne.

QUEUE *de Champagne* (la), tient un muid et un tiers, mesure de Paris ; ce qui fait trois cent quatre-vingt-quatre pintes. La demi-queue fait deux tiers du muid. Le quart de la queue s'appelle *quartaut*.

Queue d'Orléans, de Blois, de Nuits, de Dijon et de Mâcon. Terme de la mesure ordinaire du vin dans ces pays : elle tient un muid et demi, mesure de Paris, lequel est de deux cent quatre-vingt-huit pintes ; ce qui fait quatre cent trente-deux pintes.

QUINCONCE. On appelle ainsi un certain arrangement que l'on donne aux arbres en les plantant : un quinconce est un plant d'arbres posés en plusieurs rangs parallèles, tant en longueur qu'en largeur ; mais posés de manière que le premier du second rang commence au centre du carré que forment les deux premiers arbres du premier rang et les deux premiers du troisième ; ce qui fait la figure du cinq d'un dé à jouer. Cependant aujourd'hui les quinconces ne sont que plusieurs allées de hauts arbres plantés à angles droits, et qui forment un échiquier simple, ou trait carré de toutes faces : on a trouvé que l'ancien quinconce formait des allées plus étroites les unes que les autres.

Les quinconces d'arbres stériles réussissent mal si on ne les laboure : ainsi il faut y passer la charrue ou la bêche deux fois l'an; et, afin de ne pas perdre sa dépense, on pourra y semer de l'orge, de l'avoine ou des pois; et, lorsque l'ombrage empêchera la récolte, on formera sa pelouse. Par cette méthode, les arbres deviennent beaux, il en périt peu, ils poussent également, et ils sont plus forts à quinze ans de plantation que ceux négligés ne le sont à trente. Ces sortes d'arbres bien cultivés pendant dix ou douze ans sont toujours beaux, quoiqu'on ne les cultive plus dans la suite; mais ceux qui ont été négligés dans les premières années, ne se rétablissent plus.

C'est une entreprise hasardée que de mettre en quinconce des arbres fruitiers; car il n'y a que les bordures qui rapportent; l'ombrage de l'un étouffe l'autre; l'air ne passe pas, et le fruit n'a point de qualité.

QUINTAL. C'est le poids de cent livres; mais il n'est pas égal en tous lieux : c'est la différence des livres qui fait la différence du quintal.

QUINTE-FEUILLE. Plante qui croît dans les lieux aquatiques; elle pousse, comme le fraisier, plusieurs tiges menues; ses feuilles ressemblent à celles de menthe, et sortent cinq à la fois d'une seule tige. Cette plante est vulnéraire et astringente; on l'emploie dans le crachement de sang, la toux, la jaunisse, les affections catarrheuses, le cours de ventre, la dyssenterie.

QUITTANCE (une), est un acte de la part du créancier, par lequel il reconnaît avoir reçu telle ou telle somme de son débiteur, et qu'il l'en tient quitte. Les quittances des trois dernières années d'arrérages d'une rente induisent le paiement des précédentes, si elles ne portent expressément la clause, sans préjudicier à ce qui est dû des précédentes.

R.

RABAIS (adjudication au). On fait des adjudications ou marchés au rabais pour des ouvrages publics, pour des mineurs, pour des ouvrages d'église, et on adjuge l'entreprise à celui qui veut la faire à moindre prix. Le rabais est opposé à l'enchère ; car dans cette dernière on adjuge la chose ou le bail à celui qui en offre davantage.

RABOTS. Outils de jardinage. Ce sont des espèces de douves, rondes par dehors, plates par le bas, et emmanchées par le milieu, qui servent pour unir et affermir les allées du jardin après que le râteau y a passé.

RACINES. On appelle ainsi les parties inférieures de la plante qui sont ordinairement cachées dans la terre, et dans le lieu où la graine a germé. Une racine se divise en plusieurs filamens, qu'on appelle du *chevelu*, par où elle reçoit les sucs de la terre. La principale racine d'un arbre s'appelle *pivot*, parce qu'elle est perpendiculaire à sa tige.

On comprend, sous le nom de *racines*, toutes celles qu'on dépouille en plein champ, ou dans les jardins, qui servent à la campagne, non-seulement pour les alimens, mais aussi pour les nourritures des bestiaux : tels sont les navets, dont il y a plusieurs espèces, les grosses raves, les panais, les carottes. Il y a des raves et des navets qui viennent d'une grosseur extrême par la culture, et qui sont d'une grande utilité pour la nourriture des bestiaux.

Pour cet effet, on les sème au mois de juin, dans la même terre d'où l'on vient de dépouiller l'orge prime après avoir brûlé le chaume, donné un labour, et hersé la terre vers le mois d'octobre ; on roule un tonneau plein d'eau pour abattre les feuilles, et faire grossir les racines ; elles sont mûres en novembre ; on les arrache avant les grands froids. Quand on en a beaucoup, on doit pratiquer une loge pour les mettre à couvert, faite en plein air avec des perches en carré et des claies pour servir de murs, et d'une couverture de paille.

Racines potagères. Elles se plaisent dans une terre un peu grasse, mais douce et ameublie.

RADIS. Espèce de rave forte qui a la forme du navet. Voyez *Rave*.

RAIPONCE. Herbe dont les feuilles et la racine se mangent en salade ; les bonnes viennent de Meaux ; on les sème au mois de juin. Avant que cette plante soit levée, il faut l'arroser et la sarcler.

RAISIN (le), est le fruit de la vigne : il y en a de plusieurs sortes : 1° tous les raisins communs qui sont destinés pour les vins ; 2° les plus distingués, comme le chasselas et le muscat. Voyez *Chasselas* et *Muscat* ; 3° le raisin de Corinthe : il est délicieux et sucré, a le grain menu et pressé, la grappe longue et sans pépins ; il y a aussi le rouge et le violet ; 4° le damas, qui est de deux sortes : le blanc et le rouge ; sa grappe est grosse et longue, le grain gros et ambré : il n'a qu'un pépin ; 5° le raisin d'abricot, ainsi appelé, parce que son fruit est jaune et doré ; sa grappe est fort grosse ; 6° le sauvignon, raisin noir, assez gros et long, hâtif, d'un goût relevé ; 7° le Bar-sur-Aube : c'est celui qui se garde le plus long-temps. Voyez *Vigne*.

Raisin de jardin et de treille. Ceux qu'on cultive ordinairement dans le jardin sont le raisin précoce, ou de la Madeleine ; le chasselas, qui mûrit facilement, et est fort doux : le ciouta, qui est également fort doux, et a les feuilles découpées comme le persil ; le corinthe blanc et violet, dont les grains sont sans pépins et fort serrés, et les grappes fort grosses ; le muscat, plus blanc que rouge, qui est excellent lorsqu'il est bien mûr ; il faut qu'il soit en espalier ; le muscat d'Alexandrie, qui est fort gros et long, mais il lui faut un terrain fort chaud ; le bourdelais, dont on se sert pour verjus, soit lorsqu'il est vert, soit lorsqu'il est mûr.

Pour avoir des uns et des autres, on doit planter au midi, en manière d'espalier, quelques marcottes ou crossettes, qui sont des branches de vigne du bois de l'année ; on peut aussi employer de celles où il reste un peu de vieux bois de l'année précédente.

On ne laisse que trois yeux à chaque marcotte ; on en rafraîchit la racine ; on les couche en terre dans des rigoles, ou dans des trous d'un pied de profondeur, et à deux pieds de distance l'une de l'autre ; on répand ensuite du fumier de vache. On doit leur donner par an quatre labours légers ; savoir, au mois de mars, à la mi-mai, en juillet et en octobre, et les tailler au mois de mars ; ce qu'on fait en ôtant tout le bois mort et superflu ; et on ne garde que les plus belles branches, qu'on taille au-dessus du quatrième œil, et on taille à deux yeux celle d'au-dessous, qu'on appelle *courson*, afin qu'elle donne deux bonnes branches l'année d'après ; on doit laisser un bon doigt de bois au-dessus de l'œil du haut de la branche taillée, et faire la taille en talus de l'autre côté de l'œil ; l'année suivante, on coupe la branche qui a été taillée à quatre yeux ; si le courson n'en avait donné aucune, on aurait recours à la branche taillée à quatre yeux de l'année précédente, qui en a donné quatre ; on lie la vigne à mesure qu'elle monte.

Moyens de conserver long-temps les beaux raisins.

Mettez dans le fond d'un tonneau bien relié un lit de son de froment bien séché au four, ou de cendres tamisées ; posez sur ce lit vos grappes de raisins proprement coupées, sans les serrer, ni en mettre deux l'une sur l'autre ; sur cette couche de grappes mettez un nouveau lit de son ou de cendres, et ainsi alternativement jusqu'au haut du tonneau, et de manière qu'il soit terminé par un lit de son ou de cendres ; bouchez ensuite le tonneau de manière que l'air n'y puisse pénétrer ; vous éprouverez que le raisin sera aussi sain au bout de huit ou dix mois, et même d'un an, que lorsque vous l'y aurez mis. Bien plus, si vous voulez lui faire reprendre sa fraîcheur, coupez le bout de la branche de la grappe, et faites-le tremper dans du vin, comme on fait tremper un bouquet dans l'eau, observant de mettre les blancs dans du vin blanc, et les rouges dans du vin rouge ; l'esprit-de-vin leur fera reprendre ce qu'ils auront perdu de leur qualité.

RAISINÉ. *Manière de le faire.* 1° Les raisins doivent avoir été cueillis par un temps sec, et gardés quelques jours pour les laisser amortir ; ensuite pressez ces raisins entre vos mains ; ôtez les grappes, mettez les grains sur le feu, faites-les bouillir doucement en écumant avec soin ; ôtez le plus de pépins que vous pourrez ; remuez toujours avec un bâton ou spatule ; diminuez le feu à mesure que le raisiné s'épaissit. Etant réduit à la troisième partie, passez-le à travers une étamine ou gros linge, et exprimez les peaux ; puis remettez le raisiné sur le feu, et achevez de le faire cuire, remuant toujours, et versez-le dans des pots qu'il faut laisser découverts jusqu'au lendemain.

RALE ou *rasle de genét*. Oiseau. Il y en a de terre, et d'autres d'eau. Le râle de terre est gros comme une perdrix, mais il est plus élancé; son plumage est rouge, blanc et bigarré; son bec est long et pointu. Il ressemble assez aux cailles; il habite volontiers dans les genêts, et se nourrit du grain de cette plante; la délicatesse de sa chair est très-vantée. Cet oiseau ne vole pas facilement, mais il court avec une grande vitesse. On chasse ces oiseaux au fusil, et on les prend au hallier.

Râle d'eau. Il est assez semblable au merle; il a le plumage des poules d'eau, et la chair un peu noire. On le trouve dans les marais, dans les étangs, et dans les endroits où il y a des joncs; on le chasse de même : au reste, il n'est pas si bon que le râle de terre.

RAPÉ. On appelle ainsi une préparation faite de raisins et de sarmens mis dans un tonneau par lequel on fait passer le vin, auquel on veut donner de nouvelles forces et une belle couleur, et lui conserver son premier goût. Pour cet effet, on met un petit lit de sarmens au fond d'un tonneau bien relié, et au-dessus une couche de raisins bien mûrs, dont on a coupé les queues près des grains, jusqu'au bondon ; on fait un autre lit de sarmens, et par-dessus on met un demi-pied de raisins, de manière qu'il reste un pied de vide au haut; ensuite on pose le fond au tonneau, on le met en place, et on le remplit d'un gros vin rouge jusqu'à trois doigts du bord, afin qu'il puisse bouillir avec facilité, et on l'entretient comme les autres vins.

Il y a un autre râpé pour éclaircir le vin, et qui se fait avec des copeaux de bois de hêtre neuf, bien secs, et les plus longs qu'il se peut; on les fait tremper dans l'eau pendant deux jours ; on les fait bien sécher, et on en remplit le tonneau jusqu'à un doigt près du bord, ensuite on ferme le tonneau ; on y verse par le bondon une chopine d'eau-de-vie; on roule le tonneau quelque temps ; on le met en place; on le remplit de vin, et on l'entretient toujours plein. Si le vin est long-temps à s'éclaircir, on doit en tirer les copeaux, les laver pour en ôter la lie, les faire sécher, et les imbiber d'eau-de-vie.

RATAFIA. Liqueur d'un grand usage. Tous les fruits

rouges sont propres à en faire. 1° Les cerises doivent être grosses, leur noyau petit, bien mûres, mais non trop, point tournées, claires et transparentes, et de bon goût; 2° les guignes doivent être très-mûres; 3° les groseilles pareillement, leurs grains transparens et gros; les employer aussitôt qu'elles sont cueillies; 4° les merises petites, dont la peau est fine, noire; elles corrigent par leur douceur les acides des autres fruits, et colorent le ratafia. La fraise et la framboise font le ratafia fin et le parfument.

Manière de le faire. Prenez la quantité nécessaire de cerises, merises, fraises et framboises; ôtez-leur la queue; écrasez-les; laissez-les infuser l'espace du soir au matin; tirez-en le jus par expression; mettez-y la quantité de sucre proportionnée au jus; passez le jus à la chausse; et, quand il sera clair, mettez-y alors votre eau-de-vie. Voici les épices qu'il faut pour l'assaisonnement du ratafia.

Mettez dans une pinte d'eau-de-vie une once de cannelle, deux gros de macis, un gros de clous de girofle, le tout pilé; distillez cette eau à l'alambic, et assaisonnez votre ratafia de cet esprit-de-vin épicé; et, pour le perfectionner, mettez-le à la cave.

La recette est, par exemple, pour douze livres de cerises, deux livres de merises, une livre et demie de framboises, quatre onces de sucre pour chaque pinte de jus, dans lequel on le fait fondre, et deux pintes et quelque chose de plus d'eau-de-vie, pour ajouter au ratafia.

Ratafia de baies de genièvre. Mettez dans une chopine de bonne eau-de-vie quatre onces de baies de genièvre mûres, demi-once de cannelle en petits morceaux, douze clous de girofle, et quatre onces de sucre candi, que vous ferez fondre dans quatre onces d'eau-rose; mettez le tout au soleil dans une bouteille de verre double bien bouchée : il est bon pour les indigestions et les douleurs d'estomac; la dose est d'une cuillerée ou deux à jeun.

RATEAU. Instrument de jardinage. Il y en a de deux sortes : les uns sont à dents de fer, pour dresser les planches et compartimens; les autres à dents de bois, pour nettoyer les allées ratissées.

RATISSOIRE. Outil de jardinage. Les unes ont le tranchant renversé comme des houes, pour couper l'herbe en tirant à sòi; les autres ratissent en avant.

RATS. Comme les rats causent beaucoup de dégât dans les maisons et dans les jardins, il faut leur faire la guerre en leur dressant plusieurs piéges. 1° On peut les attraper avec des quatre-de-chiffre, qui sont connus de tout le monde; 2° avec de l'arsenic en poudre, quand on peut en avoir, et en le mettant dans un lieu où les chats, ni les chiens, ni des enfans, ne puissent aller, car on ne saurait prendre trop de précautions; on met de cette poudre sur un morceau de fromage ou de beurre, et les rats crèvent infailliblement; 3° on peut mettre de l'eau dans un chaudron; et, pour que les rats viennent s'y noyer, on couvre cette eau d'une bonne couche de poussière de blé après qu'il a été vanné; 4° on les fait mourir encore avec de la limaille de fer mêlée dans du levain.

RAVE. Plante dont il y a plusieurs espèces. La première s'appelle *rave*; la seconde, *grand raifort*; là troisième, *petit raifort*, ou improprement *rave de Paris*. C'est la dernière qui est le plus en usage. On la cultive dans les jardins; ses feuilles sont grandes et rudes au toucher, s'élèvent jusqu'à près de deux pieds; ses fleurs sont purpurines et disposées en croix; sa racine est longue, blanche ou rouge en dehors, et ses semences sont rouges et rondes.

Manière de les cultiver. On peut en semer tous les mois, depuis février jusqu'en septembre; on laisse monter les premières semées pour avoir de la graine; on en sème la graine sur couche, puis on fait des trous avec le doigt à trois ou quatre pouces de distance; on met trois graines de rave dans chaque trou, on les recouvre de terre; et, s'il fait froid, on les en garantit avec des paillassons; en tout autre temps que l'hiver on peut les semer sur couches ou sur planches, en rayons, ou en plein champ.

Les bonnes espèces de rave sont celles qui donnent peu de feuilles, et qui ont le navet long et rouge; c'est la graine de ces espèces qu'il faut se procurer; on appelle *raifort* l'espèce de rave qui est fort grosse, et d'un goût piquant. On emploie la rave dans certaines maladies; sa racine est bonne contre la fièvre des reins, les obstructions du foie, la toux, etc.

Raves de salade, ou *raifort*. — *Manière de les faire venir en tout temps, selon la méthode des pères Minimes de Passy, c'est-à-dire, dans l'été ou l'hiver, outre le printemps et l'automne, qui sont ordinairement les deux seules saisons pendant lesquelles elles réussissent.* Prenez de la graine de raves ordinaires ; mettez-la tremper pendant vingt-quatre heures dans de l'eau de rivière ; puis mettez-la dans un petit sac de toile bien lié ; exposez le sac à la plus forte chaleur du soleil pendant vingt-quatre heures ; la graine germera au bout de ce temps ; semez-la, comme toute autre graine, dans une terre bien exposée au soleil ; ensuite faites scier une futaille par le milieu, afin qu'elle vous fournisse comme deux baquets qui s'adaptent exactement l'un à l'autre ; un seul peut servir en été pour chaque espace de terre en semence ; mais il en faut deux pour l'hiver ; il ne faut semer de graines qu'autant qu'un baquet en peut couvrir : la graine étant semée, couvrez-la avec un baquet ; au bout de trois jours vous trouverez vos raves de la grandeur et grosseur des petites civettes blanches, ayant à leur extrémité deux petites feuilles jaunes ou rougeâtres hors de terre ; ces raves sont bonnes à couper et à mettre en salade. Pour en avoir aussi en hiver, faites tremper la graine dans de l'eau tiède ; exposez-la au soleil ou en lieu chaud ; pour la faire germer ; faites chauffer deux baquets ; remplissez-en un de terre bien fumée ; semez-y votre graine ; couvrez-la avec l'autre baquet ; arrosez-la avec de l'eau tiède toutes les fois qu'elle en a besoin ; faites porter ces deux baquets, bien joints l'un contre l'autre, dans un souterrain chaud ; au bout de quinze jours vous pourrez cueillir votre salade.

RAVINES (les), sont causées par des crues d'eau qui font des ravages dans les campagnes. Pour s'en garantir, il faut, dans les lieux par où les eaux prennent leur cours, faire des rigoles et des fossés pour en affaiblir l'impétuosité, et les conduire dans des prés ou autres endroits où l'on veut qu'elles se déchargent.

RAYONS. Terme de jardinage. Ce sont des traces que l'on fait quand on rayonne des planches ; ce qui a lieu quand on sème par rayons au lieu de semer à plein champ ; c'est-à-dire, qu'on trace les planches avec le bout d'un bâton, ou le manche d'une bêche couchée de son long, pour y semer certains légumes, comme oseille, poirée, persil, cerfeuil, épinards ; puis on remplit de terre les rayons sans les herser.

REBINAGE. On appelle ainsi le troisième labour qu'on donne aux terres à blé, lorsque l'herbe commence à abonder, sur le guéret : il faut fumer les terres avant que de le donner.

RÉCOLTE. Ce terme s'applique ordinairement au temps où l'on recueille les grains, présage d'une bonne récolte. Lorsque l'hiver a été froid et sec, et qu'il est tombé des neiges qui ont séjourné sur la terre et se sont imbibées insensiblement sans dégel marqué, et qu'après cela le froid et la sécheresse ont empêché les herbes de pousser avant le printemps, on peut espérer une bonne récolte en tous genres, parce que la terre s'est reposée, et qu'elle ne s'est point fatiguée à pousser inutilement de trop bonne heure ; tous les sels y sont, ils n'ont point été lessivés par des pluies trop abondantes et prématurées. (*Essai sur l'Administration des Terres.*)

On pense ordinairement que dans dix ans nous avons une très-mauvaise récolte, deux fort médiocres, cinq ordinaires, et deux abondantes : cette combinaison s'accorde à peu près avec l'expérience.

RÉCONDUCTION *tacite*. On appelle ainsi la continuation d'un bail, par le consentement tacite et mutuel du bailleur et du preneur, et selon les conditions portées par le bail. Cette tacite réconduction n'est que d'un an pour les héritages de la campagne ; mais elle ne donne point d'hypothèque pour le temps de la prorogation ; elle n'a lieu que dans les baux conventionnels, et non dans les baux judiciaires. A l'égard des baux à loyer, la prorogation n'en dure qu'autant que l'habitation du locataire durerait s'il n'y avait point eu de bail ; et le bailleur et le preneur peuvent interrompre la réconduction, quand ils veulent, en donnant congé.

RECONNAISSANCE. C'est un acte par lequel on reconnaît une dette contenue dans un seul billet : cette reconnaissance d'écriture se fait par-devant notaire, ou en justice ; au premier cas, c'est du consentement des parties ; elle se fait en justice, quand le porteur de la promesse, ou billet, ou autre écriture privée, fait assigner celui qui l'a assigné à comparaître devant le juge pour reconnaître ou dénier son seing, à l'effet, en cas de dénégation, de faire faire la vérification de la pièce par des experts. Ce même porteur de promesse doit mettre en même temps sa pièce au greffe, et dont le greffier dresse son procès-verbal ; faire signifier le tout au domicile de la partie ; et, si celle-ci ne constitue pas procureur, on lève le défaut faute de comparaître ; et, pour le profit, la promesse est tenue pour reconnue, et la demande adjugée. Si la partie consignée comparaît à l'audience, et dénie l'écriture, on ordonne que la pièce sera vérifiée, tant par témoins que par comparaison d'écritures publiques, par-devant un des juges qui ont assisté à l'audience. Que si la partie dénie l'écriture par des défenses, on doit lui faire sommation de comparaître devant le juge pour procéder à la vérification de l'écriture déniée ; et, à cet effet, nommer et convenir d'experts et de pièces de comparaison. Voyez *Écriture privée*.

RECOUPES (les), ne sont autre chose que la farine que l'on tire du son remis au moulin, ou au sas : les pauvres gens en font du pain ; ceux même qui sont à leur aise en mêlent avec la farine ordinaire.

REGAIN. On appelle ainsi l'herbe qui repousse dans les prés, quelque temps après qu'on les a fauchés. Les regains sont bons et abondans quand l'été a été pluvieux : on les fauche à la mi-septembre ; après ce terme on peut mener les bestiaux dans les prés pendant le reste de l'automne, et pendant l'hiver, jusqu'à ce que l'herbe recommence à pointer, c'est-à-dire, au mois de mars.

REGARD. Lieu pratiqué pour aller visiter les défauts d'une pièce d'eau et les inconvéniens d'une conduite.

RÉGLISSE. Plante qui croît dans les pays chauds. Sa racine est d'un grand usage pour les tisanes et autres remèdes. La bonne doit être bien nourrie, rougeâtre en dehors, jaune en dedans, d'un goût sucré ; elle humecte la poitrine : son usage est pour adoucir l'acrimonie des humeurs, la toux et les affections de la gorge.

REJETONS. On entend, par ce mot, les jets qui sortent du pied d'une plante. Les véritables rejetons ont des racines ; ils servent à donner de nouvelles plantes, et ils reprennent aisément.

RÉMÉRÉ (*faculté de*). C'est un droit que le vendeur d'un héritage se réserve, par une clause expresse apposée dans le contrat de vente, de rentrer dans ce même héritage vendu, en remboursant à l'acheteur le prix qu'il a reçu; mais cette faculté se prescrit par trente ans, comme les autres actions personnelles, et quand même elles seraient stipulées à toujours.

RENARD. Animal sauvage, gros comme un chien ordinaire, qui a les oreilles courtes, la queue longue et le poil roux. Il est d'un naturel fort rusé, soit pour attraper sa proie, soit pour éviter les piéges des chasseurs, qui doivent faire la guerre à ces animaux; car ils sont grands destructeurs de gibier; on les chasse avec des chiens courans, mais plutôt petits que trop grands, et des lévriers qui doivent être hardis pour se lancer dessus et les mordre; on les guette dans les bois, les garennes, les blés, le long des ruisseaux; ils se tiennent ordinairement dans les gros halliers et les plus grands forts.

Quand les chiens ont rencontré un renard, on sonne d'un ton grêle, et on crie *harlou mes bellots, harlou, s'en va chiens, s'en va*. Lorsque les chiens sont hors de la voie, on prend les devans, et on les fait secourir par des relais d'autres chiens. Quand, par hasard, il se terre, on le déterre avec des pioches, puis on a un basset qu'on met dans le trou, qui le fait sortir; ensuite on le poursuit, et on le tue au fusil.

Il y a différens piéges pour prendre les renards; ceux de fer et à planchette tombante, qu'on trouve chez le marchand, sont les meilleurs : on doit les tendre sur de la terre qu'on a bêchée quatre pieds en carré, et dans un lieu découvert, loin de tout arbre, dans une fosse de douze pouces de profondeur, et de la grandeur du piége, dans laquelle on en fait une plus petite, de la grandeur de la planche, profonde de trois ou quatre pouces; on enfonce ensuite le ressort, et on en recouvre le tout de feuilles; on doit bien éventer le piége, c'est-à-dire, le laisser tremper vingt-quatre heures dans l'eau claire, le frotter de plantes odoriférantes, afin que le renard n'en ait pas le vent; on doit mettre sur cette terre divers morceaux de l'appât. L'appât est de différentes sortes, comme des vidanges de volaille, de cous de canards, de couenne de lard, de petits oiseaux grillés, etc.

Manière de les prendre. Cherchez un petit chemin où doit passer un renard : l'ayant découvert, faites une petite fosse d'un ou deux pieds, et de trois doigts de profondeur ; dans le milieu de cette même fosse faites-en une autre, mais plus profonde de trois ou quatre doigts, afin que la planche ou marchette puisse se mouvoir lorsque la bête marchera : cela fait, posez à travers le chemin un piége tel qu'on le vend chez les marchands ; attachez le bout de la chaîne, avec une corde, à un piquet éloigné du piége de trois ou quatre pieds ; couvrez négligemment le tout de feuilles séches, quatre ou cinq pieds autour ; attachez au bout d'une corde un morceau de viande crue, et traînez-la le long de ce chemin et aux environs ; ensuite retirez-vous, et revenez le lendemain voir ce qui en sera. On les prend aussi avec des piéges de fer appelés *traquenards*, que l'on trouve chez les quincailliers.

On peut encore les tirer à l'affût de cette manière. On est deux tireurs de compagnie ; deux se postent à la rive du bois sur des arbres, et un autre porte avec lui deux poules en vie, et se poste à cinquante pas de la rive du bois, de manière que les trois hommes forment un triangle : celui qui tient les poules les fait crier de temps en temps pour attirer les renards à portée des tireurs, qui doivent prendre garde de blesser celui qui fait crier la poule.

Pour tirer le renard à l'affût, on choisit un arbre près d'un fort où il y ait des renards ; on y attache au pied une poule, et à l'une de ses ailes une ficelle ; on monte sur l'arbre, on s'y cache, on s'y tient en repos quelque temps ; puis on tire la ficelle pour faire crier la poule ; le renard ou autre bête carnassière accourt au cri de la poule, et on peut le tirer facilement.

On chasse le blaireau de même que le renard.

Les renards sont en rut aux mois de décembre et janvier.

La graisse de renard est bonne pour les engelures et les douleurs des nerfs, et ses parties génitales pour la pierre.

RENONCULE (la), par la vivacité de ses couleurs et sa figure majestueuse, tient le même rang que l'œillet et la tulipe parmi les plus belles fleurs d'un parterre. Sa tige est de six à huit pouces ; ses fleurs sont à plusieurs feuilles disposées en roses, et de différentes couleurs, selon les espèces.

Les renoncules les plus recherchées sont l'orientale, et celle de Tripoli.

Les semi-doubles n'ont qu'une médiocre quantité de feuilles ; elles tiennent le milieu entre les grosses doubles et les simples : elles sont aujourd'hui les plus estimées, à cause de la prodigieuse variété de couleurs qu'une même planche produit ; d'ailleurs la graine de la même fleur produit de nouvelles couleurs d'une année à l'autre : bien plus, les semi-doubles sont fécondes et se produisent de graines, au lieu que les doubles sont stériles.

Les unes et les autres se multiplient de greffes qui naissent autour des racines dont on les sépare, ou de graines ; mais la première voie est la plus sûre et la plus prompte, car souvent les caïeux donnent des fleurs l'année suivante. La terre pour les renoncules doit être une terre meuble, c'est-à-dire, dont la culture soit aisée et la consistance moyenne ; elle, doit être grasse, noirâtre et légère, parce que les renoncules règnent l'hiver, et qu'il faut que cette terre soit susceptible des impressions du soleil. Les places qui leur conviennent, ce sont les pièces isolées du parterre, ou les extrémités des plates-bandes, de façon qu'elles ne soient pas étouffées ou appauvries par d'autres plantes. La semence doit être d'un bel œil, ni trop légère, ni ridée, ni piquée de vers.

Culture des renoncules. On doit semer la graine à la mi-août, et tout le mois de septembre. Si c'est dans des pots ou caisses, la semer presqu'à fleurs des bords, et les placer à l'ombre durant quelques jours : si c'est en pleine terre, ce doit être sur une planche, en bon fonds, exposée au levant : après l'avoir bien fouie, il faut unir la surface avec le râteau. On doit semer par un temps doux, et répandre sur la semence trois doigts de la meilleure terre préparée ; étendre de grande paille sur le tout, et arroser largement par-dessus la paille. Les renoncules en pleine terre profitent davantage dès que le terrain est bon, et qu'elles sont cultivées avec soin : cependant les pots ont une grande commodité, eu égard à l'exposition, par la facilité qu'on a de les transporter où l'on veut : le milieu qu'on peut prendre, c'est de semer dans des pots, et de les enfoncer en terre, de sorte que leur bord soit de niveau avec la terre.

On retire la paille au bout de quinze jours : au reste, les graines recueillies dans l'année germent plus vite. Quand elles ont levé, les unes en quinze jours, d'autres en trois se— maines, on les déplante ; et pour cela on emporte en motte trois pouces de la terre, soit des planches, soit des pots ou des caisses : il faut alors froisser les mottes, en cribler la terre , en tirer les pois des renoncules arrêtées sur le crible , les laisser sécher , les serrer dans des boîtes , couvertes d'un lit de sable très—fin. A la seconde année , et quand on veut les replanter, les passer avec le sable sur un crible ou tamis, et les planter non à claire-voie, comme on avait fait de la graine, mais un à un, et à un pouce de distance, dans des sillons profonds d'un pouce, et les recouvrir de terreau cri- blé. A la troisième année, on les replante ; et, comme les pots ont acquis la forme de véritables griffes ou racines, on les espace plus large, c'est-à-dire, à quatre doigts l'un de l'au- tre, sur une ligne tracée au cordeau , dont les alignemens sont en forme de grille : on place les griffes à tous les angles que les carrés ont formés ; on a soin de mêler avec art les diverses espèces , afin de former un émail agréable par la diversité des couleurs.

Les renoncules qui ont levé et poussé leurs fanes de- mandent qu'on leur ménage les arrosemens, à moins que le mois de septembre ne soit sec : quand les nuits sont longues, on arrose le matin ; car l'eau, pendant la nuit, resterait sans effet auprès des racines, faute de chaleur. On doit leur épar- gner les pluies d'automne , et toutes les pluies froides, qui leur sont mortelles. Pendant les gelées, les couvrir de paillas- sons et de fumier éteint, les placer le long d'un mur à l'abri des vents , et mettre devant quelques planches en forme de toit ; mais le meilleur abri est une serre bien fermée et point trop humide. Au retour du printemps on les sort dès que le temps est doux et le soleil sans nuages : il faut poser les pots , non sur la terre nue, mais sur des briques ou pierres en forme de piédestal , et multiplier les arrosemens à mesure que le soleil se fait sentir : on doit retrancher tous les jets qui dissiperaient inutilement la sève, et garantir du soleil brûlant tous les boutons nés sur la tige du premier : c'est le moyen d'avoir de belles fleurs ; et arroser de deux en deux jours pendant la fleuraison ; faire la guerre aux insectes qui font des atteintes mortelles à ces fleurs, surtout aux pucerons verts et noirs, aux chenilles de couleur grisâtre, aux fourmis, aux limaçons, aux araignées, aux vermisseaux blancs. Il y a plusieurs remèdes pour les détruire ; et entre autres de jeter autour des pots une forte décoction d'absinthe, ou de tabac, ou de coloquinte.

Dès que la renoncule est sur son déclin, c'est-à-dire, quand toutes les fleurs jaunissent, on doit la couper par le pied sans attendre son entier desséchement, labourer la terre, l'arroser, remettre des pots à leur première place, afin que les griffes reprennent chair ; car il ne faut point déplanter les renoncules avant leur maturité : alors on couche les pots de côté pour les préserver des pluies trop fortes. On reconnaît, à l'entier desséchement des fleurs, la maturité de la graine ; on la recueille par un beau temps, et on la met en lieu sec ; il faut séparer, autant qu'il se peut, les petites griffes de leur mère ; on les trouve autour des maîtres-pieds ; éplucher et couper soigneusement tout ce que l'on y trouve de corrompu ; les laisser essorer au grand air ; les mettre ensuite dans des tiroirs ou boîtes en lieu sec, et les remuer de temps en temps. Lorsqu'elles ont reposé un an ou même deux, elles n'en valent que mieux pour être plantées : il faut avoir soin de marquer les renoncules par des étiquettes, qui contiennent leur nom et la date du temps où elles ont été arrachées.

A l'égard des renoncules semi-doubles, on doit employer la même culture qu'aux doubles, si ce n'est qu'il ne faut retrancher aucun bouton, puisque leur beauté consiste dans la quantité de leurs fleurs. (*Traité des Œillets, etc.*)

RENOUÉE. Plante dont les tiges sont petites et déliées, et rampent à terre ; elle croît dans les lieux incultes. Elle est rafraîchissante et vulnéraire ; on s'en sert contre le flux de ventre, la dyssenterie, l'hémorragie quelle qu'elle soit, pilée et appliquée sur une partie malade ; elle arrête le sang.

RENTE FONCIERE (la), est une redevance imposée à perpétuité sur un certain héritage et qui le suit partout, en quelques mains qu'il passe. Ces rentes peuvent être créées de plusieurs manières ; la plus ordinaire est le contrat de bail à rente, par lequel on transfère la propriété d'un immeuble, à la charge d'une certaine somme ou d'une certaine quantité de fruits que le possesseur doit payer tous les ans.

Il faut observer que, comme la rente foncière suit l'héritage en quelques mains qu'il passe, le preneur qui a consenti à la création de la rente, venant à aliéner l'héritage, n'est plus tenu que des arrérages échus avant l'aliénation.

Un économe éclairé ne doit point charger son bien de rentes foncières. Par la rente foncière on entend une rente foncière simple, qui est une redevance en argent ou en grain, ou en autre espèce, assise sur des maisons ou des fonds de terre, et qui est inamortissable de sa nature. Ces sortes de rentes sont nuisibles aux biens fonds, et elles font du tort aux cultivateurs ou aux propriétaires, 1° parce que ce sont des charges réelles qui suivent toujours le fonds, et que le créancier, à qui elles sont dues, peut s'adresser à tel détenteur que bon lui semble, soit que le fonds rapporte, soit qu'il ne rapporte pas; 2° parce que celui qui en charge son fonds ne peut prévoir que les charges de l'État pourront augmenter, et que le revenu des fonds ne suffira plus pour payer les anciennes redevances, acquitter les impositions et faire subsister le cultivateur. Bien plus, il ne considère pas que, dans la répartition des impositions qui ont lieu, on n'a aucun égard à ces charges, en sorte que deux fonds d'égal revenu, dont l'un ne doit rien et l'autre doit considérablement, s'imposant sur le même pied, la différence qui en résulte pour les deux cultivateurs, c'est que l'un se soutient, et l'autre est nécessairement ruiné. Alors le fonds reste en friche, parce que personne ne veut d'un fonds chargé d'une rente qui absorbe souvent la principale partie de la récolte. (*Journ. économ. Avril*, 1757.)

RÉPARATIONS *de bâtimens.* Il y en a de trois sortes; les grosses, les viagères et les menues. 1° Les grosses sont celles des gros murs, des escaliers, des cheminées, des poutres, des voûtes, des couvertures entières; ces sortes de réparations sont toujours à la charge du propriétaire, et jamais de l'usufruitier; 2° les viagères, lesquelles se font pour entretenir la maison en bon état, sont entre autres de mettre des gouttières neuves en la place des vieilles, de faire vider les lieux et latrines, de réparer les âtres, les trous des planchers et escaliers et autres qui ne sont pas essentielles à l'édifice; elles sont à la charge de l'usufruitier ; 3° les menues, et qui regardent l'état actuel de la maison, sont, par exemple, le raccommodage des serrures, le remplacement des vitres cassées, des clefs des portes, des carreaux, quand il ne s'agit point de recarreler entièrement une chambre, et autres semblables; elles sont pareillement à la charge de l'usufruitier, et quelquefois même du locataire.

RÉSERVOIR *d'eau.* Pour en faire un bien solide, il faut creuser la terre sur un bon fond et un peu uni; faire le creux en talus et diriger la pente du côté de la conduite ; enduire le fond ét les côtés de terre glaise bien pétrie avec les pieds, de l'épaisseur de quinze à dix-huit pouces, avec un lit de sable par-dessus; mettre également de la glaise sur les côtés, revêtir le tout d'un mur de maçonnerie, et faire une couverture solide au-dessus du réservoir. Les réservoirs doivent être le plus près du jardin qu'il est possible.

RETOUR (*droit de*) ou *Réversion*, est un droit en vertu duquel les immeubles donnés par les ascendans à leurs descendans (légitimes) retournent aux donateurs lorsque les enfans donataires décèdent sans enfans; ce droit ne s'étend pas au-delà des oncles et des tantes.

RHUBARBE. Racine médicinale, grosse et jaune : elle nous vient de Perse et de la Chine. C'est le purgatif le plus en usage. La bonne doit être en morceaux qui ne soient point trop durs ni trop pesans, de couleur jaunâtre, et d'un goût amer ; son usage est pour nettoyer et fortifier l'estomac : elle est bonne contre le mal hypocondriaque, les affections du foie, la bile jaune et la jaunisse. La dose est demi-drachme à une drachme, et en infusion jusqu'à demi-once.

RHUMATISME. Douleur vague provenant de mauvaises humeurs, et qui se fait sentir tantôt dans une partie, tantôt dans une autre.

Remède. Dans ceux qui viennent de froideur, et qui sont longs et obstinés, il faut réitérer plusieurs fois les purgations, soit avec de la manne, ou du sirop de roses, ou des pilules d'agaric ou d'aloès. On peut encore faire le remède suivant : Prenez une racine de brioine ou couleuvrée, broyée ou coupée en rouelles minces ; faites-la bouillir dans de l'huile d'olive jusqu'à ce qu'elle soit toute sèche ; retirez les morceaux de racine avec une écumoire, ou passez le tout au travers d'un linge ; frottez chaudement la partie avec cette huile, après l'avoir frottée devant le feu avec un linge chaud pour ouvrir les pores , et enveloppez-la d'une serviette bien chaude ; réitérez jusqu'à guérison.

Ou pilez une bonne quantité de raves ou raiforts : étant en pâte, appliquez-en sous la plante des pieds du malade, depuis le talon jusqu'au bout des doigts ; enveloppez — les bien, et couvrez le malade, qui doit s'être couché bien chaudement auparavant. Ce remède provoque une sueur copieuse.

RHUME , et 1° *Rhume de cerveau* (le), est une humeur qui engorge les glandes du nez, et qui produit un écoulement des eaux du cerveau si abondant qu'on éternue , et qu'on se mouche très — fréquemment : elle est produite par un air froid qui s'est insinué dans des parties dont les pores étaient ouverts.

Remède. Garder la chambre, se tenir bien chaudement , se bien couvrir la tête , et respirer du sucre brûlé sur une pelle rouge, pour faire passer l'enchifrenement.

2° *Rhume de poitrine* (le), est causé par la même humeur, lorsqu'elle séjourne dans les glandes de la trachée-artère , et qu'elle pénètre dans le poumon : il se fait connaître par la toux sèche dans les commencemens , et qui reste telle jusqu'à ce que l'humeur s'évacue par les crachats. Dans cet intervalle on peut éprouver un grand dégoût, une pesanteur de tête, et avoir même de la fièvre , tousser violemment et sans cesse.

Remède. Se tenir bien chaudement , prendre un lavement rafraîchissant et purgatif ; si l'on sent une plénitude, et qu'il y ait gonflement dans les vaisseaux , se faire saigner, et même une seconde fois, s'il y a oppression et douleur de côté ; rien n'est plus utile pour en abréger et détourner les suites : prendre quelques bouillons rafraîchissans, faits avec une livre de rouelle de veau, quelques navets et petits ognons blancs , une demi-poignée d'orge mondé, et un peu de sucre ; le tout bouilli dans trois chopines d'eau , réduites à la moitié pour en composer trois bouillons ; user pour boisson d'une tisane faite avec du chiendent et des pommes de rainettes, ou avec des racines de guimauve , deux pincées de fleurs de coquelicot, et une cuillerée de miel de Narbonne; laisser fondre dans la bouche des tablettes de guimauve pour faciliter l'expectoration; n'user que d'alimens doux, humectans, faciles à digérer; ne point faire maigre; éviter tout ce qui est aigre, cru, indigeste, ou de haut goût.

Si la toux empêche de dormir, prendre en se couchant, et deux heures après le souper, qui doit être très-léger, depuis un scrupule jusqu'à un demi-gros de bonne thériaque, enveloppée dans du pain à chanter, et un verre de tisane chaude par-dessus : ou bien, s'il y a une grande acrimonie dans les crachats, prendre une décoction faite avec deux gros d'écorce de tête de pavot blanc coupée par morceaux, une douzaine et demie de pistaches récentes, un gros de semence de pavot blanc; on y ajoute deux gros de sucre candi en poudre, le tout pilé et réduit à demi-setier, et dont on fait deux prises; et, si ce remède ne soulage point, prendre à la place un scrupule ou demi-gros de *diascordium*.

Lorsque le rhume est diminué, se purger avec deux onces et demie de manne, et une once de casse mondée.

RIDEAUX. On appelle ainsi, à la campagne, des langues de terres escarpées, ou en pente, qui se trouvent quelquefois entre deux pièces voisines : quand on en peut disposer, on doit en employer le terrain en arbres fruitiers, ne fût-ce que pour empêcher l'éboulement des terres du rideau lorsqu'il borde quelque chemin.

RIVIÈRE. *Débordement des rivières.—Moyen d'assurer les terres qui sont sujettes à être submergées par le débordement des rivières.* Les digues doivent être faites à peu près de même que celles qui se font contre les efforts de la mer, si ce n'est qu'il n'est pas nécessaire qu'elles soient aussi fortes, parce qu'il arrive souvent que la mer bat en plein sur la digue qu'on a faite, au lieu que la rivière ne la heurte qu'en glissant, et que son mouvement en avant diminue la pression qui se fait sur les côtés. Cependant il y a toujours une règle essentielle à observer ; c'est que l'épaisseur de la digue doit toujours être proportionnée à l'élévation qu'on a à craindre de l'eau, et c'est sur cette épaisseur qu'on doit régler la hauteur. Comme la crue des eaux ne saurait être déterminée comme l'est celle des marées, le plus sûr est de prendre des précautions contre les plus hautes eaux qu'on ait à craindre. Cela posé, la digue doit être d'un pied plus haute : ainsi, comme les plus hautes eaux ne montent pas à plus de trois pieds de hauteur perpendiculaire au-dessus du niveau de la terre que l'on veut assurer contre elle, il n'y a qu'à prendre pour la digue une hauteur de quatre pieds.

Or, pour la construction d'une digue de quatre pieds, la largeur de la base doit être de six, et le côté qui fait face à l'eau, et qui est la pente la plus longue, doit être de dix : à l'égard de la pente en dedans, c'est-à-dire, du côté de la tranchée, elle doit être de six pieds ; la tranchée elle-même doit avoir cinq pieds de profondeur ; et la base de la digue, de ce même côté, doit être à la distance d'un pied et demi de la tranchée, et le haut de la digue un pied et demi de large.

On doit encore avoir égard à la distance de la rivière, car la rapidité avec laquelle l'eau descend des terrains élevés, après les grandes pluies, est si grande, qu'elle franchit toutes les digues, à moins qu'on ne lui laissât un certain espace qui ait beaucoup de pente ; car la grande sûreté des digues est le libre cours des eaux entre elles ; et le terrain qui est entre la digue et la rivière n'est pas perdu pour cela, car le sédiment que les eaux laissent après elles est toujours un engrais excellent pour le terrain qu'elles ont occupé ; et, en effet, il produit une grande quantité d'herbages qui sont fort bons pour engraisser le bétail. De plus, comme les terres sont séparées l'une de l'autre par des fossés, lesquels sont toujours humides, on peut planter utilement des arbres aquatiques sur les bords, comme osiers, saules, peupliers.

Il n'y a jamais d'inconvénient à faire une digue un peu plus haute qu'elle ne doit être. Au reste, la dépense n'est pas si forte qu'on pourrait se l'imaginer, quoique tout ce travail se fasse à force de bras, parce qu'ordinairement dans ces endroits-là le terrain se coupe aussi facilement que la terre de jardin. On doit encore observer qu'on n'est pas le maître de rehausser une digue quand une fois elle est faite, parce que toutes les parties d'une digue doivent être proportionnelles, et la base doit être égale à la hauteur, ou bien elle ne vaudrait rien. C'est la pente graduelle des côtés de la digue qui l'assure contre les efforts de l'eau ; or, cette pente serait perdue dès qu'on voudrait ajouter plus de hauteur quand l'ouvrage est fini; car, ce nouvel ouvrage ne faisant pas corps avec le reste, les eaux le détruiraient bientôt.

La saison la plus commode pour faire des digues est vers le commencement de l'été, parce que c'est le temps où l'on peut plus facilement avoir des ouvriers ; d'ailleurs, la graine de foin semée sur le talus prendra bientôt racine dans cette saison ; et la terre qui doit être travaillée se creusera aisément, et se liera fort bien à cause d'un reste d'humidité qu'elle a encore. Si le terrain est fort humide et doux, il vaut mieux mettre une plus grande distance entre la digue et le bord de la tranchée, parce que, si le poids de la digue crevait le bord de la tranchée, il serait à craindre que la digue elle-même ne s'écroulât. La profondeur de la pente est un préservatif contre ce danger ; car plus la pente est graduelle, moins la force de l'eau est grande ; et, si on ajoute à cela la distance du fond même du talus d'avec le fond de la tranchée, la digue aura toute la sûreté nécessaire. (*Extrait des journaux d'Angleterre*, 1761.)

RIZ. Plante dont la graine est fort connue, et dont on se sert pour aliment, et souvent même pour remède. Le riz vient sur un tuyau de la hauteur de deux pieds, mais plus noueux que celui du blé : ses feuilles ressemblent à celles du poireau ; le grain est enfermé dans l'épi. Le bon riz doit être net, bien nourri, dur, blanc : il adoucit et épaissit les humeurs ; il est bon aux pulmoniques et aux étiques ; sa farine peut faire d'assez bon pain.

Manière de l'apprêter en maigre. 1° Lavez-le trois ou quatre fois dans l'eau tiède, et frottez-le fort dans vos mains ; 2° faites-le cuire à petit feu, pendant trois heures, dans un bouillon maigre, qui doit être fait avec panais, carottes, choux, ognons, navets, modérément de tout : ajoutez-y un morceau de beurre ; assaisonnez votre riz, et faites qu'il ne soit ni trop clair ni trop épais.

Le riz au lait se fait ainsi : Lavez votre riz ; faites-le cuire une demi-heure à petit feu, avec un peu d'eau, pour le faire crever ; mettez-y ensuite petit à petit du lait chaud, jusqu'à ce qu'il soit cuit ; assaisonnez-le de sel et de sucre.

Méthode de préparer le riz , pour en avoir toujours de tout prêt à employer , soit dans le bouillon gras , soit dans le lait. Mettez du riz dans un sac de toile, que vous coudrez ensuite ; faites-le crever et cuire dans l'eau ; laissez-le égoutter pendant quatre ou cinq heures ; puis ouvrez le sac, et étendez le riz sur une nappe blanche pour le faire sécher. Lorsqu'il est bien sec, retirez-le, et serrez-le ; il se conservera long-temps. Pour en user dans le moment, il suffit de faire chauffer le bouillon ou le lait, et d'en mettre dedans ce qu'on jugera à propos, en couvrant l'écuelle ou le pot pendant un demi-quart d'heure.

On peut employer le blé de Turquie de la même manière que l'on vient de dire à l'égard du riz.

Manière de faire du pain de farine de riz. 1° On doit réduire le riz en farine, ce qui se fait par le moyen d'un moulin ; si on n'en a point, il faut jeter le riz en grain dans une marmite ou chaudière remplie d'eau presque bouillante, puis retirer le vaisseau de dessus le feu, laisser tremper le riz du soir au matin ; le riz étant tombé au fond, on jette l'eau qui surnage ; on le met égoutter sur une table disposée en pente ; lorsqu'il est sec, on le pile, et on le réduit en farine, que l'on passe par un tamis fin.

2° On met de cette farine la quantité qu'on juge à propos dans une huche ou pétrin ; en même temps on fait chauffer de l'eau à proportion dans une chaudière, et on y jette quatre jointées de riz en grain, que l'on fait bouillir et crever. Lorsque cette matière est un peu refroidie, on la verse sur la farine, et on pétrit le tout ensemble, en y ajoutant du sel et du levain ; on le couvre ensuite de linges chauds, et on laisse lever la pâte. Cette pâte, en fermentant, devient liquide comme de la bouillie ; pendant qu'elle lève, on doit faire chauffer le four ; et, lorsqu'il est au point de chaleur nécessaire, on prend une casserole étamée, emmanchée dans une perche assez longue pour atteindre au fond du four ; on met un peu d'eau dans cette casserole ; puis on la remplit de pâte : on la couvre de feuilles de chou, ou d'autres grandes feuilles ; on l'enfourne ; et, lorsqu'elle est à la place où l'on veut mettre le pain, on la renverse promptement. La chaleur du four saisit la pâte, l'empêche de s'étendre, et lui conserve la forme que la casserole lui a donnée. Ce pain sort du four aussi jaune que les pâtisseries que l'on a dorées avec un jaune d'œuf : ce pain est de fort bon goût, à moins qu'il ne devienne rassis.

Méthode de préparer le riz pour nourrir trente personnes pendant un jour entier.

Prenez cinq livres de riz ; nettoyez bien ce riz à trois différentes fois dans l'eau tiède ; mettez-le dans une chaudière avec vingt pintes d'eau, et une quantité proportionnée de sel ; faites bouillir le tout à petit feu pendant trois heures, remuant de temps en temps, de peur que le riz ne s'attache au fond ; à mesure qu'il s'épaissira, versez-y peu à peu de l'eau chaude. Si on veut le préparer avec de la viande, on doit en mettre deux livres et demie dans les vingt premières pintes d'eau ; et, après l'avoir fait bouillir et écumer, y jeter les cinq livres de riz avec le sel, et continuer la cuisson ; au lieu de viande, on peut mettre cinq quarterons de graisse. Si on le prépare avec du lait, il faut pour cette même quantité de personnes six pintes de lait, et retrancher six pintes d'eau, et n'en mettre ainsi que quatorze ; mais on ne doit verser le lait dans le riz que dans le dernier quart d'heure de la cuisson, car d'abord on doit faire cuire le riz comme si on le faisait à l'eau seule.

De là il suit que, selon le nombre de personnes que l'on a à nourrir, il faut à proportion augmenter ou diminuer la dose de riz, d'eau, de viande, de graisse ou de lait ; mais celui qu'on a préparé avec le lait doit être mangé le jour même. (*Journal économique*, Août 1758.)

ROCAMBOLES (les), croissent sur les têtes de l'ail ; mais elles sont d'une qualité moins piquante ; elles viennent de graine, et se cultivent comme l'ail.

ROGNONS *de mouton.—Manière de les apprêter.* Faites-les blanchir ; ôtez-en la petite peau ; piquez-les de gros lard assaisonné, et les passez à la casserole avec un peu de lard fondu, persil, ciboule ; mettez-les dans un pot avec du bouillon, sel, poivre, girofle, champignons, quelques marrons, un bouquet de fines herbes ; le tout cuit, dégraissez-le bien, et y jetez un coulis de veau.

On peut aussi les faire cuire à la broche, après les avoir blanchis et piqués de menu lard.

ROITELET. Oiseau fort petit, et qui ne chante pas mal; il habite ordinairement les vieilles masures; on peut l'élever en le prenant dans le nid, et en lui donnant pour nourriture du cœur de veau haché bien menu : il faut lui donner souvent à manger, et peu chaque fois.

ROMARIN. Arbrisseau chargé de petites branches de couleur cendrée, d'une odeur aromatique; il croît abondamment dans les pays chauds, et demande une bonne terre. On le cultive dans les jardins; il se multiplie mieux de plants enracinés que de semence; ses feuilles et ses fleurs sont bonnes dans les affections du genre nerveux, comme la paralysie, l'épilepsie, le vertige; les meilleurs sont ceux qui naissent dans le Languedoc. Le romarin, appliqué extérieurement, fortifie les jointures et les nerfs, et résout les humeurs froides; il est bon en décoction contre les obstructions du foie, de la rate, et contre la jaunisse.

RONCE. Arbrisseau dont les branches sont toutes garnies d'épines, et qui vient dans les haies, dans les bois, et le long des chemins. Son fruit est la mûre sauvage; avant sa maturité elle est rafraîchissante et très-astringente. On se sert des feuilles de la ronce contre les inflammations de la gorge; leur décoction est un spécifique contre les ulcères des jambes, en la faisant dans du vin, dont on les lave souvent. Les racines de la ronce sont apéritives; elles sont bonnes contre la pierre; et, prises en décoction, elles arrêtent le cours de ventre.

ROQUETTE. Plante potagère. Sa tige est haute d'un pied et demi; ses feuilles sont longues et découpées, et un peu amères; sa graine est ronde, sa racine blanche; on la sème tous les ans au printemps pour la manger en salade; elle fleurit en juin. Comme elle est fort échauffante, on la mêle avec la laitue. La semence de la roquette prise souvent à jeun, mêlée avec celle de cumin, est bonne aux vieillards pour les préserver de l'apoplexie.

ROSEAUX (les), de même que les joncs, sont les productions des endroits marécageux. Ils ont leur utilité: on les coupe par un beau temps, pour qu'ils puissent sécher à l'air pendant trois ou quatre jours; on les garde pour faire des balais, et pour couvrir les toits des paysans; on les mêle pour cet effet avec de grands joncs; et, quand le tout est bien serré, pressé et également distribué, de même qu'on fait les couvertures de chaume, on en a pour long-temps : celles de roseau durent quarante à cinquante ans.

ROSES (les), sont les fleurs du rosier. Quoique la rose soit une fleur des plus communes, elle n'est pas moins admirable par la beauté de sa couleur, et par son odeur délicieuse. Les fleuristes en cultivent beaucoup d'espèces; les plus connues sont l'odorante, la rose de Hollande, les roses rouges, les couleurs de chair, les couvertes ou roses de Provins, les panachées, les roses blanches, les simples, etc.

Les rosiers, en général, veulent une terre forte, et se plaisent dans les lieux humides ; on les perpétue, soit en couchant leurs branches en septembre, soit par le moyen des rejetons, et dans le même mois; on les transplante aussitôt après.

Les rosiers de Hollande se plantent dans le mois d'octobre, dans une bonne terre à potager; on les taille au mois de mars, ils se multiplient de branches éclatées et enracinées ; on les plante en un trou creux d'un demi-pied. Ceux qui donnent des fleurs une grande partie de l'année doivent être taillés deux fois, d'abord au mois de novembre; on les coupe alors rez-terre; et, à la fin de mars, on taille les nouvelles branches ; on couvre ensuite les racines de nouvelle terre. Dès que le rosier commence à boutonner, on doit le décharger de ses boutons avant qu'ils soient épanouis; et, après les premières fleurs passées, tailler les branches au premier nœud; c'est le moyen qu'il produise quantité de roses pendant tout l'été. On le multiplie aussi de marcottes et de boutures fichées en terre, aux mois d'octobre et novembre.

Les rosiers muscats se multiplient par les drageons qui naissent du pied; ceux à roses blanches doubles, de plants enracinés à quatre doigts en terre; ils ne veulent pas être taillés; ceux à fleur jaune, des rejetons du pied. Toutes les autres espèces de rosiers veulent du soleil et une terre forte; on les plante en novembre, février et mars, et on les taille au printemps.

Pour avoir des roses en toute saison, découvrez en hiver

les racines du rosier ; mettez - y de la fiente de cheval bien menue ; mêlez avec cette fiente de la poudre de soufre, et recouvrez le tout de terre.

Celles qu'on emploie pour les remèdes sont 1° les roses pâles ; elles sont purgatives ; cueillies avant la rosée, elles purgent encore plus l'humeur bilieuse et les sérosités ; 2° les roses muscades, qui ont une odeur de muscade ; elles n'éclosent qu'en automne, et sont blanches ; elles purgent encore plus que les pâles ; 3° les roses rouges, et d'un rouge brun, dont on fait des conserves ; elles sont astringentes, fortifient l'estomac, arrêtent le vomissement et le cours de ventre ; on les emploie aussi extérieurement et en fomentation, après les avoir fait bouillir dans du gros vin, pour les entorses, les meurtrissures, et pour fortifier les nerfs.

Eau rose. Cueillez des roses blanches simples, nouvellement épanouies après le lever du soleil, et point humectées de pluie ; pilez-les dans un mortier ; laissez-les macérer dans un vaisseau de terre pendant tout un jour ; enveloppez-les dans un linge, et exprimez-en le suc.

ROSSIGNOL (le), est un petit oiseau célèbre par son chant, n'y ayant aucun oiseau qu'il ne surpasse par la douceur de sa voix, la variété de ses sons, ses fredons et son gazouillement.

Les rossignols des bois, ainsi que ceux qu'on a pris tout grands, ne chantent que pendant les mois d'avril et de mai ; mais ceux qu'on a élevés tout petits chantent depuis le mois de décembre jusqu'à la fin de mai, et dans ce mois-ci ils chantent même nuit et jour pendant quinze jours, en sorte que plusieurs en crèvent. Le rossignol a le plumage d'un brun tanné, et cendré sous le ventre ; il habite les bois et les lieux ombrageux ; il est fort délicat ; c'est un oiseau solitaire, qui ne va point, comme d'autres, par troupes, et il change de pays tous les ans ; il fait son nid dès le mois de mai, ainsi que deux ou trois fois l'année, selon la douceur du temps.

Ce nid est le plus souvent à terre, au coin d'un bois, et composé de feuilles d'arbres sèches ; la femelle pond quatre ou cinq œufs ; elle seule les couve, et le mâle chante ; les petits éclosent au bout de dix-huit ou vingt jours, et ils sont couverts de plumes dix ou douze jours après ; pendant ce temps le mâle ne chante presque point. A l'égard de ceux qu'on a pris, il vaut mieux les laisser élever par leurs père et mère, lorsqu'on a ceux-ci, que de les élever à la brochette.

Il y a différentes manières de prendre les rossignols : la plus ordinaire est un trébuchet avec sa trapette, avec un appât de ver de farine, que l'on attache, par le moyen d'une épingle qui le traverse, à un crochet qui tient à la trapette : lorsque l'oiseau est pris, on connaît que c'est un mâle si, après avoir attendu quelque temps, il ne chante point : on doit le mettre dans une cage garnie au-dessus d'une toile, pour que l'oiseau ne se casse pas la tête en se débattant, et revêtue de mousse, et de manière que l'oiseau n'ait que fort peu de jour : on lui présente, quatre ou cinq fois le jour, des vers vivans attachés à une longue épingle, de petits morceaux de viande ordinaire coupée et pilée, et des œufs durs coupés par morceaux : dès qu'on l'entend chanter, on doit lui donner du jour.

Pour élever des rossignols à la becquée, le moyen le moins difficile est de prendre le père et la mère, afin qu'ils nourrissent leurs petits eux-mêmes ; mais il faut, pour cela, transporter le nid le plus près du lieu où il était, dans un espace de terre, où l'on dresse un trébuchet ; on met ensuite le nid dans une chambre, où l'on met de la nourriture et de l'eau : il suffit de donner à manger aux petits les deux premiers jours ; ensuite le père et la mère les nourrissent : au bout de deux mois, on met en cage les mâles et le père, et on donne la liberté aux femelles.

La nourriture des rossignols qu'on apprivoise est de la farine de millet mêlée avec des œufs, dont on fait une petite pâte fort molle, en délayant le tout avec un peu d'eau : on doit, de temps en temps, renouveler la mousse qu'on met dans leur cage, et la couvrir avec soin, tant qu'ils sont encore faibles : lorsqu'ils sont devenus plus forts, on doit les nourrir avec du cœur de bœuf, ou de mouton cru, coupé menu et pilé, et au défaut, avec des œufs durs, blanc et jaune mêlés, et mis en petits morceaux : il faut que les augettes soient entièrement dans la cage, et que l'eau soit tous les jours renouvelée.

On connaît qu'un rossignol est un mâle, 1° lorsque, sur

deux ou trois plumes de l'aile, la barbe qui sort de la côte de la plume que l'on voit est noire ; 2° lorsque les jambes paraissent rougeâtres en les regardant, et en plaçant le rossignol entre l'œil et le jour ; 3° par son chant ; c'est la marque la plus assurée.

Maladies des rossignols. 1° L'abcès au croupion, qui le fait languir et l'empêche de chanter : on doit fendre l'abcès, le presser et donner au rossignol quelques vers de farine ou cloportes ; 2° la g●● à la tête. *Remède.* Le rafraîchir avec du mouton coupé menu, ou de la poirée ; oindre la partie où sont les poux ; 3° l'amaigrissement causé par l'excès du chant. *Remède.* C'est de diversifier leur manger, et de les bien nourrir ; 4° le trop de graisse. *Remède.* Leur retrancher un peu de nourriture ; 5° le dévoiement causé par la viande crue, dont ils se nourrissent. *Remède.* Leur donner à la place, pendant quelque temps, des jaunes d'œufs ; 6° la constipation ; leur donner des laitues coupées menu ; 7° la mue ; celle qui vient dans le mois de septembre, par un temps froid, est dangereuse. Le remède est de les exposer quelque temps au soleil, de souffler sur leurs plumes du vin tenu dans la bouche, de leur donner du sucre, des herbes coupées menu. Il n'y a rien à craindre de la mue qui vient au commencement d'août.

ROUILLE. Pour ôter la rouille de dessus le fer, trempez un linge dans l'huile de tartre tirée par défaillance, et frottez-en ensuite le fer.

Rouille, maladie des blés. La rouille est une espèce de substance rousse, de la même couleur que la rouille de fer, qui endommage les feuilles et les tuyaux du froment et les empêche de croître quand les tuyaux sont formés. Les brouillards secs, suivis d'un soleil ardent, produisent cette rouille, lorsque les fromens sont dans la force de leur végétation ; le mal est sans remède si les blés étaient en tuyaux. Cependant on a éprouvé, selon M. Duhamel, qu'une pluie abondante dissipe entièrement la rouille qui a attaqué le froment, et que les grains en souffrent peu. V. *Blé, et Maladie des blés.*

ROUSSEURS et *taches,* ou *lentilles du visage.* — *Remède.* Faites dissoudre de petits coquillages appelés *porcelaines* dans du jus de citron, et frottez-en les rousseurs.

Ou frottez-les du jus d'argentine.

Détrempez une once de miel dans deux onces de jus de cresson ; passez la liqueur au travers d'un linge , et frottez-en le soir les lentilles ; elles paraîtront.

Autre remède. Prenez les os longs des pieds de moutons , que vous ferez brûler au feu , jusqu'à ce qu'ils se réduisent facilement en poudre, laquelle vous ferez infuser vingt-quatre heures dans du vin blanc ; puis vous le coulerez et vous vous en servirez : sur quatre pieds , il faut un verre de vin blanc. Voyez *Rides.*

ROUX-VENTS. On appelle ainsi les mauvais vents qui surviennent au mois d'avril et de mai : ils sont froids et humides ; ils font un grand dommage aux fruits sur lesquels ils dominent.

RUCHE. Panier destiné pour mettre des abeilles ou mouches à miel, afin qu'elles y essaiment. Les ruches les plus convenables et les plus durables sont celles qui sont faites de paille ; la meilleure est celle de seigle : il faut l'émonder et en couper l'épi ; elles sont chaudes et plus saines que celles d'osiers ou de planches. On doit les conserver dans des lieux secs jusqu'à ce qu'on les emploie , afin qu'elles ne sentent point la souris, ni l'humidité : on doit entortiller la paille avec de l'écorce de noisetier , dont on se sert pour faire des paniers. On commence l'ouvrage par le gros bout, en pliant des cordons de paille en rond , et laissant un espace qui forme un trou rond au haut de la ruche ; on continue l'ouvrage en dôme jusqu'à ce qu'il ait vingt ou vingt-cinq pouces de largeur, pour les nettoyer et en tirer le miel plus facilement ; ensuite on forme le corps de la ruche jusqu'à la hauteur de deux pieds : le bord qui la termine doit être uni, afin qu'il n'y ait aucun jour sur la planche où on la pose. On passe par le trou qu'on a laissé au haut de la ruche un morceau de bois , long de quinze pouces , rond par le bout, qui sort de la ruche , carré , et plus gros par le bout qui est en dedans. Ce morceau de bois, appelé *poignée* , soutient tout l'ouvrage, et on l'affermit sur deux bâtons posés en croix. Il vaut mieux que les ruches soient étroites par le bas que par le haut, parce que les rayons de miel sont moins sujets à se détacher. On en doit faire de plusieurs grandeurs.

Les plus grandes ne doivent pas avoir plus de vingt pouces de diamètre sur deux pieds de haut : les médiocres sont d'un plus grand profit que les grandes, et les abeilles y essaiment plus souvent ; mais on doit mettre les gros essaims dans les grandes. La ruche étant faite, on arrache les bouts de paille, et on la flambe sur un feu clair. On élève les ruches avec des hausses ; on appelle ainsi un rond de même matière que les ruches et de la même circonférence, et haut d'environ huit pouces : on les place sous les ruches qu'on veut empêcher de trop essaimer ; les abeilles, s'y trouvant plus à l'aise, et ayant plus de place à remplir, continuent leur travail et augmentent le produit de la cire.

RUCHIER (le), est le lieu où les ruches sont placées. Il doit être composé de planches bien polies, rangées par quatre ou cinq étages, selon le nombre des ruches : on les place contre un mur, en laissant néanmoins un espace derrière pour pouvoir visiter les ruches. Sa meilleure exposition est entre l'orient d'hiver et le midi, c'est-à-dire, qu'il doit être exposé au soleil entre huit et dix heures du matin : on y pratique un toit de paille ou de bois pour le garantir de la grande ardeur du soleil à midi, ainsi que de la pluie. Les planches doivent être en pente douce, insensible par devant, afin que l'eau n'y séjourne pas : on laisse entre chaque ruche un espace de deux ou trois pouces. On ne doit point laisser de tas d'herbes, ni aucunes immondices au devant du ruchier : il est avantageux qu'il soit placé à l'écart, près de quelque plant d'arbres, comme arbres nains, groseilliers, arbustes, ou de quelque petit carré garni de fleurs. Les ruches doivent être scellées sur les planches avec un enduit de bouse et de chaux vive. Après qu'on a ôté le miel et la cire, on doit bien nettoyer la place, et ôter toutes les toiles d'araignées, chenilles, papillons qui pourraient être sur le ruchier ; car rien ne porte plus les abeilles au travail que la grande propreté : on doit toujours enfumer les abeilles avant de pencher leurs ruches, afin de les rendre plus tranquilles. Lorsqu'on est obligé de changer les abeilles de panier, ce changement doit être fait dans un temps chaud, comme en juin ou juillet, quand on voit que les abeilles n'essaimeront plus dans l'année, et que le couvain est perfectionné. La circonférence de la ruche dans laquelle on change les abeilles doit être un peu plus grande que celle de l'ancienne. On doit renverser celle-ci sur le côté, la laisser quelque temps en cet état, puis l'enlever doucement, l'emboîter dans la ruche neuve, envelopper d'un linge l'endroit de la jonction, renverser le tout de manière que la ruche neuve soit en haut, et tirer la ruche vieille de dessous. Les abeilles, après cette opération, vont aux champs, et à leur retour elles entrent dans la ruche neuve. On peut faire cette même opération lorsqu'on veut ôter le miel et la cire, au lieu de faire périr les abeilles avec de la fumée de soufre, comme font certaines gens par un abus très-condamnable.

Dans l'achat des ruches il y a des moyens de distinguer les bonnes d'avec celles qui ne le sont pas. 1° Donnez un coup de doigt sur la ruche, comme on fait pour sonder un tonneau : s'il produit un bruit séparé en deux ou trois tons, la ruche est bonne ; si le bruit est court et s'apaise dans l'instant, c'est qu'il y a peu d'abeilles dans la ruche. 2° Frappez sous la ruche : le son clair et aigu annoncera un grand vide d'abeilles et de provisions ; si elle rend un son étouffé, elle est bien conditionnée. 3° Si, en soulevant la ruche de la hauteur de deux pouces, l'espace qu'elle occupait est net et propre, la ruche est bonne ; mais, s'il est chargé d'ordures, elle est faible et mal fournie.

Aussitôt qu'on a acheté des ruches, on doit les enlever pour prévenir les fraudes : il est plus avantageux de les transporter la nuit.

RUE. Plante médicinale, qui croît dans les jardins et dans les lieux exposés au soleil. Sa tige est d'environ trois pieds ; ses feuilles sont petites et rondes, d'une odeur désagréable. Cette plante est échauffante, nervine, vulnéraire, cordiale, carminative : on l'emploie contre l'épilepsie, les maladies malignes, les venins, la peste, la morsure des serpens et des chiens enragés, la colique venteuse, etc.

Rue de muraille. C'est un des capillaires ; elle croît entre les pierres, proche des eaux : on l'emploie contre la toux, l'asthme, la jaunisse, la grattelle, etc.

RUT. On appelle ainsi le temps que les cerfs, les chevreuils et les sangliers cherchent la femelle.

S.

SABLE. Il y en a de trois sortes ; de mer , de rivière , et de terre : celui de mer ne vaut rien pour faire le mortier destiné à bâtir ; celui de rivière est le meilleur de tous ; celui de terre passe pour bon lorsqu'il sonne en le faisant sauter dans la main , et qu'il est employé au sortir de terre ; on se sert de ce dernier à Paris communément.

Le sable le plus graveleux est le plus propre pour les ouvrages de maçonnerie.

Le sable se mesure par tombereaux. Le tombereau doit avoir deux pieds de haut, deux de large, quatre pieds et demi de long : vingt-quatre tombereaux font une toise cube. Le tombereau de sable vaut depuis douze jusqu'à seize sous, selon la distance du lieu où on le charrie.

Moyen de mettre en valeur les terrains sablonneux.

Ces sortes de terrains sont généralement abandonnés comme stériles. Les sables sont blancs, ou jaunâtres, ou rouges. Ceux de qualité inférieure sont les sables vifs et brûlans, propres à faire du mortier ; ils ne produisent ordinairement que de la mousse ou de la petite lande clair-semée , entremêlée de quelques brins d'herbe ; on doit mettre le feu à ces bruyères, pour tâcher de les faire brûler sur pied ; 2° labourer le terrain au commencement du printemps , par un temps sec , avec la charrue à une oreille ; 3° quinze jours après y donner avec la même charrue un second labour en travers ; au bout de quinze autres jours on fera arracher les racines et émotter le terrain par des femmes et des enfans, et on les fera sécher ; étant sèches, on doit les mettre en monceaux, les brûler et en répandre les cendres sur le champ, et donner un troisième labour dans la même direction que le premier, et par le moyen duquel on enterrera ces cendres ; 4° faire herser ce sable, avec une herse très légère, ensuite le fumer avec du fumier naturel ou artificiel, et y semer, dans la saison ordinaire pour le pays, du sarrasin ou blé noir; ce grain, comme on sait, est bon à engraisser des volailles et des cochons; on en fait même du pain en quelques provinces, et c'est celui qui réussira le mieux dans ces sortes de sables. La seconde récolte sera plus abondante que la première, et ainsi elle sera en pur profit. On laissera ensuite reposer ce terrain pendant un an; après quoi, de deux années l'une, on le sèmera toujours de la même manière en blé noir, qui y viendra bien.

Si on désire que ce terrain produise du bois, il n'y faut point mettre de fumier; et, après la première récolte de blé noir, l'on donnera pendant l'hiver deux tours de charrue; au mois de mars, un troisième; ensuite, par un temps sec, on y sèmera très-clair de la graine de sapin ou de pin de l'espèce moyenne; comme elle est fort menue, le semeur la mêlera entre ses mains avec du sable, crainte qu'elle ne se trouve répandue trop épais sur le champ; des femmes et des enfans recouvriront avec des râteaux cette semence, qui ne demande qu'environ un pouce de terre. On en emploie environ vingt livres pour ensemencer un arpent de terre; ce bois est d'un bon débit, il vient assez vite, et au bout de quarante ans, il est propre à plusieurs ouvrages. L'émondage seul, qu'on fait tous les ans, produit plusieurs milliers de fagots. Au reste, on peut, au lieu de sapin, y semer, si on veut, du chêne ou du châtaignier; mais auparavant il faudra, par le moyen de la sonde, connaître l'épaisseur du lit de sable et la qualité du fonds qui sera dessous.

Si, pour certaines raisons particulières d'utilité, on désire que ce sable porte du blé, des légumes on d'autres productions, il faudra nécessairement l'améliorer à demeure. Pour cet effet, on fera des trous d'espace en espace à quelques pieds de profondeur; on trouvera sûrement sous ce sable un lit de terre grasse, soit argile, glaise, marne ou autres; on tirera suffisamment de cette terre grasse, et on la voiturera avec des brouettes sur la surface du terrain, où on la posera par petits tas assez proche les uns des autres; ensuite on recomblera tous les trous. Mais comme, au moyen de cette terre grasse qui en sera sortie, il s'y trouvera des vides, on prendra, pour les remplir, de la terre du voisinage à six pouces en dessous de la superficie, et qu'on répandra partout.

Plus le sable sera aride et brûlant, plus il faudra multiplier les tas de terre grasse. Si on fait cette opération dans la morte saison, elle ne sera pas fort coûteuse, parce que les sables sont aisés à remuer.

On laissera les tas tout l'hiver et une partie du printemps, pour qu'ils profitent des influences de l'air; après quoi ils se pulvériseront; alors on les répandra sur le terrain, on y donnera un léger labour avec des charrues, petites et légères, pour les mêler avec le sable; peu de jours après on en donnera un plus profond, pour que cette terre grasse et ce sable soient suffisamment mêlés. Ensuite on fumera ce terrain avec du fumier naturel ou artificiel, dans la même quantité qu'on emploie dans les autres terres, et on y sèmera des seigles dans la saison convenable pour le pays.

La première récolte que l'on fera sera assez bonne pour dédommager de tous les frais qu'on aura faits pour l'amélioration du terrain. La seconde et la troisième, pour lesquelles il ne faudra plus ni engrais ni fumier, seront meilleures et presqu'en pur profit; car on pourra semer en seigle ce terrain pendant trois années consécutives. On doit préférer le seigle au froment, parce qu'il vient plus facilement et en plus grande quantité; qu'il est moins sujet à accident; qu'on le mêle avec le froment pour en faire de bon pain, et que les terres à seigle rapportent autant que celles à froment.

Telle est l'excellente méthode enseignée par le célèbre auteur de la *Pratique des défrichemens*, pour tirer profit des terrains les plus mauvais. Il assure l'avoir mise en pratique, et avec succès. Nous avons cru devoir profiter de ses profondes connaissances sur l'agriculture, et donner ici par extrait le plan d'une découverte aussi utile, et qu'on ne saurait assez faire connaître.

SACRE. Espèce de faucon femelle, qu'on dresse au vol. C'est un oiseau de proie: il a les plumes d'un roux enfumé, le bec, les jambes et les doigts bleus; il est propre au vol du milan, du héron: c'est un oiseau passager.

SAFRAN (le), vient d'une plante dont les feuilles sont longues et douces. Sa tige est basse, et porte une fleur, au milieu de laquelle est une houppe découpée en trois cordons ou filamens, d'une couleur rouge et d'une odeur agréable. Ces filamens sont d'un grand usage pour les remèdes, et c'est ce qu'on appelle le *safran*. Le meilleur safran est celui du Levant, et en France, celui qui croît dans le Gâtinais. Le safran demande une terre légère, bien exposée au soleil et bien labourée. On plante les ognons de safran aux mois de mai et de juin, en droite ligne, à quatre doigts de distance; on couvre de terre le trou, qui doit être profond de trois doigts. On doit les arroser dans les chaleurs et les sarcler, au bout de la première année, il ne paraît encore que de l'herbe, on doit ôter cette herbe, piétiner toute la terre, unir la surface, et la recouvrir de broussailles. Au bout de la seconde année la fleur paraît avec ses trois filamens rougeâtres, qui sont le safran même. Cette fleur ne dure que vingt-quatre heures, et l'ognon en reproduit une nouvelle : il faut les couper le matin, à mesure qu'elles paraissent, puis les éplucher proprement pour en tirer le safran, qu'on met en lieu sec. Le safran se vend à la livre, et on en fait un grand commerce pour les pays étrangers.

SAIN-DOUX. On le fait avec de la panne de porc, que l'on coupe par morceaux ; on la met dans un chaudron ; on fait fondre la graisse ; on passe cette graisse au travers d'un tamis ; on la coule dans des pots de grès ; on la laisse refroidir, et on couvre les pots de papier. Le meilleur sain-doux est le plus blanc. Le sain-doux sert à faire des ragoûts, des beignets, de la friture, de la pâtisserie.

SAINE ou *Seine*. Espèce de double filet : le grand est composé de mailles, de morceaux de liége par le haut, et de morceaux de plomb par le bas. Le petit est une espèce de sac qui se ferme par le poids du plomb qui traîne à terre. On se met dans un bateau pour s'en servir ; on en attache le premier bout à un piquet, au bord de l'eau : on fait avec le bateau un circuit qui embrasse, autant qu'il se peut, la largeur de la rivière ; on jette à l'eau les longs replis du filet, et on revient se placer au bord : les divers morceaux de liége qui entourent le haut du filet le tiennent suspendu à la surface de l'eau, et ceux de plomb l'appesantissent vers le fond de l'eau ; de cette manière le filet forme une enceinte à demi circulaire, d'où le poisson ne peut se sauver que, vers le bord de l'eau, par l'échancrure : en cet endroit, les pêcheurs ont soin de battre l'eau avec les pieds, à droite et à gauche ; d'autres traînent les deux bouts du filet, qui, en se resserrant de toutes parts, contraint le poisson à se jeter dans le filet qui est au piquet.

SAINFOIN (le), est une petite plante fort connue, et qui fait le meilleur foin, parce que c'est celui qui engraisse le mieux les bestiaux. Cette plante jette de petites branches menues, d'un rouge noirâtre, garnies de petites feuilles, d'où sortent des fleurs fort serrées en forme d'épi, de couleur tantôt jaune et rouge, tantôt blanche et violette, et renferment une graine grosse comme une lentille.

Le sainfoin vient de semence, et il est d'un grand profit : on le sème ordinairement au mois de mars jusqu'à la fin de juin. On doit, 1° donner trois labours à la terre, le premier en août, le second en octobre, le troisième en février ; 2° casser les mottes, et former dans le champ des carrés larges de dix pieds, et longs de cinquante, et y répandre du fumier consommé.

On doit semer le sainfoin plus épais qu'aucun autre grain, car il vient plus dru ; herser la terre aussitôt après en long, en large et en travers.

Pour un arpent de terre il faut cinq livres de graines de sainfoin : il est deux ans à venir, c'est-à-dire, qu'il ne rapporte de l'herbe fauchable qu'à la seconde année ; dès-lors on peut le faucher trois fois par an, dès que le fond y est propre ; l'une à la fin de mai, la seconde à la fin de juillet, la troisième à la mi-septembre : on connaît qu'il est mûr lorsque la graine jaunit ; l'herbe de la première fauchaison est celle qui a le plus de suc.

On doit battre en grange celle de la seconde fauchaison, parce que c'est celle qui rapporte les graines, que l'on met ensuite au grenier avant les autres : celle de la première et seconde année n'est pas bonne pour semer.

On ne doit point laisser le sainfoin en tas plus d'un jour sur le pré, ni donner du sainfoin vert aux bestiaux : le pré à sainfoin rapporte pendant huit ou dix ans ; mais, dans les gelées, on doit le couvrir avec du fumier long : quand il ne produit presque plus, on le met en terre labourable.

Le sainfoin engraisse beaucoup le bétail, mais il l'échauffe un peu : un arpent de sainfoin peut nourrir jusqu'à trois chevaux pendant l'année.

Nouvelles observations sur le sainfoin.

Cette herbe est fort saine, ce qui lui a fait donner le nom qu'elle porte : elle convient à tous les bestiaux ; elle est d'une grande fertilité. Le sainfoin vient facilement dans toutes sortes de terres, excepté les marécageuses ; mais il se plaît dans les terres qui ont beaucoup de fond : il mérite qu'on le cultive avec soin, car il fournit beaucoup plus d'herbes que les prés ordinaires. On peut le semer dans toutes les saisons de l'année ; mais il est plus sûr de le semer au printemps. Comme il est plusieurs années avant de donner un profit considérable, on sème avec la graine de sainfoin, du trèfle, de l'orge, de l'avoine. La terre où l'on veut semer du sainfoin doit être labourée fort profondément : on ne doit pas le semer à plus d'un demi-pouce de profondeur ; il est plus utile de le semer fort clair, et à des distances parfaitement égales, selon l'auteur de *la Culture des Terres*. Quand on veut cultiver le sainfoin avec la nouvelle charrue, on doit le semer en deux rangées parallèles, éloignées l'une de l'autre de huit pouces, et donner trente pouces de largeur aux plates-bandes, de sorte qu'il doit y avoir quatre pieds du milieu d'un sillon au milieu d'un autre : ce n'est qu'avec le secours du nouveau semoir qu'on peut observer cet ordre comme il faut.

Comme, selon cette nouvelle méthode, il y a deux sortes d'intervalles, il suffit de labourer les uns une année, et de labourer les autres la suivante ; et, de cette façon, on n'a jamais à labourer que la cinquième partie du terrain. On peut le faucher en différens états : 1° avant que les fleurs soient entièrement épanouies ; alors c'est un fourrage excellent pour les bêtes à cornes, et il peut tenir lieu d'avoine aux chevaux ; il fournit un beau regain, qui dédommage de ce qu'on a perdu en le fauchant de si bonne heure ; 2° on doit différer de le faucher si le temps est à la pluie ; car la graine mûrit et dédommage de la perte du fourrage. Tous les bestiaux en sont friands, et la paille étant serrée à propos, et hachée ou battue, sert de fourrage au gros bétail.

A l'égard de la manière de le faner, on le range avec la faux, par des espèces de bandes, qu'on appelle *andins* ou *ondins*, et qu'on retourne dès que le dessus est sec, en les renversant l'un vers l'autre. Lorsqu'il est sec, mais point trop, on le met en grosses meules, et on le serre dans les granges : au reste, il est bien meilleur quand il a été desséché par le vent que par le soleil.

Lorsqu'on laisse mûrir le sainfoin pour la graine, on ne doit le faucher que lorsque les graines de la pointe sont mûres, et celles d'en bas encore un peu vertes, et jamais dans la chaleur du jour ; la graine serait perdue. Si on bat le sainfoin dans le champ, on l'étend sur un grand drap par terre, et deux hommes le battent avec des fléaux pendant que deux autres leur en apportent de nouveau, et deux autres passent grossièrement au crible la graine battue.

Pour en conserver la semence, et empêcher qu'elle ne fermente, on fait dans une grange un lit de paille, puis un lit mince de graine, puis un lit de paille, et toujours ainsi. Les sainfoins sont meilleurs lorsqu'on n'y fait pas paître les bestiaux, surtout la première et la seconde année.

SAISIE (une), en général, est l'action par laquelle un huissier s'empare, au nom de la loi, des meubles ou des immeubles d'un débiteur, ou qu'il arrête entre les mains de quelqu'un ce qu'il doit à celui sur qui la saisie est faite. Pour procéder par voie de saisie, il faut être créancier ; car on ne peut faire saisir qu'en vertu d'une obligation passée par-devant notaire, et dans l'étendue de son ressort, ou en vertu d'un jugement portant condamnation, ou en vertu d'exécutoire de dépens ; et, si le débiteur est mort, il faut préalablement faire déclarer l'obligation ou le jugement exécutoire contre les héritiers avant de pouvoir saisir.

On peut encore saisir, en vertu de la simple gagerie, les meubles des locataires pour la sûreté des loyers qui sont dus. Les hôteliers et aubergistes peuvent saisir et arrêter les chevaux et hardes de leurs hôtes pour les frais de la nourriture et logement à eux fournis.

Il y a trois sortes de saisies : 1° la saisie mobilière, qu'on appelle *exécution;* il est nécessaire à ceux qui ont le malheur d'être exposés à ces sortes de saisies, et surtout aux personnes qui demeurent à la campagne, d'être instruites de ce qui suit. Cette saisie ne peut se faire qu'en vertu d'un titre exécutoire, c'est-à-dire, d'un contrat ou d'un jugement en forme exécutoire; elle doit être précédée d'un commandement fait au débiteur, avec copie du titre exécutoire du créancier; elle ne peut être faite que le lendemain de ce commandement; 2° l'exploit de saisie doit contenir l'élection du domicile du saisissant, dans la ville ou village où la saisie est faite; et, si la saisie n'est pas faite dans un village ni dans une ville, le domicile doit être élu dans le village ou la ville la plus proche; 3° la saisie doit être faite par un huissier, assisté de deux témoins, lesquels doivent signer l'exploit de saisie; 4° les meubles saisis ne peuvent être vendus qu'il n'y ait au moins huit jours francs entre l'exécution et la vente, afin que le saisi puisse avoir le temps de satisfaire le saisissant, et empêcher la vente de ses meubles.

Le saisi peut offrir un gardien solvable, qui accepte la garde des choses saisies pour les représenter en temps et lieu; et alors, si l'huissier l'accepte, il ne peut déplacer les meubles, ni les donner en garde à un autre. Il doit laisser au saisi, 1° une vache, trois brebis et deux chèvres, à moins que la créance pour laquelle la saisie est faite ne procédât de la vente des mêmes bestiaux pour avoir prêté l'argent pour les acheter; 2° le lit dont le saisi se sert pour lui, l'habit dont il est vêtu; il en est de même des habits dont les enfans du saisi se servent; 3° les chevaux, bœufs, et autres bêtes de labourage, charrues, charrettes, et ustensiles servant à labourer et à cultiver la terre, à moins que la somme pour laquelle on saisit ne fût due ou aux vendeurs pour deniers de l'État, ou à celui qui aurait prêté l'argent pour l'achat desdits instrumens, ou pour les fermages et moissons des terres où seraient lesdits bestiaux.

Il faut savoir encore que, si la saisie est faite pour choses consistantes en espèces, il faut, 1° surseoir à la vente jusqu'à ce que l'appréciation en ait été faite; car il serait injuste de vendre, par exemple, mille écus de meubles pour une somme de mille francs; 2° que la vente des choses saisies ne se peut faire sans ordonnance de juge, à moins qu'elle ne se fasse en vertu d'une obligation scellée, ou d'un jugement qui soit scellé et ait force de chose jugée; 3° qu'elle ne peut se faire non plus quand il y a des oppositions; car il faut auparavant les faire vider; 4° que l'huissier doit signifier à la personne', et au domicile du saisi, le jour et l'heure de la vente, pour qu'il ait à faire trouver des enchérisseurs, et dans quel marché la vente sera faite; 5° que les choses saisies ne doivent être adjugées qu'au plus offrant et dernier enchérisseur, et les adjudicataires en payer le prix sur-le-champ; 6° que les huissiers doivent déclarer dans leurs procès-verbaux les noms et les domiciles des adjudicataires; 7° que les bagues et vaisselle d'argent, de valeur de trois cents livres et au-dessus, ne doivent être vendues qu'après trois expositions, et à trois jours de marché différens; 8° que l'huissier qui a fait la vente, doit délivrer au saisissant les deniers provenant d'icelle, jusqu'à concurrence de son dû, et le surplus délivré au saisi, et, en cas d'opposition, à qui par justice il sera ordonné; et, en ce cas, l'huissier retient le tout jusqu'à ce que les oppositions aient été levées et jugées. Enfin, que les formalités requises pour les exploits de saisie et la vente des choses saisies doivent être gardées par les huissiers on sergens, à peine de nullité des exploits de saisie et procès-verbaux de vente, dommages et intérêts envers le saisissant et le saisi, d'interdiction, et de cent francs d'amende. Telles sont les dispositions de l'ordonnance de 1667 sur cette matière.

En fait de saisie mobilière, le premier saisissant a droit d'être payé le premier sur le prix provenant de la vente des meubles, par préférence aux autres créanciers opposans; et les deniers provenans d'une pareille vente ne se distribuent point par ordre d'hypothèque, parce que les meubles n'ont point de suite, mais après que le saisissant est payé, comme on a dit ci-dessus, à moins qu'il n'y eût déconfiture, c'est-à-dire, que les meubles et immeubles ne fussent pas saisissans pour satisfaire les créanciers. En ce cas, le premier saisissant ne vient qu'à contribution au sou la livre avec les autres créanciers opposans, sans aucune préférence ; il n'y a que les dettes privilégiées, comme les frais de justice, frais funéraires, loyers de maisons, qui soient préférées.

Quand il y a contestation entre le premier saisissant et les autres créanciers, cela forme une instance, qu'on appelle *de préférence*, qui s'instruit comme l'instance d'ordre. La première tend à faire distribuer les deniers par priorité de saisie, et la seconde, suivant la priorité d'hypothèque ou le privilége des créanciers.

2° La seconde sorte de saisie est la saisie–arrêt. C'est la saisie qu'un créancier fait d'une dette ou autre chose due par quelqu'un à son débiteur ; elle ne fait qu'arrêter ce qui est dû au débiteur, jusqu'à ce que le saisissant ait obtenu sentence. On doit en même temps assigner ceux entre les mains desquels on saisit, pour affirmer par eux la somme qu'ils doivent au débiteur saisi, et assigner ce dernier pour voir ordonner que ceux entre les mains desquels on saisit vident leurs mains en celles du saisissant jusqu'à concurrence. On ne peut pas arrêter les deniers dus au débiteur en vertu d'une simple promesse ; il faut une permission du juge, obtenue sur requête. Il y a des choses qu'on ne peut pas saisir et arrêter : telles sont les rentes viagères, les gages des officiers de la maison du roi faisant le service ; les gages qui tiennent lieu à un officier de distributions journalières, pour les services qu'il rend dans son ministère.

3° La troisième sorte de saisie est la saisie réelle. C'est la saisie des immeubles, comme maison, héritages et droits réels. Elle se fait par le ministère d'un huissier, et la vente et l'adjudication de l'immeuble en sont poursuivies à la diligence et à la requête du saisissant. Cette sorte de saisie est accompagnée d'un grand nombre de formalités, dont les plus essentielles sont : 1° que l'huissier doit déclarer qu'il établit le commissaire aux saisies réelles pour le régime et le gouvernement de la chose saisie, et en la possession duquel il la met, pour après être par lui donnée à louage ou à ferme au plus offrant et dernier enchérisseur ; que cependant il sera procédé aux criées, décret et adjudication d'icelle, à la poursuite du saisissant ; 2° la saisie réelle doit être précédée d'un commandement fait à domicile, et recordé par deux témoins ; 3° le titre en vertu duquel on saisit doit être en forme exécutoire, c'est-à-dire, en grosse, et muni du sceau de la juridiction d'où il est émané; 4° l'huissier doit faire mention de son transport sur les lieux à l'effet de saisir; 5° il doit déclarer les terres et les spécifier par les tenans et aboutissans; 6° déclarer que le créancier a fait élection de domicile dans le lieu où la saisie est faite; 7° dater son exploit d'an et jour; marquer le temps de devant ou après midi; faire itératif commandement au débiteur de payer, faute de quoi il se pourvoira par criées et subhastations par quatre quatorzaines ordinaires; 8° déclarer, par l'exploit, qu'il saisit réellement le fonds de tels héritages appartenans à un tel, et énoncer les causes de la saisie; 9° il doit établir aux régime et gouvernement de la chose saisie le commissaire aux saisies réelles, ou un commissaire dans les lieux où il n'y a point de commissaires en titre; 10° il doit signifier l'exploit au saisi, à sa personne ou domicile, avec copie baillée, la signification dûment recordée, et faire mention du tout dans l'exploit.

On doit faire enregistrer la saisie réelle par le commissaire aux saisies réelles, et par le greffier des oppositions de la juridiction où se poursuit la saisie, et l'un et l'autre doivent coter le jour de l'enregistrement. Lorsqu'elle est enregistrée et que le bail judiciaire est adjugé, la saisie réelle dure trente ans; autrement elle périt par trois ans.

En cette matière, toutes les formalités sont de rigueur, et l'omission de quelqu'une rend toute la procédure nulle, aussi bien que l'adjudication.

Les saisies et criées des rentes foncières se font en la même forme que celles des héritages sujets auxdites rentes. L'huissier doit se transporter sur l'héritage sujet à la rente foncière, et déclarer, par son procès-verbal, qu'il saisit une telle rente à prendre sur tel héritage, lequel il doit désigner par ses tenans et aboutissans, et les criées en doivent être faites en la paroisse où les héritages sujets à la rente sont situés : il en est de même des rentes de bail d'héritage.

SAISONS (*quatre*). Qualités de chacune. Le printemps est la plus salutaire de l'année pour les corps : rarement elle produit des maladies difficiles à guérir, telles que les catarrhes, les toux, les maux de gorge, les hémorragies, les pustules; mais ces maladies cessent lorsque l'été arrive.

L'été amène souvent des fièvres, soit continues ou ardentes, soit intermittentes ou malignes.

L'automne renferme le principe de beaucoup de maladies ; entre autres, les fièvres quartes, l'épilepsie, la mélancolie, les morts subites, l'hydropisie, les rhumatismes. On voit souvent périr, dans cette saison, les personnes qui ont lutté long-temps contre des maladies longues.

L'hiver est accompagné de toux, de fluxions de poitrine, de vertiges, d'apoplexies, et de mille autres infirmités. Lorsque le temps est variable, l'issue de ces maladies est fort douteuse ; mais, si l'année conserve toujours la même constitution depuis le commencement jusqu'à la fin, on peut s'attendre aux mêmes maladies.

SALADES. Tout le monde sait que les salades sont un composé de différentes plantes potagères que l'on assaisonne toutes crues avec de l'huile, du vinaigre et du sel : on mêle ordinairement des fournitures avec la plante qui est le fondement de la salade. Si la salade est de laitue pommée, cette fourniture est un peu d'estragon, de cerfeuil, de pimprenelle, de baume, etc.

SALAISON. On appelle ainsi les provisions que l'on fait des chairs de certains animaux, et particulièrement de porc. Voyez *Porc salé*.

SALÉ, *Petit Salé*. C'est la chair de porc salée, et les endroits où il y a le plus de graisse. Le meilleur porc pour le petit salé est celui de six mois, nourri pendant douze jours avec de l'avoine.

SALOIR. Sorte de table destinée pour saler le porc. Le saloir doit être de bois dur, tel que celui de chêne; il doit être entouré de bons cercles pour que la saumure ne se perde point; il doit avoir un rebord haut de quatre doigts.

Le saloir doit avoir son couvercle, et fermer la salaison de manière qu'il ne laisse aucun jour par où elle puisse prendre l'évent.

SALPÊTRE, ou *Nitre*. Sel minéral qu'on tire des pierres et des terres des vieux bâtimens, des lieux empreints des urines de plusieurs animaux : voici la manière la plus ordinaire de le faire. Prenez une grande quantité de ces pierres et de ces terres ; broyez-les grossièrement ; mettez-les dans de grands tonneaux percés dessous ; versez dessus beaucoup d'eau, laquelle tombe, après avoir dissous le sel dont ces diverses matières sont chargées, dans un vaisseau qu'on aura mis dessous. Jetez ensuite cette infusion sur de la cendre, et faites-en comme une lessive, et, cela par deux fois ; faites ensuite réduire au quart cette liqueur par le moyen d'un feu modéré, mais toujours égal ; laissez-la reposer, et au bout de quelques jours vous trouverez au fond des cristaux. Mettez-les sécher ; faites évaporer le reste de la liqueur ; laissez-la refroidir, et ce sera le salpêtre.

Le salpêtre sert pour la composition de la poudre à canon, pour la préparation des eaux fortes. Il est incisif et résolutif, il excite l'urine, il pousse la pierre du rein, il éteint les ardeurs du sang ; on en donne une drachme et demie par pinte pour les fièvres ardentes.

Il y a aussi du salpêtre naturel attaché contre des murailles et à des rochers : il est préférable au salpêtre ordinaire pour la poudre à canon.

SALSIFIS. Racine. Il y en a de deux sortes. Les salsifis communs, et ceux d'Espagne, qu'on appelle *scorsonères*, qui sont d'un grand usage dans les remèdes. Voyez *Scorsonère*.

On sème les salsifis, au printemps et au mois d'août, en planches ou en plein champ : il faut éclaircir le plant, l'arroser pendant les chaleurs, et avoir soin de le sarcler ; on ne laisse en terre que jusqu'en carême ceux semés au printemps.

SANGLIER (le), est un porc sauvage, qui se tient dans les forêts ; il apporte en naissant toutes ses dents ; il en a quatre, qu'on appelle *défenses* ; savoir, deux en haut, qui servent à aiguiser les deux de dessous, qui sont meurtrières : les deux d'en haut se nomment les *grez*, et les deux d'en bas, *limes*, *dagues*, ou *armes de la barre*. Les dents de la mâchoire inférieure sortent de sa gueule, et se tournent en demi-cercle.

Le rut des sangliers est au mois de décembre, et dure trois semaines ; leur venaison à la mi-septembre, jusqu'au commencement de décembre : c'est le temps de les chasser.

Quand le sanglier est jeune, on l'appelle *marcassin* ; à

deux ans, *ragot*; à quatre ans, *quartanier,* ou à son tiers; il est alors fort dangereux : à six, *grand sanglier;* à sept, *grand vieux sanglier.* La femelle du sanglier s'appelle *laie;* elle ne porte qu'une fois l'an.

Les sangliers font leur bauge dans les bois garnis d'épines et de ronces, et ils vivent de tous grains, fruits et racines.

Allure du sanglier, ou *marques auxquelles on juge de sa qualité.* Ses formes sont grandes et larges ; ses pinces de la trace de devant rondes et grosses; le talon large, les gardes ou ergots gros et ouverts ; la souille (c'est l'espace qu'il a barbouillé); toutes ces marques font connaître sa grandeur.

Chasse du sanglier. Elle se fait aux accoures, avec les lé—vriers et les limiers, des arquebuses, des amorces et des toiles dans les enceintes. On appelle *vautrait* le grand équipage en-tretenu pour la chasse du sanglier ; on appelle encore *vautrait* des chiens mâtins qu'on prend chez les paysans, et qu'on élève exprès : les chiens courans sont encore très - propres à cette chasse; mais ils doivent être grands, et plus épais de corps que les autres. On doit parler aux chiens comme pour le loup.

Un jeune sanglier à son tiers n'est pas courable, car il court plus vite qu'un cerf; mais à son quart d'an on le peut prendre à force : on ne met après lui que des mâtins ou de vieux chiens, et sages : il se détourne comme le cerf, et on y met des relais de la même manière.

Au printemps et en été on les trouve dans les endroits où il y a beaucoup de buissons, et surtout là où il y a des blés verts : en automne, dans les forêts ; c'est là où ils font leur mangeure.

Dès que le sanglier est tué, on doit lui couper les suites ou testicules; car elles corrompraient toute la chair en peu de temps. Voyez *Hure.*

La chair du sanglier est fort nourrissante, se digère plus facilement que celle du cochon ; et les parties qui en sont les plus estimées et bonnes à manger sont la hure, autrement la tête, et les filets, ce qui comprend toute la chair du dos le long des reins.

Les défenses du sanglier servent à faire des hochets, qu'on donne aux enfans pour leur faire percer les dents ; sa graisse est résolutive, elle fortifie et adoucit ; son poil sert à faire toutes sortes de brosses ou vergettes.

SANGSUE. Insecte aquatique de la figure d'un gros ver, et long comme le petit doigt : on s'en sert en médecine, en les appliquant sur la peau pour sucer le sang, et détourner quelque fluxion ; les plus petites, et qui sont vertes sur le dos et rouges sur le ventre, sont préférables aux autres. On les fait dégorger quelques jours dans de l'eau avant que de s'en servir, afin qu'elles s'attachent plus vite : quand on veut les retirer, il faut jeter dessus un peu de sel ou de lin brûlé.

On emploie aujourd'hui presque généralement les sangsues dans les maladies aiguës et chroniques.

SANICLE. Plante qui croît dans les bois. Elle porte au bout de ses branches de petits boutons blancs, faits comme des fraises. Son goût est amer : elle est fort astringente et dessiccative ; c'est une des premières vulnéraires : on en prend en décoction pour les ulcères, fistules, hernies ; une poignée de ses feuilles et queues pilées, et infusée à froid pendant une nuit dans un verre de vin blanc, est un excellent remède dans les pertes de sang, quelles qu'elles soient. On applique aussi sur les plaies l'herbe de sanicle pilée.

SANTAL. Bois qui vient des Indes. Il est citrin, blanc ou rouge : le premier est le meilleur ; il doit être encore dur et pesant. Ce bois est cordial et aromatique ; il fortifie l'estomac et le cerveau ; il purifie le sang, et arrête les obstructions.

SAPIN. Arbre résineux, fort haut et fort droit. Il croît dans les montagnes et dans les pays froids ; ses feuilles sont longues et piquantes, rangées en peignes ; son bois est sec et léger ; son écorce est blanchâtre. La pesse ressemble au sapin, si ce n'est que son écorce tire sur le noir, qu'elle est gluante, et que son bois est bien meilleur : le sapin de même que la pesse produisent la résine, qui a une vertu détergente, et est fort bonne pour les plaies fraîches. Si on en veut élever, on doit en semer la graine au mois d'octobre dans un lieu ombrageux, et l'y laisser jusqu'à ce que le plant ait trois ou quatre pieds de haut. Le grand débit du bois de sapin est en planches de différentes grandeurs et grosseurs.

La résine qui est entre ses écorces est fort bonne pour guérir les plaies fraîches de la tête ; elle purge aussi les humeurs bilieuses, et nettoie les reins. Les pommes de sapin sont astringentes; on s'en sert extérieurement dans les inflammations, et contre les verrues et cors des pieds. Voyez *Pesse*.

SARCELLES ou *Cercelles*. Oiseaux de rivière qui tiennent du canard, mais qui sont plus petits. Le mâle a la tête rouge, avec des marques noires sous l'estomac; et la femelle a le ventre gris. La chair des sarcelles est beaucoup plus délicate et de meilleur goût que celle des canards : on les prend, comme les canards, tant au lacet qu'au fusil.

SARCLOIR. Sorte de petit couteau recourbé, destiné pour sarcler, c'est-à-dire, ôter les méchantes herbes qui naissent parmi les bonnes et les offusquent.

SARRIETTE. Plante de jardin. Ses tiges sont hautes d'un pied et demi; ses feuilles petites et velues, d'une odeur piquante; ses fleurs de couleur blanche, tirant sur le pourpre; elle est chaude et apéritive; on l'emploie contre les dégoûts, les crudités et les autres affections de l'estomac, la léthargie et les assoupissemens : elle est bonne aussi contre la toux, l'asthme et les autres maladies de la poitrine.

SARRASIN (blé). Voyez *Blé*.

SAUCE-ROBERT. On la fait avec des ognons coupés en dé, passés dans une casserole avec un peu de lard fondu, en les remuant toujours : étant à demi roux, on égoutte la graisse, on les mouille de jus, on les laisse mitonner à petit feu, on les assaisonne de poivre et de sel : lorsqu'ils sont cuits, on les lie d'un coulis de veau et de jambon.

Sauce au pauvre homme. Épluchez bien de la ciboule, hachez-la, mettez-la dans une saucière avec du poivre, du sel et de l'eau : on la sert froide. On peut la faire encore avec ciboule, persil, huile et vinaigre.

SAUCISSES. *Manière de les faire*. Prenez de la chair de porc, mêlez-y un peu de veau; hachez-bien le tout avec un peu d'échalote; assaisonnez de sel, poivre, fines épices, un peu de fines herbes; mettez-y un peu de mie de pain bien fine; prenez de petits boyaux de cochon, nettoyez-les, remplissez-les avec un cornet de fer blanc de cette chair, en la faisant entrer avec le gros doigt; piquez le boyau avec une épingle : étant bien plein, unissez-le bien avec la main, et le marquez de la grandeur que vous voulez : faites griller vos saucisses à petit feu.

SAUGE. Plante. Il y a la grande et la petite : celle-ci est la plus estimée ; ses tiges sont d'un vert blanchâtre ; ses feuilles assez longues et épaisses, d'un goût aromatique, et tirent sur le blanc ; ses fleurs sont bleues, et ont de l'odeur : elle se multiplie de plantes éclatées ; on n'en met guère qu'en bordure. La sauge est chaude et astringente, céphalique et diurétique : on s'en sert à la manière de thé contre les affections du cerveau, comme le vertige, l'épilepsie, les catarrhes, l'apoplexie ; elle est utile dans les indigestions et faiblesse d'estomac, les vents, la colique, suppression des mois et des urines.

SAULE. Arbre médiocrement gros. Son bois est blanc, léger, pliant, mais difficile à rompre. Les saules deviennent plus gros dans les endroits humides : quoique ce soit un arbre aquatique, il vient néanmoins dans les lieux secs comme les bois, et il ne veut pas avoir ses racines dans l'eau comme l'aune ; mais il se plaît dans une terre humide, comme fossé, chaussée, prairie. Les saules se multiplient de branches. Lorsqu'on veut faire une saussaie, on doit choisir les plus belles et grosses comme le poing, et longues de six à huit pieds ; les tailler en talus par le gros bout, et les planter dans des trous profonds de deux pieds. On peut les planter plus dru, si le fonds est bon : dans les deux premières années, on doit les amender au mois de mars, et ne laisser à la tête que les plus belles branches ; ensuite les étêter tous les quatre ans au mois de février, et le plus près du tronc qu'il est possible : mais, si on veut en avoir de grandes perches, on se contente de les émonder sans les étêter.

Les feuilles de saules sont rafraîchissantes ; leur décoction est bonne contre le crachement de sang : on en lave les pieds en forme de lotion dans les insomnies, les fièvres ; son écorce arrête les pertes de sang des femmes. On distingue le saule en mâle, celui-ci ne porte point de châtaigne ; et en femelle, qui porte la graine.

Les gros troncs du saule se débitent en planches pour des tablettes, armoires : on les vend aussi en pièces, que l'on fend pour des échalas, et en perches pour les espaliers et treillages.

SAUMURE. C'est le jus qui reste dans le saloir après qu'on

en a ôté toute la chair. Cette saumure est composée du suc
de la chair du porc, et de sel : on peut l'employer une seconde fois ; mais il faut auparavant la faire bouillir dans de
l'eau de fontaine, l'écumer et la faire clarifier sur le feu.

SAVON. Composition qui sert à dégraisser et blanchir le
linge. Elle se fait avec des cendres de l'herbe appelée *kali*
ou *soude*, et de la chaux vive en pierre et qu'on éteint à
demi. On la mêle, quand elle est en poudre, avec de la soude,
en agitant beaucoup l'une et l'autre : on met le tout dans un
tonneau défoncé par un bout ; on jette de l'eau dessus ; elle
doit surnager d'un pied et demi ; on l'y laisse pendant quatre
heures, puis on l'ôte ; on la met à part, et on en remet de la
nouvelle, et cela pendant quatre fois ; puis on fait fondre
deux cents livres de suif de mouton ou de bœuf ; et, étant
fondu, on y verse un ou deux seaux de la seconde eau mise
à part, et ensuite de la première et seconde, peu à peu
et jusqu'à ce que le savon soit ferme en le tirant sur le bord
de la chaudière ; alors on y met deux onces d'alun de roche
fondu sur douze livres de suif. Le meilleur savon est celui
d'Alicante, puis celui de Carthage, celui de Marseille et de
Toulon. Le savon blanc est dur, et le noir est mou.

SAVONNETTES. On les fait avec du savon de Toulon ou
de Gênes : on le coupe bien mince ; et, après l'avoir fait sécher à l'air, on l'arrose avec de l'eau de lavande : lorsqu'il est
amolli, on le pile, on y mêle ensuite deux livres d'amidon
en poudre, une once d'essence de citron, une poignée de sel :
l'on pile le tout, et on roule cette pâte en savonnettes.

Manière de faire soi-même des savonnettes ordinaires.

Prenez six livres de savon ; coupez-le mince ; faites-le
fondre avec une chopine d'eau, dans laquelle vous aurez fait
bouillir six citrons coupés par morceaux, et passez par un
linge avec expression les citrons. Le savon étant fondu, retirez-le du feu ; mettez-y trois livres d'amidon en poudre, un
filet d'essence de citron ; mêlez le tout dans le savon, et pétrissez-le bien : la pâte étant faite, roulez vos savonnettes de
la grosseur que vous voudrez, et les marquez en même
temps.

SCABIEUSE. Plante qui croît dans les prés, les montagnes et les bois. Ses tiges sont hautes de trois pieds, rondes et velues ; ses fleurs, qui viennent en forme de bouquets ronds, tirent sur le pourpre. Cette plante est chaude, sudorifique et pectorale ; on s'en sert dans la toux, l'asthme, la pleurésie : elle est bonne sur les ulcères des jambes, contre la gale, la teigne, et les abcès des parties internes. Le sirop de scabieuse est excellent contre la petite vérole, lorsqu'elle se jette sur les parties internes : son jus efface les rousseurs et les taches du corps.

SCAMMONÉE. Suc ou gomme qui découle d'un arbre qui croît dans le levant, aux environs d'Alep. La bonne scammonée est légère, friable, résineuse, grise, d'un goût un peu amer ; elle est purgative, et évacue par le bas les humeurs bilieuses, séreuses et mélancoliques ; mais, comme elle a beaucoup d'acrimonie, elle a besoin d'être corrigée : la dose est depuis quatre grains jusqu'à dix-huit.

SCEAU *de Salomon.* Plante qui croît dans les lieux ombrageux. Ses tiges sont hautes d'environ trois pieds, et rondes ; ses feuilles, larges ; ses fleurs forment une espèce de cloche ; sa racine est médicinale ; une once coupée par morceaux et infusée dans du vin blanc guérit les descentes des enfans, si on leur en fait boire deux ou trois prises par jour : cette décoction est bonne aussi contre la gravelle.

SCELLÉ (un), est l'apposition du sceau aux armes du roi faite par le juge de paix du canton sur les armoires, cabinets, portes des chambres où sont les biens, meubles et papiers d'un défunt ou d'un absent, pour les conserver à ses héritiers ou à ses créanciers. On ne peut rompre ou lever le scellé qu'en présence de celui qui l'a posé.

Après la levée du scellé la règle est qu'on fasse l'inventaire des biens meubles et papiers du défunt en présence des personnes intéressées, ou des notaires et avoués par elles commis.

Plusieurs personnes ont droit de faire apposer le scellé. 1° Tout créancier d'une somme certaine, et fondé en titre ; 2° la veuve, pour la répétition de ses conventions matrimoniales ; 3° les héritiers du défunt, qui craignent que la veuve ne détourne les effets du défunt ; 4° l'exécuteur testamentaire, afin de pouvoir rendre un compte fidèle de tout ce dont il aura été saisi pendant l'an et jour de son exécution ; 5° le procureur du roi, pour la conservation des biens des enfans quand ils sont mineurs, lorsqu'ils n'ont point de tuteur ou de curateur. Bien plus, les créanciers d'un débiteur vivant peuvent faire apposer le scellé sur ses biens en cas de faillite ou banqueroute, d'emprisonnement pour dettes, ou d'absence. Le scellé doit être apposé le plus tôt qu'il est possible après la mort du défunt.

SCIATIQUE. Espèce de goutte qui se fait sentir aux hanches, au haut des fesses et des cuisses : on connaît qu'elle est telle, lorsque, par la douleur qu'on éprouve, il semble qu'on vous ronge, pour ainsi dire, les os.

Remède. Prenez de la racine de brioine blanche, deux onces ; vous la pilerez dans un mortier, et vous y mêlerez suffisante quantité d'huile de graine de lin. Vous l'appliquerez sur la partie malade en forme de cataplasme. On en continuera l'usage plusieurs jours de suite.

Autre remède. Il faut frotter, devant le feu, l'endroit affecté avec de l'huile de laurier, ou le frotter fortement avec une serviette bien chaude, et jusqu'à rougeur, et le bassiner ensuite avec du vin blanc ; ce qui doit être répété plusieurs fois. *Eph. d'All.*

Autre remède. Prenez de la poix de Bourgogne ce que vous voudrez ; pétrissez-la avec suffisante quantité d'huile de semence de moutarde, tirée par expression.

SCOLOPENDRE, ou *Langue-de-cerf.* Plante qui pousse des feuilles longues d'un demi-pied, larges d'environ deux doigts, pointues en façon de langue : elle croît dans les lieux ombrageux et entre les pierres. Ses feuilles sont rafraîchissantes, pectorales et vulnéraires ; elles sont d'un grand usage en tisane dans les maladies de poitrine, le crachement de sang, et pour arrêter le cours de ventre.

SCORDIUM. Plante qui naît dans les lieux marécageux. Ses tiges sont carrées, velues, et serpentent ; elles ont un goût amer, et l'odeur de l'ail : ses feuilles sont vulnéraires, sudorifiques. On en fait usage dans les maladies pestilentielles, les obstructions du foie et de la rate, et surtout contre les vers : on les donne en décoction, et on en met une poignée pour chaque pinte d'eau.

SCORSONÈRE. Plante de jardin. Ses feuilles sont longues d'un bon pied, sa tige de même; sa fleur est jaune; sa racine est d'un grand usage dans les remèdes contre la morsure des serpens, la peste, la mélancolie, l'épilepsie, le vertige, la petite vérole, etc. C'est une des meilleures racines qu'on puisse cultiver : elle se multiplie de graine, qui est blanche, menue et ronde. On la sème en bonne terre et à six pieds de fond au printemps et au mois d'août, ou en rayons, ou en planches, ou en plein champ : il faut éclaircir le plan quand il est haut de sept à huit pouces, l'arroser et le sarcler.

SCROFULAIRE. Plante qui croît dans les lieux ombrageux et humides : sa tige est haute de deux à trois pieds, ses feuilles tirent sur le noir, et ses fleurs sur le pourpre; sa racine est grosse, noueuse, inégale et d'un goût amer; elle est chaude, incisive et vulnéraire. Son usage est dans les hémorroïdes, les écrouelles, les ulcères, les gales malignes : on peut prendre de cette racine en décoction; et, si c'est en poudre, la prise est de demi-drachme à une drachme. On en fait encore un onguent, étant pilée avec du beurre frais, que l'on applique sur les parties affligées.

SEIGLE. Espèce de blé fort connu, qui vient après le froment, et dont on fait du pain, qui est, à la vérité, de difficile digestion. Sa tige monte jusqu'à cinq ou six pieds; ses épis et ses grains sont plus longs que ceux du froment, mais ils sont maigres. On sème l'hiver le grand seigle, et au printemps le petit.

On mêle de la farine de seigle avec celle de froment, et le pain en est plus léger et de meilleur goût. Sa farine, mise en cataplasme, dissipe les tumeurs douloureuses des érysipèles et de la goutte : la décoction du son arrête le cours de ventre. On applique du pain de seigle dans les douleurs de tête et les faiblesses d'estomac : mâché avec du beurre, il fait mûrir les tumeurs.

Le seigle veut une terre sèche et de peu de substance, et on doit le semer en temps sec, parce qu'il court risque de pourrir plus qu'un autre grain.

Le meilleur seigle, tel que doit être celui qu'on sème, est d'un gris tirant sur le noir.

Le seigle, dans les pays où il abonde, dégénère souvent en

blé cornu. On l'appelle ainsi, parce que les grains sortent de l'épi avec la forme de corne noire ; ils sont blancs en dedans , et sont plus durs que les grains ordinaires. Cette sorte de blé cause de grandes maladies , telles que le scorbut, à ceux qui mangent du blé de seigle pur ainsi infecté. Le meilleur ex-pédient pour prévenir ce mal est de bien cribler le seigle, et d'y mêler de bon froment.

Le seigle est sujet à l'ergot. On appelle ainsi une maladie des seigles; c'est la même maladie que le charbon du froment : les grains ergotés sont plus gros et plus longs que les au-tres ; ils sortent de la balle , ils sont bruns ou noirs ; leur sur-face est raboteuse : étant mis dans l'eau, ils surnagent d'abord , puis ils tombent au fond; si on les mâche, ils laissent sur la langue un goût piquant. Il y a des gens qui prétendent que l'ergot est produit par la piqûre d'un insecte, qu'ils croient être une petite chenille. On doit séparer du seigle, par le se-cours du crible, les grains ergotés; ce qui est facile, du moins pour la plus grande partie, parce que ces grains ma-lades sont plus gros que les grains sains; et , si on ne les sé-parait pas, ils pourraient causer des maladies terribles, telles que la gangrène sèche, comme cela est arrivé aux paysans de Sologne.

Le seigle s'accommode des plus mauvaises terres et des années les plus sèches : comme il a la propriété de rafraîchir, on en mêle un peu avec le froment , qu'il rend plus tendre et plus agréable.

SEL. Substance acide, dont la grande propriété est de ne craindre aucune corruption , et d'en préserver les viandes qu'on y laisse tremper. Il y a plusieurs sortes de sels.

SEL *marin* ou *Sel commun*. C'est celui qu'on tire de la mer ou de plusieurs lacs salés par évaporation , c'est-à-dire, en faisant bouillir de l'eau de la mer dans de grandes chau-dières, jusqu'à ce que toute l'humidité soit ôtée ; il en reste un sel blanc. Le sel par cristallisation est celui qui se fait en détournant l'eau de la mer dans des creux ou marais, qu'on appelle *salans* , pendant les chaleurs de l'été ; car l'eau étant évaporée , il reste un sel gris ; c'est le meilleur.

Le sel pénètre, digère, ouvre, échauffe : il résiste à la corruption : il est bon contre les crudités de l'estomac : on s'en sert dans les lavemens; on l'emploie extérieurement dans l'apoplexie et les convulsions, la douleur des dents, etc.

SEMAILLES. On appelle ainsi le temps des semences, c'est-à-dire, celui où l'on sème le blé.

SEMENCE. On donne ce nom à tout ce qui est propre à produire la plante d'où elle est provenue; mais on entend plus ordinairement, par ce terme, le blé pour être semé.

SEMER. L'action de semer est une des plus importantes opérations de l'agriculture. Il y a, sur cette matière, des règles qu'il est absolument nécessaire à un économe de bien savoir et de pratiquer.

1° Avant de semer on doit connaître la qualité de la terre, pour savoir l'espèce et la quantité de grain qu'il faut; on doit même s'assurer de la qualité de la terre où le blé a été recueilli, lorsqu'on l'achète pour le semer.

2° Lui avoir donné tous les labours nécessaires; 3° choisir le meilleur blé, duquel que ce soit. Le bon froment, par exemple, doit être d'un gris blanchâtre et rond, beau, pesant, sonnant, ferme sous la dent. Voyez *Froment*.

Il doit être parfaitement criblé, et purifié de toute graine étrangère; il vaut mieux que le blé destiné à servir de semence soit tiré d'un terroir distant de quelques lieues de celui où il doit être employé, et que ce soit d'une terre plus maigre; car le même blé, étant toujours jeté dans la même terre, dégénère; il faut même, s'il est possible, qu'il provienne d'une terre inférieure de quelques degrés à celle où l'on veut l'employer. Il est fort avantageux de tirer les semences des pays où les plantes se plaisent particulièrement, et de semer le blé dans un terrain d'une nature contraire à celui d'où il a été tiré; c'est le moyen d'avoir une bien plus grande récolte. Le vieux blé ne vaut pas moins en semence que le nouveau, quoiqu'on ensemence ordinairement avec celui de l'année précédente. Il y a des gens qui prétendent que la meilleure semence est celle qui vient des terres fortes.

Il est d'usage, dans la plupart des provinces de France, de faire passer la semence par une lessive de chaux vive, ce qu'on appelle *échaulage*. Pour cet effet, on le met tremper, durant cinq ou six heures, dans une saumure faite exprès; d'autres mettent le blé dans des mannes, et ils écument les grains qui surnagent ; autrement ils ne germeraient pas ; d'autres arrosent le grain en tas avec cette eau, ou bien ils répandent dessus de la chaux en poudre, et ils le remuent bien. Ces diverses précautions empêchent d'avoir du blé charbonné ou noir, lequel, au lieu de farine, contient une poudre noire, de mauvaise odeur.

Les bons fermiers d'Angleterre, pour s'en garantir, changent tous les ans une partie de leur semence ; on doit au moins la changer tous les trois ou quatre ans, surtout le blé de froment. Il est constant que la chaux rend le blé plus gros et plus enflé ; elle l'augmente de deux boisseaux au moins par setier ; or, comme on sait, le setier en contient douze. D'ailleurs, le grain échaulé multiplie plus facilement ; il résiste mieux aux pluies, aux mauvaises herbes et aux vermines. C'est encore un principe généralement reconnu, qu'il faut mettre plus de semence et de plant dans une mauvaise terre que dans une bonne.

Nous croyons devoir faire part d'une méthode pratiquée en Angleterre pour la préparation de la semence ; la voici : Prenez de l'eau roussâtre qui coule des tas de fumier exposés à l'air et à la pluie, dans des vaisseaux que l'on a mis dans des trous creusés proche de ces tas ; faites en même temps évaporer sur le feu de l'urine humaine, pour en accélérer la putréfaction ; mêlez-la avec de l'eau du fumier ; faites-les fermenter ensemble dans une chaudière sur le feu ; jetez la semence dans cette liqueur, et l'y laissez pendant quatre jours et quatre nuits ; puis semez-la, et vous aurez une récolte abondante.

Autre méthode pour les terrains maigres et sablonneux. Prenez douze à treize livres de fiente de brebis, que vous ferez bouillir avec de la lie ; faites-y dissoudre trois ou quatre livres de salpêtre ; jetez dans cette liqueur un boisseau de blé nouveau, et laissez-le infuser pendant huit heures ; mettez-le ensuite sécher dans un endroit suffisamment aéré, mais peu exposé au soleil ; réitérez cette opération plusieurs fois, et la graine ne tardera pas à monter en épi ; mais il faut semer clair. Avec cette méthode le terrain n'a pas besoin d'être fumé.

C'est une expérience que l'on a faite, que, par la préparation des semences, un seul grain a poussé sept ou huit tiges, dont chacune portait un épi de plus de cinquante grains , et qu'on a compté plus de soixante tiges sur un même pied.

Au reste. on croit devoir rapporter ici la réflexion que fait un cultivateur sur toutes ces préparations, après en avoir fait lui-même l'expérience. Le seul avantage que j'y trouve, dit-il, c'est, 1° que la semence préparée lève uu peu plus vite que l'autre ; 2° les oiseaux n'y causent pas tant de dégât ; 3° le blé devient trop épais ; mais on peut remédier à cet inconvénient en le semant un peu clair ; 4° le blé provenant de la semence préparée est moins sujet à être charbonné que celui qui n'a reçu aucune préparation. En général, comme on ne peut éherber et labourer les grains pour en détruire toutes les herbes, comme on ferait pour une planche de laitues , il vaut beaucoup mieux semer trop épais que trop clair, parce qu'alors ils prennent le dessus, et étouffent à leur tour les mauvaises herbes sauvages ; au lieu que, quand ils sont trop clair-semés, les mauvaises herbes croissent avec force , absorbent tous les sucs de la terre, et affament le blé.

On doit encore remarquer que , dans les terres froides, les grains sont bien moins sujets à geler , lorsqu'ils sont semés un peu épais, que quand ils sont trop clairs. D'un autre côté, le grain semé clair, mais bien cultivé, fournit, par le nombre de ses tuyaux et de ses épis , une récolte aussi abondante qu'une pareille étendue de terrain cultivé de la même manière, mais semé plus épais : d'où il s'ensuit que la terre ne peut produire qu'une certaine quantité de plantes proportionnée à sa fécondité. Enfin , il a observé que, si l'on donne aux grains un labour trop enfoncé, lorsqu'on veut les cultiver et en ôter les mauvaises herbes dans les mois de mai et de juin, cela leur fait pousser leurs racines bien avant dans la terre ; ainsi ils y trouvent plus d'humidité, ce qui les empêchent de mûrir à propos.

Le temps de semer est en automne, principalement depuis le 20 septembre jusqu'au 10 octobre, à l'égard du froment, du seigle, du méteil, de l'épeautre, de l'escourgeon. Il y a des espèces de blé moins ordinaires qui se sèment au printemps, comme le blé rouge, le blé blanc de Dauphiné et de Flandre , et la touselle, qui est une sorte de blé fort commun en Languedoc. On sème au printemps l'avoine, l'orge, les lentilles, les féveroles, les lupins et autres menues graines qu'on appelle les *mars ;* on peut les semer à part ou les mêler : on donne le fourrage de la plupart de ces grains aux bêtes de charge, aux vaches, aux brebis, et la graine aux chevaux et à la volaille.

En général, on peut semer fort bien pendant six semaines dans les mois de septembre et d'octobre. On doit commencer par les plaines ; car elles veulent être semées plus tôt : le blé semé de bonne heure lève mieux. Il y a des circonstances où l'on est forcé de remettre cette opération à une autre saison ; 1° à cause des pluies trop abondantes ; 2° lorsqu'on a à semer dans une terre chande, graveleuse, pierreuse, de peur que le blé ne pousse trop avant le printemps ; 3° lorsque la terre a rapporté, l'année précédente, du sainfoin ou autre fourrage, car il faut avoir le temps de préparer le terrain ; 4° lorsqu'elle a porté des navets, qu'on a fait manger aux bestiaux ; 5° lorsqu'elle a été nouvellement défrichée, soit qu'elle fût en prairie ou en bois. Dans tous ces cas on doit différer à semer jusqu'en décembre, et même en février.

L'ordre qu'on doit garder pour les blés est de commencer par le seigle, ensuite l'escourgeon, le méteil, l'épeautre, enfin le froment : on doit semer celui-ci en terre grasse et humide, et après la pluie. A l'égard des blés appelés *mars,* qui se sèment au printemps, on commence par le froment de mars ; il veut une terre grasse, et demande les mêmes cultures que les autres fromens ; ensuite, et au commencement d'avril, le blé de Turquie ou maïs, le millet, le panis : on finit par le sarrasin.

A l'égard de la quantité de la semence, elle dépend de la qualité de la terre ; ainsi les terres maigres demandent plus de semence que les grasses : il en est de même des pays humides et aquatiques, ou couverts d'arbres ; car il en faut plus que dans les secs.

L'usage ordinaire est d'employer huit boisseaux à l'arpent, pesant vingt livres chacun, pour le froment, méteil ou seigle ; et environ quatre pour le millet et les panis. Au reste, l'usage constant des lieux est la meilleure règle : en général il vaut mieux en donner plus que moins.

Quant à la manière de semer, le blé se sème à pleine main : le laboureur attache devant lui sa longue nappe, dans laquelle il jette uue mesure de grains, et en entortille l'extrémité autour de son bras gauche, afin qu'elle ne puisse échapper ; il remplit de blé l'autre main ; et, marchant sur une ligne droite, il répand circulairement la semence, en faisant aller sa main jusque sur l'épaule gauche ; il emplit sa main de nouveau, et part toujours avec le pied droit ; il avance de la sorte avec un mouvement toujours égal : ce n'est que par cette espèce de mesure que la distribution se peut faire avec une parfaite égalité. Quand le laboureur a rempli une certaine largeur, qu'il règle sur l'étendue qu'a occupée la projection du blé, il recommence sur une autre ligne : au reste, on doit semer de suite sans discontinuer.

Après qu'on a emblavé le champ, on doit enterrer la semence pour empêcher que les oiseaux ne la mangent, et afin que la terre lui communique sa substance ; mais on ne doit pas l'enterrer trop avant, car plus le grain de semence est profond, plus il est retardé dans sa croissance ; les racines poussent bien mieux à la superficie de la terre, parce qu'elles y jouissent de la chaleur du soleil : d'ailleurs, l'eau de pluie ne pénètre que quelques pouces de profondeur, au lieu que la superficie est toujours humectée. La meilleure manière, et la plus sûre, est de semer à un pouce de profondeur, par la raison que, lorsque le grain est entièrement découvert, il ne peut pousser dans un temps sec ; et, s'il est trop profond, il croît inutilement pendant quelque temps : cependant s'il ne suffit pas, pour la défense du grain, qu'il soit couvert d'un pouce de terre, on peut semer plus profond : il en est de même lorsqu'il a assez de temps pour sa croissance.

Dans les terres douces on enterre le grain avec la herse ordinaire, en la passant en long et en travers ; et, quand il y a des mottes et des pierres, on y emploie des rouleaux garnis de grosses chevilles de fer. En général, le blé doit être un peu plus couvert dans les terres légères que dans les terres fortes ; on peut, avant de passer la herse, donner un léger labour à la terre, et la herser ensuite : on doit toujours semer par un beau temps.

A l'égard de la manière de semer les différentes graines pour les plantes, on doit savoir qu'il faut semer chaque espèce de graine à la profondeur qui lui convient: pour cela, on fait plusieurs trous avec divers plantoirs, qu'on enfonce les uns plus profondément que les autres : on y sème les graines qu'on veut éprouver ; et, quand elles sont germées, on voit quelle est la profondeur à laquelle il faut semer chaque espèce de plante.

Recette pour faire grossir considérablement les plantes ou légumes et leur procurer un goût excellent. Prenez une partie de nitre ou salpêtre, comme une demi-livre ou livre, et le double de sel; mettez-les dans un creuset, et les faites fondre ; ensuite retirez-les du feu, laissez-les refroidir ; et sur une livre de cette matière versez dix pintes d'eau; les sels se dissoudront et alors arrosez-en vos plantes, et faites y tremper vos semences.

Tous les agriculteurs se réunissent sur un point; c'est que les laboureurs sèment beaucoup plus de grains qu'il ne faut; il en résulte deux pertes, celle de la semence superflue et celle qu'on fait sur la récolte même, qui est moins abondante et inférieure en qualité.

Une épreuve nécessaire et utile pour fixer la quantité précise de semence, serait de semer les parties d'une même pièce de terre dans différens temps, comme à la mi-septembre, à la mi-octobre, ou au commencement de novembre, à la mi-novembre ou au commencement de décembre. Au reste, il est très-important de bien fixer le temps de la semaille, tant par rapport à la sûreté de la récolte que par rapport à son abondance et à la qualité des grains qu'elle fournit.

SEMOIR. Instrument imaginé par l'auteur de la culture des terres, par le moyen duquel on remédie aux inconvéniens qui se trouvent dans la manière de semer à la main. Ces inconvéniens sont, qu'une poignée est souvent plus forte que l'autre, parce que le grain est plus gros ou plus menu; que la semence s'amasse dans les fonds ; qu'il en reste peu sur les éminences; qu'on est obligé d'employer trop de semence pour réparer la partie qui reste sans être enterrée, et qui est mangée par les oiseaux.

Ce semoir fait, 1° les rigoles aux distances et à la profondeur qu'on désire ; 2° il remplit de terre toutes les rigoles, et ainsi tous les grains se trouvent enterrés ; 3° il verse dans chaque rigole la quantité précise de semence qu'on a jugée convenable. Mais, avant d'en faire usage, il faut s'être assuré par l'expérience de la bonne qualité du grain, parce que, selon qu'il donne plus ou moins de tiges, comme un dixième ou sixième, on augmente ou on diminue la quantité de la semence qu'on met en terre.

En suivant la méthode de ce semoir, les grains sont semés par rangées : ces rangées doivent être uniques quand les plantes sont vivaces, doubles, triples, même quadruples, selon les différentes espèces de plantes : entre les rangées on laisse sept à huit pouces d'espace, qu'on appelle *séparation*.

On appelle *planches* les espaces occupés par les rangées avec les séparations qui sont entre. On appelle *plates-bandes* les grands espaces qui séparent les planches ; par exemple, entre deux et deux rangées, entre trois et trois rangées. Ainsi, entre deux rangées il y a une séparation ; entre trois rangées il y en a deux ; trois entre quatre, ainsi de suite.

L'auteur assure qu'en faisant la moisson on remarquera que la plus grande partie des grains de froment auront produit vingt ou trente tuyaux ; au lieu que, suivant la culture ordinaire, ils n'en ont que deux ou trois. Ce semoir est absolument nécessaire pour pratiquer en grand cette nouvelle culture.

Ceux qui veulent semer de toutes sortes de grains doivent faire assortir le semoir de trois cylindres, dont les cellules soient de différente grandeur : on fait servir les plus grandes pour semer les fèves ; elles serviront aussi pour les gros pois, et même pour l'avoine. Le cylindre pour le blé doit avoir ses cellules de moyenne grandeur ; il servira aussi pour semer l'orge, le seigle, le blé noir : enfin, le troisième, dont les cellules sont fort petites, est destiné à semer les grains les plus menus, comme millet, raves, navets, luzerne. (*Culture des terres*, tome *I*, page 394.)

On peut voir la description de ce semoir, avec figures, dans ce même *Traité*, tome *II*, page 135.

Mais comme ces semoirs sont compliqués, et que le prix peut rebuter les laboureurs, un particulier, dont le zèle ne saurait être assez loué, a donné au public la connaissance

d'un petit semoir qu'il a imaginé pour habituer insensiblement les laboureurs à se servir sans répugnance d'un autre
semoir à trois socs qu'il a fait exécuter. Ce petit semoir est
monté sur une charrue ordinaire : il est à la portée de tous
les laboureurs ; il peut être employé dans toutes sortes de terrains indistinctement : enfin, c'est une charrue qui laboure
et qui sème en même temps.

L'inventeur de ce semoir nous apprend que tous les change-
mens qu'il y a à faire à la charrue, sont d'en ôter les deux
bâtons qui sont sur la plate-selle, et d'y substituer les deux
demi — fourches qui servent à soutenir la caisse du semoir : il
faut, en outre, pratiquer dans le moyeu d'une des deux
roues, laquelle doit avoir six à sept pouces de diamètre, un
creux de poulie de six à sept lignes, pour contenir la corde
qui doit donner le mouvement au grain pour se répandre
dans le sillon. Il nous apprend encore que la première
épreuve de ce semoir s'est faite, le 9 octobre 1761, à un quart
de lieue d'Amiens, proche l'abbaye de Saint-Acheul. Cet
essai a eu tout le succès possible sur un quartier de terre bien
préparé. Le 10, il s'en est fait une seconde épreuve sur un
arpent de terre médiocre, qui a également réussi, sans
qu'on eût pu découvrir un seul grain de blé sur la terre. Il
est entré dans cet arpent deux setiers moins quelque chose,
ou environ quatre-vingt-quinze livres de grains, au lieu de
trois setiers et quelque chose de plus que le fermier était dans
l'usage d'y semer, ce qui monte à cent cinquante-sept livres
pesant de grains : on gagne par conséquent, par cette nouvelle
méthode, près d'un tiers de semence. L'auteur fait cette
sage réflexion, que, les laboureurs ayant long-temps semé à
la main, on ne pourra les déterminer à quitter cette routine
qu'en faisant agir sous leurs yeux des instrumens simples et
commodes, et qui ensemencent les terres avec plus d'économie. (*Almanach d'agriculture*).

En effet, il est constant qu'un tiers de la semence est
perdu pour le laboureur qui la sème à la main, parce que,
quelque habile que soit un semeur, il résulte toujours plusieurs inconvéniens de cette méthode ; car, quand même on
supposerait que le grain est distribué partout avec une parfaite égalité, une partie de ce grain est enfouie par la char-

rue à une profondeur où il ne peut germer, d'où il arrive que quelques endroits sont trop peu fournis, tandis que d'autres le sont trop : de plus, s'il survient de la pluie lorsque la semence est jetée sur terre, on ne peut prudemment faire usage de la herse pour enterrer le grain, et pendant ce temps-là les oiseaux le mangent.

SENEÇON. Plante qui croît dans les champs où dans les jardins : sa tige est petite ; ses feuilles longues et à fleurons ; ses fleurs jaunes : elle est verte toute l'année. Le seneçon est émollient, rafraîchissant et vulnéraire : son principal usage est dans l'épilepsie des enfans, la jaunisse, l'intempérie chaude du foie, le vomissement, le crachement de sang. Pilé et appliqué sur une plaie, il la guérit en peu de temps : il avance la suppuration des tumeurs.

SÉNEVÉ. Petite graine dont on fait la moutarde. *Voyez Moutarde*.

SEPTEMBRE. *Travaux à faire dans ce mois*. Sémer le seigle et le méteil, labourer les jachères, couper les riz et les millets, se pourvoir de cochons maigres pour les mettre à la glandée, répandre le fumier sur les terres et le retourner, commencer la vendange.

Pour le jardin, replanter beaucoup de chicorées, à demi-pied l'une de l'autre, et les arroser dans la chaleur vers la mi-septembre ; greffer les pêchers sur amandiers et sur d'autres pêchers en place : à la fin du mois, semer des épinards et des mâches pour le carême ; lier le céleri, et le buter avec du fumier sec ; lier les choux-fleurs dont la pomme paraît formée. Quant aux fleurs, semer la graine d'oreilles-d'ours, de renoncules, d'iris, de tulipes, de pavots, et autres plantes annuelles ; œilletonner les œillets, les giroflées et autres plantes ligneuses.

SÉQUESTRE (un), est comme le dépositaire d'une chose litigieuse : il est commis, ou par autorité de justice, ou du consentement des parties, pour la garder et la régir, s'il le faut, à la charge de la rendre à celui à qui elle sera adjugée. Le séquestre est obligé de rendre compte des fruits par lui perçus, et il y peut être contraint par corps.

On donne aussi le nom de *séquestre* au jugement par lequel quelqu'un est établi commissaire aux choses séquestrées, comme il arrive quand il n'apparaît pas qu'il a le droit le plus apparent, ou lorsque celui qui l'a ne peut pas donner une caution suffisante pour la créance : ordinairement celui qui poursuit le possesseur d'une chose demande, avant faire droit sur le possessoire et la récréance qu'il poursuit, que le séquestre soit ordonné.

Les meubles et les immeubles peuvent se mettre en séquestre. Le séquestre est différent du dépôt, en ce qu'il n'a lieu que quand il y a contestation entre les parties. Quand les choses séquestrées consistent en quelque jouissance, le séquestre doit incessamment faire procéder au bail judiciaire, les parties dûment appelées.

SERFOUETTE. Petit outil de jardinage. Il est de fer, et il est renversé ; il a deux branches pointues, avec un manche de quatre pieds de long, pour donner un petit labour autour des petites plantes, comme laitue, chicorée, pois, etc.

SERIN. Petit oiseau qui a le bec court, et qui est jaune sous le ventre ; il est estimé pour son chant ; on lui apprend à siffler des airs.

Le mâle a une tache sur la tête beaucoup plus noire que la femelle ; son corps est aussi plus jaunâtre, et plus ils vieillissent, plus ils deviennent jaunâtres : ils sont d'une très-grande force de gorge pour le chant.

Les serins de Canarie vivent jusqu'à dix-huit et vingt ans, pourvu qu'on leur apporte tous les soins nécessaires, et principalement en leur donnant toujours de la même nourriture, comme du millet, de la navette ou du chenevis, et prenant garde de leur continuer toujours celle de ces graines à laquelle ils seront d'abord adonnés : la poirée et le mouron les rafraîchissent.

Le serin est, après le rossignol, l'oiseau qui chante le mieux : pour lui apprendre quelque air, il faut le siffler dès qu'il mange seul ; ce doit être le soir et après avoir couvert sa cage.

Pour avoir de belles races, il faut appareiller une isabelle avec une jonquille, ou une femelle jonquille avec un mâle blanc. A la fin de mars on doit les mettre couver ; et, pour cet effet, mettre dans leur cage de quoi faire leur nid, comme du menu foin, du coton en lambeaux, du chiendent le plus menu ; garnir de sable de rivière le fond de la cage, avec de l'eau au milieu dans un vase, et que l'on renouvelle tous les jours. La meilleure exposition de la cage est au levant; un seul petit panier y suffit; mais on en met un de l'autre côté, lorsque les petits sont éclos.

Les œufs sont ordinairement treize jours complets à éclore; mais, si la femelle est faible, ils sont un peu plus long-temps. Lorsqu'ils le sont, on doit donner tous les jours au père et à la mère, outre leur nourriture ordinaire, la moitié d'un jaune d'œuf dur, et un peu de biscuit ou échaudé, dont on fait une pâte : on y ajoute quelque herbe, comme mouron, seneçon ou petite laitue, et on met dans leur eau un petit morceau de sucre : il faut observer ce qu'ils aiment le mieux, et le leur donner.

On a remarqué que les femelles blanches ou jonquilles, quoiqu'elles couvent bien leurs œufs, sont mauvaises nourrices. En ce cas, il faut ôter les petits avant qu'ils sortent des œufs, et les mettre sous des grises, après leur avoir ôté leurs œufs, pourvu que ces grises couvent au moins depuis cinq à six jours, et que les œufs qu'on leur met dessous soient prêts à éclore : on peut mettre encore les œufs dans un nid de linotte ou de chardonneret; mais seulement après qu'ils ont été couvés. On peut mettre couver la femelle de serin avec un mâle chardonneret ou linotte, mais non au contraire.

Quand on veut les nourrir à la brochette, on doit se servir d'une pâte faite avec un jaune bien écrasé, délayé avec de l'eau et du biscuit, avec un peu de navette qu'on a fait bouillir un moment, mais sans l'écraser.

Les serins ont diverses maladies. 1° Un abcès sur le croupion : on doit le couper avec la pointe du ciseau, le presser un peu avec le doigt pour en faire sortir la matière, et mettre dessus un peu de sel fondu dans la bouche. 2° Les mites qui se répandent dans leur cage, et qui tourmentent le serin : le plus court est de les mettre dans une autre cage, et tremper la cage infectée dans l'eau bouillante. 3° Les insectes qui se mettent dans leurs plumes : pour prévenir ce mal, il faut mettre dans leur cage un bâton de sureau, dont on ôte la moelle, et percé de quelques trous du côté que les serins se perchent, et secouer le bâton presque tous les jours. 4° La mue, particulièrement celle d'automne, qui est mortelle à

beaucoup de serins : le moyen de les sauver est de les mettre dans un lieu chaud, les exposer au soleil de temps en
temps, leur souffler de deux jours l'un du vin blanc sur le
corps, et les faire sécher aussitôt au soleil ; leur mettre dans
un pot, au milieu de leur cage, de la graine de talitron,
mêlée avec un peu de graine d'œillet ; et un autre jour un
peu de biscuit, tantôt sec, tantôt trempé dans du vin blanc.
S'ils sont trop gras, on doit leur donner pour toute nourriture, pendant quelques jours, de la navette trempée douze
heures dans un peu d'eau ; cela les dégage.

SERMENT (le), est une action par laquelle, après avoir pro-
mis à Dieu de dire la vérité, nous le prenons à témoin de
ce que nous affirmons. Le serment qui se prête en justice, est
déféré ordinairement par le juge au défendeur : il a lieu dans
les affaires obscures et douteuses : ainsi, quand la demande
ne peut se prouver, le juge décharge le défendeur, en affir-
mant par lui qu'il ne doit point la somme, ou la chose qu'on
lui demande.

Le serment qu'on appelle *décisoire*, est celui qui est déféré
par l'une des parties à l'autre ; et il décide tellement la contestation, qu'on ne peut plus revenir contre par quelque
moyen que ce soit, et on n'est plus recevable à faire rétracter
le jugement qui a été rendu en conséquence. Le serment
peut être déféré en tout état de cause ; et celui à qui il est
déféré ne peut pas se dispenser de le prêter : il ne peut être
révoqué par la partie ; mais il le peut être en rapportant une
preuve par écrit.

SERPENS. *Remède spécifique contre leur piqûre.* Piquez
avec une lancette ou une aiguille, la partie blessée, afin de
faire sortir quelques gouttes de sang, au cas qu'il n'en ait
point coulé ; appliquez-y aussitôt la pierre de serpent. (On
appelle ainsi un morceau de corne de cerf taillé de la forme
et épaisseur d'un gros sou de cuivre, et passé légèrement sur
le feu) Cette pierre s'y attache, et on doit l'y laisser collée jusqu'à ce qu'elle tombe d'elle-même, ce qui est la marque que
le venin est sorti : quelquefois elle tombe au bout de deux jours,
et quelquefois elle reste sur la plaie jusqu'à douze et quinze
jours. Lorsqu'elle est tombée, on la lave d'abord dans le
lait, ensuite dans l'eau tiède, afin de la nettoyer de la crasse

du lait. Cette pierre est également spécifique contre les morsures des animaux enragés : elle est bonne aussi pour guérir du charbon , et même de l'hydropisie.

SERPETTE. Petit couteau courbé dont on se sert pour tailler les arbres et la vigne.

SERPOLET. Plante qui croît dans les lieux montagneux, incultes, pierreux, et dans les jardins. Ses tiges sont hautes d'un pied ; ses feuilles et ses fleurs sont petites ; ces dernières tirent sur le pourpre. Le serpolet a une odeur agréable et un goût aromatique : il est chaud , apéritif , céphalique et stomachique ; il est fort utile dans les maladies catarrheuses de la tête ; il arrête le crachement de sang ; il provoque l'urine et les mois.

SERRE. Lieu couvert dans un jardin pour mettre à l'abri , pendant l'hiver , certains arbres à qui le froid est mortel, comme les orangers, les grenadiers et autres arbres qui sont en caisse : on s'en sert encore pour faire germer quantité de fruits, et pour y élever sur couches quantité de plantes potagères. La façade de la serre doit être exposée au midi, ou du moins au levant. Les ouvertures de la serre qui sont sur sa façade doivent être le plus larges qu'il est possible , afin que le soleil y pénètre partout ; les portes et fenêtres doivent fermer très-exactement pour que le froid n'y pénètre point ; on doit même , dans les grands froids, mettre des paillassons sur les croisées ; il est avantageux, pour tout ce qu'on met dans la serre , que le sol soit plus élevé que le rez-de-chaussée qui l'environne ; les plantes sont ainsi bien mieux garanties de l'humidité. La grandeur d'une serre doit être proportionnée à celle qu'on a dans les jardins.

Serre pour les légumes. C'est une espèce de caveau dont on ferme exactement toutes les avenues pendant la gelée et les temps humides. On y entretient dans le sable les racines et les légumes d'hiver : on y fait croître et blanchir des céleris et des chicorées sauvages.

Serre des orangers et autres arbustes. C'est comme une salle ; elle doit être tournée au midi , avec des fenêtres bien vitrées, que l'on doit ouvrir de temps en temps , lorsqu'il fait doux. On y renferme les orangers , les lauriers et tous les arbustes auxquels le froid est contraire.

SERVITUDE. On appelle ainsi plusieurs asservissemens que certaines maisons ou héritages doivent souffrir de la part des autres.

Les servitudes de la campagne sont au nombre de six à sept. La première est le droit de sentier dans l'héritage du voisin, soit à pied ou à cheval : l'usage en France est de déclarer la largeur du chemin dans ces deux sortes de servitudes, dans l'acte par lequel la servitude est constituée ; la seconde, le droit de chemin dans le fonds de son voisin, et d'y faire passer des voitures ; la troisième, de faire passer de l'eau par l'héritage d'autrui, avec des tuyaux ou autrement; la quatrième, de puiser de l'eau dans la fontaine ou le puits de son voisin ; la cinquième, d'abreuver ses bestiaux aux eaux du voisin ; la sixième, de les faire paître sur ses terres ; la septième, de tirer du sable, de la terre, ou de la pierre dans son fonds, ou d'y cuire de la chaux.

SETIER. Mesure qui est différente selon les lieux ou la nature des choses mesurées. En fait de blé, le setier de Paris contient douze boisseaux, ou quatre minots, ou deux mines, et le muid contient deux setiers. En matière de liqueurs, un setier est la moitié d'une pinte. On l'appelle *chopine* chez les jaugeurs : le setier est une mesure de huit pintes.

Un bon setier de farine avec le son doit peser deux cent quarante livres, de même que le setier de blé non moulu. Le setier de farine doit faire nécessairement cent soixante-dix ou cent quatre-vingts livres de pain, et un boisseau de farine doit rapporter quinze livres de pain.

SÈVE (la), est le suc nourricier de toutes les productions de la terre. C'est une substance aqueuse, composée de sels, et que la chaleur met en action. Chaque plante a sa sève particulière, et d'une nature qui lui est propre; la sève monte et descend dans les plantes ; c'est par ce flux et reflux qu'elle se convertit en bois, en écorce, en feuilles, en boutons, en fruits.

Lorsque la sève s'est portée au tronc et aux branches, et qu'elle s'est changée en leur substance, ce qui arrive lorsqu'un arbre a poussé tout le bois qu'il doit pousser, alors ce qu'elle a de plus subtil se change en fleurs et en fruits : par là on peut expliquer la raison pourquoi les boutons à fruit ne viennent point sur les grosses branches, mais au contraire sur les plus faibles et les plus délicates ; pourquoi les vieux arbres portent du fruit plus gros et plus délicat que les jeunes, qui en donnent moins ; car c'est parce que la sève ne travaille encore dans ces derniers qu'à se changer en bois, et qu'elle n'est pas assez subtilisée pour donner beaucoup de fruit.

La fécondité de la sève est prodigieuse, puisque les branches de quantité de plantes mise en terre par le bout poussent des racines, ce qu'on appelle *provigner.* Bien plus, selon les pores des plantes où elle passe, elle les rend odoriférantes ou puantes, douces ou aigres, froides ou chaudes : c'est elle qui fait changer d'espèce à un arbre par l'opération de la greffe, et qui d'un amandier fait un pêcher, ou d'un coignassier un poirier ; c'est elle enfin qui prend toutes ces formes différentes.

Dans les années où la sécheresse est excessive à cause des grandes chaleurs, il arrive quelquefois que la sève cesse de circuler dans certains arbres, parce que la chaleur les a pénétrés ; en sorte qu'ils risquent de mourir, si on ne prévient ce malheur. Le remède est d'arroser aussitôt l'arbre en forme de pluie par dessus les branches : c'est le moyen de rétablir la circulation de la sève.

SOLEIL (le) ou *Tournesol,* est une grosse fleur fort ample, de couleur jaune, et de figure orbiculaire, portée sur une tige de dix à douze pieds, avec des feuilles fort larges, attachées à de longues queues. Le disque de cette fleur est un amas de plusieurs fleurons.

SON (le), est l'écorce du blé, qui est enlevée par la trituration, et qui reste sur le bluteau : il sert à nourrir les animaux et à engraisser les volailles. Dans les années où la récolte n'a pas été abondante, et que le pain de farine est cher, on ne sépare pas quelquefois le son de la farine, et les pauvres gens se contentent de cet aliment, qui est beaucoup plus lourd et moins nourrissant.

SOUCI. Fleur radiée, grande, ronde et odorante. Ses tiges sont menues, ses feuilles un peu longues, grasses et blanchâtres. Elle est commune dans les jardins ; elle fleurit en mai, et dure tout l'été ; elle vient dans un temps où il n'y a presque plus de fleurs ; on n'a pas besoin de la remuer de place , parce que les branches qu'elle jette poussent racine : on la replante au printemps.

Les fleurs de souci sont cordiales, et résistent au venin ; elles sont spécifiques dans l'hydropisie et dans la jaunisse : on peut les donner en substance ou en décoction.

SOUDE. On appelle ainsi les cendres de l'algue marine pétrifiées. On l'emploie au blanchissage du linge.

SOUFRE. Sorte de bitume ou de matière minérale , grasse et vitriolique. Il y a le soufre vif et le soufre jaune : le vif est une matière grise et inflammable ; on en trouve en Sicile ;.on en mêle dans les onguens pour les dartres et la gale. Le jaune , ou le soufre commun , est une matière dure, luisante, inflammable, et facile à casser : ce soufre est propre à la poitrine ; il résiste à la pourriture et aux venins ; il convient contre la toux, l'asthme, et les fièvres pestilentielles. La décoction de soufre rafraîchit le foie et guérit la gale. On fait de l'huile ou esprit de soufre dans un creuset à feu modéré ; chaque livre de soufre rend une once d'huile.

SOUPE. *Manière de faire la soupe abondamment, et à peu de frais , pour nourrir les pauvres paysans dans un temps de famine.* Prenez une livre de farine de froment ; pétrissez-la avec de l'eau un peu salée : quand la pâte sera devenue un peu molle, partagez — la en morceaux de la grosseur d'un œuf chacun ; étendez les morceaux séparément avec un rouleau , et de manière que chaque morceau soit fort mince ; mettez-les proprement sur une table , et coupez-les en très-petits morceaux ; tenez prêt , sur le feu , un pot rempli de quatre pintes d'eau : quand l'eau sera chaude, jetez-y un peu de sel et un quarteron de beurre ou de graisse. Dès que le tout commence à bouillir, jetez-y tous ces morceaux de pâte ; faites cuire le tout à feu modéré pendant une heure et demie, et remuez-le jusqu'au fond avec une grande cuiller, de peur que la pâte ne s'attache au fond. Si la soupe paraît trop épaisse, on y jette un peu d'eau chaude ; si elle est trop claire, un peu de farine ; cette quantité peut suffire pour nourrir six personnes, la moitié à dîner , et le reste pour le souper, en la délayant avec un peu d'eau tiède, et la faisant chauffer sur un petit feu.

Comme dix livres de farine produisent treize livres et un quart de pâte, on pourra, de cette manière, nourrir soixante personnes un jour entier ; il faut, pour cette quantité de farine, quarante pintes d'eau, deux livres et demie de beurre ou de graisse, et trois quarterons de sel. A l'égard de la qualité de la farine, on doit prendre de celle dont on se sert pour faire ce qu'on appelle *le pain de ménage* ; car il ne la faut ni trop fine, ni trop grosse ; cette soupe est agréable au goût et fort nourrissante. Telle est en substance la recette de cette manière de faire de la soupe, qui est indiquée dans le *Journal Économique* d'août 1758.

SOURCES *d'eau.* — *Moyens de connaître où il y en a.* 1° Il faut, un peu avant le soleil levé, se coucher à plat sur le ventre, et, appuyant son menton sur la terre, regarder tout autour de soi ; et si on voit, en quelque endroit, une vapeur ou un brouillard s'élever, on peut s'assurer d'y trouver de l'eau ; 2° il faut examiner la qualité de la terre ; la terre noire contient la meilleure eau ; le gravier noir, et qui n'est pas éloigné des rivières, le gravier rude dans les cailloutages et autres pierres, et le sable rouge, en donnent aussi de fort bonne. Les eaux au fond des montagnes, entre des rochers et des pierres, sont fraîches et salutaires ; mais celles qui se rencontrent dans des fonds de craie n'est ni abondante, ni de bon goût ; celle qui se trouve sous un sable léger est de même peu abondante ; 3° on peut conjecturer qu'il y a de l'eau partout où l'on voit croître d'eux-mêmes des saules, de petits roseaux ; mais, lorsqu'il n'y a point d'étang auprès, le plus sûr moyen pour découvrir les sources est de percer la terre, d'amener à la surface les différentes couches de terres qui sont au-dessous, ce qui se fait avec de longues tarières ; et d'examiner si elles donnent quelque indice d'eau.

Ou bien, selon la méthode du père Kirker, faites une balance de bois, construite comme un compas de mer ; un des bouts doit être fait d'un bois qui attire l'humidité comme le sureau, le saule et autres : l'aiguille ou fléau doit être soutenue par un axe au bout d'une ficelle, dans le lieu où l'on suppose qu'il y a de l'eau ; s'il y en a réellement, il perdra bientôt l'équilibre, et le côté qui sera fait de sureau penchera vers la terre. On doit faire cette expérience dès le matin, avant que le soleil ait dissipé les vapeurs de la terre. Mais la baguette de coudrier est l'invention la plus surprenante ; tout le mystère consiste à en avoir une qui soit fourchue : celui qui cherche l'eau la porte un peu lâche dans ses mains ; sitôt qu'il passe sur une source, la baguette tourne et incline vers le lieu où est la source : il est vrai que tout le monde n'a pas la facilité de la mettre en pratique, et les savans n'y ajoutent point foi.

STELLIONAT. On appelle ainsi le crime de celui qui vend ou engage les immeubles qui ne lui appartiennent pas : ou qui les hypothèque comme francs et quittes, quoiqu'ils ne le soient pas ; ou qui les vend comme étant propriétaire de la totalité, quoiqu'il ne le soit que d'une partie. Ce crime se poursuit ordinairement par la voie civile, c'est-à-dire, que le créancier poursuit en justice le stellionataire, et le fait condamner ou à racheter la rente, ou à rendre ce qu'il a reçu, et il le fait en même temps condamner par corps comme stellionataire.

STORAX. Gomme résineuse. Le meilleur est celui qui vient de la Syrie et de la Cilicie : il doit être net, mollasse, gras, d'une odeur agréable et aromatique ; il est chaud, céphalique et nervin ; il fortifie le cerveau et remédie aux catarrhes et aux vertiges par la seule fumigation : on le donne intérieurement contre la toux et la raucité.

SUBROGATION *en matière de créance.* Il y en a de deux sortes : 1° La conventionnelle ; c'est un contrat par lequel le créancier transfère sa créance au profit d'une tierce personne, c'est-à-dire, que le créancier transfère tous ses droits à celui qui lui fait le paiement de la dette, et cela sans la permission du débiteur. Cette subrogation est une vraie cession ou transport.

2° La subrogation légale : c'est la loi qui fait cette subrogation en faveur de celui qui paie les créanciers ; en sorte qu'en vertu de la seule déclaration que fait le débiteur dans la quittance de remboursement, que les deniers dont le paiement est fait proviennent d'un tel, il se fait une transmission de tous les droits des créanciers remboursés en la personne du nouveau créancier qui a prêté ses deniers. Cette sorte de convention est une vraie subrogation.

SUCCESSION. Tout héritier peut renoncer à une succession directe ou collatérale, ouverte à son profit, pourvu que les choses soient entières, c'est-à-dire, qu'il ne se soit point immiscé dans les biens de la succession, et n'ait fait aucun acte d'héritier. L'héritier présomptif en ligne directe peut être poursuivi pour prendre qualité jusqu'à ce qu'il ait fait sa renonciation en justice ou par devant notaire ; mais l'héritier en ligne collatérale n'est tenu que de faire signifier aux créanciers héréditaires une simple déclaration qu'il n'est point héritier, pour faire cesser leurs poursuites.

Le partage d'une succession a lieu entre des cohéritiers à l'effet que chacun d'eux ait la part et portion des biens de la succession qui doit lui appartenir. Dans les partages, les meubles se règlent suivant la loi du domicile ; mais le partage des immeubles se doit faire conformément aux coutumes des lieux où sont situés les héritages qu'on veut partager : le partage doit être fait devant le juge du lieu où est décédé celui du bien duquel il s'agit.

Les frais faits pour parvenir au partage doivent tomber sur tous les cohéritiers, à proportion de la part de chacun dans la succession.

SUCRE (le), est le suc d'une espèce de roseau qui croît dans les Indes et dans les îles Antilles. On écrase ces cannes avec des rouleaux, et il en découle un suc que l'on fait bouillir plusieurs fois, et que l'on écume après l'avoir fait passer par une lessive. Le plus beau sucre est celui qui a été le plus clarifié ; c'est le plus blanc, le plus dur, le plus luisant. La cassonade ou castonade est le sucre qui n'a pas été dépuré ou clarifié, ni mis en pain ; elle sucre mieux que le sucre même, surtout pour les confitures ; la plus blanche est la meilleure. Le sucre candi est celui qui a été réduit en forme de cristaux. Le sucre non raffiné est plus salutaire dans les affections du poumon. Le fréquent usage du sucre est nuisible, parce qu'il est fermentatif. Le bon sucre doit être dur, sonnant, léger, et d'un doux agréable.

Manière de clarifier le sucre.

Ceux qui ne confisent que quatre à cinq livres de sucre à la fois peuvent le clarifier de la manière suivante : Faites fondre votre sucre avec de l'eau bien claire, et mettez-le sur le feu avec du blanc d'œufs fouetté : quand il vient à bouillir, et qu'il s'enfle prêt à répandre, versez-y un peu d'eau froide pour le faire rabaisser ; et, lorsque la seconde fois il vient à s'élever, ôtez-le de dessus le feu, et laissez-le reposer environ un quart d'heure, pendant lequel il s'abaisse, et ôtez doucement avec l'écumoire la crasse noire qui est au dessus; ensuite passez-le au travers d'une serviette blanche mouillée, et il est clarifié.

On fait plusieurs sortes de cuissons de sucre.

1° *Cuisson de sucre à lissé.* On connaît qu'il est à lissé, lorsqu'en trempant le bout du second doigt dedans le sucre clarifié, et l'appliquant ensuite sur le pouce, les ouvrant aussitôt un peu, il se fait de l'un à l'autre un petit filet qui se rompt d'abord, et qui reste en gouttes sur le doigt.

2° *A perlé.* La cuisson est telle, lorsqu'en faisant le même essai, et en séparant les deux doigts, le filet qui se fait se maintient de l'un à l'autre.

3° *A soufflé.* C'est lorsque le sucre ayant cuit quelques autres bouillons, et qu'en soufflant au travers des trous de l'écumoire, après l'avoir secoué sur le bord de la poêle, il en sort comme des étincelles ou petites bouteilles.

4° *A la plume.* C'est lorsqu'après quelques autres bouillons, et faisant le même essai, il en sort de plus grosses et de plus longues bouteilles qui se tiennent ensemble.

5° *A cassé.* Lorsqu'ayant trempé votre doigt dans le sucre, après l'avoir mouillé dans l'eau, et le replongeant promptement dans cette même eau, vous en détachez le sucre avec les deux autres doigts, et que le sucre se casse avec un petit bruit.

6° *Au caramel.* C'est la dernière cuisson ; et on connaît qu'elle est telle, lorsqu'en mettant le sucre sous la dent il se casse, et craque nettement sans s'y attacher : il faut observer le moment où il est parvenu à cette dernière cuisson ; autrement il brûlerait.

SUCS, ou *Jus des plantes.* — *Manière de les tirer.* 1° Avant que de les exprimer, on doit laisser quelques heures la plante pilée en digestion : c'est le moyen d'en tirer plus de suc ; 2° après avoir pilé dans un mortier les herbes, fleurs, fruits ou semences, on doit les mettre dans une toile forte, et les exprimer avec les mains, ou entre deux platines de fer ou de bois ; puis on laisse rasseoir ce suc pendant quelque temps ; quelquefois même on l'expose au soleil : si ce sont des sucs vineux, on verse doucement, et par inclination, ce qui est le plus clair, et on le garde tel. On doit faire chauffer les plantes visqueuses, comme le pourpier, la bourrache, pour pouvoir plus facilement en tirer le suc. On doit arroser celles qui sont peu succulentes, d'une liqueur appropriée.

SUIF. Substance graisseuse que l'on trouve dans le corps des animaux qui ont des cornes (ou qui n'ont point les pieds séparés en plusieurs doigts) aux extrémités des muscles et aux membres : il sert à faire les chandelles. On doit l'étendre sur des perches aussitôt qu'il est sorti du corps de l'animal, et le faire fondre huit jours après, et non plus tard ; le laisser refroidir dans des terrines, ce qui forme une espèce de pain, qui s'endurcit, mais se rompt facilement. Le bon suif est sonnant, ferme et sec. Voyez *Chandelle*.

SUPPOSITOIRE (le), est un médicament solide, de la longueur et grosseur à peu près du petit doigt, arrondi et fait presque en pyramide, et que l'on introduit dans le fondement, pour faire aller à la selle ceux qui sont constipés, ou qui ne peuvent pas facilement prendre des remèdes. La matière ordinaire des suppositoires est le miel commun, cuit en une consistance solide, et qui se puisse casser étant refroidi. On en fait aussi avec du savon coupé en petite pyramide, puis frotté avec du beurre salé. Le beurre de cacao est un excellent suppositoire.

SUREAU. Arbrisseau de moyenne hauteur qui croît dans les lieux ombrageux et dans les vallons. Ses branches sont couvertes d'une double écorce, et contiennent une moelle blanche ; ses fleurs sont faites en rosettes ; ses fruits ou baies sont noirs étant mûrs, et pleins d'un suc rouge foncé. Les fleurs de sureau sont émollientes et anodines ; cuites dans du lait, et appliquées en cataplasme, elles guérissent la goutte ; prises intérieurement, elles excitent la sueur : ses baies sont fort bonnes pour la dyssenterie ; elles sont sudorifiques ; la seconde écorce, prise en infusion, purge les humeurs de l'hydropisie : l'huile de cette écorce guérit les brûlures.

SURGEONS, ou *Drageons*. On appelle ainsi les rejetons

d'une plante lorsqu'ils n'ont point de racines. On ne doit
point les séparer de leur pied, car ils ne reprennent que là :
on s'en sert seulement pour renouveler ce même pied.

SYCOMORE. Arbre qui croît en Syrie. On le cultive en
France; tout son mérite est sa beauté; sa feuille ressemble à
celle du mûrier; son bois est tendre, et jette du lait; il vient
fort vite, et fait un beau couvert : on l'élève de boutures.

T.

TABAC, ou *Nicotiane*. Plante originaire de l'Amérique, et
qui croît aujourd'hui par toute l'Europe. Il y a trois espèces
de tabacs : une, qui est à feuilles larges, et l'autre à feuilles
étroites et de couleur pourpre; la femelle, qui a les feuilles
presque rondes, et les fleurs d'un jaune verdâtre. En général,
c'est du tabac mâle dont on fait le tabac soit en corde, soit
en poudre, et dont on se sert tant intérieurement qu'extérieurement. Les feuilles de tabac sont chaudes et dessiccatives,
et dans un plus haut degré étant sèches, que fraîches; elles
sont incisives, résolutives, vulnéraires, et résistent à la corruption; font éternuer, cracher et vomir. Les feuilles vertes de
tabac mâle, pilées et appliquées, sont bonnes à toutes plaies :
le tabac donné intérieurement est un violent vomitif pour
déraciner les fièvres opiniâtres : la fumée du tabac est salutaire dans plusieurs maladies du nez et de la gorge; son suc
appliqué guérit la teigne; sa feuille tue les puces.

Lorsqu'on veut cultiver du tabac, ce doit être dans une
terre grasse et humide, exposée au midi, labourée et amendée avec du fumier consommé. On le sème en France à la fin
de mars; on fait un petit trou en terre, de la longueur du
doigt; on y jette dix ou douze grains de tabac, et on recouvre
le trou; lorsqu'il est levé, on doit arroser la plante pendant
le temps sec, et la couvrir avec des paillassons dans le grand
froid. Comme chaque grain pousse une tige, on doit séparer

les racines ; lorsque les tiges sont hautes d'environ trois pieds, on doit couper le sommet de chaque tige avant qu'elles fleurissent, et afin qu'elles se fortifient ; et arracher celles qui sont piquées des vers, ou qui veulent pourrir. On connaît que les feuilles sont mûres quand elles se détachent facilement de la plante ; c'est vers la fin d'août ; on doit alors cueillir es plus belles, les enfiler par la tête, en faire des paquets, et les mettre sécher dans un grenier. On doit laisser la tige en terre, pour donner le temps aux autres feuilles de mûrir. On doit conserver la graine du tabac jusqu'au mois d'avril, pour en semer de nouveau.

TABLEAUX. *Manière de faire revivre les couleurs des tableaux noircis, et les rendre comme neufs.* Prenez de la graisse de rognon de bœuf, deux livres ; de l'huile de noix, une livre ; de la céruse broyée à l'huile de noix, une demi-livre ; de la terre jaune, broyée aussi à l'huile de noix, une once. Faites fondre dans un pot la graisse ; et, quand elle sera tout-à-fait fondue, mêlez-y de l'huile de noix ; ensuite la céruse et la terre jaune : remuez avec un bâton toutes ces drogues pour les bien mêler ; et, lorsque la composition est tiède, mettez-en une couche sur la toile derrière le tableau, elle dissipera petit à petit tout le noir, et rendra le tableau toujours plus beau en vieillissant.

Autre manière. Détachez le tableau de sa bordure ; couvrez-le d'un linge de la même grandeur ; arrosez le tableau d'eau claire pendant plusieurs jours, et jusqu'à ce que le linge ait attiré toute la crasse du tableau ; ensuite frottez le tableau avec de l'huile de lin dépurée depuis long-temps au soleil, et avec une éponge.

TACHES *d'encre sur le linge et le papier. — Moyen de les enlever.* Il faut frotter tout de suite la tache avec du verjus, et elle disparaîtra : si on n'est pas dans la saison du verjus, il faut la frotter avec de l'oseille, mais le verjus est meilleur ; si on n'a pas d'oseille, prenez de l'eau claire, faites-y dissoudre du sel en égale quantité d'eau, et frottez-en la tache : il en est de même pour le papier.

Toutes les taches d'encre s'enlèvent par ces différens moyens, excepté celles de la véritable encre de la Chine. A l'égard de l'encre d'imprimerie, elle résiste à tous les acides, mais elle ne peut soutenir les sels ni les urines de certains animaux, telles que celle des chats.

Taches du visage. Eau pour les taches du visage. Prenez une livre et demie de fraises, demi-livre de fleurs de lis blancs et de fèves, et demi-once d'alun de roche, deux drachmes de sel, gomme et nitre; faites macérer le tout, pendant quinze jours, dans la malvoisie; du miel de Narbonne et du vinaigre blanc, une livre de chacun, et faites-les distiller au feu de sable modéré. Lorsque vous voulez vous servir de cette eau, trempez-y un petit linge, et appliquez-le sur les taches du visage le soir en vous couchant; et, le lendemain matin, lavez-les avec de l'eau de nénufar.

TAILLE *des arbres.* On taille les arbres pour retrancher les branches inutiles; or ce retranchement rend : 1° la sève plus abondante, ce qui procure de plus beau fruit; 2° il fait prendre à l'arbre une plus belle figure, et il prolonge sa durée en empêchant son épuisement.

On taille ordinairement depuis la fin d'octobre jusqu'à la fin de janvier les fruits à pepin; et en février et en mars, les fruits à noyau : on taille les pêchers les derniers. En général on ne taille les arbres, quels qu'ils soient, qu'après la seconde année qu'ils sont plantés; on commence par tailler les arbres les plus faibles.

L'art de la taille demande encore plus d'intelligence que d'adresse. Cependant il y a trois principes dont la connaissance peut servir pour comprendre plus facilement en quoi consiste cet art.

Le premier est de savoir connaître les branches inutiles. Or, pour les connaître, il faut : 1° pouvoir distinguer les branches à fruit et à bois d'avec les branches de faux bois. Les branches à fruit sont petites, courtes, nourries : on y voit des boutons; ces boutons sont une tumeur qui renferme les fleurs et les fruits qui succèdent aux fleurs; ils sont plus gros et plus ronds que celui qu'on appelle l'*œil;* celui-ci est une tumeur pointue qui renferme un paquet de feuilles avec le jet. Les branches à bois sont les grosses et fortes branches destinées à former la tête de l'arbre; ce sont celles aussi qui sont venues sur la taille de l'année précédente. Les branches de faux bois sont celles qui naissent sur une vieille branche, ou même sur une bonne, et dans un endroit où il ne paraissait point d'œil. On doit regarder encore comme branches de faux bois les branches qui viennent ailleurs que sur celles qui ont été raccourcies à la dernière taille : telles sont celles qui sortent immédiatement de la tige ; celles qui viennent contre l'ordre commun, c'est-à-dire, lorsqu'elles sont grosses vers le bas de la mère-branche, tandis qu'il y en a de menues au-dessus ; telles sont encore les branches qu'on appelle *chiffonnes*, qui sont de petites branches déliées et en confusion ; et enfin des branches appelées *gourmandes*, qui ont de longs jets, gros comme le doigt et fort droits, l'écorce unie, les yeux plats, et naissent sur les grosses branches.

2° Il faut savoir encore mettre une différence entre les branches à fruit ; car il y en a de bonnes, et il y en a de mauvaises : les bonnes ont des yeux enflés, des boutons bien marqués et bien nourris et une écorce vive : ces mêmes qualités doivent se trouver aussi dans la bonne branche à bois. Les mauvaises, ou qui ne sont bonnes à rien, ont des yeux plats, écartés les uns des autres ; ou bien elles sont extrêmement grosses, longues et étroites, avec des yeux maigres et fort écartés. On appelle *gourmandes* ces dernières ; on doit couper les unes et les autres.

Le second principe est qu'il faut gouverner avec prudence les bonnes branches : ainsi il faut se bien garder de couper le bois qui est à côté et au-dessus de la petite branche à fruit, car elle deviendrait elle-même branche à bois, et affamerait les boutons à fruit ; au lieu qu'en laissant cette petite branche lorsqu'elle est vigoureuse et de quelque longueur, la sève s'étend, se partage dans une multitude de feuilles et entre plus facilement dans les tuyaux des boutons à fruit.

Le troisième est de tailler avec économie, c'est-à-dire, savoir tailler tantôt long, tantôt court, de manière qu'il y ait de tous les côtés une quantité à peu près égale de branches à bois, afin que la sève se distribue également. Tailler long, c'est laisser dix ou douze pouces à une branche à bois ; il faut cependant avoir égard à la force de la branche ; tailler court, c'est ne laisser à la branche que deux ou trois yeux. On taille long les arbres vigoureux qu'on veut mettre à fruit ; on taille court les arbres faibles, surtout dans les premières années ; et on ne leur laisse que très-peu de branches, afin que les premiers jets qu'ils pousseront soient vigoureux. Quand un arbre ne donne du fruit que d'un côté, on doit tailler fort long le côté qui ne donne que du bois.

On doit user de prévoyance dans la taille des arbres, c'est-à-dire, juger du sort des branches, connaître celles qu'il faudra un jour retrancher, et en disposer d'autres pour remplacer les vides que les premières feront, et savoir conserver par préférence une branche de faux bois quand elle est vigoureuse et voisine du corps de l'arbre : cela se pratique quelquefois à l'égard des pêchers.

Quant au temps de la taille, on peut tailler les arbres aussitôt après la chute des feuilles, et on peut continuer de les tailler pendant l'hiver. On doit néanmoins excepter certains arbres, comme les pêchers, les abricotiers, dont on peut différer la taille jusqu'au temps de la fleur, de peur que l'hiver n'endommage les boutons en taillant ces arbres pendant cette saison. Il faut excepter encore ceux qui poussent une grande quantité de bois, et dont il faut différer la taille jusqu'à ce que la sève ait mis tout en mouvement.

Seconde taille. Elle se fait à la seconde année, après que les arbres ont été plantés; c'est alors que l'on commence à distinguer les branches à bois d'avec celles à fruit : on doit couper celles-ci plus courtes que les autres; on ravale celles qui ont pris trop de nourriture, et qui ne viennent pas comme il faut. En un mot, pendant les deux premières années, on doit s'appliquer à faire prendre à l'arbre une bonne figure.

Troisième taille. Elle se fait à la troisième année : en celle-ci, on dispose l'arbre à donner du fruit. Pour cet effet on doit, 1° conserver les branches les mieux nourries et les mieux placées.

2° En les taillant, il faut en laisser ce qu'on juge que l'arbre en doit porter : à l'égard des branches à fruit, les pincer s'il en a trop, et en retrancher toutes les chiffonnes; ce sont de petites branches déliées qui ne donnent ni bois ni fruit.

3° Disposer les branches que l'on compte devoir être à bois, de manière qu'elles poussent dans l'endroit le plus vide de l'arbre; et, pour cela, on en ajoute une courte entre deux longues, afin qu'elles garnissent le milieu; et, parmi les deux ou trois nouvelles qui naissent de la branche coupée l'année précédente, on conserve la plus grosse pour bois: c'est celle d'en haut.

4° Placer les branches à fruit qui viennent ordinairement au-dessous de la branche à bois, de manière qu'elles ne se nuisent pas les unes aux autres.

5° Si celles qui ont repoussé sont faibles à leur extrémité, on les recoupe au même endroit qu'elles avaient été coupées, sans leur laisser de sortie; car alors la sève rétrograde et fortifie les yeux qui sont sur la branche, ce qui s'appelle *tailler en moignon* : si, au contraire, elles sont un peu fortes, et qu'elles ne puissent pas s'arrêter à fruit, on leur laisse un œil, afin qu'une partie de la sève se jette par cette sortie, et fasse tourner à fruit les branches au-dessous, ce qu'on appelle *couper en ergot*.

6° Lorsque les branches à bois entrent au dedans de l'arbre où elles pourraient faire de la confusion, on doit, couper, à l'épaisseur d'un écu, la branche que l'on veut ôter, c'est-à-dire, qu'on ne laisse du bois que l'épaisseur d'un écu, afin que la sève jette des deux côtés : par là de deux branches fortes il en renaît deux faibles, qui se mettent à fruit; et on garnit l'arbre des deux côtés également. La taille en pied de biche, c'est-à-dire, figurant un long ovale au bout de la branche coupée, fait le même effet; car la sève, ne trouvant plus de branches à remplir, perce pour donner une ou deux branches à fruit.

Quelquefois d'une branche qui devrait être à fruit on est obligé d'en faire une branche à bois; et c'est lorsque celle qu'on attendait pour bois vient plus faible que celle d'au-dessous : alors on la laisse longue, et on la compte pour branche à fruit.

Voyez ce qui peut avoir encore rapport à cette matière, à l'article de la *Plantation des arbres*. Voyez encore quelle doit être la taille des *péchers, abricotiers, pruniers*, à l'article de chacun de ces arbres.

Taille des fruits à pepin. Selon les observations de Bradsey, les fruits à pepin souffrent beaucoup quand on les taille : il vaut mieux, selon lui, ne pas se servir si souvent de la ser pette, et arracher les bourgeons qui produiraient des branches gourmandes, lorsqu'ils commencent à paraître, que d'attendre qu'elles soient crues entièrement pour les détacher de l'arbre. Comme c'est au mois de mai qu'on peut connaître quels sont les bourgeons utiles, c'est-à-dire, qui formeront des branches à fruit, ou qui serviront à remplir les vides des espaliers, c'est alors qu'il faut décharger les arbres de tous les bourgeons que l'on croit inutiles : bien plus, à l'égard des poiriers et autres à pepin, qui ne doivent porter qu'au bout de deux ans, on doit laisser tous les ans sur l'espalier des branches qui puissent se succéder les unes aux autres pour donner du fruit ; car les mêmes branches ne peuvent produire qu'une seule fois. Ainsi il faut les ôter pour faire place à d'autres ; de sorte que sur un espalier bien gouverné on doit voir le bois de trois états : l'un chargé de fruits, l'autre destiné à se nouer pour fleurir, ce que le bourgeon fait connaître, et le troisième, qui consiste en de nouvelles branches, qui deviendront utiles à leur tour.

Il arrive quelquefois que, malgré le soin qu'on a eu de tailler les arbres fruitiers, surtout les pommiers et poiriers, et de déchausser leurs racines pendant l'hiver, on voit tomber en quantité les fruits noués après que la fleur est passée. Pour aller au devant de la perte de ces fruits, on doit, 1° percer l'arbre dans la tige, et à demi-pied de terre, avec une tarière ou vilbrequin, jusqu'à son centre, et point au delà : 2° chasser un coin de bois de chêne de la même longueur dont on a percé l'arbre dans cette ouverture, et le faire parvenir à coups de maillet jusqu'au cœur de l'arbre : avec le temps, il se forme une espèce de croûte qui couvre la tête du coin, et on ne le voit plus : par ce moyen l'arbre retiendra ses fruits, mais bien plus les années suivantes que la première.

TAILLIS. *Soins que doit avoir le propriétaire d'un taillis.* 1° Il doit avoir attention qu'à mesure qu'il fera abattre les taillis il y ait des ouvriers qui en même temps exploitent les bois tant en fagots qu'en bois d'équarrissage : on commence ordinairement à couper les taillis avant les gros bois ; on les coupe en octobre ; tout l'ouvrage doit être fini en décembre, afin d'avoir la liberté d'abattre les grands arbres, et que les ouvriers aient le champ libre pour les exploiter.

2° La seconde année, après la coupe, il doit éclaircir et émonder les jets que chaque souche aura poussés.

3° Cinq ou six ans après la première coupe il doit examiner si les souches ne sont pas trop fournies, afin d'en retrancher les branches superflues et tout ce qui ferait obstacle à leur accroissement ; mais il ne doit employer pour cela que des personnes sûres, de crainte qu'elles ne gâtent, par ignorance ou par malice, les branches qui méritent d'être réservées : ces branches retranchées lui fourniront assez de bourrées pour payer le double de la dépense.

4° Il ne doit pas laisser venir les taillis trop vieux, de crainte que les souches ne soient plus en état de repousser, comme il arrive lorsqu'on a laissé passer trente années sans les couper. Rien n'est plus préjudiciable aux bois que de n'en couper les branches que quand elles ont une certaine grosseur ; car les bourgeous des souches ne peuvent plus pousser sitôt que l'écorce a acquis par l'âge une certaine épaisseur, et il faut que la souche périsse. En effet, ce n'est pas toujours de la grosseur de la tige que dépendent les jets qui doivent repousser sur la branche, mais bien plutôt de son âge, qui rend l'écorce plus ou moins pénétrable aux bourgeons qu'elle contient.

5° Lorsqu'il voit que les souches s'élèvent de plus d'un pied et demi de terre, il doit les rabaisser, en les faisant couper rez-terre ; alors elles repoussent moins de jets à la vérité, mais ils sont plus forts et plus nourris, ce qui rend le bois infiniment plus beau ; car enfin, quoi qu'on fasse, la terre n'a plus qu'une certaine quantité de sucs, et ne peut pas en donner davantage. Sans cette attention, les souches d'un taillis qui a été coupé plusieurs fois poussent tant de rejetons que, ne pouvant les nourrir tout à la fois, ils demeurent petits, et le bois ne parvient jamais à une grosseur raisonnable.

TALUS *de gazon.* On appelle ainsi ce qui forme le revêtissement des boulingrins, ainsi que le renfoncement : il doit avoir la pente un peu douce.

TAN. On appelle ainsi l'écorce des chênes réduite en poudre menue dans un moulin, ou à force de pilons ; on s'en sert pour préparer les cuirs : sa qualité est d'en resserrer les pores. Le meilleur est celui qui est nouvellement fait.

TANCHE. Poisson de la figure de la carpe, mais ses écailles sont plus petites et plus jaunes; elle a des petites écailles très-glissantes, deux nageoires auprès des ouïes, deux autres au ventre, une sur le dos, fort courte et sans aiguillon, une autre auprès du trou des excrémens. Elle est longue d'environ un demi-pied, grosse comme le bras, et d'un naturel fort vif. Elle habite ordinairement dans les eaux bourbeuses et dormantes : elle est estimée pour le goût et la fermeté de sa chair; elle peuple beaucoup; mais, comme elle ruine le fond de l'étang, on ne doit pas se soucier d'y en jeter ; cependant on y en trouve toujours assez.

TAPIS *de gazon*. Terme de jardinage ; c'est aussi ce qu'on appelle *pelouse*. On met des tapis de gazon au milieu des grandes allées et des avenues, dans les bosquets, dans les parterres, et même dans les cours des maisons de campagne.

TARTRE. Espèce de croûte qu'on trouve attachée autour et en dedans des tonneaux de vin. Le vin blanc produit un tartre blanc, et le vin rouge un tartre rouge ; le blanc est plus pur que le rouge. Tous les tartres sont apéritifs et un peu laxatifs ; ils lèvent les obstructions et calment la fièvre; on ne se sert intérieurement que du tartre blanc et de cristal de tartre : la dose est depuis demi-drachme jusqu'à trois drachmes.

TAUPES (les), sont de petits animaux tout noirs, gros à peu près comme un rat, et qui vivent sous terre. Les taupes font un grand dommage aux prés et aux jardins, car elles renversent la terre partout où elles passent : on doit leur faire la guerre; il y a des gens en Normandie qui gagnent leur vie à les détruire. On peut les prendre en vie avec des taupières, qui sont comme des boîtes, faites de plusieurs branches de sureau, qui ont une petite planche qui se ferme à peu près comme une souricière; ou bien on donne, dans le trou qu'elles ont fait, quelque bon coup de bêche, ainsi que dans les endroits où on les voit remuer la terre.

Nouvelle recette pour détruire les taupes dans les champs,
prairies et jardins.

Prenez deux ou trois douzaines de noix sèches bien saines, que vous ferez bouillir pendant trois heures dans un chaudron, avec quatre pintes de lessive naturelle ; mettez une

de ces noix , que vous ouvrirez en deux , dans chaque tau-
pinière nouvellement faite ; et , si la taupe ne travaille plus
dans le même endroit, cessez d'y en mettre, parce que alors
on doit être assuré qu'elle a péri. Ce moyen est d'autant
plus avantageux que tout le monde peut en faire usage à peu
de frais. L'on peut d'autant plus être certain de son effet que
les sieurs Mitchel et Labar , habitans d'Ostabac , dans la
Basse-Bretagne , qui se sont exercés pendant deux ans à
faire périr les taupes qui ravageaient leurs terres , y ont réussi
si parfaitement , et ils en ont fait de si fréquentes expériences
en plusieurs endroits , qu'ils se sont déterminés à communiquer leur secret à plusieurs personnes de Paris.

Au reste , comme il arrive quelquefois que les rats qui se
trouvent dans les campagnes mangent les noix et empêchent
l'effet que l'on en attendait, on doit s'attacher à détruire ces
rats par les moyens ordinaires.

TAUREAU. Voyez d'abord l'article du *Bœuf*, parce qu'il
y a quantité de choses qui conviennent au taureau comme au
bœuf.

Un taureau, pour être bon, doit avoir l'œil noir , éveillé,
le regard vif et de travers , les cornes noires et plus courtes
que celles du bœuf ; le cou charnu et fort gros, le mufle grand,
le nez court et droit, les épaules et la poitrine larges, le dos
droit , les jambes grosses , la queue longue et velue , le poil
rouge , l'allure ferme.

L'âge où il peut saillir les vaches est depuis trois ans
jusqu'à neuf ; on lui fait manger un picotin d'avoine, de
l'orge et de la vesce pour lui donner de l'ardeur ; il peut saillir
jusqu'à quinze vaches , mais il ne faut pas lui en livrer davantage. On doit employer , dans les maladies qui lui surviennent, les mêmes remèdes qu'on a enseignés à l'article du
Bœuf.

TEIGNE. Petit ver qui mange les étoffes, les meubles et les
habits. Le moyen pour l'empêcher est de bien battre les tapisseries et rideaux de laine avant que les papillons jettent
leurs œufs (c'est vers le milieu de l'été), et de ne les mettre
en place qu'après avoir fait crever les teignes et les papillons
avec la fumée de tabac que l'on fait brûler dans un réchaud.

Autre moyen. Prenez une partie d'huile de térébenthine et deux parties d'esprit-de-vin pour donner de l'activité à la liqueur ; mêlez bien le tout ensemble ; ensuite humectez une brosse ou vergette de cette composition ; passez-la légèrement sur les meubles, tapisseries, fauteuils, housses, bois de lit et les jointures : l'odeur forte de la térébenthine fait mourir les teignes et crever leurs œufs, et aucun insecte, même punaises et puces, n'osent en approcher. Cette opération doit se faire au mois d'avril, mais il faut fermer exactement les portes et les fenêtres et boucher la cheminée ; le lendemain matin on ouvre tout pour donner de l'air : au mois d'août, on doit faire la même opération. Pour garantir les habits serrés dans les armoires, on imbibe de cette liqueur quelques feuilles de papier, que l'on place entre quelques-uns des plis.

TEINT *pour nettoyer et blanchir le teint du visage*. Prenez de l'eau où l'on ait fait bouillir de la farine de froment : ou bien faites une infusion de mie de pain blanc trempée dans de l'eau-de-vie ou du vin blanc, et lavez-vous-en le visage. Voyez *Pommade pour le teint*.

TÉMOINS. On appelle ainsi ceux que l'on fait appeler en justice pour déposer ce qu'ils savent d'un fait contesté entre les parties.

Toutes personnes de l'un et l'autre sexe peuvent être témoins ; il faut excepter les enfans, les insensés, les personnes infâmes ou perdues de réputation, celles qui sont intéressées aux faits qu'on veut prouver, ceux qui sont parens ou alliés, ou amis, ou ennemis, ou domestiques des personnes intéressées ; à moins, à l'égard de ces derniers, qu'il ne s'agisse de faits passés dans l'intérieur de la maison. Dans tous les cas où la preuve par témoins est reçue, il en faut deux au moins : les témoins doivent être ouïs de bouche, après avoir prêté serment de dire la vérité. Le témoin assigné pour déposer doit comparaître ; faute de quoi, il peut l'être de nouveau, à peine d'amende ; et, s'il refuse, il est obligé de la payer, même par corps.

TEMPS. *Présage du temps relativement à l'agriculture*. 1° De la pluie : c'est un signe de pluie dans la journée, lorsque le soleil se lève dans des nuages qui le cachent entièrement, ou qu'il est rouge ou chargé de plusieurs couleurs , ou plus chaud qu'à l'ordinaire ; c'est signe de pluie pour le lendemain , lorsqu'il paraît dans son cours pâle ou obscur , ou qu'en se couchant il pousse de longs rayons , ou qu'il se cache dans des nuages blanchâtres ; 2° lorsque la lune est cernée dans son plein ; 3° lorsqu'il fait plus chaud qu'il ne doit , ou que des nuées blanches vont à l'orient ; 4° quand on se trouve las et assoupi , ou que l'on sent des douleurs de rhumatisme ou des cors aux pieds ; si les corbeaux ou les grenouilles croassent ; si les oiseaux de rivière battent des ailes plus qu'à l'ordinaire ; si les coqs chantent plus que de coutume le soir , ou à des heures extraordinaires , etc. ; car il serait trop long de rapporter tous les autres signes qui sont connus de la plupart du monde.

Présage du beau temps. Lorsque le soleil se couche clair et net , et qu'il se lève de même sans rayons rompus , et dans un petit brouillard qui s'évanouit ; 2° quand la lune se renouvelle en temps serein ; qu'elle est brillante le quatrième jour , et dans son plein.

Autres signes. Les étoiles brillantes, le temps rouge le soir et blanc le matin ; le ciel bordé sur l'horizon d'un cercle blanc et doré ; les chauve-souris qui volent autour des maisons.

Présages de vent. Le soleil qui se couche dans les cercles rougeâtres ; les étoiles plus brillantes qu'à l'ordinaire ; les nuées qui montent en haut et s'assemblent ; le bruissement des forêts.

Présages de tonnerre. Le soleil plus chaud que de coutume, ou en se levant, ou en se couchant ; une nuée épaisse, l'arc-en-ciel au couchant et le soir.

Présages de la neige. Un froid sec sans gelée , un vent de bise.

Présages d'un hiver long et rude. Quand il y a eu abondance de glands , que les cochons fouillent la terre en pâturant, que les grues s'assemblent et s'en retournent ; la neige fine, les étoiles brillantes, la flamme vive, le charbon ardent, les extrémités du corps froides tout-à-coup.

Présage de l'année hâtive. Une pluie médiocre au commencement et à la fin d'octobre ; et c'est un présage d'une année tardive, lorsque la pluie ne commence qu'en novembre.

Présages de fertilité. Lorsqu'on a le temps fort beau pendant l'automne, le printemps médiocrement chaud, de la neige dans sa saison, point trop de fruits.

Présages de stérilité. Les gelées et rosées hors de saison, le printemps et l'été trop humides, une abondance extraordinaire de fèves et de fruits.

TÉRÉBENTHINE. Liqueur qui découle des pins auxquels on fait des incisions. La bonne térébenthine doit être blanche, transparente, d'une consistance semblable à celle du sirop, d'un goût un peu amer et d'une odeur forte. On l'emploie extérieurement pour les contusions et les plaies ; elle entre dans la composition de plusieurs onguens ; elle amollit, résout et nettoie ; elle est bonne contre la toux, la phthisie, les maux de poitrine, la colique néphrétique.

TERRAIN. *Principes pour la connaissance des bons et mauvais terrains, lorsqu'on veut établir une culture.*

1° Quant aux bois, les terrains qui portent des chênes, des hêtres, des frênes, doivent être mis au premier rang pour la bonté ; ceux où il croît des yeuses, au second ; ceux qui abondent en pins, au troisième ; ceux qui abondent en sapins et cyprès, au quatrième et dernier. On est assuré de trouver un bon fonds sur tous ces terrains, parce que les feuilles de ces arbres ont formé à la longue une nouvelle couche de terre plus ou moins grasse, et plus ou moins fertile, selon le degré de bonté de chaque terrain ; 2° on doit encore regarder comme excellens les terrains plantés d'arbres moins élevés, tels que les alisiers, les arboisiers, les cornouilliers, les charmes, les érables ; mais ceux où croissent l'osier, le myrte, le genièvre, le prunier, risquent de n'être point fertiles, parce que ces arbres viennent bien dans des terrains maigres ; 3° les terrains où croissent les arbrisseaux, tels que les genêts, les ronces, les prunelliers, les chevre-feuilles, les troênes, les sureaux, sont fort bons lorsque ces arbrisseaux s'y forment en buisson. Mais, dans les terrains où il y a eu des arbres, des taillis ou de la vigne, on doit avoir attention aux troncs et aux racines qui peuvent s'y trouver et nuire aux nouvelles plantations, car il faut commencer par les arracher ; 4° les prés naturels marquent encore une bonne terre, à moins qu'il n'y ait quelque amas d'eau ou source qui les refroidissent ; 5° les terrains où croissent l'avoine sauvage, la mousse, la sarriette, les épines, ne promettent jamais rien de bon. La bardane, le chardon, l'arrête-bœuf, l'hièble, la mercuriale, l'ortie, le gramen, la vigne sauvage, ne marquent pas un mauvais terrain ; mais ces plantes sont difficiles à extirper. Les concrétions salines et minérales, comme la plombagine, le mica, marquent un terrain gâté par les eaux salées, et incapable de culture. Les lieux entièrement nus et dépouillés de verdure ne sont bons à rien. Les terrains qui étaient autrefois en jardins, et qui ont produit des plantes potagères, doivent être regardés comme excellens ; ceux qui ont porté du riz ou de la soude sont toujours froids et humides.

Il ne suffit pas de connaître la surface du terrain que l'on destine à une nouvelle culture ; il faut encore observer les couches ou veines de terre qui se trouvent dessous cette première écorce. On les découvrira dans les lieux qui auront été minés par les torrens et les chutes d'eau. Si l'on ne peut découvrir ces couches intérieures par les ravines, il faut y creuser çà et là des fossés de la largeur et profondeur de deux brasses ; elles indiqueront les sources et leur pente : on verra s'il est possible de régler leur cours ou les dériver, sans quoi il faudrait abandonner ce lieu. Si le terrain est sur une montagne, il faut préférer la face antérieure de la montagne, et ensuite ses flancs, pourvu que leur pente trop raide n'y forme point obstacle.

A l'égard des collines, on doit examiner les ravines et les excavations que les eaux y auront faites en quelques endroits. Cette observation est très-nécessaire pour instruire de la direction et de la force des chutes d'eau qui ruinent souvent les plus grandes entreprises.

Observations du même auteur sur les différentes qualités des terres.

Le défaut des terres trop fortes vient, selon M. Duhamel, de ce que les parties qui les composent sont si rapprochées, qu'il n'y a pas de communication d'un pore à l'autre, en sorte que les racines des plantes sont arrêtées dans leur route, et ne peuvent pas tirer la nourriture nécessaire à la plante.

Le défaut des terres légères vient souvent de ce que les interstices sont trop grands; et alors, comme les racines les traversent sans toucher à la terre, elles n'en tirent aucun secours; mais on peut remédier à ces deux défauts des unes et des autres par la méthode de la nouvelle culture; car par cette culture on divise les molécules des terres, on multiplie ses pores, et on met les terres en état de fournir de la nourriture aux plantes : cette division se fait ou par la fermentation, en mêlant du fumier avec la terre, ou par les fréquens labours. Cette dernière voie a moins d'inconvéniens que l'autre; 1° parce qu'on n'a pas toujours la quantité de fumier nécessaire; et 2° parce que les plantes élevées dans le fumier n'ont pas la saveur aussi agréable que celle des autres terres; 3° le fumier attire les insectes qui rongent les plantes.

Terres fortes et argileuses. Elles doivent être plus souvent labourées que les autres : on doit d'abord les labourer avec des charrues à versoir, et le plus profondément qu'il est possible; on y doit enterrer le blé à la charrue, c'est-à-dire, répandre la semence avant de donner le dernier labour, qui renverse la terre et recouvre le grain. A l'égard des terres légères ou douces, qui ont été labourées à plat, ou par grandes planches, elles doivent être ensemencées à la main : la plus grande partie des grains tombe dans le fond des raies, ensuite la herse abat les éminences des raies dans les petits sillons, et de cette façon le blé est enterré.

Terres en friches. On comprend sous ce nom les sainfoins, les luzernes, les trèfles, et tous les prés qu'on veut mettre en labour. Comme ces sortes de terres sont ordinairement fort dures, ayant demeuré long-temps en repos, elles demandent plus de labours que les autres; on ne doit les labourer qu'après les pluies d'automne, et avec une forte charrue à versoir : au printemps on leur donne un second labour, et on peut alors y semer de l'avoine; mais on ne doit y semer du froment que quand cette terre a reçu des labours répétés pendant deux ans.

Terres trop humides. Si ce défaut vient de ce qu'étant dans de petits fonds, elles reçoivent l'eau des terres voisines, ou qu'elles retiennent l'eau, on peut environner la pièce de terre d'un bon fossé pour arrêter les eaux, ou même pour égoutter l'eau trop abondante qu'elle renferme ; et, pour peu qu'elle ait de la pente, on donne au fossé la direction la plus avantageuse pour l'écoulement de l'eau ; ou bien, quand l'inégalité du terrain est peu considérable, on forme de profonds sillons en forme de petits fossés, avec une forte charrue à deux grands versoirs, qui a un long soc pointu, et est figuré en dos-d'âne par la partie supérieure. (*Culture des Terres.*)

Terres marécageuses. Elles sont quelquefois telles, parce qu'elles sont sujettes aux débordemens d'eau salée, soit par leur situation au bord de la mer, ou à la portée des grandes rivières ; mais, comme les débordemens y laissent une vase humide, l'air qui y règne est ordinairement très-malsain ; d'où il arrive qu'on n'ose les cultiver, et qu'elles sont abandonnées. Cependant des agriculteurs étrangers ont écrit des mémoires pour prouver qu'on pourrait mettre à profit ces sortes de terrains, qui sont souvent très-étendus ; et que, pour en venir là, il faut avoir soin de les saigner, et de les assurer pour l'avenir contre les inondations ; ils prétendent que cette vase, quoique composée de mauvaises herbes et de corps pourris, et qui, par cette raison, élève des vapeurs pestilentielles, peut devenir un engrais excellent après qu'on l'a laissée sécher long-temps et à loisir.

Les rivages qui vont en pente sont les moins difficiles à être préservés des inondations : on doit, pour cet effet, 1° pratiquer une digue suivant la hauteur à laquelle montent les marées ; on peut élever le bord plus ou moins haut ; en général, il suffit de lui donner sept pieds au-dessus du niveau de la terre. Cette digue doit avoir douze pieds de diamètre à sa base, et diminuer de largeur en montant de biais, jusqu'à ce qu'elle n'ait plus que trois pieds d'épaisseur.

Si le terrain est couvert de gazon, il faut le conserver pour la partie de la bordure qui fait face à la mer ; sinon, aussitôt qu'elle est faite, il y faut semer bien dru de la graine de chiendent, afin qu'il puisse y avoir une couverture naturelle de même espèce. La graine qu'on choisira doit être tirée d'un marais salé, et non d'une prairie à foin ordinaire.

2° Il faut ouvrir une tranchée de même largeur pour le fond de la digue, et commencer l'ouvrage à deux ou trois pieds du bord de la tranchée.

Cette tranchée sert à fournir des matériaux pour la digue ; elle doit avoir environ quatre pieds de profondeur, et la matière en doit être employée à la digue, telle qu'on l'a tirée de la terre, car la liaison doit en être bien ferme : or les terres seront bien plus serrées et se lieront mieux, si on les emploie aussitôt après les avoir tirées du sol, et la digue doit aller jusqu'à la mer dans une pente si douce et si insensible que depuis son sommet jusqu'au pied elle ait au moins dix-huit pieds ; mais, du côté de la terre, il suffit de lui donner les deux tiers de cette pente. Que si la mer a coutume d'être forte en cet endroit, et de se briser contre la côte avec violence, on ne doit employer le gazon que pour revêtir le côté de la digue qui fait face à la terre ; car, si on s'en servait du côté de la mer, les marées le déracineraient avant qu'il eût fait prise avec la terre. On doit, en ce cas, y semer de la graine de gazon, ratisser bien uniment la pente de la digue, y semer la graine bien épaisse sur le soir d'un jour fort doux, puis le recouvrir avec le râteau et piétiner dessus. Dans peu de jours elle lèvera ; et, sitôt que le gazon aura acquis cinq pouces de hauteur, il faut le faucher, afin qu'il ne passe point de tuyaux : de cette manière, les racines auront beaucoup de force, parce qu'en peu de temps elles s'étendront et s'entrelaceront ensemble de telle sorte que toute la force de la digue sera bientôt hors de toute atteinte, et couverte d'une espèce de tapis épais de racines. De plus, sa surface, en montant, se trouvera si unie que les vagues les plus furieuses ne feront que glisser contre en montant, sans causer aucun dommage, parce qu'elles n'y trouveront aucun obstacle. Pour qu'un tel ouvrage réussisse, il faut le faire de suite et sans interruption ; et, pour cet effet, y mettre le plus de monde qu'il est possible, de peur que les tempêtes et les hautes marées n'y apportent des interruptions et ne l'endommagent. (*Extrait des journaux d'Angleterre, en 1771.*)

Terres sujettes à être inondées par les terres hautes qui se trouvent au-dessus. — Moyens de les préserver de cette inondation. Ces moyens ne sont guère praticables que lorsque la même personne se trouve propriétaire des terres hautes ainsi que des basses ; il suffit alors de donner à l'eau un cours libre, sans lui laisser aucune place pour faire irruption sur ces terrains. On doit, pour cet effet, pratiquer quelques saignées dans une direction convenable, et alors sa propre terre lui sert de digue ; ensuite on doit avoir soin de les empêcher de devenir trop humides par les pluies qui tombent sur leur propre surface.

A l'égard des terrains bas et dont le fond ferme retient l'eau, fait enfler la surface, et approche de la nature d'un marais, on doit y couper des saignées si la terre est naturellement assurée contre les inondations ; mais, si elle est garantie de la rivière par une digue, il faudra pratiquer dans la digue une écluse pour la décharge de l'eau ; il n'en faudra pour cela qu'une fort petite. Dans ce cas, comme c'est la digue seule qui retient l'inondation, le propriétaire ou le fermier peut, en y faisant une ouverture, y laisser entrer l'eau dans un temps convenable ; mais il ne doit pas l'y laisser séjourner plus long-temps qu'il n'est nécessaire : ce temps est au commencement de l'hiver et au commencement du flot, parce qu'alors l'eau est épaisse et chargée de la meilleure partie de l'engrais des terrains plus élevés. Quand il est entré assez d'eau pour couvrir les terres, il doit fermer l'écluse.

Terres maigres et légères qui ont peu de fond. On en peut tirer quelque produit à force de les fumer ; d'ailleurs, il en coûte peu pour les labourer ; ce que l'on fait avec une petite charrue et un petit cheval ou un âne.

Pour réparer le défaut des terres maigres qui manquent de prairies, on peut, 1° semer en certains endroits du sainfoin, du trèfle, du fenu-grec ; 2° on doit y nourrir des bêtes à laine, dont le profit peut devenir considérable ; car ces bêtes profitent tout autrement dans les pays secs, et n'y ont point les maladies auxquelles les moutons sont sujets dans les pâturages : leur chair, s'étant nourrie de thym, de serpolet, etc., en est plus délicate, la laine plus fine, la graisse qu'on en tire d'une plus grande blancheur : on y nourrit encore des chèvres ; enfin, on y élève des vers à soie.

Il y a des terres excellentes à froment qui n'ont qu'un lit de quatre pouces d'épaisseur, sous lequel on trouve une terre rouge stérile : on doit labourer ces sortes de terres à plat ou par grandes planches, avec de petites charrues qu'on appelle *à oreilles*, et faire en sorte que la charrue ne pique pas jusqu'à la terre rouge.

Supplément au fumage des terres.

Un avis d'économie que donnent sur cette matière des agriculteurs expérimentés, c'est de ne point mettre du fumier ou tout engrais proche des haies, et de n'en répandre qu'à la distance de huit pieds de chaque haie. On sent que cette pratique diminuera de beaucoup la quantité de fumier, surtout dans les pétits enclos, et conséquemment la dépense. Il ne faut pas craindre que ces endroits soient d'un bien moindre rapport, parce que le bétail supplée à ce défaut en faveur du propriétaire. La raison en est simple; ces animaux aiment à se vautrer le long des haies; la chaleur et la transpiration de leurs corps avec le crottin et l'urine qu'ils laissent dans ces endroits, où ils se tiennent le plus souvent, compensent abondamment le défaut de fumier, et les rendent aussi bons que les autres places du champ. En effet, on a observé que l'herbe était toujours plus forte auprès des haies qu'ailleurs. Ce qu'on peut expliquer, en disant que, le fumier ayant donné à cette partie du terrain la même quantité d'engrais qu'aux autres, le bétail lui en donne encore autant. Ainsi, par la méthode que ces personnes-là conseillent, un fermier épargnera une grande partie de la dépense, et cependant le produit sera égal.

Terre pour la vigne. Ce ne doit point être une terre franche, ni propre à produire du blé ; ce doit être, au contraire, une terre un peu maigre, sèche plutôt qu'humide, située en pente, mélangée de petits cailloux ou de pierres à fusil. Voyez *Vigne.*

Terre de jardin. Les qualités que doit avoir une bonne terre de jardin sont qu'elle n'ait point de mauvaise odeur, ni de mauvais goût; qu'elle ne soit ni trop humide, ni trop sèche, ni trop forte ; elle doit être facile à labourer et sans pierres, être telle à six pieds de profondeur : en général, la meilleure est celle qui est douce en la maniant, dont la couleur tire sur le gris, et dont il ne sort point d'eau.

Les meilleurs fonds de terre pour les plantes potagères sont ceux qu'on appelle *sables noirs*, mais ni trop secs, ni trop humides, et exposés au levant ou au midi ; cependant le couchant et le nord ont l'avantage que les plantes s'y conservent plus long-temps en bon état.

Avant de mettre en œuvre un jardin, on doit en fouiller la terre partout, c'est-à-dire, la remuer de manière que le dessus soit mis au fond et le fond au-dessus, sans mélanger de l'un avec l'autre. Pour cet effet on fait des tranchées de trois pieds de profondeur, et de trois ou quatre toises dans la largeur du terrain, sur quatre pieds de long. Quand on en a fait une, on jette dans la première les terres de la seconde, ainsi successivement ; et après toute la fouille on jette dans la dernière tranchée la terre de la première. Lorsque la terre n'est pas également bonne au fond comme dessus, ou parce qu'elle est argileuse, ou parce qu'il y a de l'eau, il faut absolument enlever tout ce qu'il y a de mauvaise terre dans le fond, et y en mettre de meilleure à la place autant qu'il en faut pour la profondeur requise ; mais, si la terre n'est qu'usée pour avoir servi à d'autres productions, on doit mettre à l'air la terre qui était dans le fond, et y semer comme pois, fèves, etc., et l'amender avec de bon fumier.

La bonne terre est celle qui tient le milieu entre la terre serrée et la terre légère. On connaît ce juste milieu par la facilité que l'on trouve à manier le sol de la terre, et par la vigueur de ses productions ; mais il est plus ordinaire d'avoir une terre qui a l'un ou l'autre de ces défauts.

Terre pour les fleurs. Elle doit être composée de terre franche et vigoureuse, de terre légère et sablonneuse, et de terreau, qui est un fumier de couche entièrement pourri et usé, et d'une certaine quantité de cendres. Passez toutes ces terres par la claie, en les mélangeant par égales portions ; laissez reposer ces terres l'espace d'un hiver pour se bien lier. La terre grasse s'emploie pour les fleurs qui viennent de racines, et la légère pour celles qui viennent d'ognons ; mais il faut renouveler ces terres de temps en temps. La terre des caisses ou vases portatifs ne saurait être trop meublée, c'est-à-dire, ni trop sèche, ni trop humide, ni trop forte ; les fleurs même avec leurs racines la veulent légère, à plus forte raison les filets délicats qui sortent des graines.

TERRASSES (les), sont des espaces remplis de terre et élevés au-dessus du terrain ordinaire; on les soutient par de petits murs, hauts de quatre pieds : on place ordinairement contre ces murs des espaliers, à cause de l'exposition avantageuse qu'on peut donner à ces terrasses, et le tout fait un très-bel effet.

TERRE. La terre considérée relativement à la construction des bâtimens sert à faire de la tuile, de la brique, du carreau, du ciment; elle ne vaut rien pour faire du mortier : cependant, à la campagne, les paysans se servent souvent de terre glaise ou forte pour faire du mortier et pour les murs de clôture. Voyez *Tuile*, *Brique*.

Terre. On donne aussi ce nom à tout bien de campagne un peu considérable. Voyez *Domaine*, et *Maison de campagne*.

Celui qui passe dans sa terre la meilleure et la plus belle partie de l'année la peut faire valoir par lui-même; mais, comme un labourage de plusieurs charrues l'occuperait peut-être trop, il doit du moins faire valoir la ferme du principal manoir, pour qu'il y trouve en abondance du foin, de la paille, du bois, les potagers en état, et autres besoins et agrémens.

Dans ce cas, pour voir fructifier ses soins, il doit s'appliquer, 1° à avoir les meilleurs chevaux; toutes ses voitures doivent être composées de chevaux entiers seulement ou uniquement de jumens; c'est le moyen d'empêcher que quelqu'un de ses valets ne soit blessé.

2° Il doit choisir pour sa basse-cour les valets de charrue les plus laborieux et les plus intelligens, et donner des gages honnêtes : deux suffisent dès qu'ils sont bons.

3° Ne jamais ménager les fumiers et autres engrais; et, s'il n'est pas éloigné de quelque ville, tâcher d'en amener les boues et les fumiers : au bout de quelques années, il s'apercevra de l'utilité de cet engrais; il se verra une plus grande quantité de grains et de meilleure qualité.

4° Avoir soin de bien faire labourer et fumer ses terres : son exemple rendra ses fermiers plus laborieux et plus industrieux.

5° Augmenter la quantité des fumiers par les chaumes qu'on répand dans les cours, par des bruyères que l'on fait couper par les pauvres du village; faire curer les mares d'eau lorsqu'elles sont pleines de boue, et mêler ces boues avec les chaumes, les bruyères, etc., et laisser pourrir cette terre pendant deux ou trois hivers; cela fait un excellent engrais : à l'égard des autres engrais qui se font par la marne ou par la chaux, il faut suivre l'usage des lieux.

6° Acheter dans les années abondantes les grains nécessaires pour la maison et pour l'écurie; mais, lorsqu'il a des denrées à vendre, il faut toujours avoir les greniers ouverts, c'est-à-dire, ne jamais refuser de vendre au prix courant. On accoutume les marchands à venir; et, lorsque le prix des grains monte, rien ne reste : en vendant en tout temps, on profite des différentes révolutions, et on a plus de profit qu'en gardant toujours; car les grains, comme les autres denrées, se gâtent à la longue.

Nouvelle manière de faire valoir une terre, ou un bien de campagne.

On ne connaît ordinairement que trois manières de faire valoir une terre; 1° en donnant le bien à bail à ferme; 2° en le donnant à moitié fruit; 3° en le faisant valoir par soi-même.

Un cultivateur très-intelligent, après avoir examiné cette matière avec beaucoup d'attention, a prouvé, par de solides raisons, qu'il y avait des inconvéniens notables dans ces trois manières : c'est ce qu'il démontre dans divers mémoires qu'il a fait insérer dans le *Journal économique.*

Et, 1° quant à l'usage où sont une infinité de gens de donner à bail leurs terres à des fermiers, il prétend que cette manière ne peut que détériorer les biens de plus en plus. Il soutient, et avec fondement, qu'un fermier, quelque laborieux qu'il puisse être, ne fait jamais à un bien affermé les réparations ni les améliorations nécessaires, comme il les ferait si la terre lui appartenait en propre; car ce fermier n'ignore pas que, s'il fait produire à sa ferme plus que de coutume, il excitera la jalousie de ses voisins; que le propriétaire cherchera à en tirer avantage; que des envieux lui viendront faire des offres plus considérables. Ce fermier risque donc d'avoir travaillé pour un autre, de ne pas même retirer ses avances: en effet, tout le monde sait que les améliorations d'une terre, très-coûteuses surtout dans les commencemens, ne rapportent pas tout de suite un revenu proportionné à la première dépense, et qu'il s'écoule trois ou quatre ans avant qu'il puisse retirer le fruit de son travail.

De plus, un fermier, bien loin de faire de nouvelles améliorations, néglige souvent les nécessaires. Si, par exemple, les prairies d'une ferme viennent à se détériorer, les fermiers n'ont point coutume de changer de prés et d'en faire de neufs à la place des anciens; ainsi ces prés, n'étant plus si abondans en herbe, ne peuvent plus nourrir autant de bestiaux qu'auparavant.

A l'égard du second moyen de faire valoir un bien, qui est de le donner à moitié fruits, il en résulte encore un grand inconvénient. Comme la dépense des améliorations se partage alors de même que les produits entre le propriétaire et le fermier, celui-ci évite toujours d'en faire, parce qu'il n'est pas toujours assuré de jouir du fruit de sa dépense et de son travail; et qu'il dépendra du caprice du maître de l'en priver : ce fermier se contentera donc de suivre la méthode usitée, et n'entreprendra rien de nouveau pour améliorer le bien.

Enfin, la méthode de faire valoir son bien par soi-même, c'est-à-dire, de le faire travailler sous ses yeux par des domestiques, trouve des difficultés insurmontables dans une infinité de personnes; car, dans ce cas, il faut que le maître soit le premier levé et le dernier couché; qu'il ait plus de peine que le dernier de ses valets; qu'il soit à la tête de tous les travaux champêtres, pour les diriger comme il le désire, et animer son monde par sa présence. Or, on voit que cette méthode ne peut convenir qu'à un campagnard d'une fortune médiocre, et que la nécessité force à de si durs travaux. Ce n'est pas tout ; malgré sa bonne volonté et ses fatigues, dès qu'il n'est pas à son aise, il ne pourra pas faire les dépenses nécessaires pour améliorer son bien, et le mettre sur le pied dont il a besoin : par exemple, s'il n'a pas le moyen de faire clore ses prés, surtout lorsqu'ils sont confondus avec des prairies communes et livrés à tous les bestiaux du canton; s'il faut des arrosemens, ils occasionent des dépenses; si les terres sont d'une qualité médiocre, il faut des engrais, des bestiaux, etc. Bien plus, si un homme n'est pas d'une condition à vivre du matin au soir avec les domestiques qu'il emploie à l'exploitation, et à être présent à leurs travaux, ils ne feront pas la moitié de l'ouvrage, ou ils le feront mal, et voleront le maître autant qu'ils le pourront; et c'est ce qui rebute toutes les personnes qui font travailler leurs terres par elles-mêmes, c'est-à-dire, par des domestiques à gages.

L'auteur, après avoir fait sentir dans un bien plus grand détail les inconvéniens de ces trois sortes de manières de faire valoir un bien, expose quelle pourrait être cette meilleure manière; il fait part sur cela des vues qu'il a dans l'esprit, et des moyens capables de mettre à exécution sa méthode.

En voici le plan dans toute la précision possible. L'auteur décide nettement que le parti le plus avantageux est de faire valoir son bien par soi-même avec le secours des domestiques; mais que c'est en s'y prenant d'une manière toute différente de celle qui est en usage. Ensuite, partant du principe que l'intérêt est le grand mobile pour animer et encourager les hommes, il développe sa méthode, et il fait l'application sur un bien de 80 ou 90 arpens, dont il donne le plan topographique. Il suppose ce bien tout d'une pièce; il veut qu'il soit environné de murs, et il donne la manière de les construire. Comme les bestiaux et les prairies sont le principe de toute l'amélioration d'un bien de campagne, puisque c'est par le moyen des bestiaux qu'on travaille les terres, que c'est par leur fumier qu'on les fertilise, et que c'est par le moyen des prairies qu'on nourrit les bestiaux, il exige qu'il y ait un puits construit dans le milieu de la ferme, et qu'il ait communication avec un étang formé de quelque petite rivière voisine, dont on amène les eaux par des tuyaux de terre cuite qui passent sous les terres; il veut qu'auprès du puits il y ait un moulin à vent qui fasse mouvoir des pompes pour élever les eaux du puits, et les porter dans les fossés qui environnent le bâtiment et le jardin; que ce même moulin élève encore les eaux dans un autre réservoir placé sur une terrasse, lequel doit contenir deux mille toises cubes d'eau, pour fournir des eaux à toutes les terres qui sont plus hautes que les canaux, et qui suffiront même pour pouvoir arroser soixante-douze arpens.

Ce même moulin est encore destiné à faire mouvoir des machines pour hacher la paille, et la rendre propre à être mangée par les bestiaux ; et enfin, à faire tourner une meule pour moudre le grain nécessaire à la consommation de la maison. L'auteur regarde ce moulin comme la pièce fondamentale de la régie d'un bien de campagne. Pour procurer les arrosemens et faciliter quantité d'opérations indispensables, il veut qu'il y ait, pour la distribution des eaux dans toutes les pièces de terre, des rigoles de dérivation avec des tuyaux ; les rigoles doivent être construites avec du mortier de terre et de chaux, pour que l'eau ne se perde pas tant.

Enfin, après avoir évalué les divers objets de dépense qui entrent nécessairement dans son plan, il fait monter les déboursés pour une telle entreprise, à 81,600 francs.

Selon lui, le propriétaire d'un pareil bien ne doit point conduire lui-même ses ouvriers dans aucune espèce de travail, ni se charger de leur fournir aucuns instrumens d'agriculture.

L'objet essentiel qu'il doit se proposer est de trouver un homme de campagne bien entendu à la culture de la terre, actif, laborieux, de bonne réputation, sachant lire et écrire. Dès qu'il l'aura trouvé, il doit faire de cet homme son maître-valet, lui donner un logement convenable pour lui et sa famille, lui donner doubles gages ; en outre, lui donner en propre cinq vaches, dont ce maître-valet lui donnera tous les ans un certain revenu ; la moitié de la volaille qui s'élèvera dans les cours de la ferme, mais il en exigera une certaine quantité par année ; les deux tiers du profit des pourceaux qu'il fera nourrir, et il sera tenu de fournir au maître les graisses, huiles, beurre, pour l'entretien de sa table ; un sixième du profit net sur le troupeau, et sur les bêtes de labourage qui seront à sa charge. A l'égard des moutons et gros bestiaux, les pertes ainsi que les profits seront communs, afin qu'il ne tire pas de la nourriture des uns pour donner aux autres.

De plus, ce propriétaire fera avec lui un forfait pour que ce maître-valet se charge de sa propre nourriture et de celle des domestiques dont il aura besoin dans ses travaux; cette nourriture sera fixée à un certain nombre de sacs de différens grains, de tonneaux de vin, ou de boisson commune, de charretées de bois à brûler, et les herbes et légumes à discrétion.

A l'égard des gages des domestiques, le propriétaire les fixera également; mais le maître-valet les choisira et leur donnera les gages qu'il voudra, afin qu'il y puisse trouver un petit bénéfice; il les nourrira à sa table, leur distribuera leur travail, veillera à leur conduite, et il lui sera libre de les congédier s'il en est mécontent. Il aura sous lui deux valets de charrue, deux valets de cour, un berger qui aura soin des troupeaux et des cochons.

Du reste, il sera absolument soumis en tout au maître du bien; il ne fera rien sans sa permission, lui rendra compte tous les jours des ouvrages qui auront été faits, et le maître aura la liberté de le renvoyer.

On comprend, par cet arrangement, que le maître du bien pourra le faire valoir lui-même sans en avoir l'embarras, et qu'il aura la liberté de vaquer à ses affaires ou à son amusement; et, d'un autre côté, qu'en rendant le situation de son maître-valet aussi aisée, celui-ci sera d'autant plus porté à s'attacher à son maître que son poste sera plus avantageux; mais on voit en même temps par la nature de ce plan, quoique l'auteur ne le dise pas, que le maître du bien doit faire sa principale habitation dans son domaine.

Le même auteur veut, en outre, que le propriétaire d'un tel bien fasse à l'entrée extérieure de la ferme trois bâtimens, et qu'il y loge trois pauvres familles un peu nombreuses, destinées à la culture de ses terres, mais qui travaillent pour leur compte, et ne seront point à ses gages. Chacune de ces familles aura à elle en propre cinq vaches, quatre porcs, quelques oies et quelques canards, mais point de poules. Le maître du bien fournira à ces trois familles l'argent nécessaire pour le premier achat des vaches; mais chaque famille de même que le maître-valet lui donneront chaque année cinquante livres de profit net par chaque vache. Elles seront chargées de tous les événemens qui pourraient survenir à ces bestiaux ; mais tout le profit qui en proviendra leur demeurera en propre. Le maître leur donnera les fourrages nécessaires à tous ces bestiaux , c'est-à-dire, qu'outre les regains il leur donnera trente quintaux de foin ou luzerne pour chaque vache, avec autant de paille hachée au moulin , sans celle qu'il leur faudra pour la litière. Chaque famille sera tenue de conserver les fumiers en tas dans la cour du bâtiment qu'elle occupe, et d'aider à les charger pour être portés dans les terres que chacune aura pour son lot à cultiver. On portera dans ces lots ou portions les fumiers des bergeries , des bœufs, vaches, cochons, qui seront dans l'enceinte intérieure à la garde du maître-valet , qui s'en retiendra ce qu'il faut pour les jardins et les prairies.

Sur les quatre-vingts ou quatre-vingt-dix arpens de terre il veut qu'on en mette soixante de terres labourables destinées à produire des grains et des légumes, et qu'on en sème trente chaque année en blé froment.

Chacune de ces trois familles aura à cultiver vingt arpens de terres labourables, divisés en quatre lots ou portions de cinq arpens chacun ; de ces vingt arpens que chacun aura , elles en mettront toutes les années dix en blé froment, et dix en haricots, fèves, blé de Turquie, suivant que le maître le jugera plus avantageux : après la récolte du froment, on ne mettra en navets que cinq arpens, et les cinq autres seront destinés à la pâture des moutons. Le maître-valet sera tenu de faire labourer à la charrue ces vingt arpens, d'arroser et de labourer légèrement les cinq dont on vient de parler ; et il les hersera ensuite, afin d'y faire pousser les grains de blé qui y seront répandus et les herbes.

Les trois familles, de leur côté, seront tenues chacune de semer de grains leurs vingt arpens, de les herser, de les sarcler. Lorsque les blés seront mûrs, elles en feront la moisson, en couperont les épis au haut de la tige, les chargeront dans de grands sacs sur des charrettes, qui les amèneront à la grange, et faucheront les pailles qui seront restées ; mais ce sera le maître-valet qui sera tenu de faire ces charrois ; elles nettoieront les grains au moulin, faucheront et faneront les foins, tant la luzerne que le regain. Tels sont à peu près les travaux que ces familles sont tenues de faire, moyennant quoi le maître du bien leur abandonnera la cinquième partie des grains de la récolte.

Après la récolte des blés il veut qu'on sème, sur la quantité de quinze arpens de chacune, du petit trèfle ; qu'ensuite on arrose la terre tous les quinze jours, qu'on la laboure légèrement, et qu'on la herse, qu'on y fasse passer les moutons dessus pour en briser les mottes ; dès que les herbes auront poussé, cette pâture sera excellente pour les animaux.

A l'égard des quinze autres arpens de chaumes, il veut qu'on y sème des navets sur la fin d'août, après qu'on aura labouré la terre, et ce, pour servir de nourriture, pendant l'hiver, aux bœufs, aux vaches, aux moutons, etc. Il prétend que ces navets deviendront prodigieux ; et, comme dans la distribution qu'il a faite des terres, il a placé dix petits clos ou champs d'un arpent environ chacun, tout contre les bâtimens ou le manoir, il en destine deux, l'un pour semer du blé de Turquie pour les bœufs, et l'autre pour y semer des citrouilles qui serviront à engraisser les cochons pendant l'hiver : à l'égard des huit autres, il en destine quatre à faire des prairies à regain, et les quatre autres pour faire des luzernes ; mais il y en aura un de ces quatre qu'on mettra en chenevière, et à son tour en luzerne quand on voudra le renouveler.

Par là l'auteur de cette méthode pourvoit abondamment à la nourriture de tous les bestiaux, soit en été, soit en hiver.

Il y a encore dans le plan de l'auteur plusieurs particularités et détails intéressans que nous omettrons, pour ne pas rendre cet article trop long ; nous en avons dit assez pour faire sentir combien ce plan mérite d'être examiné de près par les cultivateurs.

A l'égard du jardin, l'auteur veut qu'il fasse un objet à part ; que le jardinier vive en son particulier avec sa famille, et ne dépende que du propriétaire ; que son principal soin soit de cultiver le jardin et d'y faire venir tous les arbres fruitiers et les herbes potagères ; mais il veut qu'il soit chargé d'arroser les luzernes et les prés à regain, etc.

TERREAU. On appelle ainsi du fumier vieux et consumé, et particulièrement celui de cheval, et qui devient une espèce de terre noire ; on s'en sert pour élever des salades, des laitues, etc. ; sept ou huit pouces d'épais sur une couche nouvelle suffisent pour cela.

TESTAMENT. Acte solennel, par lequel le testateur déclare ses dernières volontés.

Toute personne peut disposer par testament soit sous le titre d'institution d'héritier, soit sous le titre de legs, soit sous toute autre dénomination propre à manifester sa volonté.

Un testament peut être fait de trois manières : ou il est olographe, ou fait par acte public, ou dans la forme mystique. L'olographe doit être écrit en entier, daté et signé de la main du testateur, sans aucune autre forme.

Le testament par acte public est celui qui est reçu par deux notaires en présence de deux témoins, ou par un notaire en présence de quatre témoins; il est signé par le testateur. S'il déclare qu'il ne sait ou ne peut signer, il doit être fait dans l'acte mention expresse de sa déclaration.

Ne peuvent être témoins du testament par acte public, ni les légataires, ni leurs parens ou alliés jusqu'au quatrième degré inclusivement, ni les clercs des notaires par lesquels les actes seront reçus. Les témoins doivent être mâles, majeurs, sujets du roi, et jouissant des droits civils.

Le testateur qui veut faire un testament mystique ou secret doit signer ses dispositions, soit qu'il les ait écrites lui-même, ou qu'il les ait fait écrire par un autre. Le papier qui les contient, ou le papier qui leur sert d'enveloppe, doit être clos et scellé. Le testateur doit le présenter aussi clos et scellé au notaire et à six témoins au moins, ou il le fera clore et sceller en leur présence. Il doit déclarer en même temps que le contenu en ce papier est son testament écrit et signé de lui, ou écrit par un autre, et signé de lui. Le notaire en dresse l'acte de suscription, qui doit être écrit sur le papier ou sur la feuille qui sert d'enveloppe.

Si le testateur ne sait signer, ou s'il n'a pu le faire lorsqu'il a dicté ses dispositions, il doit être appelé à l'acte de souscription un témoin de plus, lequel signe l'acte avec les autres témoins, et il y est fait mention de la cause pour laquelle ce témoin a été appelé.

TESTICULES *enflés des chevaux.* — *Remède.* Faites

cuire des fèves dans la lie de vin, de la moins épaisse, jusqu'à ce qu'elles soient amollies à force de cuire; pilez – les;
mettez – les en pâte : ajoutez – y demi-once de castoreum en
poudre fine; mêlez le tout; étendez-le bien chaud sur un
linge, et enveloppez – en les testicules; cousez le linge, mais
auparavant graissez les testicules avec de l'huile rosat; réitérez ce remède au bout de vingt-quatre heures.

THÉ. Petite feuille d'un arbrisseau qui croît aux Indes
Orientales. Le bon thé doit être en petites feuilles entières,
vertes, d'une odeur de violette. On doit le garder dans une
boîte bien fermée, afin de conserver son odeur, en laquelle
consiste sa vertu ; on en met infuser deux pincées ou environ
une drachme dans une livre d'eau ou chopine, et aussitôt que
les feuilles vont au fond, on le retire et on prend l'infusion
toute chaude avec du sucre, et à plusieurs reprises. On peut
le faire infuser une demi-heure, et cette espèce de décoction
est bonne contre l'indigestion, les crudités et les autres vices
de l'estomac ; contre le mal hypocondriaque : elle consume
l'acide des premières voies. Le thé est un bon céphalique, il
ôte l'assoupissement, réveille les esprits, prévient la goutte,
l'apoplexie, la paralysie.

On distingue le thé en trois sortes. 1° Le thé vert commun :
il a les feuilles petites et chiffonnées, et collées ensemble en
séchant; son goût est astringent, son odeur agréable; il donne
à l'eau une couleur d'un vert jaunâtre.

2° Le thé vert plus fin : ses feuilles sont plus grandes, point
roulées ; il est d'une couleur un plus pâle que le vert bleu,
d'une odeur agréable et de violette, d'un goût plus gracieux ;
son infusion est d'un vert pâle : on peut rapporter à cette espèce tous les thés d'un haut prix, comme l'impérial.

3° Le thé-bout a les feuilles plus petites et plus plissées que
les deux espèces précédentes; il est aussi plus foncé; il a le
goût des autres, il est doux et astringent, et a un peu l'o-
deur de la rose.

THÉRIAQUE. Composition que l'on trouve chez les apothicaires, et dans laquelle il entre de la poudre de vipère,
de l'opium, et plusieurs autres ingrédiens.

Elle est très-utile contre beaucoup de maladies. Prise par
la bouche, elle est bonne contre toutes sortes de poisons,

morsures, piqûres de bêtes venimeuses, morsures de chiens enragés ; contre toutes sortes de fièvres pestilentes ; contre toute pourriture, diarrhée, dyssenterie, ventosités, convulsions, épilepsies, paralysies, apoplexie, et contre toutes les maladies de cerveau causées par le froid ; contre les inquiétudes, les insomnies, l'hydropisie, la jaunisse, et enfin contre toutes passions histériques. La dose est pour les enfans depuis un grain jusqu'à six, et pour les grandes personnes depuis un gros jusqu'à deux gros.

THERMOMÈTRE et *Baromètre.* Le thermomètre est un instrument nécessaire à la campagne autant qu'à la ville ; il sert à connaître la température d'un lieu, les degrés de chaud ou de froid. Il y en a de deux sortes : les uns sont ouverts par le bout d'en bas comme le baromètre, l'autre bout est fermé hermétiquement, et se termine par une petite boule pleine d'une liqueur colorée, laquelle monte ou descend dans le tuyau, suivant que l'air qui y reste enfermé se raréfie ou se condense ; d'autres sont scellés hermétiquement par les deux bouts ; celui d'en bas est terminé par une boule dans laquelle est renfermée la liqueur. Cette liqueur y monte quand il fait chaud, et elle descend quand il fait froid : on connaît les degrés de cette chaleur ou froideur par des divisions qui sont marquées sur une platine sur laquelle on pose le tuyau. Un agriculteur a besoin d'un thermomètre en différentes occasions, pour pouvoir faire avec plus de succès les divers travaux champêtres.

Un baromètre est destiné à connaître et à mesurer la pesanteur ou la légèreté de l'air. Il est composé de deux tuyaux de verre, un ayant environ quatre pieds de long, et la quatrième partie d'un pouce de diamètre dans sa cavité ; il est scellé hermétiquement par le bout d'en haut ; celui d'en bas est fait en forme de fiole, et rempli de vif-argent.

L'une des branches est fermée hermétiquement par l'une de ses extrémités ; l'autre est ouverte par en bas, et pleine d'une liqueur qui ne gèle point en hiver. A côté de ce tuyau, on marque sur une platine, laquelle est clouée sur le bois qui sert à soutenir les tuyaux, les degrés de l'élévation du mercure.

Comme on a chassé tout l'air grossier, lors de la construction du baromètre, le mercure demeure suspendu à la hauteur d'environ vingt-huit pouces plus ou moins, selon que l'air est plus léger ou plus pesant. Le baromètre a fait découvrir que la colonne d'air de la grosseur du tuyau pèse vingt-huit pouces de mercure et trente-deux pieds d'eau.

On a remarqué que la pesanteur de l'air varie considérablement dans les mêmes lieux en différens temps ; qu'il est ordinairement plus pesant dans un temps clair et serein , et qu'il est plus léger dans un temps nébuleux et chargé de vapeurs.

Le baromètre baisse d'une ligne quand on le porte à soixante pieds ou environ au-dessus du niveau de la mer ; car le baromètre varie dans les mêmes circonstances du temps : sa grande utilité est de marquer le temps sec ou humide. On peut s'attendre à du sec , à proportion que la colonne de vif-argent est plus pressée que la colonne d'air qui pèse dessus , et on connaît que le temps sera humide à proportion qu'elle est moins pressée. Ces deux instrumens sont d'une grande utilité pour les opérations de l'agriculture ; car, par leur moyen , on connaît l'état et les variations du temps sans sortir de chez soi.

THYM. Plante qui croît à la hauteur d'un pied. Ses branches sont ligneuses et grêles ; ses feuilles sont petites et blanchâtres ; sa fleur en gueule, et découpée par le haut en deux lèvres : elle naît au sommet des rameaux. Le thym se sème et se replante de plante enraciné d'une touffe en plusieurs brins avec les racines , et dont on éclate le pied.

On emploie le thym dans les bains aromatiques pour fortifier les jambes et les autres parties affaiblies. Sa décoction est bonne contre l'asthme ; on l'applique en cataplasme sur les endroits goutteux.

TIERCELET. On appelle ainsi le mâle d'un oiseau de proie ; il est plus petit que la femelle , et bien moins fort.

TIERCEMENT. Terme usité en fait d'adjudication des bois. Le tiercement est le tiers du prix principal ; de façon que, si un arpent de bois a été vendu 150 francs et qu'un des enchérisseurs veuille l'avoir par préférence de prix, il fait signifier, dans les vingt-quatre heures à l'adjudicataire et au propriétaire, qu'il entend tiercer , et qu'il prendra lesdits bois à 200 francs l'arpent. Un autre marchand peut encore doubler sur cela, c'est-à-dire, offrir 25 francs en sus, ce qui fait moitié du tiercement ; et, lorsque le premier adjudicataire, ni le tierceur, ni le doubleur, ne veulent céder, et qu'ils consentent chacun en particulier de payer ledit dernier prix, qui serait dans le cas supposé 225 fr. par arpent, on allume la bougie, et chacun des trois ou deux seulement, si l'un des trois s'est retiré, enchérissent par 1 fr., jusqu'à ce que la bougie s'éteigne : au moyen de quoi l'adjudication reste au dernier enchérisseur et sans retour. En Normandie les usages sur cela sont différens.

TILLEUL. Grand arbre, fort propre à faire des allées et des cabinets de verdure. Son bois est blanc, ainsi que son écorce ; sa tige belle, sa tête bien garnie, sa feuille verte et dentelée. Cet arbre se verse aisément, et il ne dure pas longtemps ; il aime la terre grasse et les lieux où il y a un peu d'humidité : on les élève de graine, et ce sont les meilleurs, ou de plant enraciné. En ce cas, on doit choisir les plus petits, et les mettre en pépinières quelque temps auparavant, afin qu'ils prennent du chevelu. Son écorce sert à faire des cordes à puits.

Le bois de tilleul s'emploie par les menuisiers, coffretiers, layetiers, tourneurs, parce que ce bois est tendre, quoique serré, et que le ciseau le coupe facilement. On le débite en tables épaisses depuis deux jusqu'à cinq pouces, et longues de douze.

Le tilleul le plus estimé est celui de Hollande.

TIRASSE. Grand filet à mailles, faites ordinairement en losange, et de fil fort et retors. On met une corde tout le long d'un des côtés de la tirasse pour la tirer : on se sert de ce filet pour les cailles et les perdrix. Voyez *Cailles*.

TIROIR. Terme de fauconnerie. C'est une paire d'ailes de chapon ou de poulet, ajustée en manière d'oiseau, avec un petit morceau d'étoffe rouge, et dont les fauconniers se servent pour rappeler l'oiseau de proie sur le poing.

TITRE *nouvel* (passer). Pour entendre ce que c'est, il est bon de savoir que, lorsqu'il nous est dû une rente affectée et hypothéquée sur un tel fonds, nous obligeons le nouveau propriétaire de ce fonds à nous passer titre nouvel, c'est-à-dire, à reconnaître, par un acte, qu'il est propriétaire d'un tel fonds affecté et hypothéqué à une rente qui nous est due, et qu'il promet de payer et continuer à l'avenir les arrérages et intérêts, ou bien déclarer que cet héritage est chargé de tels droits ou rentes pour empêcher la prescription.

TOILE (la), est un tissu de fils entrelacés, dont les uns s'étendent en long et les autres en travers. On fait de la toile avec du chanvre, du lin et du coton. Voyez les art. *Chanvre* et *Lin*.

Comme plusieurs des endroits de la campagne on fait filer du chanvre ou du lin pour faire de la toile, et qu'ensuite on fait faire la toile par un tisserand, il est bon de savoir la manière de blanchir les toiles.

1° Dès qu'on a reçu la toile des mains du tisserand, on doit la laver dans de l'eau chaude, afin d'ôter la pâte qui y reste ; puis la mettre à la lessive, laquelle doit être composée de cendres bien fortes, avec des racines d'hièble. La lessive étant faite, et la toile bien lavée en eau claire, et savonnée avec du savon noir, il faut l'étendre à l'air, au serein et à la rosée sur l'herbe, et l'arroser au soleil, la laissant de la sorte sept à huit jours, et elle sera très-blanche.

TOISE. Mesure de longueur. Il y en a de trois sortes : 1° la toise courante, c'est-à-dire, celle où l'on ne mesure que la longueur ou hauteur ; elle est de six pieds ; 2° la toise carrée, qui est celle où l'on mesure une surface en longueur et en largeur ; elle a trente-six pieds carrés ; 3° la toise cube qui contient six pieds en tous sens, longueur, largeur et profondeur, et qui contient 216 pieds cubes.

TOISÉ (le), est le mesurage d'une surface, qui se fait avec la toise ; cette mesure est de bois, et les pieds et pouces y sont marqués par des lignes. Pour toiser toutes sortes de terrains et places, on doit savoir que la toise cube de terre contient 216 pieds, comme on vient de le dire ; et, pour s'en convaincre, on doit multiplier la longueur de la place par la largeur, et le produit par la hauteur : ainsi, une toise cube de terre ayant six pieds de tous sens, on multiplie six par six, qui est la longueur et la largeur, cela produit 36 pieds ; et le produit étant multiplié par six, c'est-à-dire, si on additionne 6 fois 36, qui est la hauteur, il viendra 216 pieds : par cet exemple on peut toiser toutes sortes de places de terre.

Quand la chose qu'on toise est d'une figure égale, on multiplie pour les surfaces la longueur par la largeur; et, quand c'est un solide cube, on multiplie la hauteur par le produit de la longueur et de la largeur.

Toisé de maçonnerie selon les us et coutumes de Paris.
1° Les murs, soit de pierre de taille, ou de moellon, se toisent toise pour toise, de quelque épaisseur qu'ils soient, et on ne rabat aucun vide pour les croisées ni les portes : mais à celles où il n'y a point de pierre de taille, on rabat la moitié. 2° Les avant-corps, saillies et entablemens, se toisent à part du corps des murs; 3° les cloisons recouvertes des deux côtés se toisent comme pour gros mur; celles qui ne sont point recouvertes vont à deux toises pour une. L'enduit des vieilles murailles qu'il faut rehacher se compte à six toises pour une. Les solives qui sont au-dessus des poutres vont à un quart de pied : à l'égard des scellemens, ceux de corbeaux avec tuileau et plâtre se comptent pour un pied; ceux de gond aux contrevents, aussi un pied; les autres que pour demi-pied : ceux des barreaux de fer pour demi-pied chacun, quand c'est dans la pierre de taille, et pour un quart, si c'est dans le plâtre : chaque pièce de moulure se compte pour demi-pied.

A l'égard des ouvrages de figure inégale, si ce sont, 1° les marches d'escalier, on toise tant la hauteur que la largeur, comme pour les gros murs; et si les marches sont tournantes, on ne les toise que par le milieu de leur longueur : 2° les arcs des voûtes se toisent en dedans, et on prend le tiers de la longueur de l'arc que l'on multiplie par la longueur de la voûte : il y en a qui prennent le tiers pour toutes sortes de voûtes; 3° les piles de pierre de taille qui soutiennent les arcades des caves se toisent sur leurs largeur et épaisseur : ainsi, une pile de quatre pieds est toisée pour six; 4° les tuyaux et manteaux de cheminée se toisent pour mur, et leur hauteur par leur pourtour, rabattant les épaisseurs des languettes et augmentant neuf pouces pour celles du plancher; les âtres faits de carreaux, pour un sixième de toise; 5° les plafonds à lattes jointives, toise pour toise; les recouvremens des poutres, trois toises pour une; les planchers carrelés, toise pour toise; 6° les tuyaux des privés par leur hauteur et sur six pieds de pourtour, et les contre-murs derrière les tuyaux, toise pour toise; les fours pied pour toise, s'il y a six pieds en œuvre.

Selon le toisé de bout-avant sans retour, qui a été établi par l'ordonnance de Henri II de l'an 1557, les maçons sont obligés d'orner leurs bâtimens de saillies et moulures suivant la qualité, sans que les saillies et les moulures puissent être toisées non plus que le vide, mais seulement le plein. Mais, comme les maçons savent à combien la toise leur peut revenir, les saillies comprises, sans qu'elles soient toisées, ils viennent facilement à bout d'éluder cette ordonnance, en sorte que ceux qui font bâtir risquent d'être leur dupe. Ainsi, le plus sûr est de spécifier exactement par un devis la condition à laquelle on veut toiser, et expliquer que les murs, pans, tuyaux et manteaux, qui sont çà et là le long des murs, ne seront point toisés, mais seulement le corps des murs ensemble, avec les pans, tuyaux et manteaux, depuis l'extrémité du haut d'iceux; déclarer en termes exprès qu'on entend ou qu'on n'entend pas toiser les saillies, moulures, à raison de demi-pied pour chaque partie de moulure; qu'elles ne seront point toisées du tout; qu'on entend que le vide ne se toisera pas; qu'on ne toisera que ce qui sera plein et rempli de maçonnerie.

Il est bon, pour prévenir toute contravention, de savoir que toutes saillies qui sont sur un corps de maçonnerie, lorsqu'on les toise, suivent le prix de la toise; ainsi, si c'est un mur de pierre de taille, les saillies vont au même prix; il en est de même si c'est sur simple maçonnerie, ou sur pans de bois et cheminées.

Toisé de la charpenterie. Comme on vend le bois à la pièce et au cent de pièces, il faut, 1° savoir, par le moyen du toisé, le réduire à la pièce; or, chaque pièce de bois doit avoir douze pieds de long sur six pouces en carré ou la valeur; ainsi il n'y a qu'à multiplier la grosseur d'une pièce par sa largeur, et le produit par sa longueur. Par cette règle, toutes sortes de pièces, de quelque longueur ou largeur qu'elles soient, peuvent être réduites; 2° on doit régler dans les marchés les grosseurs et longueurs des pièces de bois; 3° tous les bois qui se débitent dans les forêts ont ou 6 pieds, ou 9, ou 10 et demi, ou 12, ou 13 et demi, ou 15, ou 18, ou 21 pieds en toises; 4° comme les pièces de charpente sont plus grandes les unes que les autres, quand la longueur d'une pièce approche de celle du marchand de bois, elle est toisée comme si elle avait effectivement la longueur de celle du marchand ; par exemple, si elle n'a guère plus de 10 pieds et demi de long, elle est toisée comme si elle était longue de 12 pieds ; mais, si la rognure est de 10 pieds, lorsque la pièce doit être de 12, elle est toisée pour 10 pieds seulement, parce que la rognure peut servir. Ainsi, selon les us et coutumes de Paris, 5 pieds de bois mis en œuvre sont comptés pour 6, 6 et demi pour 7 et demi, 8 pour 9, 10 pour 10 et demi, 11 pour 12, 13 pour 13 et demi, 14 pour 15, 16 pour 18, et 21 pour 24, qui font 4 toises.

Pour éviter l'embarras de ces réductions, il est de l'intérêt des particuliers qui veulent bâtir, de stipuler dans leurs marchés que les bois seront payés suivant la mesure qu'ils se trouveront avoir en œuvre, et conformément à ce qui se pratique dans les marchés des bâtimens royaux, sauf à donner quelque chose de plus du cent du bois ; enfin, il faut expliquer distinctement les conditions tant de l'un que de l'autre toisé.

Toisé des couvertures de tuiles. On prend le pourtour depuis un des bords de l'égout jusqu'au bord de l'autre égout, passant par-dessus le faîte ; on ajoute au pourtour un pied pour le faîte, et un autre pied pour chaque égout. On multiplie ce pourtour et les pieds ajoutés par la longueur de la couverture, à laquelle on ajoute deux pieds pour les demi-ruellées des bouts (c'est l'enduit de plâtre qui joint la tuile à la muraille) ; et le produit donnera le contenu de la couverture.

Quand le bâtiment est en croupe ou pavillon, on mesure la couverture par le milieu, en tournant tout autour, et ajoutant un pied pour la ruelle ou l'enduit de plâtre qui couvre les pièces de bois qui forment les angles du toit ; le produit donnera le double de la couverture. Au reste, on mesure les couvertures toutes pleines, quoiqu'il y ait des lucarnes ou des œils-de-bœuf ; le vide se compte même à part, et on l'ajoute au premier produit. Chaque extrémité de la couverture qui tombe dans la gouttière, et qu'on appelle le *hatelle-ment*, est comptée pour un pied ; les lucarnes, pour demi-toise ; les œils-de-bœuf ordinaires, pour 18 pieds ; une vue de faîtière, pour 6 pieds carrés ; le posement de gouttière, pour 1 pied.

TOIT *à porc*. On le construit près des étables ; le plancher doit en être pavé, et les murs doivent être de moellon, bien enduits de mortier, de peur qu'avec leur groin ils ne fouillent le sol et ne détruisent les murs.

TONNEAU. Vaisseau de bois où l'on met le vin, la bière, le cidre, l'huile et d'autres liqueurs. Les tonneaux destinés particulièrement pour le vin, et surtout les vins fins, s'appellent *poinçons* ; ils doivent être de bon merrain, de cœur de chêne, de fil droit, sans aucun nœud ni aubier ; les douves ne doivent pas avoir plus de trois ou quatre pouces de largeur ; et, si elles en avaient davantage, le tonneau ne pourrait être rond ; leur épaisseur doit être proportionnée à la contenance du vaisseau, et doit être un peu plus forte sur les deux extrémités que vers le centre : il en est de même des pièces de fond. Ils doivent être bien reliés ; les meilleurs cerceaux sont ceux de châtaignier. Les cuves doivent être de même, mais hautes de quatre pieds et demi ; les douves doivent être larges de cinq à six pouces, épaisses d'un pouce et demi.

Lorsqu'on achète des tonneaux, on doit encore s'instruire de leur mesure, c'est-à-dire, s'ils ont la contenance requise.

Les tonneaux sont un objet de la plus sérieuse conséquence pour la conservation du vin. Selon qu'ils sont plus ou moins épais, et bien ou mal reliés, il se fait plus ou moins d'évaporation par les remplissages. Ainsi, lorsque des tonneaux sont très-épais, et que le merrain a au moins six lignes d'épaisseur (car il doit être ainsi lorsqu'il s'agit de loger du vin pour sa consommation et non pour le transporter par voiture), il n'y aura plus de diminution après le soutirage, pourvu qu'on ait l'attention de remplir les tonneaux toutes les semaines ; car un tonneau qu'on ne remplit que tous les mois consomme plus de vin, dans le courant de l'année, que quatre qu'on remplit deux fois la semaine. Si on a cette attention, et que le merrain soit bien choisi, et les caves fraîches, il est constant qu'alors le vin ne dépense presque rien ; mais si le merrain n'a que quatre lignes d'épaisseur, comme c'est l'usage de quelques vignobles, il n'est pas possible que du vin ainsi logé ne perde beaucoup par la transpiration, et qu'il ne soit beaucoup travaillé par le chaud et le froid.

TONNELLE. Filet à prendre les perdrix. Il doit avoir quinze pieds de queue, c'est-à-dire, du côté qu'il a la forme d'un pain de sucre, avec un pan ou longueur de filet à chaque côté, comme un demi-cercle. Pour cet effet, un chasseur s'enferme dans une espèce de panier, qui représente la figure d'une vache, et qui soit couvert d'une toile de la même couleur et une sonnette au cou ; il contrefait la marche d'une vache qui paît ; il passe derrière les lieux où sont les perdrix, et les chasse doucement vers la tonnelle, afin qu'elles y entrent.

TONNERRE. Il est certain que les lieux élevés sont en général plus exposés à la foudre que les endroits bas : ainsi, comme les pointes des montagnes ou des clochers peuvent fendre la base de la nuée, elles facilitent la chute de la foudre. De là on peut résoudre la question si le son des cloches peut écarter le tonnerre, ou s'il en accélère la chute. Il est constant qu'il le peut, pourvu que la nuée ne soit pas au-dessus du clocher ; car, si elle y était, la commotion que le bruit des cloches exciterait accélèrerait la chute du tonnerre. Les gens de la campagne commettent ordinairement cette faute, qui coûte souvent la vie aux sonneurs.   —

TONTE *des brebis*. On doit régler le temps de la tonte des brebis, c'est-à-dire, qu'il faut qu'il fasse chaud et qu'il n'y ait plus de froid à craindre la nuit ; il faut d'ailleurs prendre garde à leur tempérament, afin que la nudité ne puisse nuire ni à leur force, ni à leur santé. La chaleur de l'été est nécessaire pour la tonte. C'est un usage ordinaire en plusieurs pays, de bien laver les brebis avant de les tondre, parce que la laine est très-difficile à laver lorsqu'elle est coupée ; du moins on a plus de peine que quand elle est encore attachée au corps de la brebis. Quant aux brebis qui ont la laine fine, épaisse et abondante, et qui ne sècherait pas facilement si elle avait été une fois dans l'eau, telle est celle des brebis espagnoles et anglaises, il faut différer de les laver jusqu'à ce qu'elles soient tondues. La meilleure méthode pour laver les brebis est de les laver dans l'eau courante, qui doit être pure, fraîche et saine, comme celle des rivières et des ruisseaux; car, dès qu'il y a quelque chose d'impur dans l'eau, le corps de la brebis s'en ressent. Celui qui les lave doit se mettre dans l'eau jusqu'à mi-corps, prendre la brebis des mains d'un autre qui est sur le bord de la rivière, et la plonger entièrement dans l'eau, excepté la tête. En cet état, il doit laver la laine en la pressant continuellement avec les mains, mais avec précaution, de peur d'en arracher des flocons. Dès que les brebis sont lavées, il faut les écarter de tout endroit malpropre, sablonneux et marécageux. Pendant la nuit, on doit les faire coucher sous toit, sur de la paille fraîche, jusqu'à ce qu'elles soient tondues. Le jour qu'on les lave, on peut donner à chacune une poignée d'avoine mêlée de quelque sel, ou arrosée d'un peu de saumure.

On tond les brebis trois jours après avoir été lavées; on se sert de bons ciseaux. En divers pays on a coutume de les coucher sur le dos, et de les tondre le long du ventre, et d'un côté jusqu'au dos, après quoi on continue de l'autre côté; puis on prend le dos même, en laissant toujours la laine ensemble, ce qui forme une espèce de peau entière, qu'on met à côté en rouleau à cause de l'assortiment. On étend un drap dessous les brebis lorsqu'on les tond, de peur que la laine ne prenne quelques saletés; on les tond dans un endroit où le vent ne donne pas, de peur qu'il n'y porte de la poussière. On doit prendre garde d'écorcher la peau de la brebis, parce qu'il s'ensuivrait des ulcères, et même de la gale. Si cela arrive, il faut mettre sur la plaie du saindoux mêlé de cendres ou du goudron. On coupe la laine assez près de la peau, tant pour la faire mieux croître dans la suite que pour voir s'il n'y a point de poux, de gale ou autres taches; il ne faut pas non plus la couper trop près, de peur que les mouches, les guêpes et les branches des arbrisseaux ne les piquent et ne leur causent des pustules.

Le lendemain de la tonte des brebis, on les fait suer; et, après leur avoir laissé le temps de se rafraîchir, on les lave avec une lessive faite d'eau de tabac, et un peu de sel, et on les lave tout de suite avec de l'eau fraîche. Cette lessive tue toute la vermine qui pourrait être attachée sur leur peau.

Dans les premiers quinze jours après la tonte on ne doit pas mener les brebis trop loin de la maison, de peur qu'un air trop frais ne leur fût nuisible dans cet état de nudité. (*Extrait de Hastfer, Suédois*).

TORMENTILLE. Petite plante qui croît sur les montagnes et dans les bois. Celle qui vient des Alpes et des Pyrénées est la plus estimée pour les remèdes; c'est sa racine qu'on emploie, surtout dans la peste et les autres maladies malignes, accompagnées de dyssenterie et d'hémorragie fréquente du nez. Elle résiste au venin, arrête le mouvement vicié du sang; on la mêle dans les remèdes cardiaques.

TOURBES (les), sont des mottes de terre spongieuse : les meilleures sont faites de la superficie des gazons; on les coupe en forme de brique, et on les fait sécher. Ce n'est que dans certains cantons qu'on trouve les veines de terres propres à faire de la tourbe, comme aux environs d'Amiens et dans la Flandre : c'est dans les prés dont le fond est spongieux et tout parsemé de racines, qu'on tire la tourbe après que le pré a été fauché : on enlève à coups de bêche toute la terre du pré; on donne à chaque morceau de terre la forme d'une brique; on les arrange l'un sur l'autre sur leur longueur pour les faire bien sécher; ensuite on les dresse par piles, et on les vend le plus tôt qu'on peut, avant que la pluie les ait mouillées.

Comme la tourbe est une terre noire, grasse, sulfureuse et inflammable, que l'on trouve dans presque tous les marais de Picardie, en Flandre et en Hollande; cette terre, après avoir servi de chauffage aux gens du pays, produit une cendre qu'on a éprouvée être très-propre à fertiliser les terres. Cette cendre n'est pas partout de la même qualité; elle suit celle de la tourbe elle-même. Plus la tourbe produit de cendres, moins la cendre est bonne : plus la tourbe est longtemps à se consumer dans le feu, moins elle produit de cendres, et plus elle est parfaite. Comme le soufre est plus ou moins abondant dans cette terre, il opère plus ou moins sur les parties de cette terre qui lui servent d'enveloppe : ainsi, il est important de s'appliquer à distinguer la bonne cendre de la mauvaise. En général, la plus fine, qui n'est ni blanche ni rouge, mais grise, est aussi la meilleure; mais comme il est aisé de s'y tromper, le plus sûr est de ne pas l'acheter à ceux qui en font commerce, car c'est alors une marchandise mêlée, et de mauvaise qualité, ni à de petits particuliers, qui achètent la tourbe à meilleur marché; mais à des bourgeois, qui font toujours grand feu, à des brasseurs, des teinturiers, qui chauffent leurs chaudières au feu de tourbe, parce qu'ils sont servis par préférence : ainsi l'on est sûr d'avoir de la meilleure.

A l'égard de la quantité qu'il en faut semer, il est constant que, quand la cendre est parfaitement bonne, il en faut semer beaucoup moins. A l'égard du temps de la semer, il faut distinguer la qualité des terres. On ne doit point semer de bonne heure cette cendre sur les terres froides; car la terre n'étant point encore alors tout-à-fait couverte, une grande partie de la cendre tombant sur la terre ne fera presque aucun effet : de plus, la sève n'étant pas encore en mouvement dans les plantes, cette cendre n'est point assez efficace pour les tirer de leur enveloppe, et leur rendre la vie. Que si l'on attend un peu tard à semer la cendre sur les terres chaudes, on s'expose à tout brûler. La nature n'a plus besoin d'être alors forcée, elle agit toute seule : c'est vouloir que la sève force ses canaux en élargissant trop ses pores, et qu'après s'être dilatée elle soit tout-à-fait amortie par une gelée imprévue. Il faut donc semer plus tard la cendre de tourbe sur les terres froides que sur les terres chaudes. Le temps le plus favorable pour cette opération est le moment où les plantes commencent à pousser quelques feuilles nouvelles; mais il ne faut pas que ce soit dans le temps d'une pluie chaude et abondante. (*Almanach d'agriculture.*).

TOURDES. Espèces de grives. Les tourdes communes sont de la grosseur d'un merle : on les engraisse comme les cailles, mais on ne peut les élever que dans les contrées où elles ont été prises. Leur chair est très-délicate, surtout celle des tourdes des pays chauds.

TOURTERELLE. Espèce de pigeon sauvage. Elle est cendrée sur le dos, blanche sous le ventre, et a les ongles noirs; le mâle a un collier noir autour du cou : on les apprivoise facilement. Pour les engraisser on les met en cage; on les nourrit de chenevis, de millet et de froment : on les accouple au mois de février dans une volière où l'on met des nids, et elles élèvent leurs petits : les jeunes tourterelles engraissent bien vite ; leur chair est fort délicate, et d'un meilleur goût que celle du pigeon ramier.

On les prend au trébuchet avec un appât, où on les chasse au fusil.

TOUX *des chevaux.* Elle provient ordinairement de la pousse ; mais elle peut provenir aussi de plusieurs autres causes, comme d'un reste de rhume, ou lorsqu'un cheval a souffert un grand froid pour avoir bu de l'eau trop vive, ou des eaux bourbeuses, ou lorsqu'il mange trop avidement. Quand la toux est sèche et réitérée, elle indique la pousse.

Remède pour la toux qui ne vient que de morfondement et de rhume. Mettez, dans chaque oreille du cheval qui tousse, une demi-cuillerée d'amandes douces, et remuez bien l'oreille pour la faire pénétrer, et continuez pendant cinq ou six jours.

Remèdes pour les autres sortes de toux. Prenez une livre de beurre frais et une livre de miel, deux onces de graine de genièvre concassée : mêlez le tout ; faites-en des pilules ; faites-les avaler au cheval dans une chopine de vin blanc ; bridez-le deux heures avant la prise et trois heures après ; réitérez ce remède une ou deux fois.

Pour la toux invétérée. Prenez des herbes de chardon béni, d'hyssope, de pas-d'âne, de bouillon blanc, de la semence de fenu-grec, du suc de réglisse, de chacun six onces ; baie de genièvre, racines d'énula campana ; d'iris de Florence, de chacun cinq onces ; cardamome, gentiane, aristoloche longue, de chacune trois onces ; anis, cumin et fenouil, de chacun une once et demie, cannelle et muscade de chacune demi-once, et de soufre vif, demi-livre. Pilez le tout, passez-le par un tamis de crin fin : mêlez les poudres, gardez-les dans un sac de cuir bien pressé et fermé. On en donne deux onces aux grands chevaux dans une pinte de bière tiède ou de vin ; aux médiocres, une once et demie : on la laisse infuser toute la nuit à froid : bridez le cheval deux heures avant et deux heures après la prise ; continuez pendant quinze jours.

TOUZELLE. Sorte de froment fort commun en Languedoc : il a l'épi sans barbe , la tige assez haute , le grain plus gros que le froment ordinaire : on en fait du pain fort blanc.

TRAÇOIR. Instrument de jardinage. C'est un outil de fer pointu , emmanché d'un manche de quatre à cinq pieds de long, dont on se sert pour tracer les compartimens d'un parterre.

TRAINEAU. Filet pour prendre du gibier, comme alouettes, cailles, perdrix, bécasses, pluviers. Il doit avoir au moins six toises de long, et trois de large ou de hauteur, et les mailles doivent avoir deux pouces de large : il doit être bordé tout autour d'une grosse corde, dont on doit laisser pendre deux bouts, de la longueur d'un pied, aux quatre coins du filet, et attacher d'autres cordes de deux en deux pieds tout le long du filet ; elles servent à lier le traîneau à deux perches : d'autres mettent un gros bâton à chaque extrémité du filet. On s'en sert la nuit, on le traîne sur les endroits où l'on a attendu du gibier, et on le couche.

TRAMAIL. Filet à prendre le poisson. Il doit être composé de trois rangs de mailles les unes devant les autres ; celles de devant et de derrière sont faites d'une ficelle fort petite ; celles du milieu, qu'on appelle *nappe*, sont d'un fil délié : elles s'engagent dans les grandes mailles, et bouchent l'issue aux poissons.

TRANCHÉES. Maladie des chevaux. Elles viennent de plusieurs causes, comme d'indigestion, pour avoir mangé trop de grains ; ou de ventosités (c'est la plus ordinaire) ; ou d'une pituite qui s'attache aux membranes des intestins : cette espèce de tranchée a du rapport au ténesme des hommes, car le cheval fait effort pour fienter et ne fait rien ; ou des vers qui s'attachent aux gros boyaux ; ou enfin , de la difficulté d'uriner, causée par les obstructions dans le col de la vessie : cette dernière est périlleuse. Dans ces différentes tranchées, le cheval se débat et s'agite extraordinairement ; il se couche et se lève souvent ; il regarde son flanc et ne veut point manger.

Remède pour la première espèce de tranchée. Donnez des lavemens d'une décoction émolliente et carminative ; ajoutez-y une pinte de vin émétique ; puis faites dissoudre dans une chopine d'eau-de-vie une once de thériaque ou d'orvié-

tan , et une pincée de safran: faites avaler le tout au cheval
après qu'il a rendu le lavement. A l'égard de la seconde,
c'est-à-dire, des tranchées qui viennent des vents, faites saigner le cheval aux flancs et sous la langue, et le promenez
beaucoup ; donnez-lui un lavement fait avec trois pintes de
vin rouge, une once de polychreste, six poignées de sauge;
faites bouillir le tout jusqu'à la consomption du tiers du vin,
et coulez ; et , s'il ne guérit pas, faites - lui avaler une livre
d'huile, mêlée avec une chopine d'eau-de-vie.

En général, les lavemens et les fréquentes promenades
sont les meilleurs remèdes.

Pour les vers, donnez en purgation une once d'aloès ,
coloquinte et agaric, de chacun trois gros ; le tout en poudre,
mêlé dans une pinte de vin blanc.

Pour la difficulté d'uriner. Donnez un lavement avec les
cinq racines apéritives; ensuite faites-lui avaler deux onces
de colophane en poudre dans une chopine de vin blanc,
frottez le membre du cheval avec de la poudre de cloportes,
mêlée dans l'huile ; frottez-lui le fourreau avec de l'ail pilé,
et mêlé avec de l'huile.

Autre remède pour le faire uriner. Une cuillerée d'ambre
jaune dans une chopine de vin blanc.

TRANSACTION (une), est un acte ou convention entre
deux ou plusieurs personnes touchant la décision d'un procès, dont l'événement est douteux , par laquelle convention
on a en vue de le terminer ou de le prévenir ; l'une des parties
donnant ou retenant quelque chose. Les transactions sont des
actes auxquels il est plus difficile de donner atteinte ; car,
quand elles sont passées sans fraude, sans dol ni violence
entre majeurs, aucune des parties n'est admise à se pourvoir
contre, sous quelque prétexte que ce soit.

TRÉBUCHET. *Manière de prendre les oiseaux.* C'est une
espèce de petite cage, dont la partie supérieure est ouverte
et arrêtée si délicatement, que , pour peu qu'on y touche, le
ressort se lâche et la ferme ; en sorte que l'oiseau qui y est
entré s'y trouve pris.

TRÉFLE. Petite plante des prés. Ses branches sont fort
rameuses ; elles viennent d'une touffe de racines, et s'élèvent
jusqu'à la hauteur d'un demi-pied, quand le terrain leur

convient. Ses feuilles ont les queues déliées comme de petits filets de deux ou trois pouces de longueur, et sont divisées en trois parties, ce qui leur a fait sans doute donner le nom de *trèfle*; leur forme un peu ovale est de la grandeur d'un petit liard; elles sont d'une couleur verte, tirant sur le bleu; dans le milieu elles sont un peu plus foncées; à l'extrémité des branches naissent des bouquets de fleurs, qui forment des touffes grosses comme le doigt, et d'une couleur pourpre. Ces touffes produisent de petites graines, qu'on ramasse quand elles sont mûres. Le gros trèfle a une qualité très-nourrissante qui le rend propre pour les chevaux, bœufs, et en général pour tous les animaux qui broutent l'herbe : il échauffe beaucoup moins que la luzerne. Ce fourrage est trop abondant, étant cultivé dans des terrains favorables; on le fauche plusieurs fois dans l'année aussi bien que la luzerne.

Le terrain sec ne vaut rien pour le trèfle : il demande une terre grasse et humide. Un pré situé de manière à pouvoir être arrosé par quelques sources ou rivières, est excellent pour le trèfle; il réussit encore dans les terres fortes et froides, pourvu qu'on ne leur épargne pas les amendemens.

On sème la graine de trèfle vers le mois de mars dans les pays chauds, et un peu plus tard dans les tempérés; on peut y mêler de l'avoine et des pois gris, cela produit un bon fourrage la première année; alors on le coupe sitôt que les pois gris commencent à perdre leur fleur. Après la récolte de ce premier fourrage, le trèfle pousse entre le chaume de l'avoine et des pois : on doit le semer aussi dru que le blé froment, et le couper dès qu'on voit toutes ses tiges en fleur, et non plus tôt. Le trèfle est dans toute sa force à la troisième année; la première coupe de l'année est celle qui rend le plus de fourrage. On doit laisser jeter le feu au foin avant que de le mettre en meule, autrement il ne serait pas de garde; il en est de même des regains des bas prés, que l'on coupe en automne. Lorsque le foin est vigoureux, il faut, à mesure qu'on le fauche, le transporter dans le champ voisin pour qu'il puisse faner à son aise, et qu'il n'incommode pas les pousses du trèfle, qui ne tardent pas à paraître : il ne faut pas faire des meules dans le champ même, de peur d'étouffer le trèfle. Ainsi, ceux qui cultivent de semblables terrains, dont les productions sont abondantes, et n'en doivent ensemencer que de petites pièces.

Trèfle musqué ou *lotier*, plante de jardin. Ses tiges sont hautes d'un pied et demi ; les feuilles disposées trois à trois, plus blanchâtres que celles des autres trèfles ; les fleurs bleues. Cette plante est vulnéraire : son grand usage est dans la pleurésie ; elle entre dans les potions vulnéraires et dans les maladies où le sang est grumelé : son eau éclaircit la vue.

TREILLAGE. On appelle ainsi tout ce qui garnit les murs d'un jardin qui doivent servir pour des espaliers, et tout ce qui nécessaire à former les palissades ; 1° les murs des espaliers doivent être crépis de plâtre ou de mortier, pour défendre les fruits des insectes ; 2° être garnis de clous qui doivent être scellés, ne déborder la muraille que d'un bon pouce, et n'être espacés que de quatre à cinq pouces, pour attacher plus facilement les branches avec des osiers ; 3° les treilles qui forment les palissades doivent être de bois d'échalas de quartier et de bon chêne, avoir un bon pouce en carré, et longs selon la hauteur de la muraille. On les fait tenir à des crochets de fer, scellés dans le mur, à trois pieds de distance l'un de l'autre, et sur une même ligne : on espace ces échalas de sept à huit pouces, et avec les traverses on forme des mailles, lesquelles sont mieux étant en carrés longs, et on les lie avec du fil d'archal. Il faut leur donner une couche de blanc et ensuite de vert, pour qu'ils durent longtemps.

On peut faire aussi des treillages de fer ; ils coûtent beaucoup moins et durent davantage, mais ils sont moins agréables à la vue.

TREMBLE. Voyez *Peuplier*.

TREMIE. Machine pour mettre la nourriture des oiseaux de volière, comme pigeons, etc. Cette machine est composée d'un fond avec des rebords, et d'un corps en dos-d'âne, au haut duquel il y a un couvercle qu'on ouvre et qu'on ferme, et par où l'on met le grain qui tombe peu à peu dans la trémie, à mesure que les pigeons le mangent ; ainsi le grain est toujours net, et il ne s'en perd point.

TRÉSOR *trouvé*. Celui qui trouve un trésor caché dans son propre héritage en doit avoir la moitié ; et, s'il le trouve dans l'héritage d'autrui, il en a le tiers, et les autres deux tiers sont au gouvernement et au maître de l'héritage.

TROÈNE. Arbrisseau dont les feuilles ressemblent un peu à celles de l'olivier : son bois est blanc, uni ; il pousse au printemps des fleurs blanches et odorantes, mais de peu de durée ; elles sont suivies de baies ou grappes de grains noirs lorsqu'ils sont mûrs, pleins d'une humeur rougeâtre ; on leur attribue la vertu de chasser les vents, étant bus dans le vin. On le multiplie de graine et de marcotte. On en faisait autrefois des palissades de jardins : on se sert de ses feuilles et de ses fleurs pour remède contre les inflammations, la pourriture, les ulcères de la bouche, en forme de gargarisme. Son eau distillée, et dans laquelle on dissout quelques gouttes d'esprit de vitriol, est excellente contre la pourriture des gencives, symptôme ordinaire du scorbut.

TROUPEAUX. *Nouvelle manière de parquer les troupeaux, et fort propre pour amender les terres et les fertiliser.* Au lieu de former le parc en carré, comme c'est assez l'usage, on doit le faire en longueur, et ne lui donner que dix-huit pieds de largeur. On place ce parc dans des qualités de terrains d'une nature contraire à celle pour laquelle on a destiné cet amendement ; par exemple, si on veut, avec ce fumier, améliorer des terres légères et sablonneuses, il faut placer le parc dans une terre argileuse et forte, de même qu'on le ferait dans une terre friable et légère, si on destinait cet amendement pour une terre argileuse et compacte. Pour cet effet, on enlève la terre autour du parc, de la profondeur d'un demi-pied au moins : on la pulvérise bien ; on l'amène dans une brouette, et on la jette sur les crottes. Cette opération se fait par un temps sec. Six mois de parc dans le même endroit peuvent produire une épaisseur de terreau de trois pieds pour le moins, sur une longueur et une largeur de terrain proportionnée à la quantité du troupeau ; ainsi, quatre-vingt-dix bêtes à laine, sans y comprendre les agneaux de l'année, peuvent couvrir un parc de quinze toises de superficie, ou de dix-huit pieds de largeur sur trente de longueur, en comptant à peu près six brebis par chaque toise de surface de terrain, et elles produiront environ cent bonnes charretées ou tombereaux. Or, vingt tombereaux sont suffisans pour améliorer un arpent de terre, qui produira abondamment pendant plusieurs années de suite ; mais on ne doit employer ce terreau que plus de six mois après que les brebis auront cessé d'y parquer, afin qu'il ait eu le temps de communiquer sa force à la terre, qu'il se soit bien incorporé avec elle, et qu'il soit bien consommé. Voyez *Vache*, *Bœuf*, *Mouton*.

TRUBLE. Filet en forme de longue poche, et attaché sur un demi-cerceau, qui tient par les bouts dans les extrémités d'une tringle de trois ou quatre pieds, et couché exactement par le milieu sur le bout d'une longue perche. Il faut deux personnes pour cette pêche ; l'une porte la truble, l'autre un long bâton terminé par une masse de bois, comme un maillet, ce qu'on appelle un *trouble-eau*. On présente la truble dans les endroits les plus serrés du ruisseau ; s'il est trop large, on abaisse deux trubles à la fois, l'une vers un bord, l'autre vers l'autre, toutes deux contre le fil de l'eau, pour que le courant tienne le réseau ouvert : celui qui porte le trouble-eau monte vingt pas au-dessus de la truble ; il enfonce son maillet dans l'eau à plusieurs reprises jusque dans la vase, au travers des joncs, et dans toutes les retraites des poissons : ceux-ci, en fuyant du côté opposé, vont donner dans la poche du filet, qui les arrête au passage.

TRUFFES. Espèce de racines rondes et raboteuses, grosses comme de petites pommes, et de différentes couleurs ; car il y en a de grises et de noires : elles sont marbrées en dedans. On les trouve dans les terres sèches et crevassées, comme en Dauphiné, en Gascogne, dans le Périgord : on en fait la recherche depuis le mois d'octobre jusqu'à la fin de décembre. Les cochons, qui en sont friands, aident beaucoup à les faire trouver. Les truffes entrent dans les ragoûts et les rendent excellens ; on les fait cuire sous les cendres chaudes, après les avoir lavées dans du vin, et on les mange avec du sel et du poivre. La grande quantité et un trop grand usage en sont nuisibles, car elles engendrent beaucoup d'humeurs grossières.

Truffes à la braise. Faites tremper les truffes, et les nettoyez avec une brosse pour ôter la terre. Mettez des bardes de lard sur une feuille de papier , avec sel , poivre , ognon coupé par tranches ; arrangez-y les truffes dessus , et faites-y dessus le même assaisonnement : couvrez-les de tranches de jambon et de bardes de lard , et pliez vos truffes dans deux ou trois feuilles de papier; faites-les aussi cuire dans de la cendre chaude , avec un feu modéré dessus.

On peut aussi les faire cuire au court-bouillon , dans une petite marmite , en les assaisonnant de sel , de poivre , d'un ognon piqué de clous, feuilles de laurier, ciboule et du vin.

TRUIE. Femelle du cochon ou verrat. Une bonne truie doit avoir le corps long, le ventre large, les tétines longues, et en grand nombre ; car elle donne à chaque ventrée autant de cochons qu'elle a de tétines : si elle en donnait moins, c'est un signe qu'elle ne serait pas féconde. La truie cochonne deux fois l'an, et depuis un an jusqu'à six ou sept; elle porte quatre mois, et cochonne dans le cinquième : elle porte, à chaque ventrée dix, douze et jusqu'à quinze cochons. On connaît qu'elle est en chaleur quand on la voit se vautrer dans la boue : on doit la faire souer , c'est-à-dire , qu'on lui donne le mâle à la fin de février, afin qu'elle et ses petits trouvent abondance de grains ou d'herbages , précisément dans le temps qu'ils peuvent aller aux champs. On doit leur donner une bonne et ample nourriture; on ne lui en doit laisser que huit ou neuf à nourrir ; on vend les autres.

TRUITE. Poisson de proie, dont la chair est d'un goût excellent et d'un manger très-sain. Les truites appartiennent au genre des saumons , car elles ont, comme les saumons , des nageoires molles, le corps uni et des taches rouges. Leurs mâchoires sont garnies de petites dents; elles aiment l'eau claire et les rivières ou ruisseaux qui coulent rapidement et sur un fond de sable. Celles qu'on tire de ces sortes d'endroits sont les meilleures ; mais celles qu'on prend dans les eaux croupissantes, ou qu'on nourrit dans des étangs ou autres eaux dormantes, sont pâles, et, étant cuites, ne sont jamais si fermes , ni d'un si bon goût que les premières. Cependant on en peut élever dans un étang lorsqu'il a un fond de sable ou de gravier, qu'il n'est pas trop éloigné de la source qui fournit l'eau , et qu'il n'a pas trop d'étendue. Les truites vont ,

pour aiusi dire, à la chasse nuit et jour; elles se nourrissent
de toutes sortes d'insectes, qui se tiennent sur le bord de
l'eau, tels que cousins d'eau, escarbots, vers, petits poissons,
même ceux de leur espèce. Comme elles ont la vue perçante
et beaucoup d'agilité, elles manquent rarement leur proie.
C'est dans le mois de juin que les truites sont les plus grasses
et de meilleur goût.

Le temps du frai des truites commence vers la fin d'août,
et dure jusqu'au milieu de novembre; mais ce temps n'est
pas toujours fixe, et arrive tantôt plus tôt, tantôt plus tard. Il
faut épargner ce poisson dans le temps du frai, si on veut
qu'il multiplie beaucoup. Le plus sûr est de s'abstenir de cette
pêche depuis le commencement d'août jusque vers la Saint-
Martin ; on fait fort bien de planter des aunes ou des saules
sur les bords des rivières et des ruisseaux où il y a des truites,
afin de donner de l'ombre à ce poisson , qui se plaît dans les
lieux frais. D'ailleurs, on peut couper de ce bois tous les six,
huit ou dix ans; ceux qui sont à la proximité des sources peuvent facilement construire des étangs ou petits lacs à truites.

Pêche des truites. On les pêche dans les endroits où l'on
sait qu'il y en a, et pour cela on détourne le courant de
l'eau par le moyen d'un bâtardeau; et, quand le ruisseau est
sec, ces poissons se laissent prendre à la main. Ils se pêchent
aussi à l'hameçon appâté de vers, qu'on trouve près des fon-
taines d'eau vive.

La pêche des truites est favorable dans un temps couvert,
et au soleil levant, en été. On doit pêcher en remontant le
cours de l'eau.

On appelle *truites saumounées* ou *petits saumons* , celles
qui sont grandes et grosses; elles sont telles en été lorsqu'elles
rentrent dans les rivières , après être descendues à la mer ;
petites au mois de mai.

TUBEREUSE. Fleur. Voyez *Jacinthe.*

TUF. On appelle *tuf* la terre dure qui commence à se
pétrifier , qui se trouve sous la bonne terre, et que les racines des plantes ne peuvent pénétrer, en sorte qu'aucune
plante n'y peut profiter; ainsi, avant que de planter ou de
semer un fonds qu'on ne connaît pas, il faut y faire quelque
tranchée en différens endroits , pour voir s'il n'y a point de

tuf, ou du moins s'il y a au-dessus assez de bonne terre pour suffire aux plantes.

TUILE (la), se fait avec de la terre glaise pétrie, séchée à l'air et cuite au fourneau ; elle est bien faite quand elle est d'un rouge foncé, et qu'étant frappée en l'air elle sonne bien. Les tuiles de grand moule ont treize pouces de long, huit de large, et quatre pouces trois lignes de pureau ; celles du petit moule ont ordinairement neuf à dix pouces de long, six de large, et trois pouces et demi de pureau ; c'est la partie de la tuile qui reste découverte. Le millier de tuiles de grand moule fait sept toises de couverture ; le millier de tuiles de petit moule en fait environ trois. La hauteur de la couverture de tuile doit être des deux tiers de sa largeur, et on met les chevrons à deux pieds l'un de l'autre.

Puisqu'il s'agit ici de la couverture des toits, nous ajouterons un article qui avait été oublié au mot *Ardoise*. Il y a l'ardoise carrée, ainsi appelée, parce qu'elle est terminée carrément ; elle est réputée la meilleure, parce qu'elle est faite du cœur de la pierre ; elle porte huit pouces de large sur onze de long ; les autres sont distinguées par les noms de gros noir, poil taché, poil roux, et ont des dimensions plus petites ou moins régulières. Il y en a d'autres dont les couches sont convexes ; on s'en sert pour les dômes. On considère encore les ardoises selon leurs échantillons : la grande carrée est dite du premier échantillon ; il n'en faut qu'un millier pour couvrir cinq toises d'ouvrage. Le second échantillon est de la grande carrée fine, dont le millier fournit cinq toises et demie ; le troisième, qui est la petite fine, ne couvre que trois toises par millier ; la quarte latte, deux toises et demie, etc. (*Journal économique*).

TULIPE (la), est une des plus belles fleurs qu'on puisse avoir dans un jardin. Il y en a d'une infinité d'espèces ; on les distingue toutes en doubles ou simples. Les noms que les fleuristes leur donnent, sont ordinairement relatifs à leur couleur et à leur grandeur. Ceux qui ont traité à fond cette matière ont fait des listes sans fin de toutes ces différentes espèces, de même que pour les œillets et les renoncules.

Dans la tulipe il y a deux choses essentielles à considérer pour bien juger de sa beauté ; 1° la couleur principale de la fleur ; 2° les traits jaunes ou blancs plus ou moins larges , souvent accompagnés de filets noirs et qu'on appelle *le panache*. Ce qu'on demande donc dans une tulipe pour être parfaite , c'est que le panache tranche nettement la couleur et qu'il la perce des deux côtés de la feuille pour jeter un éclat plus vif , et l'un et l'autre ne doivent point être fondus ni mêlés ensemble. Ainsi une tulipe parfaitement belle est celle dont la couleur et le panache sont bien lustrés , bien opposés entre eux et relevés de beaux traits noirs.

Les tulipes les plus renommées sont les baguettes ; ce sont celles qui fleurissent le plus haut et qui sont marbrées de pourpre et de blanc ; les agathes , qui sont veinées de deux couleurs ; les béazarts qui ont quatre couleurs et qui inclinent vers le jaune et le rouge. Les qualités des belles tulipes sont : 1° la beauté de leurs couleurs ; 2° la hauteur de leurs tiges ; 3° la forme de leur fleur , qui doit approcher de celle d'un œuf sans être pointu. Les plus belles viennent de Flandre et de Hollande. La tulipe est unique sur sa plante, elle a six feuilles ; ces feuilles sont un peu évasées et ont le ventre souvent plus large que l'ouverture : celle—ci est grande, enrichie des plus belles couleurs, ou jaunes , ou purpurines, ou rouges, ou blanches , ou variées. A cette fleur, lorsqu'elle est passée , succède une espèce de fruit d'une forme oblongue, divisé en trois loges remplies de graines. La racine de la tulipe est un gros ognon jaunâtre ou noirâtre.

Les tulipes les plus estimées des fleuristes sont celles qu'ils appellent *marquetrines ;* elles ont quatre et cinq couleurs. Les plus recherchées ont des panaches détachés les uns des autres , sans diminution, nets dans leur couleur, arrêtés par un petit bord comme un fil de soie ; ils doivent être longs, et monter jusqu'au bord de la fleur en forme de coquille. Le fond de la fleur doit être bleu céleste, les étamines bleues, mais foncées ; la tige haute et droite , les feuilles en dehors et en cloche renversée.

Une tulipe régulièrement belle doit avoir six feuilles , trois dehors et trois dedans, la forme camuse et montant en s'évasant, et le vert médiocrement grand et frisé avec de petites rayures ; le calice doit être droit avec peu de dos , le coloris lustré et satiné, le panache bien partagé, les étamines de couleur brune, les feuilles épaisses et étoffées.

Culture des tulipes. Elles se multiplient : 1° par les graines ; celles qui ont les plus belles couleurs viennent par cette voie, et se nomment *tulipes de couleur* : on s'en sert lorsqu'on veut conserver une espèce de tulipe. La graine est en maturité quand la cosse s'ouvre d'elle-même. Les tulipes qui sont les meilleures pour les graines sont les cramoisies tirant sur le violet pourpré : on sème la graine des tulipes au commencement de septembre jusqu'à la fin d'octobre ; on met seulement un petit doigt de terre par-dessus la semence. La terre la meilleure est celle qui est un peu sablonneuse et médiocrement grasse. Les tulipes lèvent au mois de mars : dès qu'elles fleurissent, on doit ôter celles qu'on ne réserve pas pour graine ; on laisse mûrir leurs ognons ; ils sont mûrs lorsque la tige commence à sécher ; alors on les lève et, par un temps modéré, on les met dans les caisses. On doit les transporter dans la serre, les visiter de temps en temps, remédier aux écorchures qu'on aurait pu leur faire en leur ôtant l'écorce, et cela en les remettant quelque temps dans la terre. On observe cela tous les ans vers la fin de juin. On les replante, en octobre, dans des trous profonds de cinq pouces ; on met cinq rangs sur chaque planche, et on laisse cinq pouces de distance entre chaque ognon ; cette symétrie fait un plus beau coup-d'œil ; on doit les ranger par opposition de couleur ; mettre, par exemple, une brune près d'une claire, afin qu'elles se prêtent mutuellement de l'éclat. On met à côté de chaque ognon de petits piquets, sortant à trois doigts de terre pour savoir leur nom.

Les tulipes se multiplient par les caïeux ; ce sont de petits œilletons ou bourgeons que les plantes poussent auprès de leur pied : on se sert de cette voie lorsqu'on veut avoir des tulipes d'une nouvelle espèce ; il faut les laisser deux ans en terre, avoir soin de les bien sarcler, les replanter dès la fin d'août, quinze jours après les avoir levées de terre.

Les tulipes qui doivent panacher sont celles qui ont une forme d'ergot ou deux petites cornes. Pour perfectionner les tulipes, on doit s'appliquer à connaître leur fond, quand, en les tirant de terre, on trouve les ognons durs et leur peau rougeâtre, ils sont bons; mais, s'ils sont molasses et leur peau pâle et noirâtre, c'est un signe de quelque vice; alors on les remet en terre à l'ombre, et ils reprennent leur force. Les ognons et les caïeux sont sujets à ces maladies.

Les tulipes demandent beaucoup de soins et une terre excellente. Au mois de mars on doit les préserver des gelées, et en avril des vents, de la grêle et de la pluie. Dans les mois de mai et juin, il faut déplanter les tulipes les plus hâtives qui se sont desséchées, les mettre avant en terre et les arroser; en septembre, les planter; en novembre particulièrement, planter la belle panachée. C'est par tous ces soins qu'un amateur de fleurs a la satisfaction de voir dans son parterre des tulipes printanières en mars, des médionelles en avril, et des tardives en mai.

TUTEUR et *Tutelle*. Un tuteur est celui qui a la puissance et l'autorité que les lois lui donnent pour défendre ceux qui, par la faiblesse de leur âge, ne peuvent pas prendre le soin de leurs affaires. Il y a trois sortes de tutelles : la testamentaire, la légitime et la dative.

La testamentaire a lieu lorsque le père, qui a ses enfans en sa puissance, leur nomme un tuteur par son testament. Ce tuteur est préféré à tous les autres, à moins qu'il n'eût quelque défaut inconnu au père; il n'a pas besoin d'être confirmé par le juge, il n'est pas obligé de donner caution.

La légitime est celle qui, au défaut de la testamentaire, est déférée, par le ministère de la loi, au plus proche parent; et en celle-ci le tuteur est obligé de donner caution.

La tutelle dative a lieu lorsqu'il n'y a point de tuteur testamentaire, ni légitime, et c'est celle qui, à la réquisition des parens, est déférée par le juge, c'est-à-dire, que les parens du pupile se doivent assembler et demander un tuteur au juge. Le juge, après avoir pris leur avis, nomme un tuteur, lequel doit donner caution, le tout à l'égard des parens sous peine d'être privés de la succession.

Le tuteur est obligé, avant de s'immiscer dans l'administration des biens du mineur, de prêter serment de bien et fidèlement administrer la tutelle; 2° de faire faire un bon et loyal inventaire, pour connaître les effets du mineur, et les faire priser par des gens connaisseurs; faute de ce, il serait

permis au mineur de faire informer, selon la commune re-
nommée, de la quantité des biens qu'avait le père ou la
mère; 3° faire procéder à la vente des meubles à l'encan, par
un officier public, au plus offrant et dernier enchérisseur, à
moins que les parens ne soient d'avis d'en conserver une
partie. Si le tuteur n'avait pas fait vendre les meubles, il
est obligé de payer le prix de l'estimation portée par l'inventaire avec la crue, c'est-à-dire, le cinquième en sus de la
prisée; 4° il doit, six mois après la vente des meubles, employer les deniers qui lui restent en acquisition d'héritages
ou en constitution de rentes, et même les deniers revenant
bons de ses épargnes, lorsqu'ils forment un capital assez
considérable; il doit prendre l'avis des parens lorsqu'il s'agit
de faire un emploi, ou de diminuer le prix des anciens baux,
ou de faire des réparations considérables, ou de soutenir des
procès; il doit poursuivre les débiteurs du mineur, pour les
obliger de payer les sommes qu'ils doivent, ou les arrérages
des rentes; et, lorsque leurs biens sont vendus par décret,
ne pas manquer de former son opposition; ne jamais vendre
les immeubles du mineur sans une nécessité indispensable,
qu'après un avis de parens et par une vente faite en justice.
En un mot, il doit administrer les biens du mineur avec une
grande exactitude; 5° il doit nourrir et entretenir le mineur,
et avoir soin de son éducation suivant sa condition : le mineur ne peut contracter ni paraître en justice sans l'autorité
de son tuteur. La tutelle finit à la majorité du pupile, à
moins que celui-ci n'eût été émancipé ou n'ait contracté mariage. Après la tutelle finie, le tuteur doit rendre compte au
mineur : ce compte est composé de recettes, de dépenses et de
reprises. Celui de recettes doit contenir tout ce qu'il a reçu,
comme argent comptant, les sommes contenues dans les obligations, soit qu'il les ait reçues ou non; les revenus, de quelque nature qu'ils soient, et ceux qu'il a pu recevoir; il doit
compter année par année, pour voir s'il y a eu des épargnes
suffisantes pour former un capital. En celui de dépenses, il
doit employer tout ce qu'il a fait utilement pour le mineur,
et les dépenses doivent être justifiées par des quittances de
toutes les sommes qu'il a été obligé de payer; les frais de
voyages qu'il a été obligé de faire pour les affaires du mi-

neur. Le chapitre de reprises est une espèce de dépense qui est toujours allouée, lorsque le tuteur justifie qu'il a fait toutes les diligences nécessaires pour pouvoir être payé. Le mineur a une hypothèque tacite et légale, pour le reliquat de son compte, sur tous les biens de son tuteur; il peut même, sur ce sujet, exercer la contrainte par corps, après les quatre mois, sans que le tuteur puisse faire cession de biens.

V.

VACCINE. On appelle ainsi une opération chirurgicale qui consiste à inoculer le vaccin (petite croûte prise au pis de la vache) à un individu, comme un puissant préservatif contre la petite vérole. L'humanité est redevable de cette précieuse découverte à un Anglais, nommé Jenner. Tous les gouvernemens, d'après une constante expérience, et l'opinion des plus savans médecins, ont adopté la vaccine, et la recommandent aux pères et mères de famille, comme le seul moyen de conserver leurs enfans. Malheureusement il existe encore dans les campagnes un certain nombre de personnes qui, malgré les conseils des curés, des maires et des médecins, attendent que la contagion de la petite vérole leur ait enlevé leurs enfans.

VACHE, *bête à corne.* On appelle *Génisse* jusqu'à deux ans; mais, quand une fois elle a vêlé, on l'appelle *Vache.* Les marques qui caractérisent une vache féconde, et dont on peut attendre beaucoup de lait, sont celles-ci : elle doit avoir la tête effilée, le cou délicat, les épaules larges, les jambes courtes, la peau mince et de couleur rougeâtre, du moins pour celles de la grande espèce; car, dans la petite, les noires, et qui ont les cornes petites et le pis point trop gros, sont les meilleures. On peut encore leur tâter la veine lactée; et, si elle est large, la vache fournira infailliblement beaucoup de lait : les vaches dont le ventre est profond donnent beaucoup moins de lait que celles qui sont moins épaisses. Les vaches des pays chauds sont plus fortes et plns vivaces que celles des pays froids , quoiqu'elles ne soient pas si grosses.

Il y a en France des vaches qu'on appelle *Flandrines*, et qui viennent originairement des Indes; elles sont plus grandes et plus grosses que les vaches ordinaires. Elles sont d'un bien plus grand profit, parce qu'elles donnent une fois plus de lait, qu'elles en ont toute l'année, et font des veaux plus grands et plus forts, lesquels ne tettent point; on les nourrit du lait qui reste après que le beurre est fait, et qu'on appelle *lait ribotté*.

Ces vaches ne mangent guère plus que les vaches ordinaires, mais elles n'engraissent jamais; ce qui fait que toute leur nourriture tourne en lait. On en voit beaucoup dans les provinces de Poitou et d'Aunis : on en peut multiplier l'espèce, si on a des pâturages gras et abondans comme en Bretagne et en Normandie; mais il faut avoir pour cela un taureau flandrin que l'on tient attaché lorsqu'il a passé quatre ans, et à qui l'on peut donner des vaches ordinaires, en choisissant les plus belles : on appelle *Vaches bâtardes* celles qui en proviennent; celles-ci donnent plus de lait et sont plus fécondes que les vaches ordinaires.

On nourrit les vaches en hiver avec différens fourrages, tels que la paille de méteil ou d'avoine, du foin, sainfoin, luzerne, le tout bien sec. Les grosses raves et les navets les engraissent; avant de leur en donner, on les lave, on les coupe par morceaux; et, si on les fait à demi-cuire, elles en profitent encore mieux ; on peut leur donner encore du jonc cultivé ou de la lande, des pois, des fèves, des lupins.

On doit faire boire les vaches deux fois le jour, et en tout temps l'eau doit être nette et dégourdie; il faut les traire en été deux fois le jour, et en hiver une , puis les mener paître, mais point dans le temps de la grande chaleur. En hiver on ne les mène que depuis dix heures jusqu'à trois. Il y a bien des pays où l'on fait parquer les vaches dans les herbages pour en fortifier l'herbe , depuis le mois de mai jusqu'à la fin de septembre; et, à mesure que la terre est assez fumée par la fiente et l'urine, on change le parc de place; on en fait de même pour les terres à labour, depuis la mi-mai jusqu'à la fin de septembre; on laboure aussitôt que la terre est assez fumée.

On doit prendre les vaches dans trente lieues à la ronde du pays où on les destine; car elles risquent de périr, si on les change de climat, c'est-à-dire, d'un pays fort froid à un pays fort chaud.

Au reste, tout économe doit observer de n'augmenter le nombre des bestiaux qu'à proportion des pâturages qu'il a, sans quoi on ne peut pas tirer un grand profit du bétail.

On ne doit faire saillir les vaches qu'elles n'aient au moins deux ans et demi; autrement elles ne donneraient que des avortons; on attend pour cela qu'elles soient en amour; ce qu'on connaît quand elles ne font que sauter et meugler sur tout ce qui se présente à elles.

Les vaches portent neuf mois, et cela tous les ans jusqu'à dix ans.

On ne doit pas faire labourer ni charrier les vaches pleines; il faut les nourrir plus qu'à l'ordinaire un mois avant qu'elles vêlent, leur donner en hiver du son trempé dans l'eau ou de la luzerne, ou du sainfoin, et en été un peu plus d'herbes; cesser de les traire six semaines avant ce même temps. Lorsqu'elles sont prêtes à vêler, faire bonne litière, et veiller au moment que la vache veut se délivrer, et lui donner les secours nécessaires. Dès que le veau est né, on lui jette sur le corps une poignée de sel et de miettes de pain, afin que la vache le lèche et le nettoie; on a soin de jeter l'arrière-faix; on doit donner à la vache quelque breuvage pour la fortifier. En voici un excellent et bien simple, dont la recette nous est venue d'Angleterre. Faites bouillir une pinte de suie de bois dissoute dans deux quarts de bière douce, faite sans houblon; ajoutez-y une demi-livre de beurre frais; laissez un peu refroidir cette mixtion, et faites-la avaler à la vache avec une corne; on peut en donner une autre dose trois jours après, si la première n'a pas fait assez d'effet: on peut encore se servir de la suie qui se trouve à l'entrée du four, en ramasser avec un balai la valeur d'une chopine; la mettre bouillir dans trois pintes de la bière ci-dessus, et y ajouter un quarteron de beurre frais. Lorsque la mixtion est refroidie, on y ajoute une petite quantité de fleurs de soufre : ce dernier médicament a un effet plus prompt. D'autres se contentent de donner à la vache une bonne mesure de son détrempé dans de l'eau chaude, dans lequel ils mettent des balles de blé bien criblées ; ce qu'on réitère soir et matin pendant huit jours, avec de bon fourrage, et de temps en temps un peu d'avoine ; si c'est en été, on lui donne de l'herbe fraîchement coupée.

On doit faire avaler au jeune veau un jaune d'œuf cru, et ne le manier que le moins qu'on peut ; le laisser cinq ou six jours auprès de sa mère, afin qu'il tette tant qu'il veut ; après ce temps on l'attache à l'écart, et on le fait téter à certaines heures ; huit ou dix jours après on mène paître la vache et on retient le veau à l'étable, mais on le fait téter deux foit avant. Les veaux doivent téter deux ou trois mois ; si la vache n'a pas assez de lait pour nourrir son veau, on lui donne du lait d'une autre vache bouilli, et quelques pelotes de pâte de farine ou de seigle.

Pour guérir l'enflure des vaches, on doit fricasser du lard et de la bouse des vaches qui se sont nourries d'herbes, et non de foin et de paille, et appliquer cet onguent tout chaud en forme de cataplasme.

Lorsque les vaches sont malades pour avoir mangé avec excès de l'herbe nouvelle au printemps, on doit leur faire avaler plein un œuf de goudron avant de les envoyer au pâturage ; ce remède les garantit des premières impressions que fait sur elles cet aliment par sa fraîcheur ; on doit même les garder à vue pour les empêcher d'en manger outre mesure, à quoi elles sont fort sujettes.

Pour engraisser les vaches, on doit d'abord leur faire perdre le lait. Pour cet effet, on les saigne ; d'autres leur donnent deux pintes de verjus en deux fois. Il y a des fermiers qui font saigner leurs vaches à la nuque et leur frottent le dos avec de la térébenthine et du goudron mêlés ensemble.

Comme il est avantageux que les vaches conçoivent dans un temps plutôt que dans un autre, pour profiter des pâturages et avoir plus tôt du beurre, si on veut qu'une vache couvre au temps qu'on désire, on doit lui faire avaler une quarte de bière des plus fortes, et la conduire au taureau une heure après : au défaut de bière, on peut lui donner une chopine ou deux d'eau-de-vie , selon la force de la liqueur.

On a vérifié et calculé que le profit clair qu'une vache peut rapporter à un fermier, toute déduction faite des frais de garde et de nourriture, et à mettre le beurre au plus bas prix , c'est-à-dire, six sous, va au moins à trente francs par an. Ainsi, si un fermier a vingt vaches, elles lui produiront six cents livres tous frais faits. On suppose même dans ce ce calcul qu'une vache ne donne de crême par semaine que pour faire trois francs de beurre, quoiqu'une bonne vache en donne assez pour en faire jusqu'à cinq. En outre, on y réduit les semaines à quarante par an, pour le temps que la vache allaite son veau. Enfin, on n'y met point en ligne de compte le produit du veau, dont le moindre prix est de six francs, et d'autres le double, ni le lait dont la famille profite , ni l'a-mendement des terres à quoi les vaches servent : au reste les vaches donnent du lait jusqu'à dix ou douze ans.

Autre manière d'élever les vaches pour en tirer beaucoup de lait , et selon la méthode pratiquée en Allemagne. 1° Faire en sorte de n'avoir que des vaches rousses et noires, car elles valent mieux que les blanches ; 2° avoir un bon taureau, le bien nourrir, et ne lui montrer la vache que lorsqu'il a trois ans ; 3° garder seulement les veaux les plus forts , ce sont ceux de la troisième, quatrième et cinquième portées ; il faut rejeter ceux de la première , et ceux que les vaches donnent passé la douzième ; 4° préférer les vaches qui ont huit dents à chaque mâchoire. Les marques d'une bonne vache sont les dents blanches, la poitrine large, la queue longue, le front grand, les yeux noirs, les naseaux évidés , les oreilles couvertes de poil, la trace du nombril large ; 5° faire en sorte que les veaux tettent leur mère le plus long temps qu'il est possible, puis les nourrir de foin, et leur donner pour mélange de la farine et d'eau tiède, du lait aigre, de la lavure d'écuelles ; mettre dans leur manger des feuilles de genièvre cuites avec leurs baies, les tenir dans un lieu chaud, les garantir de l'humidité et de l'ardeur du soleil ; les empêcher de manger l'herbe au printemps, mais les nourrir de feuilles de trem-ble, de saule, de cormier, d'orties cueillies depuis quelque temps, et, lorsqu'ils ont un an, leur donner de la paille ;

6° ne donner au taureau les génisses que lorsqu'elles ont quatre ans; puis les mettre à part. Un seul taureau suffit pour quinze vaches, mais il ne conserve sa vigueur guère plus de deux ans. Les vaches maigres donnent beaucoup plus de lait que les grasses : il faut aussi leur donner du meilleur foin; 7° avoir soin de semer dans les pâturages du trèfle, de l'angélique, de la pimprenelle, du cumin et de l'anis; tenir les vaches dans des étables qui ne soient ni trop basses, ni trop étroites : elles doivent être aérées avec des fenêtres et des volets; 8° mener paître les troupeaux entre cinq et six heures du matin; les mener boire entre neuf et dix, ensuite paître jusqu'à midi, et partager l'après-midi entre l'eau et le pâturage; 9° les étriller avec des étrilles de bois, surtout à l'approche du printemps. Leur boisson ordinaire doit être d'eau tiède. Lorqu'elles sont prêtes à vêler, on doit hâter la sortie du veau avec du safran, de la graine de chanvre, de la pelure d'ognon chaude; après qu'elles ont vêlé, leur donner une boisson composée de farine et de sel, que l'on fait tiédir : la paille de riz augmente le lait. Les vaches, quand elles sont bien nourries, donnent jusqu'à six pintes de lait en vingt-quatre heures. Le lait, pour être bon, doit rester sur l'ongle. Il vaut mieux se borner à quelques vaches bien choisies que d'en avoir un grand nombre de mauvaises.

On peut faire un bon trafic de vaches : on doit pour cela les aller acheter aux foires éloignées pour les avoir à bon prix ; ensuite les donner à loyer pour trois ou six années, depuis six jusqu'à dix livres par an, quoiqu'elles n'aient coûté chacune qu'environ 45 fr.

On retient même souvent dans ce marché le premier veau, et le preneur s'engage de les rendre, à la fin du bail, saines et en bon état; mais la mortalité qui peut arriver tombe sur le maître des vaches : il est toujours plus sûr de passer un bail en bonne forme, lorsqu'on fait ces sortes de marchés.

Les vaches mangent volontiers de la paille, et s'en contentent, à moins qn'on ne les ait accoutumées au foin : dans ce dernier cas, elles rebuteront ensuite la meilleure paille, et le fermier est obligé de les nourrir ainsi chèrement, ou bien elles risquent de mourir de faim. Il ne doit pas s'attendre que des vaches mangent les unes après les autres, ou qu'un animal qui rumine mange les restes d'un autre : mais ces restes ne sont pas perdus pour cela; car, quoiqu'ils n'en veulent pas, les animaux d'une autre espèce les mangeront.

Autres observations. Un fermier doit prendre de grandes précautions quand il veut chasser le bétail des étables où il a été nourri au fourrage sec, pour l'envoyer en pâture; car il ne s'en trouve pas suffisamment pour le nourrir, le bétail dépérit à vue d'œil. Ainsi, avant de le faire sortir, il doit s'assurer s'il y a assez d'herbe pour le nourrir. Quand les gelées viennent au commencement de l'hiver et que l'herbe dans les pâturages est couverte d'une rosée blanche pendant la matinée, il doit donner du fourrage sec à son bétail de bonne heure, afin qu'il ne soit pas tenté de manger l'herbe dans cet état, car elle n'est pas saine pour eux; par là ils pourront attendre que le reste de la gelée blanche soit fondue par la chaleur du soleil; car la nature leur en donne du dégoût, du moins ordinairement.

Autres observations. Dans le choix de la paille qui doit servir de fourrage, le fermier doit toujours préférer celles des dernières récoltes : plus la récolte a été du temps sur la terre, plus les tuyaux en ont tiré de sucs; et plus la moisson a été faite tard, moins le soleil a eu de force pour épuiser le peu de suc qu'il y avait dans les tiges. Il est constant que les tiges des graines qui demandent le moins de temps jusqu'à la maturité de l'épi, ne peuvent pas acquérir cette perfection et cette force qu'elles auraient dans celles qui sont neuf ou dix mois à croître : d'où il suit que plus la tige d'une plante reste long-temps vivante, et reçoit de nourriture, meilleure elle est à la fin en séchant. On doit encore remarquer que le bétail préfère toujours la paille nouvellement battue à celle qui l'a été depuis quelque temps, et elle est plus nourrissante. Un fermier ne doit pas manquer de profiter de cette circonstance, parce que la saison de battre le grain et celle de nourrir le bétail au sec tombent au même temps; ainsi, c'est au fermier à profiter de cet avantage.

La graisse de vache ramollit et résout : sa fiente est rafraîchissante et propre pour les tumeurs enflammées, brûlures, piqûres d'abeilles et guêpes. Son suc est salutaire dans la colique et la pleurésie.

VALÉRIANE. Plante d'un grand usage en médecine : elle est de deux sortes, la grande valériane et la valériane sauvage. On cultive la première dans les jardins ; sa tige est haute d'une coudée ; ses fleurs ressemblent à celles du narcisse, mais sont plus grandes. Cette plante est vulnéraire : son usage est dans la débilité de la vue ; elle est bonne dans la peste, la pleurésie, l'obstruction du foie, la jaunisse, les vapeurs : les feuilles pilées apaisent les douleurs de tête, corrigent la malignité des bubons, attirent les balles et les épines enfoncées dans la chair. La racine de la grande valériane sauvage est spécifique contre l'épilepsie.

VALLÉES (pays de). Les terres situées dans les vallées sont d'un rapport facile et d'un profit continuel : elles demandent moins de dépense que les plaines. Elles sont très-lucratives quand on peut les charger de bestiaux, parce qu'on les y engraisse aisément, à cause de l'abondance des pâturages. Les arbres fruitiers et aquatiques y viennent promptement et en quantité ; mais ces sortes de pays sont exposés aux crues d'eaux de rivières, contre lesquelles il faut se précautionner par beaucoup de travail ; d'ailleurs, les vues y sont bornées et l'air n'y est pas ordinairement fort sain.

VANDOISE. Poisson assez semblable à la carpe ; il est blanchâtre, plus aplati, a le museau pointu, est d'un meilleur goût que la carpe, mais il n'est pas si commun : on le trouve dans les mêmes lieux que la carpe, et on le pêche de même.

VANNEAU. Oiseau gros comme un pigeon ; il a sur la tête une espèce de crête noire, le cou vert, et le corps bigarré de bleu, de noir et de blanc. Le temps de les chasser est dans le mois de novembre : on en trouve près des rivières et des lacs. Ils sont bons à manger : on peut se dispenser de les vider comme la bécasse et l'alouette ; on en prend beaucoup d'un coup de filet.

VAUTOUR. Oiseau de proie. Voyez *Oiseaux de proie.*

VEAU. Voyez *Vache.*

Après que les veaux sont nés, on doit les faire téter trente ou quarante jours, lorsqu'on veut les vendre aux bouchers ;

mais, si on veut les élever, il faut les faire téter deux mois.

On appelle *veaux de lait* ceux qui n'ont point encore mangé de foin, et *veaux de rivière*, ceux qui sont fort gros, qu'on élève du côté de Rouen, et qu'on nourrit de lait. Si on veut élever des veaux et des génisses pour en faire commerce, il faut examiner si on a assez de pâturages et de fourrages pour les nourrir ; choisir les veaux et les génisses les plus robustes, pour avoir des bœufs de labourage : ceux qui sont nés depuis le mois de mars jusqu'au mois de juin sont les plus forts. Dès qu'on les a sevrés, on doit leur donner du meilleur foin ; les mener paître l'été tout le long du jour, et les enfermer la nuit dans les étables à part. L'hiver on doit tenir l'étable bien chaude, et leur donner de temps en temps, outre le fourrage, du sainfoin et de la luzerne ; les emmuseler quand on les mène aux champs avec leur mère. A deux ans, on doit les châtrer ; on laisse entiers deux ou trois des plus forts pour remplacer les taureaux ; on choisit un temps doux pour cette opération ; on doit pour cela tenir ferme, avec un petit fer, les nerfs des testicules, ensuite prendre les bourses, y faire une incision, couper les testicules ; mais on laisse l'extrémité qui tient aux nerfs ; on frotte la plaie de cendres, on y applique un emplâtre : on nourrit le veau pendant trois jours de foin haché et de son mouillé ; au troisième jour, on met un autre emplâtre de poix fondue, des cendres mêlées avec de l'huile d'olive : à trois ans, on le vend, si on veut, ou on le dresse pour le joug.

VEAUTRAIT. On appelle ainsi un équipage complet pour la chasse des bêtes noires : il est composé de lévriers d'attache, et de meutes de chiens courans.

VÉGÉTATION. On entend par ce mot l'action par laquelle les plantes et les arbres se nourrissent, croissent, fleurissent et se multiplient par leurs graines. Les principes de la végétation sont les sels, l'eau et la chaleur : les sels qui nagent dans l'air et circulent dans toute la nature, sont la base de la sève ; car la sève dépouillée de ces sels se réduirait à de l'eau toute pure : l'eau qui provient de la rosée ou de la pluie, ou des exhalaisons de la terre, dissout et détrempe ces sels : enfin, la chaleur qui s'élève des entrailles de la terre, ou qui est produite par le soleil, les met en action, dilate les pores de la plante, ouvre les passages, et élève les sucs dans la tige ; sans ces deux secours la sève est réduite à des sels qui n'ont plus d'action, ou plutôt ce qu'on appelle sève ou suc nourricier ne subsiste plus ; car toute production où il y aura cessation de sève doit mourir. Cependant, quoique en hiver les arbres soient dans l'inaction, la sève n'en subsiste pas moins, mais le froid l'empêche de circuler et de se changer en nourriture : d'ailleurs, les sels de la terre, étant détrempés par l'eau, entrant dans la racine des plantes, y fermentent pendant l'hiver, et le soleil qui survient dilate les pores de la plante. Voyez *Terre*.

VÉGÉTAUX. C'est le nom qu'on donne à toutes sortes de plantes, racines et arbres, qui prennent croissance dans la terre.

VENAISON. On appelle ainsi les bêtes fauves et noires, comme cerfs, chevreuils, sangliers ; on dit aussi que tel temps est celui de la venaison, pour dire que ces bêtes sont le plus en chair, et plus aisées à forcer.

VENDANGES. On appelle ainsi le temps de la récolte du vin, et les divers travaux nécessaires pour cueillir le raisin et faire le vin. Les vendanges demandent des préparations d'un grand détail : on doit de bonne heure faire sa provision de la quantité de poinçons ou tonneaux dont on juge qu'on aura besoin, et les prendre bien conditionnés et de jauge ; faire faire les réparations nécessaires aux pressoirs et aux cuves ; se précautionner d'un cuvier, de pelles de bois, fourches de fer, de pots d'osiers de la grandeur d'un sceau, de sébilles de bois, d'entonnoirs, de paniers, de hottes.

Temps de la vendange. On doit attendre la parfaite maturité du raisin pour vendanger ; autrement le vin serait âcre et ne serait pas de garde. Le vrai temps de cette maturité est quand le grain commence à s'attendrir. Pour cet effet, on visite les vignes, on touche le raisin, on le presse entre les doigts ; si, le grain étant ouvert, le pepin en sort dépouillé de sa chair, et si le jus colle les doigts, c'est une marque d'une parfaite maturité pour les vins rouges, mais trop grande pour les vins gris de Champagne ; il ne faut pas même que cette maturité le soit à l'excès pour les vins rouges, car alors le vin serait trop doux, et ne serait pas de durée. Au reste, on ne peut vendanger qu'après le ban des vendanges ; ce sont les maires qui ont le droit de l'indiquer, mais avec connaissance de cause, après avoir entendu le rapport des gens experts et des principaux habitans; mais il n'est pas permis à chacun de retarder le jour de ses vendanges : ceux qui ont des clos de vigne à part sont exceptés de cette règle.

La cueillette du raisin pour les vins rouges doit être faite trois heures après le lever du soleil et la dissipation de la rosée, et, autant qu'on peut, pendant le plus chaud du jour; le vin en a bien plus de force et de couleur, et se conserve plus long-temps. A l'égard des vins gris de Champagne, on doit vendanger pendant la rosée ou des jours de brouillard, et tâcher de prévenir la chaleur du jour, parce que la rosée, et surtout le brouillard, attendrissent beaucoup le raisin, en sorte que tout tourne en vin, et on en recueille bien davantage.

Les raisins qui font le meilleur vin sont ceux dont les grains ne sont pas serrés, parce qu'ils mûrissent plus parfaitement. On doit préférer les ciseaux à la serpette, parce que celle-ci ébranle le raisin et fait tomber tous les meilleurs grains : au reste, il vaut infiniment mieux vendanger séparément le raisin blanc et le rouge.

Dans certains pays on cueille les raisins noirs séparément des blancs, et on met à part les raisins de peu de valeur, pour en faire du vin commun : en d'autres, on cueille indistinctement tous les raisins.

A l'égard de la manière de fouler les raisins, chaque pays a la sienne; il y en a où on les foule dans la vigne même : en d'autres, on apporte la vendange à la maison sans l'écraser, et on la foule à mesure. En certains, particulièrement pour le vin rouge, on égrappe les raisins à mesure qu'on les verse dans les tonneaux pour les transporter ensuite; on les foule avec une pilette de bois, jusqu'à les réduire en vin, après quoi on renfonce le tonneau : enfin, en d'autres, on fait usage d'un grand crible d'archal pour couler le vin.

Voyez la suite des travaux de la vendange à l'article *Vin*.

VENTE *publique*. Il y en a de deux sortes; la vente forcée et la volontaire : la vente forcée est celle qui se fait par autorité publique par un huissier ou un commissaire-priseur, en conséquence d'une saisie de meubles, dans le plus prochain marché public, aux jours et heures ordinaires; ces jours et heures doivent, 1° avoir été signifiés à la personne du débiteur ; 2° il faut qu'il y ait huit jours entre l'exécution et la vente ; 3° qu'il y ait un déplacement, c'est-à-dire que les meubles aient été mis hors de la possession du débiteur et sans frande.

La vente volontaire est celle qui se fait en public par un huissier ou par un commissaire-priseur, aux lieu et jour que veut choisir celui qui l'a fait faire de son bon gré ; mais il faut en avoir obtenu la permission du juge ; et ce, par requête, à laquelle doit être attaché un mémoire des choses qu'on veut vendre.

Vente par décret. C'est celle qui se fait d'un immeuble en conséquence d'une saisie réelle, suivie des formalités requises.

VENTS (les), ne sont autre chose que l'air agité et porté avec vitesse d'une contrée à l'autre. On compte quatre vents cardinaux ; le Sud, qui vient du midi ; le Nord, qui vient du septentrion ; l'Ouest, qui vient du couchant ou occident, et l'Est, qui vient de l'orient.

Entre ces quatre vents on en place encore quatre autres, et qui ont leurs noms composés des deux entre lesquels chacun est situé ; savoir, le Nord-Est, le Nord-Ouest, le Sud-Est et le Sud-Ouest : il y a encore d'autres divisions de vents, mais qu'il serait inutile de rapporter.

Les vents ont beaucoup de puissance pour changer la constitution de l'air, et ils en ont aussi beaucoup pour varier la constitution de nos corps, surtout le vent du nord et celui du midi. Tous ceux qui se sont appliqués à la connaissance des divers moyens capables de conserver la santé en ont fait l'expérience.

Nature des vents relativement à la constitution de nos corps et des biens de la terre. — 1° Le vent du midi ou du sud. Comme ce vent n'arrive dans nos contrées qu'après avoir traversé des pays fort chauds, il amène ordinairement des pluies chaudes, des orages et une chaleur violente : ainsi la respiration est alors gênée, les vaisseaux se gonflent, et les corps transpirent abondamment : les viandes se corrompent bien vite lorsque ce vent souffle ; et, s'il règne long-temps, il attaque particulièrement la tête, et cause des vertiges, des pesanteurs, des lassitudes extrêmes. Les arbres qui sont exposés au midi ont une écorce beaucoup plus fine, et ont plus de sucs que ceux qui sont situés au nord : les bâtimens même exposés au midi sont plus tôt détruits que ceux qui regardent le nord. Cependant ce vent est le plus favorable pour l'agriculture, surtout lorsqu'il s'agit d'ensemencer les terres et de transporter les arbres.

2° *Le vent du nord.* Comme ce vent ne traverse que des pays froids, il souffle un froid cuisant et il est fort sec ; ainsi il donne plus de ressort à toute l'athmosphère ; il resserre les pores, condense les fluides et empêche la trop grande dissipation des humeurs ; il est plus salutaire pour le corps des animaux que pour les végétaux ; cependant, lorsqu'il domine long-temps, il fait sentir ses effets à la poitrine ; il produit des fluxions, des toux, des enrouemens, des douleurs de côté, des frissons, etc. ; il est encore plus nuisible aux biens de la terre ; ainsi il ne faut ni planter ni semer lorsqu'il souffle, parce que les sucs de la terre sont trop condensés. On sait que le côté des jardins exposé au nord est peu propre à porter des fruits ; il décide presque toujours de l'abondance de la récolte des fruits, de celle de la moisson, et de la qualité de la vendange.

3° Le vent du couchant donne des pluies longues et abondantes, produit toutes sortes de fièvres, et affecte les corps cacochymes ; mais il est moins pernicieux que le vent du midi, qui dispose tous les fluides à la corruption.

4° Le vent qui est à l'est est celui qui est le plus favorable à la santé, parce qu'il rend l'air serein, et ne donne qu'un degré modéré de chaleur.

En général, il y a toujours à craindre pour la santé, lorsque la vicissitude qui arrive dans les vents est subite, quoique cette même vicissitude soit nécessaire pour entretenir la vie et l'action tant des animaux que des végétaux, qui languiraient si l'air avait toujours les mêmes qualités.

VERT-DE-GRIS, ou *Verdet.* C'est une rouillure de cuivre qui se fait en le mouillant avec du vin ou vinaigre, c'est-à-dire, suspendant de petites plaques de cuivre sur la vapeur du vinaigre dans un vaisseau fait exprès, après quoi on ramasse le vert-de-gris qui s'est formé sur ces lamines. En Languedoc et en Provence, où on en fait un grand commerce, on fait le verdet en faisant divers lits de ces petites plaques de cuivre avec des grappes dépouillées de leurs grains : on les laisse ainsi en macération jusqu'à ce qu'elles soient couvertes en partie d'une rouillure verte ; on râcle cette rouillure, et on fait encore de nouveaux lits du reste du cuivre.

VERGE-D'OR. Plante qui croît dans les bois et lieux humides. Sa tige est haute de trois pieds ; ses fleurs dispersées en épi, d'une couleur dorée : les feuilles et les fleurs de cette plante sont vulnéraires. On s'en sert contre la dyssenterie et le crachement de sang, la pourriture des gencives, le branlement des dents et les ulcères.

VERGER. On appelle ainsi un terrain qu'on réserve à côté du potager, et destine pour les arbres de plein vent, et autres qui ne peuvent pas trouver place dans le potager, comme les hautes tiges, qui nuiraient par leur ombrage aux espaliers et aux légumes. D'ailleurs, ces fruits qui viennent naturellement sur une haute tige en plein air sont toujours d'un meilleur suc et plus délicats. Ces sortes d'arbres n'étant jamais taillés, la sève s'y partage dans un plus grand nombre de branches ; on met dans le verger les espèces de poires, qui, étant en espalier, pourraient être cotonneuses, comme le doyenné, la louise-bonne, les abricotiers, les pommiers, les amandiers, les mûriers, etc.

Les vergers sont d'un grand profit, parce que les arbres y donnent du fruit abondamment et de meilleur goût, surtout lorsqu'on y fait parquer ou paître les bestiaux.

VERJUS. Liqueur exprimée du raisin vert. Elle est rafraîchissante et astringente, excite l'appétit, et peut servir aux fièvres ardentes.

Les espèces qu'on en cultive dans les potagers sont le bordelais, le chasselas, le corinthe et le muscat : on plante, on taille, et on provigne les uns et les autres de la même manière en janvier, février et mai. A la mi-juillet on en lie les branches à quelque treillage ; on ne leur laisse en les taillant que trois ou quatre belles branches, et on ne les tient longues que de quatre yeux.

VERMICULAIRE ou *petite Joubarbe*. Plante qui croît sur les murailles et dans les lieux pierreux : elle jette quantité de petites branches fort minces; ses feuilles ont beaucoup de suc, et ses fleurs sont jaunes. Cette plante est chaude et d'une saveur fort âcre : elle est bonne contre le scorbut, à raison de son sel volatil, et le mal hypocondriaque; son suc guérit les fièvres intermittentes.

VERMINE, *poux ou autres insectes qui s'attachent à la peau, et causent des démangeaisons. — Remède pour s'en délivrer.* Mêlez du mercure avec du vieux oing jusqu'à ce que l'on ne le voie point, alors le vieux oing devient tout bleu; frottez-en les endroits où il y a de la vermine, et le lendemain elle est morte.

VÉROLE (la petite), vient d'un mauvais levain qui circule dans la masse du sang, et qui, ayant acquis un certain degré de maturité, fermente, se sépare du sang, et produit des pustules sur la peau. Cette maladie est fort contagieuse, et dangereuse pour ceux qui la gagnent par l'air contagieux qu'elle communique.

Comme il y a plusieurs maladies qui ressemblent à la petite vérole à quelques égards, le vulgaire les confond mal à propos avec elle; on doit donc pour cela connaître les signes qui caractérisent une véritable petite vérole. Cette maladie est accompagnée d'une fièvre inflammatoire, pestilentielle, épidémique, toujours contagieuse; son cours est régulier, marqué par quatre temps ou périodes très-distincts : le premier, celui de la contagion; le second, de l'éruption; le troisième, de la suppuration; le quatrième, de la dessiccation. Le temps de la contagion, ou appareil, est ordinairement de quatre jours ou trois jours et demi. La durée de ces quatre périodes va à quinze jours; la crise se fait sur la peau en forme de boutons, ou pustules remplies d'un pus jaune bien formé lorsqu'elles sont à leur point de maturité; le temps de l'éruption finit lorsque le pus se montre à la tête des pustules, ce qui arrive ordinairement le huitième jour de la maladie. Ces pustules, dans la vraie petite vérole, lorsqu'elle n'est pas simple et fort discrète, font un progrès lent en grosseur et en élévation; elles ne paraissent d'abord qu'entre la peau et l'épiderme; elles ne sortent ordinairement qu'après deux jours de fièvre aux enfans, et trois ou quatre aux adultes. Il y a toujours une diminution considérable de la fièvre et des accidens quand l'éruption est évacuée; il y a encore une fièvre secondaire dans la petite vérole la plus bénigne, au commencement de la suppuration. Enfin, chaque bouton suppure bien ou mal, selon que le caractère des humeurs est bon ou mauvais. D'après ces signes, il est aisé de comprendre que les autres maladies éruptives, comme celle qu'on appelle *petite vérole volante*, ou *variolette*, ne sont point la vraie petite vérole, quoique les boutons imitent, par leur couleur et leur figure, les pustules de la véritable; car ces boutons se dissipent promptement sans produire ni pus ni sérosité : d'ailleurs, la petite vérole volante n'a ni la durée, ni la marche, ni le venin dangereux de la véritable.

La petite vérole maligne est celle où les boutons sont les uns auprès des autres, et même sont entassés; elle est accompagnée de fièvre ardente, quelquefois même de pourpre.

La volante n'a qu'un très-petit nombre de boutons dispersés, et n'a presque jamais de suites fâcheuses.

Les signes de la petite vérole en général sont la fièvre, l'assoupissement, les vomissemens, les maux de tête.

L'éruption se fait ordinairement le troisième ou le quatrième jour, et les pustules ou boutons se multiplient pendant trois jours. Ils grossissent les trois jours suivans; ils deviennent blancs et purulens trois jours après : dans le temps de cette suppuration la fièvre revient, mais elle cesse peu à peu; ils se dessèchent et tombent les trois derniers, c'est-à-dire, vers le douzième ou quinzième jour.

La petite vérole est funeste, et devient mortelle lorsque son venin ne peut sortir pour faire une bonne éruption, ou du moins qu'il en reste une bonne partie dans le sang.

Les remèdes qu'on doit employer d'abord sont : 1° un lavement ordinaire; 2° si l'assoupissement et la difficulté de respirer sont considérables, on aura recours à la saignée du bras; et, s'ils continuent, on donnera un vomitif; 3° dès que l'éruption commence, on doit donner des portions cordiales ou des sudorifiques pour chasser le levain au dehors par les sueurs. Voyez *Sudorifiques*.

Par exemple, le fiel de porc préparé : on en donne cinq grains pour les enfans, dix ou douze pour les adultes, délayés dans un peu de tisane; on couvre le malade plus qu'à l'ordinaire, et on ne le change point de linge. On réitère la prise au bout de six heures, jusqu'à ce que les boutons sortent; et, lorsqu'ils commencent à se flétrir et à tomber, on n'en donne qu'une prise par jour, le tout jusqu'à guérison. Pendant les sueurs on donnera un demi-gros de confection d'hyacinthe de quatre en quatre heures; on se contentera même de ce dernier remède dans les commencemens, sans avoir recours aux sudorifiques, surtout si les boutons sortent avec facilité, et que la fièvre ne soit point violente. La rougeole doit être traitée de la même manière.

Mais si la petite vérole est maligne et pourpreuse, ce que l'on connaît par la fièvre violente, l'assoupissement, le transport au cerveau, les inquiétudes extraordinaires, on saignera du pied; mais, dans le temps de l'éruption, on aura recours aux vomitifs; et, si le malade est trop faible, aux purgatifs; le tout avec prudence, et jusqu'à une évacuation suffisante, après quoi on peut faire usage du fiel de porc.

Si, malgré cette conduite, les accidens deviennent plus mauvais, comme si la fièvre redouble; si les pustules du visage s'aplatissent et sont marquées de noir au milieu; s'il se fait une éruption de petits boutons comme des grains de millet; s'il se fait une révolution dans la maladie, causée par le tonnerre ou quelque frayeur; si le pouls devient petit et inégal; s'il y a du délire, suivi de mouvemens convulsifs, on supprimera les remèdes ci-dessus, et on aura recours aux cordiaux les plus spiritueux, tels que l'élixir thériacal, le lilium, etc. Voyez *Cordiaux*.

Pour préserver les yeux de tous fâcheux accidens, on doit user d'un collyre fait de safran mêlé avec de l'eau de plantain. Pour les violens maux de gorges causés par les pustules, on fait gargariser la bouche avec de l'eau d'orge et du miel; pour le gonflement du nez, on débouche les narines avec de l'huile rosat.

Pour aller au devant de la difformité du visage que causent les trous de la petite vérole, on doit le bassiner soir et matin avec de l'huile d'amandes douces et de l'eau d'orge, dès que les grains de la petite vérole commencent à blanchir et jusqu'au neuvième jour; alors on appliquera sur le visage une purée de lentilles de l'épaisseur d'un écu, et on l'y laissera jusqu'à ce qu'elle tombe par écailles, après quoi on oindra le visage avec de la pommade de vieux lard jusqu'au seizième jour, et puis avec de la pommade blanche.

Au reste, tant que la fièvre dure, on ne doit nourrir le malade qu'avec des bouillons faits avec du bœuf, du veau et de la volaille. La boisson doit être d'une tisane faite avec de la racine de scorsonère, des lentilles, du chiendent et de la réglisse ; après la fièvre cessée, on le nourrira de potage, d'œufs frais et d'autres alimens légers, avec du vin trempé, jusqu'au vingt-unième jour ; ensuite on le purgera convenablement. (*Hevet. Traité des maladies.*)

Au reste, les petites véroles bénignes sont les plus ordinaires ; elles guérissent la plupart du temps, étant confiées aux seules ressources du régime et de la nature. A l'égard de celles qui sont dangereuses, et dont les cas sont plus rares, elles ont besoin de tous les secours de l'art et de toute l'intelligence d'un médecin prudent.

Dans les petites véroles difficiles, le danger cesse lorsque le pouls devient développé, inégal, intercadent.

Autres observations sur la petite vérole. Lorsque la petite vérole ou la rougeole ne lèvent pas bien, ou que l'éruption ne se soutient pas par la faiblesse du cœur, on peut se servir d'une potion cordiale faite de cette sorte :

Prenez des eaux distillées de mélisse simple, et de chardon bénit, de chacun deux onces ; de la confection d'hyacinthe, un gros ; de l'eau de fleur d'orange, deux gros ; de sirop d'œillet et de limon, de chacun une demi-once ; mêlez le tout, donnez-en d'heure en heure à la cuiller. Cette potion convient dans toutes les grandes faiblesses, dans les accouchemens longs et laborieux.

Autre remède pour la faire sortir. Prenez de la fiente de chèvre, de brebis ou de mouton nouvellement faite, que vous mêlerez dans un verre de vin d'Espagne, ou de bière pour les pauvres. Quand cela sera d'une épaisseur raisonnable, on le fera boire au malade, et on le tiendra chaudement dans le lit pour le faire suer.

Ou prenez deux ou trois grains de safran bien séché ; faites-en un nouet dans un linge fin ; faites infuser cela dans du vin

blanc jusqu'à ce que toute la teinture et la vertu en soient ex-
traites ; puis pressez-le fort, et donnez la liqueur au malade
pour le faire suer.

Pour empêcher les marques de la petite vérole. — Remède.
Il faut, lorsque les pustules sont mûres, approcher du visage un fer chaud plusieurs fois le jour ; ce qui les dessèche
et les empêche de creuser. (*Eph. d'All.*)

Ou oindre le visage fréquemment pendant deux jours avec
de l'esprit-de-vin, dans lequel on aura fait dissoudre de la
myrrhe en poudre ; ensuite l'oindre avec une plume trempée
dans une dissolution de sel de Saturne, faite en eau rose,
qu'on renouvellera de temps en temps.

Ou battez un jaune d'œuf cuit mollet avec trois cuillerées
d'huile de chenevis jusqu'à ce que le tout soit en forme de
pommade, dont vous oindrez les grains de petite vérole
quand ils seront blancs, pour les faire sécher promptement
et tomber.

*Autre moyen d'empêcher la petite vérole de marquer sur
le visage.* Lorsque l'éruption est faite, et que les boutons
commencent à grossir et à se remplir de matière purulente,
prenez de la craie bien pulvérisée ; mêlez-la avec de la crême
nouvelle ; faites-en une espèce de pommade un peu liquide,
et frottez-en le visage du malade avec une plume ; il faut la
renouveler à mesure que vous vous apercevrez qu'elle sèche.
Comme la fraîcheur de la crême empêchera la démangeaison,
le malade ne sera pas tenté de se gratter ; d'un autre côté, la
craie qui y est mêlée dessèche insensiblement la matière
dans les boutons, l'empêche de caver dans la chair, et de
creuser : tous ceux qui ont pris cette précaution s'en sont
fort bien trouvés. Voyez *Vaccine.*

VÉRON. Petit poisson qui a le dos de couleur d'or, le
ventre de couleur d'argent, les côtés un peu rouges ; sa peau
est tachée de noir ; sa queue se termine en aile large et dorée ;
sa chair est estimée.

VÉRONIQUE *mâle, rampante.* Plante qui croît dans les
lieux sablonneux et pierreux ; elle pousse plusieurs tiges
rondes et nouées qui serpentent à terre ; ses feuilles sont velues, dentelées, d'un goût amer ; ses fleurs sont bleues et
divisées en épis. Cette plante est astringente et fort vulné-

raire ; on s'en sert en manière de thé dans l'obstruction des poumons, du foie et de la rate, la toux, le crachement de sang, les vertiges et assoupissemens; on s'en sert extérieurement contre la gale, la teigne, et toutes sortes d'ulcères.

Véronique femelle. Petite plante qui croît entre les blés ; ses feuilles sont presque rondes et velues, et d'un goût fort amer. Cette plante est vulnéraire et purifie le sang; elle est fort bonne contre les ulcères, la gale, etc.

VERRAT. On appelle ainsi le cochon, qui est le mâle de la truie, et destiné à la multiplication du troupeau. Un bon verrat doit être court et ramassé, avoir la tête grosse, le groin court, le ventre ovale, les jambes courtes et grosses, la soie épaisse et noire, du moins pour un pays froid. Il peut servir à la multiplication depuis un an jusqu'à cinq, et un seul suffit pour dix truies. On doit tenir toujours les verrats séparés des truies, excepté le temps du souer ou de l'accouplement, de peur qu'il ne morde ou ne fasse avorter les femelles.

VERRE. Le verre est le dernier ouvrage que l'art peut faire par le moyen du feu; car tous les métaux, à force de feu, se tournent enfin en verre. Ce qui le rend transparent, c'est que ses pores sont vis-à-vis les uns des autres. Celui qu'on fait en Lorraine sert pour les carrosses, et celui qu'on fait en France pour les vitres.

Le verre ordinaire se fait avec le sel des cendres de fougère et des cailloux blancs, ou de sable blanc, bien lavées : on prétend que le plus beau se fait avec des cristaux de roche, ou avec la soude du levant : le tout dans des pots bien cuits et exposés à un feu très-violent. C'est dans les forêts de Normandie qu'on en fabrique le plus, et où il y a le plus de verreries. En France on façonne le verre par grandes pièces rondes, qui ont un gros nœud au milieu. On coupe le verre avec la pointe d'un diamant fin.

On peut recoller des verres ou cristaux cassés avec l'eau gluante qui coule des limaçons, qu'on a pris et embrochés dans un petit bâton, et qu'on a exposés au soleil; il faut y ajouter du lait, de l'herbe tithymale, joindre le verre avec ce mélange, et le faire sécher au soleil.

VERS *des chevaux.* Il y en a qui leur donnent des tranchées ; d'autres qui les font maigrir. *Remède.* On peut leur

donner du foin mouillé avec de l'eau où l'on aura dissous du
sel de nitre ou de salpêtre, ou des feuilles de pêcher et de
saules toutes vertes, hachées et mêlées parmi l'avoine ; ou
bien deux pilules faites avec six dragmes de sublimé, ou
mercure doux bien préparé, et une once de thériaque, ou
une livre de limaille d'acier, dont on donnera une once chaque jour dans du son mouillé.

Vers de terre. Insectes qui s'engendrent et se nourrissent
de terre ; les meilleurs sont ceux qui ont des lignes rouges autour du cou. On s'en sert contre l'apoplexie, les convulsions
et les autres affections du cerveau ; on les donne intérieurement en les écrasant et les coulant par un linge avec du vin ;
on les applique extérieurement, où on les laisse mourir, et
ils apaisent les vives douleurs ; on doit les prendre le soir,
après la pluie. Leur décoction est bonne contre la dyssenterie,
les affections de la goutte scorbutique, et leur poudre contre
la jaunisse, et dans tous les remèdes pour les plaies.

Vers à soie. Espèce de chenille qui produit la soie. Un
ver à soie est composé de plusieurs anneaux à ressort ; il a des
pieds, et comme des crochets pour s'arrêter ; deux rangs de
dents, qui lui servent pour tailler la feuille de haut en bas ;
autour du ventre un petit sac fort long, qui contient une
espèce de gomme de couleur de souci, avec laquelle il forme
son fil d'une manière surprenante ; sous la bouche, une sorte
de filière, de laquelle il fait sortir par deux ouvertures quelques gouttes de cette gomme, qui est la matière dont il fait
son fil. Cette gomme prend la forme des ouvertures, et s'allonge en un double fil, qui a assez de consistance pour envelopper le ver.

Pour élever des vers à soie, il faut, 1° avoir de la bonne
graine : la meilleure est d'une couleur obscure, mais vive ;
elle doit être lourde, et jeter un peu de liqueur quand elle
se casse, et venir d'un pays moins chaud que celui où on
veut la faire multiplier. Celle qu'on a de ses propres races de
vers vaut toujours mieux : la bonne graine va au fond lorsqu'on la met tremper dans du vin ; la mauvaise surnage ;
elle est ordinairement blanche et légère.

2° On ne doit penser à faire éclore la graine des vers à
soie que lorsque les feuilles des mûriers commencent à pa-

raître, et on ne doit se munir de graine pour faire éclore qu'à proportion qu'on a de mûriers. Une once de bonne graine donne assez de vers pour consommer les feuilles de quatre grands mûriers blancs. Les mûriers blancs sont ceux qui produisent les mûres blanches; ils sont les meilleurs pour les vers à soie : si on était obligé de se servir de feuilles de mûriers noirs, il ne faudrait que celles d'un seul arbre, et environ la moitié d'un autre, parce qu'ils ont les feuilles plus dures et plus fortes. Sur quoi il faut observer, 1° que les vers à soie, nourris de feuilles de mûriers blancs, qui viennent dans les terrains gras, dont les sucs sont abondans, donnent une soie plus grossière et moins forte; que ceux qui sont nourris de jeunes arbres de dix à douze ans, donnent une qualité de soie moins fine et moins bonne que ceux nourris d'arbres de dix-huit et de vingt-quatre ans : ainsi les arbres les plus vieux doivent toujours être préférés aux autres; 2° que la nourriture variée, prise dans différens terrains et à différens arbres, contribue à rendre la soie inégale ; que les feuilles mouillées, celles qu'on leur donne après avoir été fanées, les tendres et les dures mêlées ensemble; qu'en un mot tous ces défauts d'attention sont cause du peu de succès qu'ont les vers à soie, et du peu de revenu que l'on en tire ; 3° qu'un air pur et tempéré, une exposition au midi conviennent à ces insectes, qui sont extrèmement délicats, et exigent beaucoup de propreté : la moindre odeur impure ou trop forte est une peste pour eux.

3° On doit être pourvu de mûriers un peu plus qu'il n'en faut précisément pour la quantité de vers à soie qu'on veut avoir. Ils doivent être plantés éloignés chacun de quatre toises, pour qu'ils ne se nuisent pas. On doit greffer de l'espèce qui a la feuille la plus large et la plus lisse : on n'en doit cueillir les feuilles que quand le soleil a bien séché la rosée et la pluie : il faut les cueillir avec les mains bien nettes, et feuille à feuille, et non en coulant la main le long d'une branche pour prendre toutes les feuilles ; ou bien, on peut les couper par les queues avec de grands ciseaux, et les laisser tomber sur des draps étendus au dessous, puis on les met dans des sacs ou de grandes corbeilles. La feuille des mûriers qui sont dans des lieux aquatiques ne vaut rien.

Manière de faire éclore les vers à soie.

C'est au printemps qu'on doit faire cette opération, et on y emploie la chaleur artificielle. D'abord on doit faire tremper la graine un quart d'heure dans de bon vin : on ne se sert que de celle qui coule à fond, puis on la fait sécher au soleil; ensuite on met cette graine dans une boîte neuve de bois léger, sans odeur, garnie en dedans de coton ou de filasse bien sèche; la répandre dessus, mais non à tas; mettre un lit de coton sur cette graine éparse, et sur le tout un papier blanc criblé de petits trous; fermer la boîte, la mettre entre deux oreillers de plume échauffés au soleil; les envelopper d'une couverture, et entretenir, autant qu'on peut, le même degré de chaleur : trois ou quatre jours après la graine noircit, et le ver est prêt à sortir du cocon : alors on met sur le papier percé des feuilles de mûriers fraîches, et surtout bien sèches : celles des vieux mûriers sont plus saines que celles des jeunes.

Au bout de quelque temps on voit que les vers ont été chercher leur nourriture sur les feuilles qu'ils ont piquetées. Le ver à soie en cet état est d'abord d'un gris obscur, il a la tête très-noire, est long comme une chenille : on doit alors ôter les feuilles avec les vers qui y sont attachés; se servir pour cela d'une aiguille sans pointe, les ranger par petits tas dans d'autres boîtes, et mettre des feuilles de mûrier entre ces divers tas. Il ne faut mettre dans une même boîte que les vers qui sont nés le même jour, et on ne doit point les mêler avec d'autres; ainsi on multiplie les boîtes à proportion de ce qu'on a de vers : ceux qui n'en ont pas assez doivent les mettre ou dans des cribles, ou sur de petites planches à rebord, et les couvrir d'un linge, de même que les boîtes; il faut les laisser quatre ou cinq jours dans ces secondes boîtes ou cribles, et leur donner abondamment des feuilles de mûrier; mais il faut observer que, dans le premier âge jusqu'à la première mue, il faut leur donner des bourgeons : ensuite et pendant les quatre mues, de la plus tendre feuille; et, après les mues jusqu'à la soie, des feuilles fortes et bien nourries.

A l'égard de la quantité, on doit leur en donner le matin et le soir, depuis leur naissance jusqu'à leur seconde mue trois fois le jour, depuis leur troisième mue jusqu'à la dernière; et cinq ou six fois, depuis la dernière jusqu'à la fin de leur vie, qui n'est guère plus que de six semaines : c'est le moyen qu'ils fassent promptement toutes leurs métamorphoses.

Il faut avoir attention de ne leur point donner des feuilles mouillées ni gâtées, ni de qualités différentes, comme de leur en donner de nouvelles après des vieilles, ou de celles de mûrier blanc et de mûrier noir.

Au reste, lorsqu'ils sont dans les secondes boîtes, on doit diminuer de jour en jour la chaleur dans laquelle on les a entretenus.

Au bout de ce terme de quatre ou cinq jours, on doit les mettre dans le lieu qu'on leur a destiné pour faire leurs productions. Ce doit être une chambre exposée en bon air, et garantie des vents par des châssis bien clos, éloignée de toute mauvaise odeur, comme d'ail, d'ognon, de fumée de tabac, et des grands bruits, comme de celui des cloches, des chaudronniers, des tambours, etc. On a soin d'en bien fermer tous les trous par où quelque rat ou insecte pourrait se glisser au milieu de la chambre : on forme un carré avec quatre pièces de bois en forme de colonne; on y étend cinq ou six rangs de tablettes, soit de planches ou de claies, espacées d'un pied et demi avec un rebord à chacune.

Les personnes qui se piquent d'une plus grande recherche veulent que la chambre ou cabinet soit également bien percée, éclairée, vitrée; que les volets ou contrevents closent assez pour que les éclairs n'y pénètrent pas, à quoi ils pourvoient avec du papier collé aux jointures : ils veulent encore que les planches, dont on fait les étages entiers qui règnent en travers des poteaux, lesquels forment comme les colonnes de ce petit édifice, soient attachées aux linteaux avec des morceaux de cuir en façon de charnières, l'un d'un côté et l'autre de l'autre, afin qu'on puisse les lever et les baisser comme un couvercle de coffre. Selon ces mêmes connaisseurs, une planche de quatre pieds de longueur, sur un pied de largeur, peut contenir environ trois cents vers à soie : un cabinet, par exemple, de douze pieds de long sur autant de large et dix de haut, en peut contenir dix - huit mille, si on y peut faire dix étages et trois rangées de tablettes. Dix - huit cents vers peuvent donner autant de cocons; mais comme il en périt toujours, à les estimer à quinze cents qui viennent à bien, cent cinquante cocons doivent produire une once de soie crue quand ils sont bons; ainsi les quinze cents donneront environ six livres de soie trait.

Après une telle épreuve, on peut travailler en grand proportionnellement aux mûriers qu'on a, et faire construire un bâtiment tout exprès, bien exposé sur un coteau, à l'abri des mauvais vents, et non dans les vallons.

Les paysans du Languedoc, dans l'impossibilité où ils sont de mieux loger les vers à soie, les placent au milieu de leur chambre, sur des tréteaux, ou entre quatre perches plantées en terre et attachées aux solives, le long desquelles ils les disposent par étages; et ils en tirent le meilleur parti qu'ils peuvent.

Le logement des vers à soie étant tout disposé, on doit mettre sur toutes ces tablettes les vers avec les feuilles auxquelles ils sont attachés; les y ranger un peu au large, et petit à petit ouvrir un peu les fenêtres lorsqu'il fait soleil, pour les accoutumer à l'air : on met ensemble ceux qui sont nés le même jour, et les autres sur d'autres tablettes.

Plus ils grossissent, plus on doit étendre l'espace où on les a mis; tenir nette leur chambre, y répandre du vinaigre et quelques herbes aromatiques, comme thym, serpolet, lavande, romarin.

Pendant tout le temps qu'ils gardent la forme de vers, ils changent quatre fois de peau de huit en huit jours, et ils mettent trois ou quatre jours à chaque mue, pendant laquelle ils dorment; ainsi ils mangent et dorment alternativement, et à chaque réveil ils changent de peau, qui, de grisâtre qu'elle était, devient de plus en plus blanchâtre.

Dès qu'ils sont éclos, ils mangent pendant huit jours, puis dorment pendant trois ou quatre.

Lorsqu'ils sont dans cet état, on ne doit point les toucher; et, comme ils ne mangent point pendant ces trois ou quatre jours, il faut leur donner abondamment des feuilles de mûrier, dès qu'ils sortent de mue. Après la seconde mue il faut nettoyer leurs tablettes au moins de quatre en quatre jours, et les changer de litière; ainsi on doit laisser à chaque tablette des places vides pour les y transporter.

C'est une marque qu'ils déclinent lorsqu'ils ne grossissent pas; on doit alors frotter leurs planches d'herbes fortes : on connaît qu'ils sont malades lorsqu'on les voit jaunes, enflés, luisans; à l'égard de ceux qui sont luisans et verdâtres, comme ils n'en peuvent réchapper, on doit les jeter aux poules. En général, quand ils sont malades, il ne faut pas nettoyer leurs ordures, parce qu'elles leur donnent de la chaleur; mais les séparer des autres, et jeter du vinaigre sur une pelle rougie au feu, cinq ou six fois en vingt-quatre heures : le grand chaud et l'air étouffé leur sont plus contraires que le froid.

Sept ou huit jours après les quatre mues, les vers sont prêts à monter et à filer pour donner la soie. Cependant il y a des gens qui soutiennent qu'il s'écoule toujours au moins quinze jours après la dernière mue avant qu'ils filent; mais il peut se faire que cette différence vienne de la différence des climats. On les appelle, en cet état, vers en fraise; on les connaît, parce qu'alors leur tête devient flétrie, la queue épatée, le corps s'enfle autour de la gorge, et est d'une consistance fort molle; leur museau est plus pointu, leurs cercles, de verdâtre qu'ils étaient, deviennent jaunes dorés, marque de la soie qu'ils veulent jeter; on les voit courir parmi eux; ils ne se soucient plus de manger : ces marques font connaître qu'ils veulent monter et filer la soie. Dans ce nouvel état qui dure quatre ou cinq jours, il faut les tenir au large et proprement, leur faire bonne litière, leur donner des feuilles fortes en abondance, et cinq ou six fois le jour; mais alors ils convertissent toute leur nourriture en soie. Si quelqu'un de ces soins a manqué au ver à soie, on le verra descendre de la bruyère sur laquelle il était monté, non pour manger, puisqu'alors il ne mange plus, mais pour languir et traîner jusqu'à ce qu'il meure : la substance destinée à faire de la soie se tourne en eau, et on doit le jeter aux poules.

En même temps on doit pratiquer, dans l'entre-deux de chaque tablette, des cabanes en forme d'allées couvertes, faites de petits rameaux ou petites verges de bouleau ou de bruyères, bien secs, sans odeur, sans aucun piquant, afin que les vers puissent monter jusqu'au haut et se loger dans les petites voûtes qu'ils trouvent, et qui doivent être faites avec des pelures d'osier : chaque cabane doit être large d'un pied et demi, et longue de trois pieds, qui est la profondeur ordinaire des tablettes.

Ces cabanes étant préparées , on doit étendre les vers à soie sur des feuilles de papier bien nettes, que l'on a couchées sur le plancher de ces cabanes ; ne leur donner à manger que peu, c'est-à-dire, de deux en deux heures, des feuilles fortes et vertes , et ne les plus nettoyer. A l'égard des vers qui ont le corps ramassé et les pieds raccourcis, et qui se laissent tomber en montant , il faut les mettre dans des cornets de papier, ou sur quelques planches avec quelques touffes de chiendent.

Lorsque les vers cherchent les pieds des rameaux, et que leur corps est transparent, c'est une marque qu'ils s'enrameront bientôt : on cesse de leur donner de la nourriture dès qu'ils montent aux rameaux ; d'abord ils se promènent de côté et d'autre, puis ils se fixent dans un lieu un peu spacieux pour s'y pouvoir tourner dans leur coque. Le premier jour le ver pose la base de son cocon : pour ce travail admirable il se sert de ses pattes de devant pour tordre et coller deux fils ; ces fils sont la matière d'une gomme qu'il a autour du ventre , et qui, sortant par deux ouvertures qu'il a sous la bouche, s'allonge en un double fil, comme on l'a dit ci-dessus.

D'abord il ne serre point ses fils l'un sur l'autre ; il répand seulement au loin une espèce de cocon ou soie grossière dont on fait le fleuret qu'on file, et il attache les bouts de cette soie sur tous les rameaux çà et là.

Le second jour, il forme son cocon sur cette base, et , pour cet effet, il file régulièrement; ce qu'il fait en tirant la tête en bas, puis la portant en haut, puis croisant vers les côtés et en tous sens : enfin peu à peu il se trouve environné de soie.

Le troisième jour il épaissit toujours sa coque par un seul bout; il pose ce bout avec beaucoup de vitesse , et il le fait extrêmement fin et long; il est environ huit jours à bâtir son cocon, lequel, étant fini, forme un ovale de la grosseur d'un petit œuf de poule, moussu d'un côté et de diverses couleurs.

Laissons pour un moment le ver à soie enfermé dans son cocon; et, avant qu'il éprouve une autre métamorphose, disons ce que doivent faire les personnes qui président à leurs travaux.

Au bout de trois ou quatre jours que le ver à soie a commencé son cocon, on doit mettre dans une autre cabane ceux qui n'ont point monté dans les rameaux ensemble avec leurs feuilles et le papier; faire la même chose quatre ou cinq jours après à l'égard de ceux qui n'auront point monté sur cette dernière cabane, y joindre en même temps tous les autres vers tardifs, et ceux aussi qui seront tombés des rameaux et n'auront pu y remonter, car ils feraient des cocons doubles (ce sont ceux qui sont faits par deux ou trois vers), qui ne vaudraient rien; et d'ailleurs, par leur retardement à monter, ils empêcheraient qu'on ne pût lever les cocons des plus diligens : c'est un soin qu'on doit prendre en visitant les cabanes, comme aussi de jeter les malades.

Lorsque ces vers qu'on a ainsi changés de lieu commencent à se raccourcir et à rougir, on ne leur donne plus à manger, et on les met sur un petit tas de petites verges du même bois que les cabanes; la soie qu'ils font n'est pas si fine que celle de ceux qui sont montés.

Huit ou dix jours après que les vers à soie auront bien formé leurs cocons, et non plus tôt, de peur d'interrompre ceux qui auraient encore à filer, on doit les détacher doucement des cabanes, et mettre tous ces cocons dans des corbeilles pour en tirer la soie.

Or, il faut la tirer quatre ou cinq jours après qu'ils ont été cueillis, et non plus tard, afin de prévenir la sortie des papillons, parce qu'ils corrompraient la soie de leurs cocons; et, si on avait lieu de craindre cet inconvénient, on doit les faire étouffer, en exposant les cocons sur un drap, à la plus grande ardeur du soleil, pendant quatre ou cinq jours.

On en doit réserver quelques-uns des meilleurs pour en avoir de la graine : ce sont ceux qui sont les premiers faits

qui sont les plus durs, et qui ont les couleurs l es plus vives ;
il faut prendre autant de mâles que de femelles. Les cocons mâles sont grêles, longuets et pointus par les deux
bouts ; ceux des femelles sont unis et mousseux : on doit
s'assurer que le ver est vivant, et il l'est lorsqu'on l'entend
rouler en secouant le cocon. Pour faire une once de graine,
il faut cent paires de cocons, moitié mâles, moitié femelles : on les attache par trois ou quatre paquets contre
une tapisserie.

Revenons à l'état du ver à soie dans son cocon. Il y
éprouve deux métamorphoses. 1° Six ou sept jours après qu'il
a formé son cocon, il quitte sa peau et se change en fève,
semblable à un noyau de pruneau ; en cet état, on l'appelle
nymphe. Quatre jours après, c'est-à-dire, environ dix jours
après qu'il est monté au haut de la cabane, il se transforme
en papillon, il avance sa tête et ses pattes vers la pointe du
cocon, il le perce, et il en sort tout blanc, ne laissant dans
sa coque que les deux peaux de ver et de fève. On ne doit
laisser venir à cet état qu'un petit nombre qu'on a choisi
pour avoir de la graine, car on perd la soie de ceux-ci.

Ce papillon a quatre ailes, six jambes, deux cornes, une
tête informe, deux yeux noirs, mais ternes, fort près l'un
de l'autre, le ventre fort gros, la peau velue. Les femelles
sont plus blanches que les mâles, elles ont le ventre deux
fois plus gros, et jettent une eau roussâtre en passant par
le trou de la coque. Les mâles paraissent plus vifs et battent
des ailes dès qu'ils sont éclos. Ces insectes, dans cette nouvelle forme, ne mangent point.

On doit, aussitôt qu'ils sont sortis de la coque, les prendre
doucement par les ailes, et mettre chaque mâle auprès d'une
femelle, sur quelque étoffe rase et noire, et comme serge,
camelot, drap ; la plupart restent appariés l'espace de dix
heures avant de déposer la graine ou œufs. Si au bout de
ce temps ils ne se séparent pas d'eux-mêmes, il faut les dé-
parier avec adresse, et jeter aussitôt le mâle : alors la femelle rend d'abord une eau blanche, et puis jette ses œufs.

Chaque femelle donne environ trois cents œufs ; ces œufs
sont couverts d'une humeur visqueuse, qui les fait tenir fortement sur le lieu où ils sont déposés ; ainsi on ne doit les en-

détacher que quand ils sont bien secs. Cette graine est d'a-
bord blanche ou jaune, puis rouge, enfin grise. Lorsqu'elle
a acquis cette dernière couleur, on la jette dans du vin qu'on
a fait tiédir; on la remue, tout ce qu'il y a de bon va au
fond ; on doit ensuite la retirer, la faire sécher à l'ombre
entre deux linges, et la mettre dans des boîtes garnies de
coton bien fermées, que l'on serre dans quelque armoire
parmi des hardes en un lieu ni trop froid, ni trop chaud.

Manière de tirer la soie des cocons.

1° A l'égard de la soie qu'on appelle *cuite*, on doit la tirer
aussitôt que les cocons sont déramés des cabanes; car, à
l'égard de ceux qu'on a étouffés, on peut différer tant qu'on
veut. On se sert pour cela d'un dévidoir à tirer les soies, et
d'un chaudron posé sur un fourneau. On doit d'abord ôter
le duvet qui est dessus les coques, et jeter les cocons avec
leur soie dans l'eau chaude. L'eau de rivière est meilleure que celle de puits : plus les cocons sont forts, plus
l'eau doit être chaude; on doit changer l'eau du chaudron
deux ou trois fois le jour, la soie en est plus belle. Ce dé-
creusement emporte les couleurs des cocons, et fait que
toutes les soies sont blanches.

On agite les cocons avec quelques brins de balai pour
en tirer les têtes, ou les commencemens des fils; on fait
passer ces fils par de petits anneaux, afin que le cocon ne
monte point plus haut quand on a attaché le fil au dévidoir
et qu'on le met en jeu. On assemble ainsi les fils par paquets jusqu'à un certain nombre, comme de six ou de huit,
selon qu'on veut rendre la soie plus ou moins forte. Il faut
laisser les cocons dans l'eau jusqu'à ce qu'ils ne rendent
plus de fils; on peut dévider à part le dernier fil, parce que
sa couleur change sur la fin. On laisse les coques dans l'eau
jusqu'à ce que la glu en soit enlevée; on les carde comme
la bourre, et on en fait une filasse de soie , que l'on file au
rouet pour des étoffes de moindre prix.

On ne doit dévider que les cocons les plus parfaits. A l'é-
gard de ceux qui sont doubles et grossiers, on les tire en flottes
et en échevaux ; à l'égard des cocons doubles ou percés par

les papillons, on ne les dévide pas à cette machine; on en fait ce qu'on appelle le *fleuret*. Les fleurets fins se font de toutes les bourres des cocons qui n'ont pas été mis à l'eau ; on carde cette bourre telle qu'elle sort de dessus les cocons, et on la file comme on l'a dit ci-dessus; on en fait des fils de soie pour coudre. Les fleurets plus grossiers, et qui n'ont point de lustre, se font de toutes les coques qu'on ouvre et dont on ôte les fèves; on les fait tremper pendant plusieurs jours dans l'eau, que l'on a soin de changer ; lorsqu'ils sont amortis, on les fait bouillir une demi-heure dans une lessive de cendres bien coulée; puis on les lave, on les fait sécher, et on les carde pour les filer.

Ce qu'on appelle la *soie écrue*, est celle qu'on tire sans feu, c'est-à-dire, qu'on dévide sans faire bouillir les cocons ; il faut en séparer la première enveloppe extérieure et la pellicule qui est près de la fève; on ne doit jamais la mêler avec la soie cuite. Cette soie écrue est fort pure ; on en fait des gazes et autres étoffes.

Règles pour déterminer la quantité de graine qu'on doit faire éclore, relativement au nombre de mûriers qu'on a.

Une once de graine produit au moins quarante mille vers à soie. Pour nourrir ces quarante mille vers, il faut neuf cents livres pesant de feuilles ou un millier tout au plus. Cela posé, choisissez dans votre plantation l'arbre le plus gros et le plus garni; faites-en peser la feuille ; faites aussi peser le plus petit et le moins vigoureux de vos mûriers; mettez les deux poids de feuilles ensemble, la moitié de la totalité du poids sera le produit de chacun de vos arbres du fort au faible ; ainsi, si le plus fort mûrier a vingt-cinq livres de feuilles, et le plus petit quinze, ce qui fait quarante livres, la moitié, qui est vingt, sera le produit de chacun de vos arbres. Donc, si vous avez cent arbres, vous pouvez compter sur deux mille livres pesant de feuilles, avec lesquelles vous ferez éclore deux onces de graine.

Règle pour déterminer la grandeur du lieu qu'il faut pour loger les vers provenus de deux onces de graine.

Une surface d'un pied carré peut contenir à l'aise cent dix vers dans leur maturité, par conséquent une tablette de vingt pieds de long sur trois de large contiendra six mille six cents vers, puisqu'elle forme une surface de soixante pieds ; et un atelier composé de six pareilles tablettes, les unes au-dessus des autres, pourra loger les quarante mille vers qu'une once de graine aura produits. Il faudra donc autant d'ateliers semblables qu'on fera éclore d'onces de graine, en observant de laisser entre deux ateliers un espace de trois pieds pour passer autour : outre les ateliers, il faut en avoir d'autres tout prêts pour faire les cabanes, où l'on met les vers quand ils veulent faire leur soie.

A l'égard du produit des vers, deux mille cinq cents vers produisent une livre de soie ; ainsi une once de graine produira environ douze livres de soie, en supposant même qu'il y ait un quart de déchet sur une once de graine, et réduisant par là le nombre des vers à trente mille.

D'autres, en calculant d'une autre manière, prétendent que dix livres de cocons peuvent rendre une livre de soie ; mais de quelque manière qu'on fasse l'estimation du produit, qui est toujours fort incertain, on ne peut se flatter de recueillir cette quantité de soie que lorsqu'on n'a oublié aucune des attentions que ces insectes demandent, et que la saison a été favorable dans le temps que le ver monte sur la bruyère.

VERTIGE, *maladie des chevaux*. Cette maladie les fait chanceler et donner de la tête contre les murs ou contre les mangeoires ; les causes sont ou le grand travail, ou le trop de manger, ou les digestions troublées. *Remède*. Faites saigner le cheval des flancs et du plat des cuisses ; donnez-lui un lavement avec deux pintes de vin émétique tiède. Deux heures après l'avoir rendu, donnez-en un autre avec cinq chopines de bière et deux onces de scorie en poudre ; faites prendre en tout cinq ou six bouillons ; ajoutez-y un quarteron d'onguent rosat ; réitérez ce remède. Donnez-lui pour alimens du son ou du pain; frottez-lui les jambes avec des bouchons mouillés d'eau tiède et promenez-le.

Si le vertige continue, donnez-lui une once de thériaque ou d'orviétan délayé dans une pinte des quatre eaux cordiales; ensuite un lavement avec des herbes émollientes, comme scorsonère, buglose, chardon béni, deux onces de thériaque et deux onces de polychreste.

VERVEINE. Plante qui croît contre les haies et les murailles. Ses tiges sont hautes d'un pied, ses feuilles découpées, ses fleurs bleues et croissant en épis; elle est chaude, céphalique et vulnéraire. On s'en sert dans les affections de la tête de cause froide, les maladies de la poitrine, les obstructions de la rate, la jaunisse; la décoction de cette plante pousse le calcul, guérit les plaies; ses fleurs, mêlées avec de la farine de seigle et des blancs d'œufs, appliquées en cataplasme, guérissent les pleurésies.

VERVEUX. Filet composé de deux ailes et de plusieurs cerceaux. On arrête au fond de l'eau plusieurs piquets; ils servent à soutenir les deux ailes; ils doivent embrasser, autant qu'il se peut, la largeur de la rivière, et afin que le poisson se détermine à aller vers les cerceaux où les ailes se réunissent. Les cerceaux, environnés d'un réseau, vont toujours en diminuant de grandeur l'un derrière l'autre; le filet qui est attaché par dedans sur le plus grand cerceau s'allonge en diminuant au travers des autres, et est attaché à la queue du verveux par quatre cordelettes qui se séparent d'elles-mêmes quand le poisson veut élargir le passage; mais il ne peut en sortir, parce qu'elles se sont rapprochées derrière lui.

VESCE. Plante rampante, dont les tiges sont grosses et s'entrelacent; ses gousses ressemblent à des pois, mais elles sont plus petites et renferment un grain qui est rond; il y en a de blancs et d'autres roux. Le fourrage de la vesce, soit en herbe, soit fané, est excellent pour les bestiaux; il les engraisse et procure du lait aux vaches; on donne le grain aux pigeons. Les terres grasses sont les meilleures pour avoir de la vesce en abondance. On doit la semer plus tard que les autres mars, et par un beau temps, et après un léger labour; on doit passer la herse le même jour qu'on l'a semée. Cette plante a grand besoin d'eau; la sécheresse l'empêche de pousser;

elle n'a pas besoin d'être sarclée. Pour semer un arpent, il en faut environ six boisseaux. On fait par an deux récoltes de vesce dans les pays chauds ; la première semaille se fait à la mi-septembre pour avoir du fourrage, et la seconde en février pour avoir de la graine.

C'est l'usage de la plupart des fermiers, qu'après avoir semé leur vesce à la fin de l'hiver, ils la font labourer lorsqu'elle est venue en fleur, et ce fourrage, se trouvant par ce labour incorporé avec la terre, forme une sorte d'engrais ; on pourrait cependant profiter d'un fourrage aussi utile que celui de la vesce, et se procurer en même temps l'engrais que l'on désire. Pour cet effet, on doit choisir un champ qu'on destine à ensemencer en blé, et y semer de la vesce au mois de février, quelque temps avant le second labour ; deux mines, ou un peu plus d'un setier, suffisent pour ensemencer un arpent ; on n'attend pas qu'elle soit en parfaite maturité et que le grain soit formé, et on la fait faucher un mois ou six semaines plus tôt, c'est-à-dire, à la mi-juillet. Aussitôt qu'elle est fauchée, on doit donner un labour à la terre ; il en résulte deux avantages ; l'un, que par ce labour les racines qui sont restées se mêlent avec la terre et contribuent à la fertiliser ; l'autre, qu'en se réservant ce fourrage, au lieu de le laisser consommer en terre, on se procure un moyen de conserver les pailles, qu'on convertit en fumier, et on augmente les amendemens ; or, on sait que les meilleurs sont ceux qui proviennent de la terre et des excrémens des bestiaux.

On peut nourrir une plus grande quantité de bestiaux, ou du moins on les nourrit mieux, et il est constant que les bestiaux sont la seule voie de se procurer des amendemens, car c'est de ces derniers que dépend la fertilité des terres ; en pratiquant cette méthode, on rend les terres fortes et grasses plus faciles à cultiver ; on détruit les mauvaises herbes ; on brise et on aplanit les mottes qui nuisent à la multiplication du grain. Bien plus, ce fourrage est une excellente nourriture pour les bestiaux, et les chevaux en sont fort friands ; mais on doit le mêler avec de la paille fraîche, de peur qu'il ne les échauffe trop ; cette nourriture les rend ardens et vigoureux au travail. Enfin, cette méthode n'in-

terrompt, en aucune manière, le cours ordinaire des semences et des récoltes de blé, et elle n'exige aucun fonds
de terre particulière.

VESSE-LOUP. Espèce de champignon rond qui croît dans
les lieux humides après la pluie, et de diverses grosseurs ;
d'abord il est blanchâtre, ensuite jaune quand il est sec. La
poudre qu'il renferme est astringente, et arrête toutes sortes
d'hémorragies.

VIGNE. Arbrisseau qui produit le raisin, et ce raisin étant
exprimé produit le vin. La tige de la vigne est tortue ; son
écorce est rougeâtre ; elle pousse de longs sarmens garnis
comme de petites mains, qu'on appelle *pampres*, avec lesquelles ces sarmens se prennent aux échalas et aux arbres.
Ses feuilles sont grandes, larges et découpées ; ses fleurs sont
petites et jaunâtres, et ses fruits sont des baies ramassées en
grappes, auxquelles on donne le nom de *raisin* : il y en a du
blanc, du rouge et du noir. Voyez *Raisin*.

Lorsqu'on fait quelque séjour à la campagne, il est naturel
de souhaiter d'y avoir des vignes, si le terrain le permet,
parce qu'il est toujours gênant d'acheter du vin pour ses domestiques ; mais lorsqu'on est propriétaire d'une terre où l'on
ne fait aucun séjour habituel, et où l'on n'a point de vignes,
il faut bien peser l'avantage et le désavantage qu'il y aurait
d'y en planter et de les faire valoir.

Avant toutes choses, il est bon de savoir qu'un arpent de
vigne coûte environ 5 à 600 francs à planter et à façonner
pendant les quatre premières années. On compte dans cette
dépense les fumiers et les échalas que l'on prend sur soi ; de
sorte que la dépense en argent peut aller à 300 ou 350 francs,
non compris la valeur du fonds : dans les pays où l'on ne met
point d'échalas, cela coûte moins. En général, à quelque
dépense que reviennent les vignes, elles produisent environ
quinze pour cent dans tous les vignobles, lorsqu'elles sont
bien administrées ; mais il faut des soins, des cuves et du
logement.

Lorsqu'on recueille dans sa terre des vins de prix, il faut
faire cultiver soi-même ses vignes, et ne pas les faire valoir
à moitié, comme c'est l'usage ordinaire de bien des pays, et
encore moins les affermer, de quelque nature qu'elles soient ;

car le fermier les néglige toujours lorsqu'il est à la fin de son bail, et les laisse périr.

De quelque manière que ce soit, il faut un homme intelligent pour l'administration des vignes ; il est nécessaire qu'il soit au fait de la culture du pays, et qu'il connaisse les friponneries des ouvriers.

Instruction sur la culture de la vigne, d'après les meilleures observations qui ont été faites jusqu'ici sur cette matière.

La vigne est entre les plantes celle de la plus longue durée, et la plus fertile dans sa vieillesse.

Qualités de la terre de la vigne. 1° La meilleure est celle qui est douce, légère, plus sèche qu'humide, mélangée de petits cailloux, et même de pierres à fusil : celle qui est mêlée de petites pierres blanches, dont le fond est jaunâtre, fait du vin fort délicat ; 2° un terrain mêlé de sable et de terre est encore bon, ou une terre pierreuse dont le caillou est terreux sans être sec ; 3° une terre trop forte, comme sont les terrains plats et bas, ne convient point à la vigne ; car ils ne produisent pas le tiers de fruit que produisent les autres. Si on a une vigne dans un terroir de cette nature, ou bien humide, et qui s'affaisse à la moindre pluie, on doit labourer la terre à un demi-pied de profondeur, et répandre dessus un demipied de terre légère ou du sable : on peut encore y semer du grain pour le dégraisser ; 4° les terres argileuses jusqu'à la surface, ou bien près, ne valent rien pour la vigne, surtout quand l'argile est tenace ; ni les terres fortes, parce qu'elles tiennent de la nature des argileuses ; ni les terres marneuses, à moins que la marne ne soit à trois ou quatre pieds audessous.

Exposition de la vigne. L'exposition au midi est en général la plus avantageuse, quoique l'expérience ait appris qu'en certains cantons, comme le long de la montagne de Rheims, les terroirs exposés au nord et au levant produisent des vins plus parfaits que ceux qui sont exposés au midi ; d'où l'on peut inférer que l'exposition au midi n'est pas la seule cause qui donne au vin son excellente qualité, mais plutôt le grain de terre, car chaque vignoble a un grain de terre qui lui est propre. L'assiette la plus heureuse pour la vigne est celle des coteaux, ou d'une colline un peu élevée, aplatie et un peu arrondie dessus, parce que le soleil la voit de tous côtés, et que l'eau en descend facilement; car l'eau abondante est toujours défavorable à la vigne : voilà pourquoi les années pluvieuses ne donnent jamais de bon vin. Les coteaux moyennement élevés et exposés à des vents doux, et qui reçoivent obliquement et non perpendiculairement les rayons du soleil, produisent un vin ferme, chaud et durable.

Il résulte de ces principes, que les causes spécifiques de la bonté du vin, c'est la qualité du terrain et la bonne exposition. On doit y en ajouter une autre, savoir : l'air bien disposé, c'est-à-dire, chargé de sels végétatifs, qui, échauffés par les rayons du soleil, font fermenter la vigne; mais comme c'est le vent qui est le mobile de l'air, on doit observer que le vent le plus pernicieux à la vigne, c'est le nord-ouest, ou le demi-vent de l'ouest vers le nord, parce qu'il est chargé d'humidité, et qu'il amène la gelée, les pluies froides et les giboulées; et qu'au contraire le vent qui lui est le plus favorable, selon l'auteur du *Nouveau Traité de la Vigne*, est le vent du nord, parce qu'il éloigne de la vigne tout ce qui peut lui être nuisible, comme les nuages, les pluies, les frimas, les grêles, les brouillards, qui sont mortels à la vigne. On doit remarquer à cette occasion que, dans les années abondantes en fruits, le vin est de moindre qualité que dans les années stériles.

Plant de la vigne. 1° On doit choisir le plant qui aura cru dans un terrain de pareille nature, c'est-à-dire, de même climat et de même exposition que celui dans lequel on veut planter; 2° il faut que le plant soit pris d'une vigne qui n'ait que sept à huit ans au plus; car, si elle est vieille, elle ne poussera que des jets faibles et languissans; 3° ce plant doit être levé d'une terre moins substantielle que celle où on le met. Pour connaître le plant de la vigne, quant au bois, le plant enraciné doit avoir le chevelu bien nourri et frais, l'écorce unie : si ce sont des crossettes ou marcottes, on n'en doit jamais prendre sur la souche de la vigne; il est mieux que le plant soit coupé sur le jet de l'année précédente, et qu'il ait à l'extrémité d'en bas du bois de deux ans. En général ; le plant de raisin noir et vigoureux est celui qui réussit le mieux.

L'espèce de raisin propre au vignoble est, 1° le morillon noir, appelé en Bourgogne *pineau*, et à Orléans *auvernas :* le meilleur est celui qui est court et dont les nœuds ne sont pas beaucoup espacés ; 2° le morillon ou meunier, le san-moireau, le tresseau ou bourguignon, le bourguignon blanc, le pinquant Paul, le beaunier, le fromenteau qui est excellent et fort connu en Champagne ; mais on n'en doit mettre qu'avec discrétion : car en général, les raisins blancs ne sont point propres à faire le vin rouge, parce qu'ils donnent une couleur jaune au vin.

Les raisins propres à l'espalier sont, le chasselas blanc et noir, le muscat blanc, rouge, noir et violet, le corinthe, le muscat d'Alexandrie, le raisin précoce de la Madeleine, le ciouta, etc.

Dans les terres fortes, on ne doit planter que des morillons ou pineaux noirs, et y mêler des tresseaux ou bourguignons : dans les terres légères, des tresseaux, des morillons meuniers ; dans de gros sables, le melier ; dans les pierreuses dont le fond est jaunâtre, le pineau et le tresseau : ils font un vin plus délicat. Il vaudrait mieux, selon l'observation d'habiles cultivateurs, séparer en différentes portions les *cépages* dont la nature est de mûrir plus tôt, d'avec ceux qui mûrissent plus tard, c'est-à-dire, de mettre ceux qui mûrissent naturellement tard dans un terrain élevé, chaud, sec et léger, et ceux qui mûrissent naturellement tôt, dans un terrain bas, gras et froid.

En général, les raisins noirs produisent un vin puissant, vigoureux, chaud et durable ; les blancs ne produisent qu'un vin faible, d'une couleur jaune et terne : on doit encore observer qu'une vigne qui porte peu de fruit le produit meilleur, qu'une vigne vieille produit des vins supérieurs aux autres.

Plantation de la vigne. Il y a quatre manières de multiplier la vigne. 1° *De boutures.* La bouture appelée *crossette* aux environs de Paris, et *chapon* dans l'Auxerrois, est un jet sans racine, ou qui en a peu, et que le vigneron coupe pendant l'hiver au collet d'un cep de bonne nature, et qu'il conserve chez lui en botte et à couvert. Vers le mois de mars on fait tremper ces boutures pendant huit jours dans une mare ou fosse bourbeuse : ensuite on les plante non debout, mais en les couchant un peu de côté. On les met trois à trois, ou quatre à quatre, dans un même trou. Ces trous doivent être à un pied de distance l'un de l'autre : on doit enterrer un peu les boutures et toujours par le plus gros bout, et y laisser un ou deux pouces de vieux bois.

2° *Des plants enracinés*. Ce sont de jeunes ceps élevés pendant deux ou trois ans dans une pépinière, dont la terre doit être un peu plus maigre que celle où ils doivent être replantés : on les lève en novembre, et on les transplante aussitôt sur une terre qui doit avoir été labourée de quatre pouces : on en met deux ensemble, et à deux pieds et demi de distance d'un trou à l'autre, et on les couvre de terre neuve. Ces sortes de pépinières sont très-utiles, car dès la troisième ou quatrième année les plants enracinés commencent à donner du fruit.

3° *Des marcottes*. Elles se font des meilleurs brins de la vigne : on passe un de ces brins au travers d'un petit panier qu'on met en terre ; on y abaisse la branche dessus, on y fait entrer quatre ou cinq pouces du bois de l'année précédente, et la branche prend racine dans le panier ; au mois de novembre on coupe la marcotte, et on la plante avec le panier où il en est besoin. On peut se servir d'une motte de gazon au défaut de panier ; on fait un trou à travers la motte avec une petite cheville pour passer le brin ; on met le gazon en terre ; et, lorsque la marcotte a pris racine, on la transplante avec le gazon. On plante chaque marcotte à trois ou quatre pieds de distance l'une de l'autre. Ce plant porte son fruit au bout de deux ans, et en cela il est préférable aux autres : on s'en sert aussi pour regarnir les vignes. L'usage des vignobles des environs de Paris est de planter la vigne en marcottes et en crossettes ou boutures : on y observe de marquer le cep dont on veut avoir le plant avec un petit brin d'osier, et l'on marque d'une autre manière celui qu'on veut arracher. Pour avoir une pépinière de marcottes, on doit labourer un espace de terre, y creuser des rigoles à deux pieds l'une de l'autre ; coucher les marcottes ou crossettes dans la rigole, les couvrir de terre, les fouler un peu ; puis on rogne les marcottes à deux bourgeons au-dessus de la terre : on donne pendant l'année quelques labours à ces jeunes plants, et au bout de deux ans on les transplante où l'on veut.

4° *Des provins*. Ce sont des branches ou brins des plus forts et vigoureux de la vigne, que l'on couche en terre à droite et à gauche, et dont on enterre un ou deux yeux pour y rester, et sans rien couper jusqu'au moment de la taille. Avant de provigner on doit bien éplucher le cep de toutes les branches chiffonnes et vrilles ; creuser une fosse d'un pied et demi en carré tout près d'un cep ; y coucher le vieux bois peu à peu, sans ébranler les racines, et ne laisser sortir de terre que le jeune bois ; ensuite on remplit le trou de la superficie de la terre. Lorsque la partie couchée a pris racine, on en coupe trois ou quatre boutons au temps de la taille ; on la coupe sous la racine, et on transplante les nouveaux ceps où l'on veut. On doit amender les jeunes plants, l'année d'après qu'ils sont provignés, avec du fumier de vache bien consommé ; au temps de la vendange on les marque, afin de connaître qu'on les a destinés pour le provin. Le provin est la voie la plus courte pour renouveler tout une vigne, ou une partie qui est vieille.

Culture de la vigne selon la méthode de la Champagne.

On ne doit jamais planter une jeune vigne la même année dans une terre d'où l'on en a arraché une vieille ; on doit auparavant mettre cette terre en blé ou en sainfoin deux ou trois ans. Si on plante une vigne dans une terre où il n'y en pas eu, il faut laisser reposer cette terre quatre ou cinq ans, y semer ensuite de la luzerne, et la laisser en pré un pareil espace de temps ; après quoi on fait des fossés profonds d'un pied et demi, et à la distance de trois pieds l'un de l'autre ; on jette la terre qu'on tire de ce fossé à droite et à gauche ; puis on plante à un pied et demi de distance, soit marcottes, soit crossettes, et on ne met que deux brins ensemble.

La vigne veut être plantée en talus pour faciliter le rabaissement en terre du brin qu'on veut provigner ou ravaler ; on doit souvent en rajeunir la souche par le moyen du ravalement ou du provin. Le sarment de l'année n'est pas propre tout seul à faire du plant; il y faut joindre du bois de l'année précédente, et même, autant qu'il est possible, de trois ans, parce que le plant portera plus tôt son fruit.

Le temps de planter la vigne est en automne, surtout dans les terres sèches et légères. C'est le sentiment de l'auteur du *Nouveau Traité de la culture de la vigne*, qui prétend qu'il y a plus de six dixièmes de plant à gagner, et plus des deux tiers de temps pour la récolte; d'autres sont d'avis qu'on la plante au commencement du printemps; d'autres enfin, après les vendanges.

Travaux annuels qu'on fait à la vigne.

Ils consistent dans la taille et dans les labours. A l'égard de la vigne nouvellement plantée, comme elle n'a son âge de perfection qu'à cinq ans, elle demande, outre les quatre labours, des soins particuliers pendant ces cinq années.

La première année, on doit la tailler presque aussitôt qu'elle est enterrée, c'est-à-dire, la rogner par le haut, et ne lui laisser que deux ou trois yeux ou bourgeons au plus, pour qu'elle jette son premier bois; au mois de mai on lui donne le premier labour, qu'on appelle *houerie*.

La seconde année, ravaler les ceps vigoureux qu'elle a poussés; laisser trois bourgeons aux plus forts sarmens, deux aux plus faibles. Il faut que la taille de bois que l'on fait en biais soit de l'autre côté du bourgeon, afin que la vigne, venant à pleurer, ne le noie pas. Aux mois de mai et juin on ébourgeonne la vigne, c'est-à-dire, qu'on coupe toutes les branches qui viennent au-dessous de la tête du cep, et qui poussent en confusion.

La troisième année, la tailler dès le mois de mars.

La quatrième année, la tailler dès qu'il fait beau, avant même le mois de mars; mettre un échalas à chaque cep; au mois de mars, donner le premier labour, ensuite attacher les jeunes ceps aux échalas, et donner le deuxième labour peu après le troisième; enfin, on rogne ses branches par le bout.

La cinquième année, la provigner en cas de besoin; la

tailler depuis novembre jusqu'en mars ; c'est alors qu'on règle les labours plus ou moins fréquens qu'on doit lui donner, selon la nature des terres.

Quand la vigne fait trop de sarmens, on doit la tailler court ; et, si cela ne suffit pas, on la déchausse, et on en rafraîchit le pied avec un peu de cendres ou de pierrailles.

Taille de la vigne. On taille la vigne, 1° afin qu'elle pousse un plus gros bois ; 2° pour empêcher qu'elle ne porte trop de fruit, et qu'ainsi elle ne s'épuise en peu d'années ; 3° pour faire mûrir les raisins ; 4° pour lui faire produire de nouveaux rejetons au-dessus de la tête.

Avant de tailler la vigne, il faut, au commencement de novembre, échauffer le cep, c'est-à-dire, y faire autour avec la houe une petite fosse, et couper tout le chevelu qui croît autour de la souche ; mais on ne doit le couper qu'à un travers de doigt près du tronc, et lui laisser un pouce de bois au-dessus du dernier bouton à l'extrémité du brin, en levant la serpette de bas en haut ; 2° couper avec la serpette toutes les longues branches, et laisser six ou sept boutons, suivant la force, afin que trois boutons au moins tournent à fruit ; 3° ébourgeonner la vigne, c'est-à-dire, lever avec l'ongle les petits yeux ou bourgeons lorsqu'ils sortent de la souche, et ceux qu'on juge inutiles, qui sont sur le bois de l'année dernière ; 4° la rechausser au commencement de décembre, en rejetant la terre sur ces petites fosses qu'on a faites ; 5° laisser deux drageons ou coursons aux ceps qui ont beaucoup de gros bois, et rien qu'un à ceux qui ont peu poussé ; 6° tailler l'extrémité de chaque brin de cep en pied de biche, et laisser près d'un pouce de bois entre l'œil et la taille. En général, le mieux est de tenir toujours la vigne le plus bas que l'on peut ; plus les raisins sont placés bas, plus le vin est bon ; ainsi on doit ménager avec soin les jets les plus bas ; plus on taille la vigne bas, plus le vin a de délicatesse.

Quant aux vignes hautes, lorsque le cep est bien vigoureux, on doit tailler un peu plus long les branches les mieux placées, dont on a besoin pour faire un berceau ou espalier, et leur laisser trois ou quatre yeux de plus et même deux viettes (branches de la longueur d'un pied et demi), et deux ou trois coursons (branches raccourcies à quatre ou cinq yeux, qu'on laisse au bois du cep); s'il y en a de petites, on les coupe en moignon ; si le cep est un peu faible, on ne laisse qu'une branche ou un courson sur la branche qu'on veut tailler, et on ôte tout le reste.

A l'égard du temps que l'on doit tailler la vigne, quoique l'usage soit de la tailler au printemps, il est plus avantageux de la tailler en automne, parce qu'on a le temps de la labourer à l'aise et à propos au retour du printemps. Cependant on peut excepter le jeune plant à cause de sa délicatesse, et les vignes situées dans les pays où elle mûrit fort tard. Il vaut mieux tailler la vigne après que le soleil a entièrement dissipé la rosée du matin ou la gelée blanche, et ne pas la tailler ni en temps de verglas, ni en temps de pluie.

Labours de la vigne. On doit donner trois labours à la vigne chaque année ; le premier s'appelle *labourer*, et se fait après la taille vers le mois de mars : en ce labour on doit bien remuer la terre, et jusqu'aux racines, que l'on recouvre ensuite, et se servir de la houe plutôt que de la bêche. Il n'y a que ce premier labour qui mérite ce nom, car dans les autres on sarcle plutôt qu'on ne laboure ; c'est après ce premier labour qu'on plante les échalas.

Le second labour s'appelle *biner ;* on le fait quinze jours avant la fleur de la vigne, et jamais lorsqu'elle est en fleur.

Le troisième se dit *tiercer,* et se fait quand le fruit est formé et qu'il est en verjus, c'est-à-dire, dans le mois de juin, et par un temps couvert. Dans les vignobles autour de Paris et dans l'Orléanais, il y en a un quatrième qu'on appelle *cartager ;* on le fait au mois d'août, c'est pour tenir la vigne nette de toutes herbes.

Si, par hasard, une vigne se trouvait dans une terre forte, humide, qui s'affaisse à la moindre pluie, il faudrait labourer la terre à un demi-pied de profondeur, et répandre dessus un demi-pied de terre légère ou de sable : on peut encore semer du grain dans ce terrain pour le dégraisser.

Lier la vigne à l'échalas. On la lie quand la fleur est tombée : l'échalas ne sert pas seulement à soutenir le cep, il le garantit encore en partie de la gelée, des vents et de la grêle.

Rogner la vigne. On rogne la vigne au même temps qu'on la lie, et après que son fruit est noué, c'est-à-dire, qu'on coupe le bois superflu qui est à l'extrémité des branches, et on tranche les petits rejetons qui sortent du bois et des côtés de la souche. Lorsqu'on rogne la vigne pour la première fois, on doit la rogner avant que le bouton à fruit se forme pour l'année suivante, c'est-à-dire, en juin ou juillet, afin d'arrêter la sève, et que le bouton croisse mieux. Dans les vignobles de Paris, on rogne la vigne après le second labour, lorsque les bourgeons sont un peu hauts; on ne laisse même sur chaque cep que trois ou quatre bourgeons, et ceux où se trouvent les plus belles grappes.

Fumage de la vigne. On doit amender les vignes tous les sept ans et au mois de novembre, pourvu que l'automne ne soit pas pluvieuse, car alors on doit différer au mois de février. Pour un amendement complet, il faut mille hottées de fumier par arpent. Le fumier de vache et de bœuf est le meilleur pour les terres maigres et légères; ceux de cheval, de mouton, de pigeons et de poules, sont bons pour les terres fortes, humides et pesantes. Pour bien fumer, on doit déchausser le pied des ceps, y faire une petite fosse profonde d'un pied, dans laquelle on met le fumier; mais il ne faut pas que le fumier touche aux racines, de peur qu'il n'altère la qualité du vin.

Ravalement des vignes. On ravale les vignes hautes tous les quinze ans, et au mois de novembre, c'est-à-dire, qu'on les abaisse, et qu'on couche dans un fossé de deux pieds de largeur, et presque aussi profond que celui du cep, tout le vieux bois, jusqu'à celui de la dernière année, auquel on laisse cinq ou six boutons lors de la taille; ce qui fait autant de provins, et le vieux bois reprend une nouvelle vigueur. On doit ravaler les vignes basses tous les ans, ou du moins abaisser quelque peu les ceps en les labourant; c'est dans les basses vignes qu'on recueille le meilleur vin.

Terrage de la vigne. On terre les vignes tous les dix ou douze ans, du moins celles dont la terre est légère, c'est-à-dire, qu'on y apporte de nouvelle terre pour réparer l'épuisement des sels, et lui donner une nouvelle nourriture. La terre sèche et légère est la meilleure; celle qui est levée sur les chemins est encore un bon amendement; mais on ne doit pas employer une terre humide. L'auteur du *Nouveau Traité de la vigne* est d'avis qu'il faut cinq mille hottées de terre par arpent ; d'autres croient qu'il suffit de mille ; qu'il faut auparavant donner à la vigne un labour profond , et l'amender l'année suivante : on met un pied de distance entre chaque hottée : à l'égard des terroirs forts et nourrissans, on les terre tous les quatorze ans ; d'autres se contentent de porter des hottées de terre à l'endroit le plus élevé de la vigne.

Greffer la vigne. On greffe une vigne lorsqu'elle a cessé de porter du fruit, et que néanmoins elle jette encore un fort bois. Ce travail demande de l'intelligence , du soin et les yeux du maître. Cette greffe se fait en fente ; on choisit pour cela un drageon fertile, rond et bien nourri, qui ait plusieurs nœuds et fort près les uns des autres : il faut observer de ne pas prendre plus de deux greffes sur un même brin de sarment. Les greffes étant choisies, on doit les mettre en botte et en lieu frais, et, avant que de s'en servir, les faire tremper deux jours ; ensuite on les taille des deux côtés jusqu'à la moelle : la taille doit être fort mince et longue de douze lignes , avoir un côté un peu plus épais que l'autre ; en sorte que le côté qui doit joindre le bord de l'étau soit tant soit peu plus gros et plus long que celui qui doit entrer en dedans. A mesure qu'elles sont taillées, on les met tremper dans un vaisseau : on n'entaille que pour une demi-journée ; plus elles sont fraîches taillées, mieux elles valent.

Pour greffer, on doit tirer un peu le cep dehors de terre ; choisir l'endroit le plus uni de la racine , qui est à sept ou huit pouces de profondeur ; la couper entre deux nœuds et horizontalement : on fend le cep avec un couteau à la hauteur de l'entaille de la greffe, c'est-à-dire, de deux travers de doigt , et on insère aussitôt la greffe par le côté le plus mince ; puis on la lie fortement avec de l'écorce de bois blanc ou de la seconde écorce de tilleul. On enfonce le sujet greffé après avoir fait une petite fosse autour du cep ; on recouvre de terre meuble la racine et une partie de la greffe, et on ne laisse sortir de terre que deux boutons.

Après que la vigne est greffée, on doit la sarcler ; et lorsque les greffes ont poussé , couper les jets bâtards que les vieilles racines ont poussés, et donner aux greffes un léger labour à la fin de juillet , ayant attention de ne pas les endommager.

On doit greffer la vigne au printemps , et dix ou douze jours avant que la vigne soit en sève : on ne doit faire aucune sorte de travail dans la vigne lorsqu'elle est en fleur.

Au reste, quelque travail qu'on ait à faire à la vigne, on n'y doit point entrer après la pluie, ni après les gelées ; rien ne fait plus jaunir la vigne.

Maladies et accidens auxquels les vignes sont sujettes. 1° La vermiculation : ce sont de petits vermisseaux qui naissent sur les feuilles de la vigne et qui détruisent les raisins ; le seul remède est de les écraser le plus qu'il est possible ; 2° La trop grande effusion de la matière qui vient d'une excessive nourriture , en sorte que la vigne ne pousse que du bois ; le remède est de couper très-court la vigne, c'est-à-dire, à un pouce près de la souche , découvrir la souche et y répandre du sable de rivière ; 3° la trop grande effusion de la sève hors du bois vers le printemps ; ce qu'on connaît quand on voit que les feuilles se fanent. Pour arrêter ce mal, on doit faire des entailles aux grosses racines et y mettre de la lie d'huile ; 3° la phthisie qui vient faute de suffisante nourriture , et qui dessèche la vigne. On doit dans ce cas racler la partie desséchée , et enduire la plaie de cendres de sarment, mêlées avec du vinaigre ; 4° la stérilité : il faut greffer sur cette vigne un jeune plant de six ans bien fertile ; 6° la gomme qui vient d'un épuisement de sève , laquelle s'est extravasée n'ayant pas eu la force de monter : le remède est de couper la branche attaquée jusqu'à la souche ; 7° les pluies abondantes dans le temps que le bois de la vigne n'est pas encore mûr : le moyen d'en rendre les suites moins fâcheuses est de ne pas épargner les fossés et les saignées dans les vignobles, car la grande sécheresse ne nuit jamais à la vigne ; 8° la gelée, surtout la blanche, lorsque le bois est mouillé ; car alors, si le soleil paraît , il fait fondre cette gelée et brûle le nouveau sarment qui a cru après la taille : la gelée au printemps , un peu forte, fait périr beaucoup de ceps, si la terre était mouillée avant ; 9° la grêle : le raisin qui en est frappé se dessèche et contracte de l'âcreté ; mais, si elle est grosse et qu'elle soit poussée par un grand vent, elle prive la vigne de son fruit, et brise le bois ; 10° les mauvaises herbes : on les détruit en sarclant avec soin ; 11° les accidens de la part des grandes bêtes qui y entrent, comme renards, lièvres, sangliers et surtout le bouc et la chèvre ; 12° ceux de la part des insectes, comme les chenilles qui rongent les feuilles, et la fourmi rouge qui ronge la racine ; en ce cas, on doit chercher la fourmillière et faire du feu dessus. Le limaçon, la bêche, le gribouri ou scarabée, qui est une espèce de petit hanneton de couleur de terre ; à l'égard de ce dernier, on connaît qu'une vigne en est attaquée lorsque son bois est menu, ses feuilles criblées, et qu'elle ne donne presque point de raisin. Le remède est de semer une certaine quantité de fèves en divers endroits de la vigne : ces animaux s'y rassemblent, et on les enlève avec le feuillage des fèves. Parmi tous ces accidens, on voit qu'il y en a auxquels on peut remédier, et d'autres où on ne le peut pas.

Durée des vignes. Les vignes durent plus long-temps, 1° selon leur espèce ; ainsi la blanche dure plus que la noire : 2° selon la qualité de la terre ; elle dure plus dans les terres fortes que dans les sèches et légères ; 3° selon le climat, elle dure plus dans les climats qui sont près du nord que dans ceux qui sont au midi. Les vignes rabaissées en terre chaque année durent plus long-temps. Quand une vigne a atteint l'âge de soixante ans, elle doit passer pour vieille et usée : en ce cas, il faut l'arracher, labourer le terrain, et laisser passer un an avant que d'y mettre de nouveau plant : c'est une bonne pratique que d'y semer du froment ou des petits grains de mars, parce que cela sert à dégraisser la terre et à la rendre plus légère.

Autre méthode plus simple pour cultiver la vigne, et en usage particulièrement dans les pays où l'on ne se sert point d'échalas.

Choix du plant. Dans le choix du raisin qu'on veut planter, on doit avoir égard à la qualité du terrain, à son aspect et au climat du lieu ; 2° choisir les raisins les plus sucrés, les plus spiritueux, et qui mûrissent facilement pour les terrains gras, et ceux qui mûrissent tard pour les maigres ; 3° choisir pour plant les sarmens les plus gros et les mieux nourris, préférer ceux auxquels on peut laisser du vieux bois ; c'est le bout du cep qui a été taillé l'année précédente, et

les couper au mois de février de la longueur de deux pieds;
les enterrer dès qu'on les a coupés dans une terre labourée,
et dans une fosse large de deux pieds et profonde de dix
pouces; il faut les y coucher en travers dans toute leur longueur, de manière qu'ils ne se touchent point; les recouvrir
de terre, et les laisser ainsi jusqu'à la Saint-Jean, qu'on les
plante. On doit savoir que le sarment qui a des chevelus n'est
pas si bon que les autres.

Manière de la planter. On doit planter la vigne à la Saint-
Jean, qui est le temps où la sève a plus de force. Il y a des
pays où l'on se sert pour cette opération d'un cordeau parsemé de nœuds, à la distance de trois pieds au moins les uns
des autres, et on y dispose les rangs des ceps de façon que le
soleil, étant dans son midi, puisse facilement les échauffer;
le tout pourvu que la pente du terrain et celle de l'écoulement des eaux ne soient pas contraires, car alors on dirige les
rangs d'une manière plus ou moins oblique à la pente. On se
sert pour ce travail de tarières de fer, de trois pouces de diamètre, dont l'une est faite en vilbrequin, le bout est terminé en cuiller, et la seconde ressemble à celle des charpentiers; on se sert de la première pour les jointures des grosses
pierres et pour y faire des trous, et de la seconde, qui fait un
trou plus grand, pour planter du sarment qui a du vieux bois,
lequel est préférable à tout autre, parce qu'il ne manque jamais, et que la vigne produit du fruit deux ans plus tôt.

Quand on est prêt à mettre le plant dans les trous, on ne
doit le tirer de terre qu'à mesure, de peur qu'il ne s'évente;
et pour cela on le tient dans un baquet dans l'eau, afin de le
planter tout humide; puis, en mettant le sarment, ne laisser que deux yeux ou nœuds hors de terre, et couvrir le trou
à mesure. Au reste, il faut choisir un temps humide pour
planter la vigne. Lorsqu'on plante une vigne nouvelle, on
doit laisser trois pieds de distance en tous sens entre chaque
cep, mais il faut avoir égard là dessus au plus ou moins de
bonté du terroir. En général, une vigne dont les ceps sont
trop éloignés donne un vin qui a peu de corps, et celle qui
les a trop proches produit un vin âcre et mal digéré : ainsi, si
le fond était fort médiocre, on pourrait mettre les ceps à six
pieds les uns des autres.

Lorsque la vigne est plantée, on doit faire couper les herbes et racler le terrain à la profondeur de trois ou quatre pouces, et on recommence lorsque les herbes reparaissent. La seconde année, on ne doit point tailler le jeune plant, mais bécher seulement avec la houe, et non pas trop avant auprès des jeunes pieds : à l'égard des autres espaces vides, ils doivent être labourés à neuf ou dix pouces de profondeur au moins. De cette manière on amoncelle la terre entre deux rangs, et on décharge le plant ; ce qui donne entrée à la chaleur qui doit animer les sucs de la terre : au reste, plus la vigne pousse bas, plus elle devient forte. Un bon économe doit donner trois labours à la vigne depuis le mois de mars jusqu'au mois de septembre, surtout lorsque les herbes ont poussé, ou lorsque les pluies ont formé une croûte sèche sur la surface de la terre.

Taille de la vigne. On donne la première taille à la vigne au bout de deux ans seulement, lorsqu'elle a acquis assez de force. On doit déchausser la vigne avec la houe, et couper tous les rameaux que le jeune plant a poussés à fleur de terre, à l'exception du plus bas, sur lequel on laisse un ou deux yeux les plus bas ; mais on lui laisse sept à huit pouces de long, car ce sarment indique le pied de la vigne. Si les branches du jeune cep sont trop élevées pour les tailler ainsi, on doit enlever toutes les jeunes branches, et ne laisser aucun bouton, afin de forcer la sève à pousser aux nœuds plus bas ; car, si on laissait monter la vigne, son pied serait toujours faible et difficile à cultiver. Or, les raisins qui viennent sur un bon cep et peu élevé de terre, mais sans la toucher, sont les meilleurs : d'ailleurs, la vigne s'élève toujours assez par la suite. Selon cette méthode, les pieds de la vigne, étant forts et vigoureux, n'ont pas besoin d'être renouvelés par les provins, qui sont des opérations coûteuses.

2° On fait la seconde taille lorsque les sarmens sont déjà un peu gros et assez longs et à deux pouces de terre : on a soin d'entretenir une égalité de vigueur entre les pieds de vigne. L'objet de la taille est d'entretenir à propos le superflu des branches qui ne donneraient que de mauvais raisins, et de ménager le bois pour fournir des branches à fruits : les années suivantes, on doit aussi retrancher les bourgeons inutiles par où la sève s'échapperait et épuiserait le pied, et couper les branches très-près du pied sans y laisser aucuns boutons ni chicots : on doit aussi observer les pieds qui ont fourni plus de raisins, et y laisser un ou deux boutons de plus, afin qu'ils donnent plus de raisins que naturellement ils n'en devraient donner l'année suivante. De même, si le pied de vigne n'a été chargé l'année précédente que pour produire plus de fruit, on doit lui laisser peu de boutons pour soulager le pied voisin qui se trouve dans une année favorable.

Provignement de la vigne (le), n'a pour objet que de remplacer les pieds de vigne qui ont manqué, ou qui sont d'une mauvaise espèce ; mais ce remplacement est inutile lorsque les pieds manquent à cause de la stérilité du terrain. En général les pieds de vigne qui viennent de provins ne durent pas beaucoup : il y a des vignerons qui préfèrent de greffer les pieds de vigne quand il s'en rencontre de mauvaise espèce, plutôt que de les arracher : car le provin affaiblit le pied d'où il sort ; au lieu qu'un pied qui a déjà acquis de la force conserve sa vigueur après avoir été greffé. Or, pour greffer, on déchausse tant soit peu le pied de la vigne ; on le scie comme un autre arbre ; on le greffe en fente, mais on le recouvre de terre un peu fortement, et on laisse sortir la greffe de la longueur d'un demi-pied, avec trois ou quatre yeux seulement : cette opération doit se faire immédiatement avant que la vigne pleure.

Observations sur le labour de la Vigne.

1° Le labour est essentiel à la vigne, mais il doit être à la profondeur d'un bon demi-pied partout ; car, si on le donne trop profond, les racines de la vigne pousseront en bas, et ne pourront pas recevoir les influences de l'air, et le vin en aura moins de qualité ; si, au contraire, on ne laboure que superficiellement, la vigne ne donnera que peu de raisins, poussera ses racines trop à la surface, et sera plus exposée à la gelée ; 2° il faut amonceler la terre en un sillon entre deux rangs de vigne, de manière que les pieds des ceps se trouvent dans le fond du sillon, afin que le soleil puisse les échauffer : cette opération se fait à la fin de mars ; 3° on donne à la vigne un second labour avant qu'elle fleurisse ; par là on retourne la terre, et on en fait glisser un peu au pied de la vigne, ce qui dispose la sève à s'y porter plus abondamment. On donne le troisième lorsque les raisins commencent à changer de couleur ; ce labour les fait grossir et mûrir promptement ; on doit buter ce dernier labour contre les pieds de vigne, pour les garantir des fortes gelées pendant l'hiver, et le donner en sillon si la terre est forte. Il est constant que la quantité du vin dépend des labours, mais on ne doit point labourer la vigne, ni dans les gelées, ni dans un temps humide, ni même par un temps trop chaud.

Observations sur la manière de lier la Vigne.

Dans les provinces méridionales de la France on ne lie point la vigne ; car, les ceps étant éloignés de trois pieds, les rameaux ne vont guère les uns sur les autres ; chaque sarment se tient libre et élevé ; l'air et la chaleur agissent librement sur le raisin, et le vigneron peut passer aisément pour faire ses travaux nécessaires. Dans les pays où les ceps sont beaucoup plus proches, on lie la vigne pour pouvoir y passer ; d'où l'on a droit de conclure qu'on peut se dispenser de lier la vigne, dans le cas ou l'on peut la labourer, quoiqu'elle ne fût pas liée ; d'ailleurs les raisins en mûrissent bien mieux ; car, lorsque les rameaux sont liés, étant serrés les uns contre les autres, ils reçoivent moins les influences de l'air que quand ils sont libres, et ils mûrissent moins bien. Si on est obligé de la lier, ce qui arrive lorsque les ceps sont trop proches, on doit du moins se servir pour cela d'osier franc, et ne faire qu'un cercle autour des rameaux, pour ne pas les gêner, comme font la plupart des vignerons, en se servant de paille de seigle, et réunissant tous les rameaux d'un même cep.

Le fumier de pigeon est excellent pour les vignes ; c'est sans doute parce qu'il est plus rare que celui des étables qu'on n'en parle pas dans les livres d'agriculture, particulièrement à l'égard des vignes ; il n'est pas moins constant que cette espèce de fumier leur est infiniment utile. En effet, la vigne ne demandant que de la chaleur, il s'en suit que le fumier le plus chaud lui est très-propre , surtout aux vignes basses et dans les terrains où elle ne produit que des vins faibles : on en a fait l'expérience en Silésie ; on pourrait faire de semblables essais sur les vignes plantées contre des murs, ou qui forment des berceaux.

Bien des gens croient remédier à la stérilité du terrain à l'égard des vignes , et augmenter la quantité du vin , en y faisant porter du fumier ordinaire ; mais il est constant que la qualité du vin en est affaiblie, en ce que le fumier fait graisser le vin blanc, et donne un mauvais goût au vin rouge. Le meilleur engrais qu'on pourrait employer en ce cas est celui que les habitans du pays Messin ont trouvé et dont ils font usage. Cet engrais n'est autre chose que les ongles des pieds de mouton , qu'ils nomment *ingliottes ;* ce sont les ergots du derrière du pied de mouton , que les tripiers ont soin d'ôter et qu'ils vendent à bon marché. Ainsi, lorsqu'ils provignent, ils mettent une bonne poignée de ces ongles sur chaque provin. Cet engrais ne communique au raisin aucun goût ni aucune mauvaise qualité ; il produit son effet dès la première , et procure pendant six ou sept ans une honnête abondance.

Nouvelles observations sur la culture de la Vigne.

On a découvert, dans les principes de la nouvelle culture, des moyens propres à perfectionner celle de la vigne , et d'après plusieurs expériences. Selon M. Duhamel , il doit résulter de grands défauts de la manière dont on cultive les vignes , sans parler des travaux de culture qui sont très-dispendieux.

Cet habile agriculteur s'est donc proposé de faire sur la vigne l'essai de sa méthode de cultiver les terres; et cela , 1º par une disposition différente des ceps. Pour cet effet, il a établi la vigne en planches comme il le fait pour les blés , en observant de laisser une plate-bande entre deux planches, et les proportions de ces planches à cinq pieds de largeur, pour y pouvoir planter trois rangées de ceps qui, par ce moyen, doivent être à la distance de trente pouces l'une de l'autre, et les ceps à pareille distance les uns des autres. Il a donné aux plates-bandes cinq pieds de largeur ; il convient qu'on peut planter les ceps à d'autres distances, comme à une seule ligne, chaque ligne éloignée l'une de l'autre de trois pieds et demi ; mais, pour abréger une expérience qui serait d'une trop longue durée, il a établi une planche de ceps dans une vigne plantée il y avait vingt-quatre ans, et qui était d'un bon rapport. Il y a fait faire une planche de cinq pieds de largeur ; il l'a formée en provignant les vieux ceps pour établir les deux lignes extérieures, en observant de laisser deux pieds et demi de distance d'un provin à l'autre ; il a conservé les vieux ceps qui se trouvaient bien placés ; le surplus fut garni de provins. Cette planche avait quarante toises ; on forma à côté une plate-bande de cinq pieds de largeur, en arrachant tous les vieux ceps qui se trouvèrent dans cet espace ; on voit que cette planche devait avoir dix pieds de largeur ; cinq occupés par les ceps, et cinq par la plate-bande.

2° Par cette disposition des ceps, on a d'abord la facilité de faire toutes les cultures des plates-bandes avec les mêmes charrues et les mêmes cultivateurs dont on se sert pour faire celles des plates-bandes, selon la méthode de la nouvelle culture.

Le terrain ainsi cultivé dans les plates-bandes fait environ le tiers du total : les deux tiers restans se font à bras d'hommes comme à l'ordinaire. Il s'ensuit de là que les frais doivent être considérablement diminués par la diligence avec laquelle ces labours s'exécutent, puisque c'est avec des charrues ou des cultivateurs ; mais il faut éviter d'endommager les ceps en approchant de trop près la charrue. Il y a encore une autre diminution de travail dans cette manière de cultiver la vigne, puisqu'en diminuant le nombre des ceps on épargne proportionnellement le travail des ouvriers : la diminution des échalas, des liens, du fumier, procure encore une épargne considérable. Enfin, le sillon qu'on fait faire avec la charrue dans le milieu des plates-bandes, et auprès des ceps, sert à faire écouler les eaux, qui par leur fraîcheur nuisent à la vigne.

A l'égard du temps de la taille de la vigne, qui se fait, selon la méthode ordinaire, pendant et après l'hiver, M. Duhamel a éprouvé qu'il vaut mieux la tailler avant l'hiver, immédiatement après les vendanges, et il a trouvé que les ceps n'avaient point souffert de gelées, et que les boutons avaient poussé des sarmens fort vigoureux, et produit des raisins en plus grande quantité.

A l'égard des labours que l'on commence, selon la méthode ordinaire, après que les vignes ont été taillées, et dont le dernier des trois est à la Saint-Jean, le même auteur observe 1° que le premier de ces labours se fait dans un temps critique, c'est-à-dire, lorsque la vigne est prête à pousser, et que les bourgeons sortent ; 2° que, depuis la Saint-Jean jusqu'aux vendanges, il croît quantité de mauvaises herbes qui offusquent les ceps, et nuisent à la maturité des raisins : il veut qu'après que la vigne a été taillée avant l'hiver, on lui donne un premier labour dans cette même saison ; que l'on diffère le second jusque vers la fin du mois de mai, et le troisième au commencement du mois d'août ; que c'est là la vraie méthode de cultiver les vignes lorsqu'elles sont établies en planches ; que les planches sont labourées à bras d'hommes, et les plates-bandes par la charrue ou le cultivateur. Enfin, il a éprouvé qu'une pièce de vigne ainsi cultivée a donné, en 1755, une des meilleures récoltes de vin qu'on ait faites depuis long-temps, et le vin estimé de très-bonne qualité ; qu'elle a été très-abondante, puisqu'elle a été de 336 pintes, mesure de Paris, et qu'elle a rapporté deux cinquièmes de plus, à proportion de la récolte qui avait été faite dans la vieille vigne, c'est-à-dire, que, si elle avait été toute mise en planches, elle aurait produit à raison de cinq, au lieu de trois qu'on en retira.

Il a remarqué que les plus jeunes ceps de cette planche, qui étaient à leur troisième année, pouvaient entrer en comparaison avec les vieux ceps. Notez que cette planche était de quarante toises de longueur sur dix pieds de largeur, qu'ainsi elle contenait soixante-six toises carrées et quatre pieds carrés.

Les feuilles de la vigne sont astringentes : on s'en sert en décoction contre le cours de ventre, la dyssenterie et les hémorragies. Appliquées à la tête ou aux pieds, elles modèrent la douleur de la tête. Ses larmes, quand on la taille.

au printemps, sont bonnes pour la pierre et la gravelle; et, distillées dans les yeux, elles guérissent la rougeur de ces parties, et éclaircissent la vue.

VIGNERONS. On doit être attentif à la manière dont les vignerons s'acquittent de leurs obligations. Un bon économe examine par lui-même s'ils font les travaux nécessaires aux vignes dans les temps convenables; s'ils les labourent à la fin de février; s'ils les binent avant la Madeleine, et s'ils les re-binent avant les vendanges, lorsque la saison le permet; s'ils provignent et font des fosses quand il le faut; s'ils sont au travail depuis le matin jusqu'au soir, pendant tout le temps des travaux qu'ils doivent faire.

VIN (le), est le jus qu'on a exprimé du raisin, et qu'on laisse fermenter quelque temps pour qu'il soit bon à boire. Avant que ce jus ait fermenté, on l'appelle *moût*. Les qualités d'un bon vin sont d'être clair, fin, sec, sans goût de terroir, et qu'il ait de la force : il y a différentes sortes de vins, le rouge, le blanc, le gris de Champagne, le vin muscat.

Vin rouge. — Manière de faire le vin rouge ordinaire. Après que le raisin a été foulé dans la cuve, on doit en laisser cuver le jus plus ou moins long-temps, selon les circonstances. S'il est fin, et par conséquent rempli d'esprits, il suffit de le laisser cuver quatre ou cinq heures. Si cependant l'année avait été pluvieuse, on peut le laisser cuver une nuit : si le vin est grossier, on le laisse un jour entier avant de porter le marc sur le pressoir. A mesure que le vin sort par la ca-nule qui est au bas de la cuve, et tombe dans un tonneau ou grand baquet enfoncé en terre pour recevoir le vin, on le puise avec des seaux ou autres vaisseaux, selon l'usage du pays, et on le porte par seaux dans des tonneaux disposés pour cela. On doit observer de ne point percer les poinçons neufs destinés pour le vin de cuvée que trois ou quatre jours avant le pressurage. Ce temps suffit pour faire exhaler le goût du bois, mais il faut les faire rincer à l'eau claire la veille du pressurage. Ce qu'on appele *vin de mère-goutte* est celui qui provient des raisins qui n'ont point été pressurés ou du moins très-peu.

Vin de Bourgogne. Pour faire de bon vin de Bourgogne, on fait trois cueillettes dans les mêmes vignes. La première doit être de raisins les plus mûrs, les plus fins, les moins serrés ; on en ôte tous les grains pourris ou verts, et on coupe le raisin fort court à cause de l'amertume de la queue ; la seconde doit être de raisins gros, serrés et moins mûrs ; la troisième, de raisins verts ou pourris. On mêle tout ce qu'il y a de meilleurs raisins dans chacune de ces vignes les uns avec les autres ; on sépare les grains de la grappe, par le moyen d'une fourche de bois longue de trois pieds, ayant à l'extrémité cinq ou six fourchons longs d'un pied ; ce qu'on fait en diverses pannerées qu'on met dans une petite cuve, et on en ôte à mesure le jus qui en sort : on doit faire trois cuvées de ces trois cueillettes. De ce mélange il se forme un vin excellent qui persévère plusieurs années dans sa bonté.

Vin gris. En Champagne, on entend par vin gris, le vin que ceux qui ne sont pas de ce pays appellent *vin blanc de Champagne*. Ce vin gris se fait avec du raisin noir ; sa belle couleur doit être celle de l'eau de roche la plus épurée : à l'égard du vin qu'on appelle *vin blanc* en Champagne, il ne se fait qu'avec du raisin blanc, mais on ne fait pas grand cas de ce raisin. On n'emploie pour le célèbre vin gris de Champagne que des raisins noirs ; les meilleurs sont ceux qu'on nomme en Champagne *morillon* ; en Bourgogne, *pineau*, et à Orléans, *auvernas* ; on y mêle cependant un peu de fromenteau, dont la couleur est d'un gris rougeâtre, tirant sur le blanc. On cueille d'abord ceux qui ont les grains les plus mûrs et les moins serrés ; ensuite les plus gros pour le vin de boisson ; et enfin les verts et les pourris pour les domestiques. Cette cueillette doit être faite, autant qu'il se peut, pendant la rosée et en des jours de brouillards.

2° On doit faire le transport du raisin de la vigne au pressoir sans grande secousse ; le meilleur est d'arranger le raisin dans des tonneaux, et de le transporter sur une voiture roulante, et non sur le dos des chevaux.

Aussitôt que les raisins sont arrivés de la vigne, on les arrange sur le pressoir, de quelque forme qu'il soit, et on donne bien vite la première serre. Le vin qui en sort s'appelle *vin de goutte* ; c'est ce qu'il y a de plus fin.

3° On relève les raisins écartés de la masse, et on donne la seconde serre, qu'on appelle la *retrousse* ; ordinairement le vin de la première et seconde serres compose la cuvée de vin fin. On arrange les extrémités de la masse, et on les taille carrément avec une bêche tranchante, en rejetant dessus les raisins écartés, et on donne la troisième serre; c'est ce qu'on appelle *première taille;* on met le vin qui en sort à part; il est la plupart du temps fumeux, parce qu'il renferme tout l'esprit de la masse, et n'est potable qu'au bout de quelques années.

4° On donne la quatrième serre, puis la cinquième, et les autres qui s'appellent *seconde, troisième* et *quatrième tailles,* le tout jusqu'à ce que la masse ne produise plus de jus; on met aussi à part les vins de ces autres tailles, ou on les mêle suivant la qualité qu'on souhaite. Le vin des dernières tailles est celui qu'on appelle le *vin de pressoir,* destiné ordinairement pour la boisson des domestiques. Ceux qui ont beaucoup de vignes font deux, trois et jusqu'à quatre cuvées de vin, en choisissant toujours les raisins les plus délicats pour les premières, dont le vin vaut toujours un tiers de plus que celui des secondes, et celui des secondes un tiers plus que les suivantes, ainsi à proportion. Dans chaque cuvée il y a ordinairement les deux tiers de vin fin, un demi-tiers de vin de treille, et moins d'un tiers de celui de pressoir.

Vin blanc ordinaire. Il se fait avec les raisins qu'on appelle le *melier, le baune* et le *fromenteau;* on les foule dans une cuve à part; on ne les fait point cuver, de peur que le vin ne devienne jaune, et on les porte sur le pressoir au sortir de la cuve.

Vin muscat. Pour qu'il soit bon, on doit laisser extrêmement mûrir les raisins muscats; ensuite on les cueille et on laisse bien fermenter le moût. Le bon vin muscat doit être clair, blanc, d'un goût doux, agréable, mais un peu fort.

Vin gris de perle. Pour le faire, on met des raisins noirs, de la meilleure espèce sur le pressoir aussitôt qu'ils sont coupés, et on les y pressure. Quand le vin est dans les tonneaux, on doit y mettre, de deux en deux jours, deux pintes et demie de vin, afin qu'il jette promptement son écume.

Vin à repasser sur le marc. Si on a du vin chez soi, soit rouge ou blanc, vieux ou nouveau; qui pèche en couleur ou en force, on peut le repasser sur le marc, en le survidant.

dans la cuve ; on doit bien le mêler avec le marc et le laisser cuver environ douze heures, si c'est du vin vieux, et vingt-quatre s'il est nouveau ; après quoi on le tire et on l'entonne dans des tonneaux, auxquels on met une marque pour les reconnaître ; ensuite on porte le marc au pressoir.

Entonnage. La première fois qu'on remplit les tonneaux, on doit les remplir presque entièrement, c'est-à-dire, qu'on puisse du doigt toucher aisément au vin ; mais, quand le vin a jeté sa première fougue, on achève de les remplir ; on les couvre de feuilles de vigne, avec un peu de sable dessus, jusqu'à ce qu'on les bondonne.

1° On ne doit pas se contenter de bien boucher tous les poinçons pour garantir le vin de la corruption de l'air ; on doit encore les remplir aussi souvent qu'ils en ont besoin, c'est-à-dire, tous les huit jours, depuis que le vin est entonné jusqu'à la Saint-Martin ; et depuis la Saint-Martin jusqu'en janvier, tous les quinze jours, et le reste de l'année tous les mois environ.

2° Les remplir d'un vin pareil à la cuvée, ou du moins qui ne lui soit pas inférieur, afin de lui conserver sa qualité : au reste, tant que dure la fermentation, on ne court point de risque de remplir les poinçons d'un vin d'une qualité différente, et de couper et mélanger les différentes cuvées.

Tirage au clair. Le premier doit se faire, surtout pour les vins de Champagne, depuis la fin de novembre jusque vers le milieu de décembre ; le second, dans le courant de février, et le troisième, vers le mois d'avril. Pour tirer le vin au clair, on se sert d'un boyau de cuir, long de quatre à cinq pieds, et d'un soufflet de trois pieds de long. A chaque bout du boyau est un tuyau de bois, dont l'un tient à la canule attachée au bas du vaisseau qu'on veut vider, et l'autre au bas du vaisseau qu'on veut remplir : lorsque le vin est à niveau dans tous les deux, on introduit dans l'ouverture supérieure du tonneau un large soufflet qui, à force de souffler, contraint le vin de monter dans le boyau, et de regagner ainsi le haut de l'autre tonneau. Quand on a vidé une pièce, on en ôte la lie, qu'on met dans de vieux tonneaux ; on lave bien la pièce, et elle sert pour transvaser une autre ; on évite ainsi la nécessité où l'on serait d'avoir un nombre prodigieux de

tonneaux; car, pour conserver le vin blanc, on doit le transvaser souvent, si on ne le met pas en bouteilles, parce que le
vin forme toujours une lie fine qui lui donne de la couleur.
Après le troisième tirage au clair, on met le vin en cave
après avoir fait relier avec soin les poinçons, et y avoir fait
mettre deux cerceaux neufs à chaque extrémité. Au reste, les
caves ne sauraient avoir trop d'air : les meilleures sont celles
dont les voûtes sont le plus élevées.

Collage des vins. On les colle pour les éclaircir : le premier collage se fait à la mi-mars, avant le tirage au clair, et
le second avant le tirage en bouteilles. Pour les vins de
Champagne, on se sert pour cela de la colle de poisson qui
se vend chez les marchands droguistes ; il en faut un gros
moins douze grains pour un poinçon, contenant deux cents
pintes, mesure de Paris. On la fait dissoudre dans un poêlon
sur le feu, dans une quantité d'eau proportionnée à celle de
la colle ; on la réduit en boules comme un morceau de pâte,
et on la jette dans le vin ; et, avec un bâton divisé par le
bout en diverses parties, on agite le vin avant et après y avoir
versé la colle : lorsqu'elle s'est abaissée, ce qui arrive après
cinq ou six jours, on doit la retirer du poinçon dans le temps
froid ; elle se clarifie plus promptement.

On ne doit pas coller, ni mettre en bouteilles, les vins
rouges de la première année : tant que le vin est dans le tonneau, on doit le remplir tous les mois du meilleur vin que
l'on ait, et, s'il se peut, du vin de la même cuvée.

Pour dégraisser le vin, on doit mêler dans six pintes de
vin rouge ou blanc, six onces de tartre rouge de Montpellier,
et on jette ce mélange dans le tonneau, qu'on remue bien, et
on le laisse reposer douze ou quinze jours.

Pour adoucir un vin rude et vert, on met dans le tonneau une pinte d'eau-de-vie, et deux livres de miel que l'on
détrempe dans de l'eau-de-vie, après l'avoir bien fait bouillir pour en tirer la cire.

Pour l'éclaircir, on met dans le tonneau une composition
faite avec six onces de sucre réduit en poudre, neuf jaunes
d'œufs, et les coquilles bien broyées, et deux pintes du même
vin, le tout mêlé ; on remue le tonneau quelques momens,
et on laisse reposer le vin cinq à six jours.

Pour donner de la force à un vin faible, on peut, après avoir bien agité le vin par le bondon avec un bâton fendu, y verser une pinte d'eau-de-vie, et le laisser reposer dix jours avant de le boire.

Pour bien mettre les vins en bouteilles, on doit laisser un demi-pouce de vide entre le vin et le bouchon, et ne pas fermer la canule toutes les fois qu'on a rempli une bouteille. Celles en forme de poire, tenant pinte de Paris, sont les meilleures : le verre doit être bien cuit, également distribué ; l'embouchure ouverte, à l'extrémité, de deux lignes plus qu'à un pouce plus bas où le bouchon doit pénétrer, et l'ouverture ronde, point tranchante.

Les bouchons doivent avoir un pouce et demi de longueur ; ils ne doivent point être ni trop mous, ni trop fermes, et taillés bien ronds. On ne doit employer que des bouchons neufs, surtout pour les vins blancs de Champagne.

La ficelle doit être de trois fils, bien torse, bien sèche ; le goudron pour goudronner l'embouchure de la bouteille doit être composé de deux livres de cire jaune, une livre de poix résine, une livre de poix blanche, et une once de térébenthine ; on mêle le tout, et on le fait bouillir dans un chaudron. Les bouteilles, étant remplies et bouchées, doivent être couchées de côté sur terre, de façon que le vide qu'on laisse se trouve dans le corps de la bouteille et non au bout du col.

Pour faire mousser du vin de Champagne, il faut le tirer en bouteilles depuis le moment du pressurage jusque vers la fin de novembre, parce qu'on le tire alors dans le temps de sa fermentation, et qu'il est dans toute sa force. Au reste, les vins ne moussent pas également toutes les années ; ce qu'il faut attribuer à l'inégalité des saisons.

Les vins extrêmement fumeux réussissent difficilement à mousser. Ceux qui ne prennent pas aisément la mousse doivent être mis en bouteilles précisément dans le temps que la sève commence à monter au sarment : à l'égard des vins qu'on ne destine point à mousser, ils ne doivent point être mis en bouteilles que lorsqu'ils ont près d'un an.

Pour le mettre en bouteilles et le soutirer, il faut qu'il soit clair et reposé ; on perce le tonneau dans le bas, à quatre doigts au-dessus du jable ; on y met une canule, et on le tire en bouteilles, qu'on bouche bien avec des bouchons de liége.

Nouvelle méthode pour parvenir à faire de bon vin.

1º On doit être instruit de toutes les qualités de chaque espèce de raisin.

2º On ne doit pas attendre que les raisins soient trop mûrs pour vendanger, ni donner dans l'excès contraire en les coupant trop verts.

3º Lorsqu'on veut faire des vins rouges dans lesquels on mêle des raisins blancs, on doit d'abord faire vendanger les raisins noirs, qu'on jette dans des tonneaux, et que l'on foule avec les pieds ; cela fait, on met le moût ou jus et le marc tout ensemble dans la cuve.

4º Vendanger en même temps les raisins blancs, les fouler et les faire passer sous le pressoir pour en exprimer tout le jus, mais cependant ne les pas trop presser ; en jeter le moût seul dans la cuve, par dessus celui du raisin noir, afin que les deux liqueurs s'y mêlant fermentent ensemble. Lorsque la saison n'est pas froide, la liqueur ne tarde pas à fermenter, les pellicules du raisin s'élèvent à la surface, et, en peu de temps, tout le marc est au-dessus du vin qui fermente. On doit remarquer que les deux tiers de ce marc trempent dans le vin, mais il est constant que l'autre tiers reste à sec ; qu'ainsi, faute de tremper dans le vin, il s'aigrit ; or, cette aigreur, faisant exhaler les esprits vineux, se mêle dans une partie de ces esprits ; la liqueur, comme un levain, lui donne un mauvais goût ; l'autre partie se répand dans l'air, et y exhale une odeur vineuse d'une force qu'on ne peut supporter long-temps sans danger. Pour remédier à cet inconvénient, l'auteur de cette méthode a imaginé une cuve, dont il a donné la description dans le *Journal économique* (novembre 1757), par le moyen de laquelle les esprits volatils retombent dans la masse de la liqueur par le secours d'une espèce de casque et de tuyau recourbé ; de sorte que le vin fait toutes ses fonctions, dans cette nouvelle cuve, aussi librement que dans les cuves ordinaires, sans perdre ses esprits, et toutes les parties de la vendange y sont mises à profit, parce que l'air a la liberté de sortir par le goulot du tuyau qui amène les esprits; le vin se façonne ainsi parfaitement, en ménageant à l'air cette liberté. Cette invention conserve au vin toute sa force, et lui en donne même dans le cas où il n'en aurait pas assez. On peut, de cette manière, laisser travailler le vin avec les pellicules du raisin, jusqu'à ce qu'il en ait détaché assez pour lui donner une couleur foncée. Lorsqu'on voit que le vin est bien coloré, et que sa grande fermentation a cessé, on doit le tirer de la cuve, et on le transvase dans un autre vaisseau bien net et rincé avec du vin; s'il a déjà contenu du vin auparavant, il en sera meilleur. Plus le vaisseau où on met le vin en pourra contenir, mieux le vin se conservera.

Comme le vin y fermentera quelque temps, on doit lui laisser la liberté de sortir par le bondon, sans quoi le tonneau pourrait crever; mais, de peur qu'il ne s'échappe trop d'esprits volatils, on élève sur le tonneau un casque ou chapiteau, dont le collet doit être proportionné au bondon; on peut ensuite laisser le vin passer l'hiver dans cet état, après quoi on le bouche entièrement.

Un moyen d'avoir du vin excellent serait de le mettre dans de grands vaisseaux appelés *foudres* et capables, s'il était possible, de contenir le vin d'une récolte. Les douves d'un tel vaisseau ou tonneau doivent avoir bouilli dans le goudron, et être d'une épaisseur proportionnée à leur grosseur, c'est-à-dire, depuis un pouce jusqu'à deux. Les cerceaux doivent être de longues planches de chêne, pliées en rond par le moyen du feu; il faut qu'elles soient de longueur suffisante, comme le bois qui fait le tour d'un crible; qu'elles entourent le vaisseau, et croisent par-dessus l'autre bout. Les cerceaux doivent être larges d'un pied, épais d'un pouce ou deux; on choisit pour cela des arbres un peu cintrés et disposés à la courbure, afin qu'ils servent les douves à mesure qu'on les fait avancer. On doit les scier sur le champ de la courbure, pour que toutes les planches se trouvent cintrées; on pourrait, au lieu de ces cerceaux, se servir de cerceaux de fer, comme on fait en Allemagne. Ces sortes de foudres doivent avoir au dedans une pièce de bois, qui, au moyen de deux boulons, retiendra les fonds directement au centre du tonneau, pour qu'ils ne puissent jamais s'écarter : si avec cela on bouche tous les pores avec du goudron, le vin se conserverait des siècles. Si on n'a pas des vins aussi parfaits que le crû du terroir le comporte, c'est faute d'avoir examiné ce qui peut contribuer à lui donner ce degré de perfection suivant sa nature. Or, les défauts de la plupart de nos vins viennent, comme on l'a dit ci-dessus, 1° de ce que la liqueur, en fermentant, n'agit pas sur toute la vendange ; 2° de ce qu'une partie du marc, s'aigrissant alors, attendu qu'il reste à sec, communique au vin une partie de cette aigreur, laquelle aigrit comme un levain toute la masse ; 3° de ce que la plupart des parties volatiles les plus spiritueuses s'exhalent, et causent un affaiblissement dans la liqueur ; 4° de ce que l'on met le vin dans de petits vaisseaux d'un bois mince, qui ne peuvent pas le conserver dans toute sa qualité, parce qu'une bonne partie des esprits s'évapore ; 5° de ce que, n'y ayant pas une assez grande quantité de vin rassemblée, les molécules vineuses ne peuvent pas travailler avec assez de force pour s'épurer et se dégager des parties terrestres et grossières, qui, avec le temps, forment un dépôt qu'on appelle la *lie*. C'est pour remédier à ces défauts qu'on a proposé les moyens ci-dessus.

Mais aussi, dès que tous les mélanges et l'arrangement des parties sont parvenus à cet état de perfection, on ne doit pas tarder à faire usage de ce vin.

Le vin rouge est le plus stomacal, le plus nourrissant, et celui qui s'accorde le mieux à tous les tempéramens ; il fortifie, chasse les vents et la mélancolie ; il est bon pour les contusions et les dislocations ; bu le matin, il est un bon préservatif contre la peste. L'excès du vin peut produire de grandes maladies, telles que l'apoplexie, la paralysie, la goutte. L'esprit de vin, c'est l'eau-de-vie bien distillée plusieurs fois.

Vin brûlé. Prenez une pinte du meilleur vin de Bourgogne ; mettez-le dans une chocolatière avec demi-livre de sucre, une feuille de macis, deux clous de girofle, un petit bâton de cannelle, deux douzaines de grains de coriandre, deux ou trois zestes de citron, deux feuilles de laurier ; mettez la chocolatière devant un bon feu, et du charbon allumé tout autour. Quand la vapeur ou fumée vous fera connaître que le vin est bien chaud, mettez-y le feu avec du papier allumé ; laissez-le brûler jusqu'à ce qu'il s'éteigne tout seul : mouillez une serviette blanche, passez le vin au travers dans un vaisseau ou bouteille dont l'ouverture soit large, et serrez-le tout chaud.

L'eau-de-vie brûlée se fait de la même manière.

Vin de liqueur. On appelle ainsi les vins d'Espagne, le vin muscat, la Malvoisie le vin de Canarie, le vin de Saint-Laurent.

Vin imitant la liqueur, délicieux à boire et facile à faire. Coupez deux citrons par tranches ; pelez et coupez de même deux pommes de reinette ; mettez le tout dans un plat avec demi-livre de sucre en poudre, une pinte de bon vin de Bourgogne, six clous de girofle, un peu de cannelle concassée, de l'eau de fleur d'orange : couvrez bien le tout ; laissez-le infuser trois ou quatre heures, puis passez-le à la chausse : on peut, si l'on veut, ambrer ce vin, ou le musquer, en y mettant un grain pilé avec du sucre, enveloppé de coton, et attaché à la pointe de la chausse où on le passe.

Vins médicinaux. Ce sont des vin empreints des substances d'une ou de plusieurs drogues médicinales ; on en fait de plusieurs sortes.

Vin d'absinthe. — *Manière de le faire.* Mettez, au temps de la vendange, dans un petit tonneau d'environ cinquante pintes, un fascicule ou grosse botte de sommités d'absinthe cueillie dans sa vigueur et séchée, et trois onces de cannelle concassée ; remplissez le tonneau du moût ou suc de raisins blancs nouvellement exprimé ; mettez-le à la cave sans le boucher de la bonde ; laissez fermenter la liqueur, puis achevez de remplir le tonneau avec du vin blanc : bouchez-le bien, et gardez-le pour le besoin, en le tirant par la voie ordinaire. Ce vin fortifie l'estomac, excite l'appétit, tue les vers, abat les vapeurs : la dose ordinaire est d'un demi-verre seulement pendant quelques jours ; car un usage fréquent affaiblirait la vue.

Vin de buglose. Mettez tremper des racines de buglose bien nettoyées dans du vin, jusqu'à ce qu'il en ait attiré la saveur et la vertu, et on en peut boire pour boisson ordinaire.

Il purifie le sang, fortifie les esprits, chasse par les urines les humeurs mélancoliques, délivre le cerveau des vapeurs épaisses qui le troublent et causent la tristesse; il est bon aussi contre les palpitations du cœur.

Vin camphré (esprit de). Mettez une once et demie de camphre brisé par petits morceaux dans un matras; versez dessus douze onces d'esprit-de-vin rectifié; bouchez le vaisseau exactement; agitez-le de temps en temps, jusqu'à ce que tout le camphre soit dissous; versez la dissolution dans une bouteille, ce sera l'esprit-de-vin camphré. Il est propre contre la peste, le mauvais air, l'apoplexie, l'épilepsie, les maladies histériques: la dose est depuis six gouttes jusqu'à vingt; il est spécifique contre la gangrène.

VINAIGRE. Liqueur acide qui se tire ordinairement du vin, ou plutôt c'est le vin qui dissout son tartre par une seconde fermentation; ce qui arrive promptement si on expose le vin dans un lieu chaud. On peut faire du vinaigre sur-le-champ en mêlant de la crème de tartre avec de la lie de vinaigre, et versant de l'eau simple par dessus : ou bien, si vous voulez d'un tonneau de mauvais vin en faire de bon vinaigre, suspendez - y dedans un nouet contenant cinq livres de tartre cru, réduit en poudre subtile, et arrosé d'une livre d'huile de vitriol : il faut agiter de temps en temps le nouet. Le vinaigre est pénétrant, atténuant, astringent, c'est un bon remède contre les piqûres des serpens; pris intérieurement, il résiste à la corruption et au venin. La fumée du vinaigre arrête le sang dans l'hémorragie du nez; appliqué au nez, et pris extérieurement, il convient aux affections soporeuses : son odeur guérit la syncope. Le vinaigre est contraire aux hypocondriaques, aux mélancoliques, aux goutteux.

Vinaigre rosat. Prenez de gros boutons de roses rouges, appelées roses de Provins; coupez-en l'onglet, c'est la partie blanche couverte du calice; faites sécher cette partie rouge au soleil: prenez une livre de ces roses ainsi séchées : mettez-les dans une forte bouteille de verre; versez-y dedans huit livres de bon vinaigre; bouchez la bouteille, et exposez-la au soleil pendant environ trois semaines; après quoi coulez et exprimez le tout; versez l'expression dans la même bouteille; exposez-la au soleil le même espace de temps: coulez le vinaigre en exprimant bien le tout, et le gardez. Ce vinaigre peut servir autant pour les alimens que pour les remèdes.

VIOLETTE. La violette est d'une couleur purpurine ou bleue ; elle est composée de cinq feuilles : son odeur est douce et fort agréable. La violette croît par touffes ; elle se multiplie par le moyen de ses racines, qu'on éclate : celle qu'on cultive dans les jardins est la violette double. On doit la replanter tous les trois ans ; elle se plaît dans les lieux ombrageux. Il lui faut une terre bonne et forte, et du soleil médiocrement : on l'arrose de temps en temps, et on doit la tenir nette de toutes les méchantes herbes.

On se sert en médecine des fleurs de violettes, et on en fait un sirop propre pour tempérer la bile, surtout la noire : il modère la chaleur des fièvres, remédie à la toux, et purge doucement. On doit choisir pour ce sirop les fleurs de violettes simples, humectées de la rosée, de belle couleur et odorantes. La semence de violette est purgative, surtout à l'égard des reins et du calcul. La dose est depuis une drachme jusqu'à trois.

VIORNE. Arbrisseau dont les branches sont extrêmement souples et rampantes : on s'en sert pour lier les fagots. Ses fleurs sont blanches et en forme de bouquet ; elles portent de petits grains semblables à des lentilles, lesquels sont d'abord verts, puis rouges et enfin noirs : on prétend que, mis en poudre et pris par la bouche, ils guérissent la diarrhée. La viorne se plaît dans les lieux frais ; cette plante a un goût âcre et brûlant.

Elle est propre en décoction pour la grattelle, et elle nettoie les vieux ulcères étant appliquée dessus.

VIPÈRE. Espèce de serpent assez semblable à l'anguille, long comme le bras et gros de deux pouces ; elle rampe lentement, et ne bondit point comme les autres serpens ; elle pullule beaucoup, habite les lieux rudes et pierreux.

Elle n'est venimeuse que par sa morsure ; elle darde son venin par sa langue.

Les remèdes extérieurs contre la morsure de la vipère sont de lier promptement la partie au-dessus de la morsure, en serrant bien la ligature, afin d'empêcher le venin de pénétrer, ou appliquer dessus la tête de la vipère qui a mordu ; et, si la chose se peut, on fera rougir un morceau de fer plat, et on l'approchera de la plaie le plus près qu'il sera possible ; on en scarifiera la plaie, et on y appliquera de la thériaque, ou un crapaud vif en forme de cataplasme ; mais ces remèdes doivent être appliqués promptement. Les vipères ont des vertus qui conviennent en général aux maladies où il y a quelques venins, comme les fièvres malignes et pestilentielles : on s'en sert intérieurement dans la gale maligne ; elles renouvellent la masse du sang : leur graisse ou huile est bonne à ceux qui ont les écrouelles ; on prend les vipères en bouillon ou en poudre. Cette poudre se fait ainsi : on éventre et on écorche les vipères ; on les fait sécher à la fumée de baies de genièvre, puis on les pulvérise, et on y met pour quatre parties de fleurs de soufre et de myrrhe, de chacune demi-partie, et on arrose le tout de quelques gouttes d'huile de cannelle.

La poudre de vipère est fort estimée par la guérison qu'elle procure de certaines maladies, comme la petite vérole, les fièvres malignes, et toutes les maladies où il faut résister au venin et purifier les humeurs : la dose est depuis huit grains jusqu'à trente dans du bouillon. Cette poudre se fait avec la chair de la vipère : après qu'on lui a ôté la tête, la peau et les entrailles, on pile les tronçons de son corps, on les fait sécher, et on les passe au tamis. Le fiel et la graisse de vipère sont encore des remèdes fort utiles pour les maladies dont on vient de parler.

VIVIER. Réservoir ou pièce d'eau vive, où l'on met du poisson pour la provision de la maison : il doit être profond au moins de quatre pieds, revêtu de terre forte ou de terre glaise : on y fait couler la décharge de quelque bassin ou de quelque ruisseau ; car il faut que le vivier ait des sources qui le rafraîchissent, autrement le poisson sentirait la boue. La perche, la tanche, le brocheton y peuvent profiter, mais non la carpe, ni les autres ; car ces sortes d'endroits sont trop resserrés pour que le poisson y grossisse et multiplie comme il fait dans les étangs. Les viviers, ainsi que les canaux et fossés, doivent être curés tous les dix ans.

Lorsqu'on a la commodité d'avoir quelques trous ou mares où l'eau ne tarit point, on peut le creuser jusqu'à ce que le fond soit de bonne tenue, et y mettre dix ou douze carpes femelles et trois ou quatre mâles, et on en peut tirer plusieurs milliers d'alvin.

VOLAILLE (*manière d'engraisser la*), c'est-à-dire, les chapons, les poules, et surtout les jeunes. Servez-vous pour cela d'une cage faite exprès, qu'on appelle *épinette*, que l'on met dans un lieu chaud et un peu sombre : avant que de les y enfermer, plumez-leur la tête, et les entre-cuisses, et sous les ailes, pour qu'elles aient moins de vermine ; nourrissez-les d'une pâte composée avec la farine de millet et d'orge ou d'avoine ; d'autres se servent de farine de blé de Turquie : faites-leur avaler deux ou trois fois le jour plusieurs morceaux plus longs que ronds et comme des fèves, et après les avoir trempés dans l'eau, car cela leur sert de nourriture et de boisson ; donnez-leur autant qu'elles en peuvent prendre : continuant ainsi pendant un mois, les poulardes et les chapons seront aussi gras qu'on peut souhaiter.

La volaille s'engraisse mieux en été qu'en hiver. Pour pouvoir nettoyer le petit espace qu'elles occupent et les garantir de la vermine, on les en sort de temps en temps, et on les laisse prendre l'air une heure ou deux pour s'éplucher.

Maladies de la volaille. 1° La pépie ; c'est une maladie causée par une chaleur interne, et pendant laquelle elles ne veulent ni boire ni manger : on doit lever doucement ce cartilage avec une aiguille, et leur laver la langue avec du vinaigre.

2° Les enfermer sous une mue pendant deux ou trois jours, et leur donner à boire de l'eau dans laquelle on met tremper de la graine de melon et de concombre.

Pour le flux de ventre, leur donner à boire un peu de vin chaud où l'on aura fait bouillir de la pelure de coin, et pour nourriture de l'orge.

Pour taies ou cataractes sur les yeux, causées par le grand froid ou le grand chaud, leur donner de la poirée hachée bien menu dans du son de seigle et un peu de millet.

Pour la faim vorace, lorsqu'elles couvent ou mangent leurs œufs, on leur donne un œuf dont on a ôté le blanc, et où l'on a détrempé du plâtre a la place, de manière que le tout soit dur comme une pierre.

Pour la vermine, les frotter de beurre, ou les laver dans de l'eau où l'on aura fait bouillir du cumin.

Pour la gale, on les rafraîchit avec des bettes et des choux hachés menu et du son détrempé.

Pour la goutte, on leur graisse les pieds et les jambes de graisse de poule.

Pour l'abcès au croupion, on le fend avec un ciseau, et on le rafraîchit de même que pour la gale.

Pour le mal caduc qui les fait devenir maigres et leur ôte l'appétit, il n'y a pas d'autre remède à ce mal difficile à guérir que de leur rogner les ongles des pieds, et les arroser souvent avec du vin; les nourrir cinq ou six jours d'orge bouilli, et ensuite avec des bettes et des choux hachés menu.

Pour la phthisie, qui les fait devenir étiques, il n'y a point de remède quand elle est formée; on peut la prévenir en leur donnant de l'orge bouilli avec de la poirée.

Pour la mue, à laquelle les petits poulets sont sujets et perdent leurs plumes, on ne doit point les lever matin; il faut les exposer souvent au soleil, leur jeter avec la bouche du vin tiède sous les plumes.

Pour la rupture des jambes, les mettre sous la mue, c'est-à-dire, dans une chambre avec bonne nourriture et bonne eau, sans y laisser aucun bâton pour se percher, et ne jamais leur empaqueter ni lier la jambe; le repos et la nature les guérissent : au reste, le froid cause aux poules beaucoup de maladies.

On fait un profit considérable sur la volaille en la portant vendre aux marchés voisins : les poulets, depuis le commencement du printemps jusqu'au mois d'octobre, ayant le soin de mettre les poules couver de bonne heure; les dindonneaux, dans les mois d'avril et de juin, parce qu'ils sont alors chers ; les poulardes, depuis le mois d'août jusqu'en mars ; les chapons, les dindes et les dindons pendant tout l'hiver : les oies, depuis la fin de septembre jusqu'au carême ; les oisons, pendant les mois d'août et septembre ; les canards, pendant tout l'hiver.

A l'égard des pigeons de colombier, le débit en est fort considérable, surtout aux mois de mars et septembre : on en peut vendre depuis le mois de mars jusqu'à la fin de l'année : car la première volée est dans le courant du mois de mars : les faisans, depuis le mois d'août jusqu'au carême, etc.

VOLIÈRES *pour les oiseaux de chant ou de plaisir.* **Celles-**ci font un fort bel effet dans le jardin. Lorsqu'on se propose de les faire fort grandes, et d'y mettre diverses espèces d'oiseaux, il faut que ces sortes de volières soient à l'abri du nord, qu'elles soient en partie couvertes, qu'il y ait dedans quelque pièce de gazon et quelques arbrisseaux, et un ruisseau artificiel qu'on y fait passer ; le tout au grand air, afin que les oiseaux s'y plaisent et s'y perpétuent.

VOIERIE (la), est le droit d'inspection que les officiers, appelés *Voyers*, ont sur les chemins, ponts, levées, et autres édifices publics, le pavé de la ville et de la campagne : ils ont en outre le droit de donner des alignemens pour empêcher qu'on n'entreprenne sur la voie publique par des saillies, des auvents, des avenues, et de faire étayer les maisons qui menacent ruine.

On entend aussi, par le terme de *voierie*, une place à la campagne, que le seigneur justicier du lieu est obligé d'abandonner au public pour y porter toutes les immondices.

USAGERS. On appelle ainsi ceux qui ont droit de faire paître les bestiaux dans les forêts des particuliers, et d'y prendre une certaine quantité de bois. Mais les usagers n'ont droit d'y mettre que deux vaches et quatre porcs, et ce ne doit être que dans les bois qui ont trois ans de coupe pour le moins, et dans les jeunes taillis que lorsqu'ils ont cinq ans. Les gros usagers sont ceux qui ont droit de prendre, dans les forêts, un certain nombre d'arpens de bois, soit pour bâtir, soit pour se chauffer. Les menus usagers sont ceux qui n'ont droit de prendre que pour leurs besoins le bois brisé ou arraché, les bois secs, les bois morts ; mais on ne peut jouir de ces divers droits sans avoir un titre, ou du moins une possession immémoriale. Voyez, pour ce qui regarde les droits d'usage dans les bois de l'État, la *section 8 du titre 3 du Code forestier.*

Vues qu'on est en droit de faire sur le fonds de son voisin. Lorsque le mur est mitoyen, on n'y peut faire aucune vue sans le consentement du voisin ; s'il ne l'est pas, et qu'il soit à six pieds de distance, on y peut faire telles vues qu'on veut ; mais s'il n'a que deux pieds, on n'y peut faire que des vues biaises, ou des vues à fer maillé et à verre dormant. Voyez *Servitude.*

VULNÉRAIRES (herbes). Les meilleures sont la pyrole, le pied-de-lion, l'angélique sauvage, la verge d'or, la sanicle, la petite pervenche, la bugle, la véronique mâle rampante, l'agrimoine, le scordium, la germandrée, le lierre de terre ; il les faut cueillir dans leur force, les sécher à l'ombre entre deux linges, les mêler en parties égales, et les conserver en lieu sec dans un sac de papier. Ces herbes sont d'une grande utilité contre les hémorroïdes, les dyssenteries, les hydropisies, les opilations de foie ; elles se donnent avec sûreté dans les hémorragies. Ce remède dissout le sang extravasé et coagulé dans le corps par des chutes, des meurtrissures et des efforts violens. En voici l'usage : Prenez le poids de demi-gros de vulnéraires assortis ; mettez-les dans un pot de terre vernissé ; mettez-y par-dessus un demi-setier de bon vin, ou de bouillon fait avec du veau ; couvrez le pot exactement, et le laissez infuser jusqu'à ce que ces feuilles soient tombées au fond ; versez ensuite la liqueur par inclination dans une tasse ; ajoutez-y un peu de sucre ; prenez le matin à jeun la première prise chaude, et deux ou trois prises dans la journée. On en continuera l'usage plus ou moins long-temps, selon la maladie ; on augmente les doses des herbes selon le besoin.

Y.

YÈBLE Plante de la nature du sureau, plus basse que le sureau ordinaire ; elle croît dans les lieux incultes. Son écorce purge par bas les sérosités du corps ; elle est bonne contre les inflammations et les érésypèles : la dose est depuis trois drachmes jusqu'à demi-once. Ses fleurs ramollissent et poussent à la transpiration. Ses feuilles appliquées calment les douleurs de la goutte, et dissipent les tumeurs aqueuses.

Maux d'yeux des chevaux. On connaît ce mal en ce que les yeux du cheval sont pleurans, rouges et enflés. Si le mal vient d'une fluxion, gardez-vous de le saigner, cela lui ferait

perdre les yeux ; 1º ôtez-lui absolument l'avoine ; donnez-lui
pour nourriture du son mouillé ; ne le faites point travailler, et ne le tenez ni trop chaudement ni trop froidement ;
2º prenez la glaire d'un œuf frais, autant d'eau rose, gros
comme une noisette de couperose blanche en poudre subtile ;
agitez le tout avec une spatule, appliquez-le sur l'œil, il dé-
tournera la fluxion ; notez qu'il ne faut pas changer facilement de remède pour ces maux. *Autre remède.* Prenez trois
ou quatre pommes de reinette cuites sous les cendres. Après
avoir ôté les pepins, pilez-les dans un mortier de marbre ;
arrosez les pommes d'eau de laitue ou de chicorée ; puis
avec de la filasse appliquez-le sur l'œil du cheval, et réitérez : ce remède ôte la douleur et l'inflammation.

Si la fluxion vient d'un coup sur l'œil, et que le coup ait
été grand, saignez le cheval du cou et en abondance ; ôtez-lui
l'avoine et donnez-lui du son mouillé. A l'égard des remèdes,
on peut user de ce qu'on vient d'indiquer.

S'il reste une blancheur dans l'œil du cheval, prenez du
sel ammoniac pilé fin, et mettez-en dans l'œil jusqu'à guérison ; et, au défaut de sel ammoniac, on peut se contenter de
sel commun pilé fort fin.

FIN DU SECOND VOLUME.